気象学と
気象予報の
発達史

堤 之智 ［著］

Yukitomo Tsutsumi

丸善出版

はじめに

　本書は，古代から現代までの気象学と気象予報に関する発見や考え方を，それらの背景や歴史的経緯とともに述べたものである．教科書のように気象学における法則の証明などを意図しているものではないが，これらの発見や考え方の背景や歴史的経緯は現代気象学のより深い理解にも役に立つことと思う．そのため時代によっては，多少気象学から離れてその基礎となった科学の源流にも触れていることをご容赦願いたい．

　どうして歴史が重要なのだろうか？　世の中には啓蒙史観（進歩史観）という考え方がある．これは過去からの知識の積み重ねによって，現在は過去より優越するという考え方であり，この考えが一面的に過ぎないことは長年にわたって指摘されてきている．しかし今日でも我々はこのような考えに囚われがちである．気象学に限らず，「古い考え方」＝「間違ったもの」「役に立たないもの」ではない．16 世紀からの科学の発達を「科学革命」として唱えたイギリスの科学史家バターフィールド（Herbert Butterfield）は，"昔の研究は間違った科学の事例であると考えたり，最近の科学者の業績でなくては今日真に問題とする値打ちはないと思ったりするならば，いささかの進展も望めないであろう"と述べている[*1]．20 世紀の近代的な気象学の発展に貢献したスウェーデンの高名な気象学者であるベルシェロン（Tor Bergeron）もこう述べている．"最もアクティブな科学者や技術者たちは，発見や発明の成功体験において，または古い手法や自身の信念に対する頑強な固執によって，彼らが一方的な見方に囚われていることになかなか気が付かない．この唯一の可能な救済策は，歴史から学ぼうとすることである．"[*2]

　物理学や数学などの科学には多くの歴史書がある．それらには様々な法則について発見された背景や経緯などが紹介されており，それらは現代科学を支える土台となっている．さて気象学を振り返ってみると，まず古代から 20 世紀まで気象学の発展に貢献した気象学者たちをご存じだろうか？　脳生理学者の酒井邦嘉による

[*1]　ハーバート・バターフィールド，渡辺正雄（訳），1978：近代科学の誕生（上）．講談社，17.

[*2]　Bergeron, T., 1959: Weather forecasting, Methods in scientific weather analysis and forecasting, An outline in the history of ideas and hints at a program. The atmosphere and the Sea in Motion (Bolin, B. ed.), Rockefeller institute Press, 443.

と，オックスフォード大学出版局から出ている『世界科学者事典』の序文には次のような文があるそうである．"科学は知識を生みだすための方法やシステム，テクニックであって，時には個人に関しないものと見なされる．しかし，科学は非常に人間的なものである．科学の物語は，その真実を発見した個人の物語なのである．"*3

　本書には，天文学者として有名なガリレイやケプラーをはじめとして，歴史的に有名な天文学者，数学者，物理学者，化学者，哲学者，建築家，地質学者，医者，実業家，はては経済学者に至るまで数多くの人々が出てくる．彼らは別の専門を持ちながらも気象学において重要な貢献をしたおかげで，今日の気象学が成り立っている．本書では気象学にまつわる彼らの物語にも，なるべく触れるように努めた．

　また気象学で使われているさまざまな概念や法則について，それらの発見の背景や経緯は広く知られているだろうか？　教科書に書かれている法則などを覚えるだけではなく，その法則の背景や生まれた経緯を知って，それらがどのように発展して現在の考え方に至ったのかなどの流れをたどってみることは，現在の気象学を理解するうえでも必ず役に立つはずである．

　本書のおおまかな流れを知っておくことは中身を読む際に参考になると思うので，簡単に紹介しておく．天気予報は現代では防災，産業，生活などと密接に関わっており，大勢の人々が関心を寄せている．しかし，現代と同様に天気は古代から農業，漁業，交通，生活と結びついており，明日の天気がどうなるかは，おそらく文明が始まって以来の関心の的であったろう．1章では，気象に関する古代ギリシャの自然哲学と占星気象学の発生について述べる．

　ローマ時代以降になるとヨーロッパではギリシャ哲学は途絶えたが，12世紀頃からのイスラム世界などからの伝来により，古代ギリシャ時代の占星気象学を含むさまざまな考え方がヨーロッパに広まった．2章ではルネサンス期の天文学や航海術の発展が古代ギリシャの気象学と合致しない新たな発見をもたらし，それがそれまで信奉されていた古代ギリシャ時代の自然哲学全体に疑問を投げかけるきっかけとなったことを述べる．

　3章ではいわゆる科学革命と風の成因などの気象学との関係，あるいはニュートン力学の風への適用のはじまりについて述べる．またこの時期に各地に成立した学

---

*3　酒井邦嘉，2006：学者という仕事－独創性はどのように生まれるか．中公新書，32.

会やその活動として始まった組織的な気象観測と，大航海時代にわかってきた貿易風などの原因に関する議論について触れる．科学革命以降は，測定器を用いた測定とその測定データの蓄積に基づいた法則性の帰納的な探索という手法が科学の主流となった．4章ではその科学の発展に貢献した各種の気象測定器の発達の概要について，16世紀から19世紀ごろまでをまとめて述べる．

19世紀に入ると各国で気象観測網が発達し，それによる気候と地球規模の大気循環の解明が始まった．19世紀半ばのアメリカでの暴風雨論争が嵐の解明を促すとともに，電信の発明によって各国で産業や人命保護のための暴風警報体制の整備が始まった．これらについてそれぞれ5章と6章で述べる．7章では日本の江戸時代の暦の問題とそれに関連した気象観測，および明治政府による暴風警報や天気予報がどのようにして始まったかについて述べる．

19世紀末には気象熱力学や低気圧構造などの気象学が発展し，高層気象観測も始まった．8章ではそれにもかかわらず気象予測技術が行き詰まったことについて，9章ではその行き詰まりを打開するために始まった物理学を用いた気象予測の科学化と，航空機の出現および第一次世界大戦の気象観測や気象予測に及ぼした影響について述べる．またこの時期に起こったベルゲン学派による前線などの新しい考え方と，近代的な大気力学のもととなった高層大気の解明についても触れる．

第二次世界大戦後に現れたコンピュータは，物理方程式を数値的に解くことを可能にした．しかし物理方程式を数値的に解いて予測する数値予報は，当初さまざまな困難に遭遇した．10章では数値予報のための数値モデルの開発からそれが安定して現業運用されるようになるまでを述べる．さらに気象予測モデルから発達した気候モデルは，気候の解明や地球温暖化の将来予測などの地球環境問題に対応するための総合科学となっており，それらについても触れる．

気象は広域にわたって移動する現象であるため，その観測や予測には国際協力が欠かせない．特に数値予報では，全世界にわたる組織的な気象観測とその結果の即時的な交換が必要となるため，世界気象機関（WMO）を中心としたユニークな国際協力体制が構築されている．11章ではその気象予測や気候研究に欠かせない気象観測における19世紀から現在に至る国際協力の歴史や，エルニーニョなどの気候変動の解明に大きな役割を果たした国際地球観測年などの経緯や成果について述べる．

なお，本書では引用部分はダブルクォーテーション（" "）を使っており，かぎ

かっこ（「」）はひとまとまりの文の始めと終わりとして使っている．引用部分では途中を省略した部分があり，その部分を「……」で表記している．本文での引用部分は，参考文献でその参照ページを明示しているが，インターネット上の資料などページを示していないものもある．本文中の国名は，特にヨーロッパでは時代と地域ごとに変わっているところもあり，原則として古くから使われている慣用的な地方名か現在の国名に沿っている．

　最後になったが，本書を出版するにあたり，日本気象予報士会東京支部長の田家康氏から絶えざる励ましと全般にわたる有用なコメントをいただいた．元気象研究所長の高野清治博士には全般にわたって貴重なコメントをいただくとともに一部内容について議論していただいた．気象庁 OB で気象コンパスを主宰されている古川武彦博士からは全体の構成や文言について貴重な助言を受けた．気象研究所の尾瀬智昭博士からは気候モデルの部分にコメントをいただいた．山本哲氏には 7 章の近代日本での気象観測と暴風警報について有用なコメントをいただいた．これらの方々に対して心から感謝の意を表する次第である．

　　2018 年 7 月

　　　　　　　　　　　　　　　　　　　　　　　　　堤　　之智

目　次

1.　古代ギリシャ自然哲学における気象学　　1

  1-1　古代ギリシャ人による自然哲学と気象　　2

     コラム　ヒポクラテスの生気象　8

  1-2　プトレマイオスによる天文学と占星学の始まり　　9

  1-3　キリスト教による自然哲学の否定　　12

2.　ルネサンスによる古代ギリシャ自然哲学のほころび　　15

  2-1　占星学と占星気象学の普及　　16

  2-2　中世の技術の発展　　19

  2-3　アリストテレスの気象論などの古代ギリシャ自然哲学のほころび　　22

3.　科学革命の中での気象学　　27

  3-1　近代天文学への転機と気象学との関連　　28

  3-2　科学的な考え方への転換　　36

  3-3　学会の誕生と気象観測　　42

  3-4　地球規模での大気の流れへの関心　　52

  3-5　ニュートン力学の大気への適用　　56

  3-6　総観気象学の夜明け前　　58

4.　気象測定器などの発展　　67

  4-1　トリチェリによる真空の発見　　68

  4-2　気圧計の発達　　71

  4-3　温度計の発達とその目盛りの変遷　　74

  4-4　風力計・風速計　　78

     コラム　ビューフォート風力階級　80

  4-5　さまざまな湿度測定の発達　　80

  4-6　雨量計　　87

  4-7　メテオログラフ（気象自動記録装置）　　89

  4-8　測高公式の発見　　91

4-9　雲形の定義　94

5.　気候のための観測網の設立と力学の大気循環へ適用　99
5-1　気候学の発展　100
5-2　各国での組織的気象観測網の整備　103
5-3　地球規模の大気循環の解明への取り組み　106

6.　嵐の解明と気象警報の始まり　113
6-1　嵐の解明　114
6-2　電信の発明と各国での暴風警報体制の確立　128

7.　近代日本での気象観測と暴風警報　145
7-1　江戸時代日本での気象観測　146
　　コラム　蚕当計の開発　150
7-2　明治政府による気象観測の開始　150
7-3　暴風警報に向けた体制の確立　153
7-4　暴風警報と天気予報の発表　159

8.　19世紀末の気象学の発展と気象予測の行き詰まり　167
8-1　気象熱力学の定式化　168
8-2　低気圧の研究　172
8-3　地球規模の大気循環研究のその後　180
8-4　高層大気の気象観測　183
　　コラム　成層圏オゾンの発見　187
8-5　ヘルムホルツの渦度とケルビンの循環定理　187
8-6　嵐のエネルギー源論争　189
8-7　傾向方程式とマルグレスの式　190
8-8　気象予測技術の行き詰まり　191

9.　気象予測の科学化と気象学のベルゲン学派　199
9-1　ヴィルヘルム・ビヤクネスによる気象学の改革　200
9-2　ベルゲン学派の気象学　215

コラム　気象学のウィーン学派　231

9-3　リチャードソンによる数値計算の試み　231

9-4　高層大気への関心　236

9-5　高層の波と気象予測　242

9-6　ロスビーの業績　251

10.　数値予報と気象科学の発達　257

10-1　第二次世界大戦の気象学への影響　258

10-2　数値予報の試み　264

10-3　傾圧不安定理論と準地衡風モデル　268

10-4　実験的な数値予測の成功　274

10-5　数値予報の現業運用化　279

10-6　日本での数値予報の開始　286

コラム　日本の気象学者の海外での活躍　290

10-7　気候科学の発展　290

10-8　カオスの発見　297

11.　国際協力による気象学の発展　305

11-1　国際気象機関の設立　306

11-2　第1回国際極観測年（1882〜1883年）の開催　308

11-3　第2回国際極観測年（1932〜1933年）の開催　310

11-4　WMO の発足　311

11-5　国際地球観測年の開催　312

11-6　世界気象監視プログラム　318

索　引　323

1. 古代ギリシャ自然哲学における気象学

　古代は農作物の凶作の場合に，不足分を他国から輸入するなどいうことはできなかった時代であり，ムギや，アワ，キビ，イネなどの農作物の供給を大きく左右するものはそこでの気象条件だった．そのため，自然哲学が始まる前においても，気象は現代よりもはるかに人々の重大な関心事だったはずである．紀元前 3500 年ごろ，エジプトでは気象は宗教的な性格を持った神の領分であり，すでに雨乞いが行われていた．メソポタミアやインドの古代文明において，気象は神などの絶対的な能力を持つ主体が決めていると考えられており，特異な気象が起こると為政者や預言者は人々を代表してその意味を真剣に考えた．

　紀元前 3000 年ごろメソポタミアに都市文明を築いたシュメール人は，天体をよく観察して天空上で太陽が動く道を黄道と定義し，その背景にある星座に注目した．これが黄道十二星座である．シュメール人の後にメソポタミアを支配したバビロニア人は，紀元前 7 世紀ごろから天体の位置を観測して記録し始めた．それまで月食は不吉な現象と思われていたが，バビロニア人たちは紀元前 6 世紀にはそれを周期的に起こる現象と見抜き（サロス周期），月食の時期を計算できるようになった[1-1]．彼らは太陽や惑星の位置と背景の星座との関係を重視し，それがギリシャに伝わって後の占星学や占星気象学の元となった．またバビロニア人は風向を東西南北の四つに分類し，さらにそれらを組み合わせて南東や北西などの八方位で表すということも初めて考え出した[2]．

　古代から人々は「雷」と「風」に特に高い関心を持っており，そういった自然現象を「神」が差配すると考えた．元来古代ギリシャでは，雷は神々の王ゼウスの投げる火矢と思わせたし，北ヨーロッパではトール（Thor）という雷の神が信仰されて，英語の木曜日（Thursday）の語源ともなった[3-1]．また，ゼウスは天気の神でもあり，その心は直接的な言葉ではなく風によって語られると信じられていた[4]．そのため，西洋ではゼウスの心（天気の前兆）を風向によって知ろうとした．紀元前 1 世紀より以前に，マケドニアの天文学者アンドロニコス（Andronicus）はアテネに八角形の風の塔を作り，八つの各面の方角ごとに風向の特徴を示した神を彫った．その突端には海の神トリトンのブロンズ像

が風で回り，そのとき吹いている風の名と神の顔を杖で指し示すようになっていた（現在はそのブロンズ像はない）[5-1]．

　なお，風向を見るための「風見鶏」は，雄鳥が悪魔を追い払うためとも聖ペテロの標識であるともいわれており，教皇ニコラス1世によって教会に風見鶏をつけることが法令で決められため，9世紀ごろから教会を中心に普及し始めたものである[5-2]．今でも西洋の古い教会などの建物の突端には，風見鶏など何らかの風向を示すものがついていることが多い．例えば，スペインのセビリアにある大聖堂（世界遺産）の高さ約98mの鐘楼（しょうろう）の突端には回転して風向を示すブロンズの女神像があり，その鐘楼はヒラルダ（風見）の塔と呼ばれている．

　気象学の始まりは他の自然科学と同様に古代ギリシャの自然哲学者たちから始まった．気温や風などの観察が行われ，それから気象の原因の推定が行われるようになった．天候についても事前の兆候が探られ，それはその後天候に関することわざの元となった．古代ギリシャの優れた哲学者アリストテレスによって説得力のある宇宙像が描かれ，それはその後約2000年間にわたって固く信じられた．またこの古代ギリシャの宇宙像は，バビロニアから伝わった天体観測と合わさって，天体の位置や運動が地上の諸現象に影響していると考えられるようになった．アリストテレスは『気象論』を著したが，その中に気象も天体の運動によって起こると考えた部分があった．これはプトレマイオスを経て，中世の気象学に大きな影響を与えた占星気象学（astrological meteorology）のもととなった[6-1]．

1-1　古代ギリシャ人による自然哲学と気象

1-1-1　古代ギリシャ人による気象の観察と考察

　古代ギリシャ文明は，それまであった文明の考え方を引き継ぐだけでなく，独自の哲学を発達させた．その時代は，紀元前6世紀ごろから紀元前4世紀ごろまでのわずか200～300年間のことである．当時のギリシャ人たちは自然を神のような超能力的な主体に任せずに，観察に基づいて合理的に説明しようとした．当時，人間の五感に基づいて自然を合理的にかつ体系的に思考し，その結果を書き残したのはこの短い時代の狭い地域に住んでいたギリシャ人たちだけである．しかしその思考結果は，その後数千年にわたって，そしてある意味では今でも全世界の人々に計り知れない影響を与えている．

　古代ギリシャ哲学の代表者の一人であるピタゴラス（Pythagoras, 紀元前582？-

紀元前 497？）は，宇宙を大地とその上空の天穹（Ouranos），天体が存在する可動天空（Cosmos），神々の住むオリンポス（Olympos）の三つに分けた．そして大地も天体も宇宙も球形で，天体は一様に円を描いて宇宙の中心である地球をめぐって運行するとし[3-2]，これが天動説の元となった．プラトン（Plato，紀元前 427-紀元前 347）は，自然哲学について先験的に「自然現象は単純で明快な数学的，幾何学的概念で把握や表現が可能である」と捉えた．このプラトンの考え方が，その後自然を数学的に扱うという考え方の始まりとなった．そして天体は調和のとれた数学的法則に従って動くはずなので円が最も完全で規則正しい形であり，円運動は始めも終わりもなく永遠のものであると考えた．ところが地上から見る惑星の運行は，通常の方向に進む（順行）だけでなく，進行が止まったり（留），反対方向に進んだり（逆行）して，とても調和のとれた法則に従っているとは見えない．そのためプラトンは惑星の不規則な運動は見かけだけのものであり，人間には見えない神的な規則性が別に存在すると主張した．

そのプラトンの弟子がアリストテレスである．アリストテレスは円を至高とするプラトンの考えを引き継ぐが，彼の考えはプラトンとは大きく異なった．アリストテレスは宇宙を含む世界に対して幾何数学を使ってそれを表現することをしなかった．プラトンが物事を先験的な捉え方をしたのに対して，アリストテレスは観察に基づいて物事を忠実に捉えたうえでその原因を演繹的に考えた．彼が主張したのは，世界はエーテルという元素からできている「天上界」と，四元素からできている「地上界」からなっているという「二元的宇宙像」だった．そして天上界の天体の運行は地上界に影響を及ぼすと考えた．このアリストテレスの考えは 1-1-2 で説明する．

アリストテレスの説明に入る前に，古代ギリシャ時代初期の気象学者たちに触れておく．最古の自然哲学者といわれ，紀元前 585 年に世界で初めて日食を予言したといわれているのは，ギリシャのターレス（Thalēs，紀元前 624？-紀元前 546？）である．ただし，月食と異なって日食の計算は複雑であるため，本当に計算のうえで予言が当たったのかは怪しいとされている[1-2]．彼は大気現象（気象）について強い関心を抱いており，バビロニアの説に従って気象を天体の運行と関連付けようとした．また彼は万物の根源を水と考え，その水は空から雨として降った後に凝結して空に戻り循環すると考えた[6-2]．そして，ターレスの友人であったアナクシマンドロス（Anaximandros，紀元前 611-紀元前 547）は，風を観察して風を初めて「空気の流れ」と定義した[6-2]．

アテネの優れた自然哲学者で「最初の科学者」と呼ばれたのはアナクサゴラス（Anaxagoras，紀元前 499-紀元前 427）である．彼は気象の原因についての優れた観察者であり，地表で反射された日射が上空で減るのが高度とともに気温が下がる原因と考え，地表の熱による対流が水分を上空に運ぶと，夏でもその水が凍って雹になると考えた．また大気はある高度以上になるとエーテルのために逆に熱くなると考え，そのエーテルを雷の原因と考えた[6-3]．

テオフラストス（Theóphrastos，紀元前 371-紀元前 287）は，アリストテレスの弟子である．しかし，彼は 1-1-3 で示すようなアリストテレスの気象に関する考え方を引き継いでいない．アリストテレスは理論的，演繹的な考え方なのに対して，テオフラストスは経験を重視した．彼は『気象の前兆について（De Signis Tempestatum）』と『風について（De Ventis）』という本を残しており，その天気の前兆を，雨については 80 編，風については 45 編，嵐について 50 編，好天については 24 編，周期的な気象については 7 編にわたって示した[6-4]．例えば次のように述べている．"雨の徴候は次のように現れる．最もはっきりしていることは夜明けに起こることである．日の出前に空が赤みがかった様子のときである．その日でなくとも，通常 3 日以内の雨を意味する"[7]．これらのテオフラストスの著作が天候の前兆をまとめたものとしては世界で初めてとされており，その後天気のことわざなどとして後世に引き継がれていった．

こうしたギリシャ人たちの自然観察は実用にも役に立った．紀元前 480 年ギリシャとペルシャの間でサラミスの海戦が起こった．ギリシャ連合艦隊の指揮官テミストクレス（Themistocles，紀元前 524-紀元前 459）率いる 378 隻のギリシャ連合艦隊が，ペルシャのクセルクセス I 世が率いる 1207 隻からなる艦隊をアッティカとサラミス島の間の狭い海峡で迎え撃った．この海戦で指揮官のテミストクレスは，陽が高くなってエテジアと呼ばれる季節的な強い海風が吹き始める時刻を頭に入れていた．ギリシャ連合艦隊は，船の重心が高いペルシャ艦隊が海風による高い波によって狭い海峡で操舵が困難になるのを待ってから攻撃を開始して勝利した[8]．

1-1-2　アリストテレスによる宇宙像

古代ギリシャを代表する哲学者の一人がアリストテレス（Aristotelēs，紀元前 384-紀元前 322）である．彼はマケドニア王の侍医の子として生まれ 18 歳でプラトンの弟子になるが，プラトンが亡くなると後にアレキサンダー大王となる若い王

子の教師を務めた後，アテネ郊外のリュケイオンに学園を開いた．彼は師であるプラトンの先験的な直感に基づく抽象的な幾何数学に基づく考えを引き継がず，自然観察に基づいて思考した考えを広めた．キケロなどが流麗な文章であったと評価しているアリストテレスの膨大な著作物は，今日ほとんどが失われてしまっており，現在全集などで刊行されているものはアリストテレスの講義用メモや講義内容を弟子たちがまとめたものである．もとが読者を想定した出版物ではないので，わかりにくい部分が多くあることはやむを得ない．しかしながら，その内容は地域や時代を超えた普遍性を持っており，彼は万学の祖ともいわれている．自然哲学だけでもその範囲はあらゆる分野に及び，彼の死後も約2000年間にわたっていろいろな形で人類に影響した．

　その中で，後の天文学をはじめとする科学に大きな影響を与えたのは，彼の宇宙に関する説明である．アリストテレスは，宇宙を高尚で永久不変な「天上界」と，通俗的で万物が変化する「地上界」の二つに分けた．これは「二元的宇宙像」と呼ばれている．天上界は月とそれより上の部分を指し，エーテルが自然運動として永遠に周回しているところである．そこにある月，惑星，太陽，恒星は天球*1上を円運動するのみで，不生・不滅，不増・不変である．一方で月より下の地上界は，土，水，空気，火の四元素よりなり，土と水は本質的に重いため自発的に直線的に宇宙の中心である地球中心に向かおうとする．それゆえ地球は必然的に宇宙の中心にあって，不動でなければならないとした．

　空気と火は土や水より軽く，軽い空気は土や水でできた地球を取り囲み，火はさらに軽いため上昇しようとする．地上界の四元素は相互に移り変わることが可能であり，そのため絶え間ない生成，変化，消滅が起こる．このためアリストテレスは「高貴な天上界（エーテル世界）と通俗的な地上界（四元素世界）はまったく別の法則に従う」と考え，これは17世紀にニュートンが万有引力の法則によって否定するまで信じられた．またアリストテレスは，物質は連続であるとして原子の存在と真空を否定した．これは「自然は真空を忌避する」という真空嫌悪説となった．

　ギリシャでは，プラトンの頃まで惑星への関心はほとんどなかったが[1-3]，アレキサンダー大王のバビロニア征服（紀元前331年）によって，ギリシャにバビロニア天文学の「天体の運行（位置）を特定する」という考え方が入ってきて，ギリシャの幾何学的宇宙像と融合した[1-4]．そして，アリストテレスの宇宙像は，観察

---

*1　惑星や恒星が貼りついて運動していると考えられた地球を中心とした球体．

結果と説明とを精巧に組み合わせた一大知的体系を構成した．古代ギリシャ時代に，天体の運動規則を説明するために宇宙の構造を誰もがただちにイメージできる「幾何学的な模型（モデル）」として提示したことは，後世の科学にとって極めて大きな役割を果たした．アリストテレスのモデルは現代から見ると，正確ではないために役に立たなかったのではなくむしろ反対だった．たとえモデルが正確でないにせよ，普遍的なモデルを「共通概念」としてその真偽を大勢で議論できるように提示したことは，科学を次のステップに進めるための重要な基盤となった．

　バビロニアの天文学が入ってくると，天上界の天体の運行（位置）が地上界の諸現象と関係していることがギリシャでも信じられ始めた．ギリシャの自然哲学の特徴は自然中心主義で唯物観的な傾向を持っており，天上界の地上への影響をまず自然を通して説明しようとした．そのため，天体による地上への影響もおのずと飢饉，地震，洪水，嵐，豊作不作など自然学，気象学に関することが多くなった[1-5]．この天体の位置と地上現象との関係性は，1-2 で説明するプトレマイオスに引き継がれて占星学，占星気象学につながっていった．

1-1-3　アリストテレスの『気象論』

　アリストテレスは『気象論（Meteorologica）』を書いて，後世の気象に関する考えに大きな影響を与えた．英語で気象学のことを meteorology というが，この言葉はアリストテレスが書いた気象論（メテオロロジカ）が語源となっている．アリストテレスは天上界のことを主に『天体論』で扱い，地上界のことを主に『気象論』で扱った．そのため，アリストテレスの気象論は地上界の自然現象を広く対象としており，気象学と気候学に属するもののほかに，地理学，地質学，海洋学，地震学などのさまざまな自然分野に属するものを含んでいる．

　アリストテレスの気象論の考えは，それまでの自然哲学者による観察や考えをもとにして，演繹的にさまざまな現象の原因を説明しようとするものである．その思考の結果，暈や虹，幻日などの原因については次のように優れた説明を行った．"これらすべてのものの原因は同じである．なぜなら，これらはみな反射現象であるから．もちろん，反射の仕方によっても，反射がなされる物体（鏡）によっても相違が生じ，また太陽へ向かって反射するか，それとも他の輝いているものへ向かって反射するかによっても相違が生じる．"[9-1]

　アリストテレスの主な関心は，日々の気象として雲や雨の元となる水循環，つまり蒸発，凝結，降水過程にあった[10-1]．彼は，地上界において蒸発気*2（exhalation）

6　　1．古代ギリシャ自然哲学における気象学

という概念を考え，それには「湿った蒸発気」と「乾いた蒸発気」の2種類がある
と考えた．湿った蒸発気は熱によって水蒸気となり主に鉛直方向に循環し，乾いた
蒸発気の一部は天上界に引っ張られて主に水平方向に地球を巡る風となると考え
た[10-2]．これが風の原因としてその後長く信じられた．

　アリストテレスは，アナクシマンドロスが定義したように風を「大気の流れ」と
はせず，風そのものが実体（始原）であるとした．アリストテレスは気象論でこう
述べている．"我々一人ひとりのまわりに散っているこの空気が，ただ動くことに
よって流れるものとなり，運動の始まりがどこからであろうと風となる，という言
い方はまちがっている．我々は，水が流れているということだけでそれを川と呼ば
ず，またそれがどんなに大量であろうとそれだけで川と呼ばず，むしろ源泉から流
れるものを川としなければならない．そして風についてもこれと同じことであ
る"[9-2]．つまり，風かどうかはその始原が乾いた蒸発気かどうかということであっ
た．このため，17世紀にガリレイやハレーらによって風の力学的な概念が確立す
るまで，風は空気の動態とは見なされなかった．

　またアリストテレスは，現代の風向の十六方位の分け方とは異なり，天文を基準
として風向を十二方位に分けた．すなわち，おおぐま座の直下点（北）からのボレ
アス，太陽の南中する地点（南）からのノトス，春分と秋分時の日出点からのアペ
リオテス（東風），日没点からのゼピュロス（西風）の4風をまず考えて，これに
夏至，冬至の時の日出と日没点からの4風を加え，さらに夏至より北と冬至より南
の4風を定義して，合計12風とした[11]．

　アリストテレスの気象論の中で中世まで大きな影響を与えたものとして，気候と
彗星がある．彼は気候については太陽の傾き（clima）に応じて五つの気候帯に分
けられると主張した．このクリマは英語の気候（climate）の語源である．そのうち
の熱帯（torrid zone）は灼熱のため，そして極域は酷寒のため人間は居住できない
とした[12-1]．一方で，突然天空に現れる彗星は古代の人々にとって驚異であり怪奇
な現象だった．彼は彗星を天上界ではなく気象と同じ地上界（月下世界）の現象と
考え，気象論において彗星の成因を次のように分析した．"円環的に移動する天体
の下にあるもののうち，大地をかこむ領域の第一の「最も高い」部分は乾いた熱い
蒸発物である．……そしてこれがこのような仕方で回転しながら動くとき，たまた
まちょうど燃え出す状態になっていれば，しばしば火が付けられるのである．……

───────────────
＊2　蒸発物などと訳されることもある．

1-1　古代ギリシャ人による自然哲学と気象　　7

火の始源が上からの運動によってこのように濃い蒸発物のなかに落ちてきたとしても，……同時に燃えやすい蒸発物が下から上がってきてこれに加わるとき，その星が彗星となるのである．ただし彗星のとる形は，蒸発物自体がどの形をとるかによってきまる"[9-3]．彼にとって，彗星は地上界（月下世界）最上部にある乾いた蒸発気が発火して，時間とともに燃え尽きるものだった．これら気候や彗星に関する彼の考えは，2-3 で述べるように 15 世紀から 16 世紀になって改めて吟味されることとなった．

　アリストテレスは気象の原因を解き明かそうとしただけでなく，自然哲学者として宇宙を含む世界の構造を説明しようとした．彼の自然に関する考えは，『気象論』以外にも『天体論』，『形而上学』，『自然学』など幅広い分野にわたっているが，後世の科学に特に大きな影響を与えたのは彼の天体に関する考えであり，1-2 に述べるようにプトレマイオスの天文学にも影響を与えた．

コラム　ヒポクラテスの生気象

　気象が人間に与える影響である生気象を研究したのがヒポクラテス（Hippokrátēs，紀元前 460 ？-紀元前 370 ？）である．彼はギリシャのコス島で生まれた医者で，病気を「呪術的で超自然的な力や神々の仕業によって起こるものではない」と考えた最初の人物とされている．彼の医学はコス派といわれ，生命体全体と季節や大気などの環境の病気への影響を重視し，人間は環境によって身体を構成する体液の調和が崩れることで病気になると考えた．そのため，彼は太陽の位置，風の向き，気候などの健康と病気への影響を重視した[13]．例えば「夏が乾燥しがちで北風が多く，秋が雨がちで南風が多ければ，冬になって頭痛と脳の壊疽がおこりやすい」，「夏が雨がちで南風が吹き，秋もまた同様であれば，冬は病気が多くなりがち」[14-1]のように考えた．ただし，彼は気候が年によって違うのは気候が天体の動きに依存しているためと考えていた[14-2]．ヒポクラテスの考え方は，その後数百年間大きく取り上げられることはなかった．しかし彼の考えは 18 世紀になって復活し，季節変化や気温の急激な変化などが病気の発生とまん延に関係しているという考えが広がり，各地で気象観測が行われる一因となった．

1-2　プトレマイオスによる天文学と占星学の始まり

　アリストテレスが考えた宇宙像は，宇宙の構造を説明する自然哲学であり，定性的な説明である．その天体の運行を精密な観測に基づいて定量的に扱ったのが古代ギリシャのヒッパルコス（Hipparchus，紀元前 190-紀元前 127）であり，彼はそれに基づいて地球と月の距離を地球半径の約 56 倍と計算した（実際は約 60 倍）[3-3]．その定量的な考え方を引き継いだのがエジプトのアレクサンドリアの天文学者プトレマイオス（Claudius Ptolemaeus, 85-165）だった．彼は惑星位置などを観測装置を使って定量的に測定し，それに基づいて『数学集成（Almagest）』を著した．その中で彼は，アリストテレスの考えである地球中心説に沿って各惑星が水晶のような「惑星天球」上に存在することを唱えるとともに，その惑星が観測された運動と合うように，次に示すような数学的に取り扱える宇宙モデルを提示した．

　惑星はその運動によって地球との距離が変わる．またその「順行」や「逆行」，「留」などの動きは，アリストテレスが提唱した地球を中心とする同心球の宇宙モデルでは説明できない．そのため，彼は地球を回る軌道として「離心誘導円*3」を定義することによって，地球と惑星との距離が変わることを説明した．また，惑星運動の「留」や「逆行」を説明するために，その離心誘導円上を中心として回る「周転円」上を軌道として惑星が動く宇宙モデルを考えた．このモデルを使うことによって，地球と惑星との距離の変化や見かけの惑星運動を説明できるだけでなく，誤差は大きかったものの惑星位置の予測を行えるようになった．これにより天文学は，仮説とその検証が可能な実証的学問となった．この宇宙モデルは宇宙の構造の説明だけでなく，後述するように天体の運行に基づく暦や占星学にも影響を与えた．プトレマイオスの宇宙モデルは，16 世紀半ばにコペルニクスによる太陽中心説が出てくるまで，ヨーロッパにおける宇宙構造の代表的モデルとなった（図 1-1）．

　一方で東洋の文明の中心であった中国では，西洋のように現象の底に流れる普遍的真理を探究し，それによって世界の概念を模型（モデル）として論理的に再構成して体系付けることはついになされなかった[15]．渾天説，蓋天説，宣夜説などの天の構造は暦とは別に議論され，暦のための天体の運行は地上から見える天体の位置の数理的な解析に終始した[16]．そのため，特に 17 世紀の科学革命以降は，西洋

---

*3　惑星の持つ円軌道の中心が地球から少し離れている円．

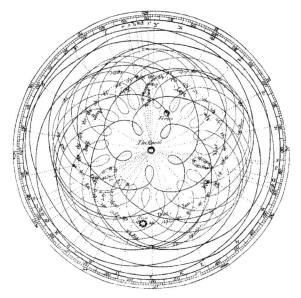

図1-1 プトレマイオスの惑星モデルに基づく太陽や惑星の運行

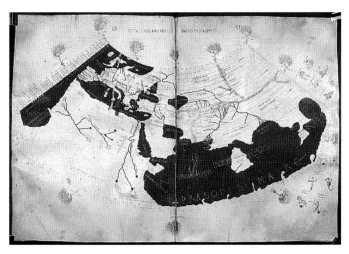

図1-2 プトレマイオスの地図 『地理学』をもとにして15世紀に再構成されたもの.

1. 古代ギリシャ自然哲学における気象学

と東洋の天文学の差は決定的となった.

　またプトレマイオスは,『地理学（Geographia）』を著し,地中海を中心とした緯度と経度を導入した世界地図を作成した（図 1-2）. 当時のヨーロッパの人々にとって,世界とはその地図に描かれている地中海を中心とした部分だけであった. その地図は「緯度経度の数字で場所を特定できる」という優れたアイデアによって,15世紀になっても使われ続けた. またプトレマイオスは気候についてのアリストテレスの考えを発展させ,人が住める緯度帯を七つに分けて,集めた情報からその北限を 63 度,南限を 16.6 度とし,そして南半球も北半球と同じ構造と推測した[12-2].

　プトレマイオスは実証的な古代天文学の最高峰として君臨する一方で,占星学に関する書物である『四巻之書（Tetrabiblos）』を著した. 占星学とは,ヘレニズムやギリシャで形成された占星術を集大成し,その当時の自然学や天文学を使って合法則的な根拠を与え,それを学問として体系化しようとする試みである[17-1]. この本の冒頭でプトレマイオスはこう断っている. "日月諸惑星の運行を論証する天文学自体は,第一の科学であり,それ自体独立したものである. それに対して,天上の現象の地上への影響を論じる占星学は,二流の科学であり,第一の科学の応用である. そして,第一の科学ほど確実性のあるものでは決してない. しかし,永遠なる天のエーテルから発するある力が,地上にあまねくゆきわたっているから,その影響力を論じることは学問的に可能であり,また予測により事前に災害防止策を講じることによって人生諸般のことに役立つに違いない"[1-6].

　太陽が気温や気候に及ぼす影響は誰にとっても明らかであるだけでなく,当時から潮汐が太陽の位置や月の満ち欠けに応じて起こったり,ヘリオトロープという植物の花は曇っていても太陽の方角を向くことなどが知られていた. そういった観察から,当時は「天上界が地上界に影響している」という考えは極めて説得力があった. 西洋では占星学によって日頃の天体の動きから地上界への作用を合理的に探ろうとし,その地上界での影響には,戦争など人為的なものだけではなく,地震,洪水,嵐など自然や気象に関係するものも多く取り上げられた[1-7]. さらにプトレマイオスの『四巻之書』は,惑星の動きが規則正しさを持っていることを示すことによって,例えば生まれたときの惑星の配置によって人の運命が決められているといった宿命論,運命決定論を西ヨーロッパに持ち込んだ. この影響は現代日本においても,「〜の星のもとに生まれた」のような表現として残っている. この運命決定論は,時刻に応じた天体の位置関係を数量的に扱える宇宙モデルがあったからこそ可能であり,その考え方は 3-2-2 で述べる 17 世紀の機械論哲学のもととともなっ

1-2　プトレマイオスによる天文学と占星学の始まり　　11

た．占星学は気象の分野では天体の位置関係によって気象が決まるという占星気象学になり，プトレマイオスは『四巻之書』を通して，以後1000年以上にわたって占星気象学を含む占星学の権威となった[6-5]．

1-3　キリスト教による自然哲学の否定

　プトレマイオス以降，ローマ時代に入ると実用的な学問が重視されるようになり，古代ギリシャのように純粋な自然哲学の議論は行われなくなった．さらに後述するキリスト教の影響もあって，中世に復活するまで古代ギリシャの自然哲学は急速に廃れていった．しかし，ローマ時代初期にはいくつかの重要な著作が出ているので，その二つを簡単に紹介する．一つはセネカ（Lucius Seneca，紀元前3-紀元65）の『自然の疑問（Quaestiones Naturales）』である．彼はローマ帝国の政治家，哲学者，詩人だが，父親の大セネカ（マルクス・アンナエウス・セネカ）と区別するため小セネカと呼ばれることもある．第5代ローマ皇帝ネロの幼少期には家庭教師も務めた．彼の本は，それまでのギリシャやバビロニア，エジプトなど発見をローマの科学として合体させたものだった．その気象における対象は風から雷まで広くカバーしていたが，その説の多くは例えばアナクシマンドロスとアリストテレスの説を合わせた「風は大気の動きであるだけでなく，陸地からの蒸発によるものでもある」など，それまで伝えられていたさまざまな説を折衷したものだった[6-6]．

　もう一つは，ローマのプリニウス（Gaius Plinius Secundus, 23-79）の『博物誌（Naturalis Historia）』である．彼はゲルマニア遠征にも参加した軍人だったが，後にウェスパシアヌス帝に仕える政治家になった．彼は自然法則に従って徳の高い生き方をするのが理想であり，そのためには自然界の理解が必要と考え，数多くの書物を読んで勉強した．そして，それまでローマに伝わっていた気象，地理学，天文学，動植物や鉱物などあらゆる知識に関して，326名のギリシャ人，146名のローマ人による2000もの書物からさまざまな考え方を整理，編集し，37巻からなる大書である博物誌の大半を自ら書き上げた[6-6]．プリニウスは小セネカ同様に自らの考えを述べることはなかったが，当時集めた知識がよく整理されており，彼の博物誌はルネサンスまで自然科学の重要な情報源となった．79年にベスビオス火山が噴火してポンペイなどの町が壊滅した際に，彼は調査のために近くのスタビアエという町に上陸したが，その直後にその場で倒れて死亡した．その原因は，火山ガスのためではないかといわれている．『自然の疑問』も『博物誌』も，それらの元となった書物の大半は今日では残っておらず，それらの考え方を書物として残したこ

12　　1.　古代ギリシャ自然哲学における気象学

とが彼らの功績とされている.

　2世紀以降キリスト教が普及してくると,神が自然をつくって操作しているという考えが強くなっていった.自然の一部である気象も神のつくった神聖なものとなっていった.気象は神による啓示,雷などの災害は神によるメッセージや試練,つまり天罰であるという考えが広まった.キリスト教が広まるにつれて,神の意思とは別に天体の影響で物事が決まる占星学の考えは,全能のはずの神の働きを制限する結果となった.またその運命決定論はキリスト教の持つ人間の「自由意思」という考えとは相いれなかった.そのため400年の第一トレド教会会議で,さらに561年の第一プラガ教会会議でキリスト教は占星学を公式に否定し[17-2],その後ルネサンスまで占星学思想は弾圧された.

　占星学だけでなく,知が信仰に従属させられていた当時のキリスト教社会では,神の領分である自然を解明するようなことは許されなかった.そのため,自然に対する知的探求は,自然を作った神を暴く「蛇の誘惑」と見なされた.キリスト教の聖人アウグスティヌス(Aurelius Augustinus, 354-430)は,知識欲を「目の欲」として現世の罪の一つに挙げたため,それ以降知識欲は,他の肉体的欲求と同様に克服すべき欲望と見なされ,自然の探求は禁止されることとなった.その考えは中世まで続き,例えば1402年にパリ大学の学長であった神学者ジェルソン(Jean Gerson, 1363-1429)は,『学者の好奇心を戒む』いう一文で,「好奇心は悪である」と言いきっている[17-3].こういうキリスト教の考えは,中世の古代ギリシャ哲学の再発見まで続き,西洋での自然科学の進歩に長い間停滞をもたらした.

参考文献

[1] 中山茂, 1993:占星術　その科学史上の位置.朝日新聞社, [1-1]46, [1-2]51, [1-3]50, [1-4]49, [1-5]72, [1-6]71, [1-7]72.

[2] Hellmann, G., 1908 : The Dawn of Meteorology. Quarterly Journal of the Royal Meteorological Society, **148**, 224.

[3] 武部啓, 川井雄, 1983:科学思想史, 南窓社, [3-1]147, [3-2]16, [3-3]17.

[4] 股野宏志, 2008:天気予報いまむかし.成山堂書店, 16.

[5] ライアル・ワトソン, 木幡和枝(訳), 1996:風の博物誌〈上〉.河出書房新社, [5-1]127, [5-2]128.

[6] Howard, F. H., 1977 : The History of Meteorology to 1800. American Meteorological Society, [6-1]2, [6-2]3, [6-3]6, [6-4]25, [6-5]27, [6-6]30.

[7] Theophrastus, 1926 : Concerning Weather Signs.
http://penelope.uchicago.edu/Thayer/E/Roman/Texts/Theophrastus/De_signis*.html

[8] 田家康, 2014:異常気象が変えた人類の歴史.日本経済新聞出版社, 66.

[9] アリストテレス, 泉治典　訳, 1969:気象論.岩波書店, [9-1]107, [9-2]71-72, [9-3]21.

[10] Burstyn, H. L., 1966 : Early Explanations of the Role of the Earth's Rotation in the Circulation of the

Atmosphere and the Ocean. Isis, **57**, [10-1]169, [10-2]170.

[11] 根本順吉, 1963：気象学史物語ⅩⅢ　風向と風見の歴史. 気象, **7**, 814.

[12] Craig, M., 2006 : Experience of the New World and Aristotelian Revisions of the Earth's Climates during the Renaissance. International Commission on History of Meteorology (Fleming R. J., ed.), History of Meteorology, [12-1]3, [12-2]4.

[13] Fleming, R. J., 2000 : Meteorology in America. Johns Hopkins Univ Press, 5.

[14] 渡辺次雄, 1973：生活気象の研究（2)-ヒポクラテスにおける気象生活-. 測候時報, **40**, [14-1]358, [14-2]354.

[15] 田村専之助, 1981：中国気象学史研.（下巻）. 三島科学史研究所, 380.

[16] 嘉数次人, 2016：天文学者たちの江戸時代　―暦・宇宙観の大転換. 筑摩書房, 89.

[17] 山本義隆, 2014：世界の見方の転換 1. みすず書房, [17-1]84, [17-2]155, [17-3]353.

図の出典

図 1-1　1st Edition of the Encyclopedia Britannica（1771）

図 1-2　Wikipedia

2. ルネサンスによる古代ギリシャ 自然哲学のほころび

　中世前期には，自然科学はキリスト教の影響により停滞の時代が長く続いた．しかし，12世紀ごろになるとギリシャを発祥としてその後イスラム圏で研究が続けられていた天文学や気象学などの古代ギリシャ哲学が，十字軍などの影響によりヨーロッパに入ってきた．これが12世紀ルネサンスの始まりとなった．その流入した古代ギリシャ哲学の中にアリストテレスの気象論もあった．ヨーロッパの人々は，キリスト教によって探求を禁止されていた自然哲学や占星術などを含む古代ギリシャの考えが自分たちの考えより優れていることを認めた．それは古代ギリシャ時代の知識を理想化する復古主義へとつながり，それらを翻訳して理解しようと各地に学校が作られることとなった．これが大学の始まりとなった．

　当時暮らしと密接に関係していたのは，まず暦と占星学でどちらも天文学と密接に関連していた．紀元46年に制定された太陽暦であるユリウス暦は，この時代には実際の季節とはっきりずれていた．この暦の修正が重要な関心となった．また占星学は，本来は天上界による地上界への影響（法則性）を探る学問だったが，関係がはっきりしないまま占星術という予言へと変貌していった．占星術はキリスト教による禁止が緩むにつれて，中世の人々の政治から日常生活まで広く影響を与えるようになった．天文学を使った占星気象学も，占星術同様に例えば1年先までの日々の天候予想などとして広く農業などの実用に供された．

　古代ギリシャ文献の流入に続いてルネサンスに向けた大きな出来事は，この時代の技術の発明，発達である．印刷技術の発明によって印刷本が流布すると，それまで秘匿されたり流通が限られていたりしたさまざまな技術が広く一般へ普及し，またそれらが時代を超えて継承されることも容易になった．また，印刷技術によって既存の技術のうえに新たな技術を積み重ねることも容易になり，それを活かした精巧な機器や幅広い知識は天文学や航海術の発達を促した．

　その発達に伴って発見された新しい知識は，古代ギリシャ時代の知識に合わないことが明らかになっていった．アリストテレスなどによる古代ギリシャ時

代の気候や彗星などの知識も，新しい発見と矛盾した．このことは，それまで無条件に信じられていた古代ギリシャ時代の知識への懐疑を抱かせ，それが 16 世紀以降の新たな知識体系への転換のきっかけの一つとなった．

2-1　占星学と占星気象学の普及

2-1-1　古代ギリシャ文献の流入

　古代ギリシャ時代に自然哲学は大きく発展したが，4 世紀から 6 世紀にかけてのキリスト教の興隆と中世に移行する混乱のなかで，ヨーロッパに存在していた古代ギリシャの文献の多くは，イスラム圏へ移されるか 9 世紀カロリング朝時代に写本されたものの，教会などの書庫の奥に埋蔵された．ところが 11 世紀になると十字軍やレコンキスタ*1 など西ヨーロッパによるイスラム圏への遠征が始まった．これは文化の交流にもつながり，イスラム圏に伝わった古代ギリシャの自然哲学，あるいはそこから発達したイスラム圏の科学に関する数多くの文献がヨーロッパに流入し，アラビア語からラテン語に翻訳された．

　古代ギリシャの自然哲学には，当時ヨーロッパ人が知らない自然の知識が書かれていただけでなく，それらを統一的に把握できる概念や理論が記されていた．ヨーロッパの人々はアリストテレスが書いた本『形而上学』の中に，「すべての人間は生まれつき知ることを欲する」という一文を見いだした[11]．これを知ったヨーロッパの人々は，それまでのキリスト教による「好奇心は悪である」という考えを改め始めた．このようなことがきっかけで古代ギリシャ哲学の価値が発見され，11 世紀に設立されたボローニャ大学をはじめとして，各地に古代ギリシャ文献を学ぶための大学が整備され始めた．これは 12 世紀ルネサンスと呼ばれており，中世温暖期の社会の安定がこれを可能にしたという説もある．

　ローマ帝国は東西への分裂後，東ローマ帝国（ビザンチン帝国）はイスラム勢力の影響によって何度か興廃を繰り返し，最終的に 1453 年に滅亡した．その過程で東ローマ帝国に保管されていた古代ギリシャ文献がヨーロッパ，特にイタリアに持ち込まれた．アリストテレスが書いた『気象論』も，13 世紀に翻訳家ウィリアム・オブ・モエルベケ（William of Moerbeke, 1215-1286）によってラテン語に翻訳されてヨーロッパに伝えられた．ラテン語とは，地方の数多くの俗語（後に英語，ドイツ語，フランス語，イタリア語などに整理や統合されていく）の壁を取り払う当時

---

*1　キリスト教国によるイベリア半島の再征服活動．

の自然科学，人文科学，哲学のためのヨーロッパ知識階級の共通言語である．また，古代ギリシャ文献の価値に気付いた人々によって，ヨーロッパ各地の教会の書庫に眠っていた古代ギリシャ文献の発掘も始まった．これらは各地の大学での講義に使われ，アリストテレスの『気象論』は中世の気象学の出発点となった[2]．

2-1-2　古代ギリシャ哲学の復活

　復興した古代ギリシャ哲学に基づく自然の探求や占星学は，ローマ時代と同様に再び当時のキリスト教との衝突を招いた．例えばキリスト教にとって，さまざまな自然災害は人間が自由意思によって犯した罪に対する神からの罰であり，あるいは神が起こす奇跡の一つであった．ところが，アリストテレスの自然哲学は「地上界のすべてのものに天体の運行が定める必然性が影響しており，自然世界は自律的に存在しているからこそ占星学による予測が可能である」と考えていた．特に天体が人間の意思に影響しているという考えは，キリスト教による人間の自由意思を真っ向から否定するものであり，キリスト教とは相いれなかった．

　1210 年にパリ管区の教会会議では，"自然哲学に関するアリストテレスの著書と注釈は，パリでおおっぴらにもひそかにも読んではならない．この禁止に違反したものは破門に処す"と決議して，改めてアリストテレスの自然哲学を禁止した[3-1]．しかし，それでも占星学や占星術を含めてアリストテレスなどの緻密で壮大な古代ギリシャ自然哲学は少しずつ広がっていき，教会による一方的な禁止では抑えきれなくなった．

　キリスト教の教義と古代ギリシャ哲学の二つの考えを調停したのは，『神学大全（Summa Theologica）』などを書いてパリ大学神学部の教授にもなった神学者アクィナス（Thomas Aquinas, 1225-1274）である．彼は"天体は物体としての人間の身体には作用するが，非物体である人間精神や意思には直接作用することはない"[3-2]と解釈した．彼の神学思想は死後に一時異端と判断されたが，1322 年に復権して「天体の運行は人間の自由意思に影響しない」という考えは公式にキリスト教世界で認められた．これによってアリストテレス自然哲学を含む古代ギリシャ哲学はキリスト教と両立できるようになり，スコラ学として広く普及することになった．

　当時，そういう状況の中で科学的な考えを持った先駆者がいた．それはイギリスのフランシスコ会の哲学者で司祭だったロジャー・ベーコン（Roger Bacon, 1214-1294）である．彼はオックスフォード大学で学び，数か国語に通じてアリストテレスの著作について講義をしていた．彼はイスラム科学に触れた際に，それまでの

ギリシャ語からの誤訳や誤記を含めて古代ギリシャ時代全般の知識や権威に疑問を持ち始めた．彼は気象学を含むすべての科学において，古代ギリシャ文献の研究ではなく実験と数学に基づいた思考の重要性を提唱し，ヨーロッパにおける近代科学の先駆者となった．彼は気象学においても，教義的なアリストテレスの呪縛から気象学を解き放とうとした先駆者とされている[4-1]．

2-1-3　占星気象学の普及

　12世紀にイスラム社会経由でヨーロッパに伝わった文献の中に，プトレマイオスの『数学集成』と『四巻之書』があった．このうち『四巻之書』は，中世の占星学と占星術のブームに火を付けた．人々は運勢や性格だけでなく，開戦や戴冠，旅立ちや婚礼などの日の決定，干ばつ，洪水，猛暑や寒波などの天候不順の予測，疫病や飢饉（ききん）の予言，農業における種まき，植付け，刈り取り日の決定，果ては瀉血（しゃけつ）や薬剤投与などの医療行為日まで日常の多くのことを，占星術を使って決めた．例えば，13世紀にヨーロッパで社会的に大きな影響を及ぼした神聖ローマ帝国のルドルフI世は，宮廷の重要な行事を万事占星術に基づいて行った[3-3]．また土星，木星，火星が1524年に魚座の中でそろうことがわかった際には，神聖ローマ帝国では数年前から大雨によりノアの洪水が再び起こると広く信じられ，人々が財産を売り払って高地に引っ越すなどパニックが起こった[5]．学問だった占星学はさまざまな仮説が根拠や検証が得られないまま教義化し，根拠のない占星術として流布していた．

　当時の農業に経済基盤を持つ社会では，天候の予測は切実な問題であり，そのため気象分野でも天体の運行と気象との因果関係を探る占星気象学が盛んになった．『四巻之書』には星座や惑星ごとに気象の特徴の記述があり，また次のように日出や日没の状況から気象を予測する部分もある．

　"日中の気象を決定するためには日出時の，夜間の気象のためには日没時の太陽を，そしてより長い気象予測のためには，そのときの月と太陽との位置関係をそれが一般的に次の気象状況を予告しているという前提の下で観測しなければならない．太陽が澄んで明瞭でまだらがなく，雲がなく昇るか沈むとき，それは晴天の前兆である．しかし，もし太陽がまだらか赤みがかっているか，外向きのあるいは曲がった赤い光を発するか，またはもし片側の幻日（げんじつ）または黄色がかった雲が発生しているならば，そして長い光線を発しているようなときはその徴候の方向からやってくる激しい風などを示す．もし日出か日没の時に太陽が雲を伴って鉛色であるか，

その周りに暈があるか，両側に幻日があれば，そして前方に鉛色か暗い光線を発しているならばそれは嵐と雨の前兆である．"[6]

パリ大学の優れた哲学者，数学者で，多数のアリストテレスの文書をラテン語からフランス語に翻訳したオレーム（Nicole Oresme, 1323-1382）は，占星気象学による気象予測は，天体の動きと気象との関係が明確になっていないため大きな問題を抱えていると冷静に考察していた[4-2]．しかしながら，16世紀のイタリアの医師であり虚数を発見した有名な数学者カルダーノ（Gerolamo Cardano, 1501-1576）やオーストリアの天文学者スタビウス（Johann Stabius, 1450-1522）は，四巻之書の気象予測を高く評価していた[3-4]．また，イギリスの数学家で測量時などに使う経緯儀を発明した測量技師であるディッジズ（Leonard Digges, 1515-1559），後述するレギオモンタヌス，ブラーエ，ケプラーらが，占星気象学を科学に準じるものとして確立しようと努力した[4-2]．しかしながら，占星気象学は他の占星術と同じく仮説のままで天気や季節の予測に使われ，その年の惑星の軌道とそれに基づいた1年間の旬ごとの天候（天気，雨量，気温，風速など）を予想した天文暦や農事暦などは，強い需要に支えられて毎年大量に発行されて広く使われた．

2-2　中世の技術の発展

2-2-1　暦の問題

本項からしばらく気象と離れて，16世紀以降の気象学を含む科学の発展の基礎となった中世の技術の発展について述べる．キリスト教にとって復活祭は重要なイベントであり，キリスト教徒にとって重大な関心事である．復活祭の日は，325年のニケア公会議で「春分以降の最初の満月後の日曜日」と定められ，その際に春分の日をユリウス暦の3月21日とした．ユリウス暦とは太陽暦であり，1年を365日とし4年ごとにうるう年を置いて，その年は2月末に1日を加えて366日とする暦法である．ところが厳密には1年は365.25日ではないので，紀元46年に制定されたユリウス暦は年が経るに従って日と季節がずれていき，1500年ごろには本当の春分が3月21日から10日近くもずれてしまっていた[3-5]．

これは，「キリストの復活を祝う日は，本当はいつなのか？」という問題を提起した．当時の価値観では現世と同じくらい死後の世界も重要であり，誤った祭礼では天国へ行けないと信じられていたため，多くのキリスト教徒にとってこの問題は深刻だった．正確な暦の作成には天文学が必要となる．教皇シクストゥスIV世は，当時天文学に通じていたドイツのレギオモンタヌス（彼については後述する）を

ローマに招聘して暦の改訂を依頼した．ところが，彼は 1476 年にそこで客死してしまい，ユリウス暦の改訂は行えなかった[3-6]．

結局約 100 年後の 1582 年に，グレゴリウスⅧ世がイエズス会ローマ学院（現グレゴリアン大学）数学教授のクラヴィウス（Christophorus Clavius, 1538-1612）の協力によりグレゴリオ暦を導入して，ようやくこれを解決した[3-6]．

2-2-2 惑星運動の予測

占星術が生活と密接に結びついていた中世において，暦の決定だけであれば太陽と月の運動を知るだけでほぼ十分であるのに対し，占星術には惑星の運動を必要とした．そのため，占星術の隆盛は「惑星の運行の正確な予測」という需要を喚起した．当時天文学者たちは惑星の運行を記したエフェメリデス（天体暦：図 2-1）や天文暦などを定期的に発行し，これらの発行は聖書に次いで多かったという記録もある．占星術のための天文学は，日々の生活に必要な技術だった．

当時惑星運行の予測を行おうとすれば，プトレマイオスの『数学集成』に記された惑星運動理論を使うしかなかった．ところがその頃は数学教育が衰退しており，高度な数学を含むプトレマイオスの『数学集成』を理解できる人は多くなく，またアラビア語からの訳も必ずしも正確ではなかった．そのため，『数学集成』の正確な理解に取り組んだのがドイツのレギオモンタヌス（Regiomontanus, 1436-1476）である．彼の本名はミューラー（Johannes Müller）というのだが，ラテン名であるレギオモンタヌスを名乗った．レギオモンタヌスは 11 歳か 12 歳でライプチヒ大学に入学し，16 歳でウィーンの大学で学士号を取得した．彼はそこで有名な天文学者で数学者でもあったポイルバッハ（Georg von Peurbach, 1423-1461）に師事した．

1453 年に東ローマ帝国が崩壊するが，その枢機卿であったベッサリオン（Johannes Bessarion）は，コンスタンチノープルに保存されていた『数学集成』の存続を図るために，そのラテン語訳を作ることをポイルバッハに提案した．ポイルバッハは途中で病没したため，後を継いだのがレギオモンタヌスだった．彼は『数学集成』のギリシャ語原典を読みこなして，1462 年にその数学理論を含めた解説版である『数学集成の摘要（Epytoma in almagesti Ptolemei）』を出版した[3-7]．

この本は『数学集成』のラテン語訳というよりは，数学的厳密さをそのままに図解などを含めて明快に書き直した解説書だった．この本はプトレマイオス理論の普及に大きく貢献し，この本の登場によってラテン語と数学を身につけてさえいれ

20　　2．ルネサンスによる古代ギリシャ自然哲学のほころび

図 2-1 エフェメリデスの例 「特に 1708 年と 1709 年に目視による調査のための惑星の順行, 逆行, 留の不規則な惑星現象のコペルニクスの仮説に従った幾何的な天の動きに関する新しい出版物」と題されている. 惑星が見える位置が投影されている.

ば, 誰でも惑星運動を予測することが可能となった. 彼はこれを契機にして, 「数学的自然科学」と呼ばれる数学を利用した自然の定量的な理解について, ロジャー・ベーコン以来の復活を宣言した[3-8]. レギオモンタヌスは天体観測に初めて大気差の補正を加えたほか, 『三角形総説 (De Triangulis omnimodus)』(球面三角法の解説)などの多数の解説を出版し, 彼はこれらの著作を通して後の天文学や航海術にも大きな影響を与えた.

2-2-3 印刷技術などの発達とその影響

科学の発展の基礎となった別な重要な出来事として, 15 世紀半ばの印刷技術の発明がある. それまでは本といえば写本しかなく, 写本は貴重なため一部の人々や教会の書庫に秘蔵されたままだった. ところが印刷術の発明によって本の複製が容易になり, 複製された本はそれまでほとんど本を見ることができなかった一般社会層に広く知識を提供した. 印刷術の発明から最初の半世紀で出版点数は 3 万から 3

万 5000 点，出版部数は低く見積もっても 1500 万部から 2000 万部にも達し[1-2]，印刷本は爆発的に普及した．この印刷本によってそれまで職業別組合（ギルド）や徒弟制度のもとで秘伝になっていた医療，冶金，計算技法などの技術が公開され，広く普及した．さらに，その知識に解説や新たな知識を加えて新たな本が出版されるようになった．

　並行して図法や版画技法の発達も起きた．それまで学問といえば文字中心であり，古代ギリシャ時代にあった植物図なども筆写を重ねるうちに，変形して元とは似ても似つかないものも多くあった．1435 年にアルベルティ（Leon Battista Alberti, 1404-1472）は『絵画論（De Pictura）』を書いて，ユークリッド幾何学を使った投影面への座標の算出法（線遠近法）を発明した．この絵画技法の革命により絵の描き方，つまり絵に対する考え方が変わった．絵画を描く際に対象物を測定して，対象物を写実的に忠実に描くようになった．なおアルベルティは，気象の分野においても第 4 章で述べるように風力計や湿度計を考案した．

　ダ・ビンチ（Leonardo da Vinci）などの当時の絵の大家たちも，この絵画技法に大きな影響を受けた．この絵画技法と印刷術によって，文字で残せなかった構造図，設計図，地図，解剖図などを，精巧かつ正確な写実図として描かれるようになった．当初は木版画だったが 15 世紀半ばからは線描が楽で精緻で克明な描写が可能な銅版画が使われるようになった．さらに 16 世紀にはエッチング[*2]が発明され，より精巧な図を残せるようになった．

　印刷本を使ったこれら新たな知識や技術の普及や伝達は，職人の持つ技術の急速な発展を可能にした．これが実験，観測装置の発達と航海術や測量術の発展を促し，16〜17 世紀の科学革命[*3]の礎となった．

2-3　アリストテレスの気象論などの古代ギリシャ自然哲学のほころび

2-3-1　熱帯の横断と新世界

　中世のスコラ学は，古代ギリシャ哲学を至上主義とし，そのために古代ギリシャ文献を研究する復古学が中心だった．当時の考えは古代ギリシャ時代の考えが頂点であり，これを超えるという考え方はなかった．それどころか，これと異なる考え

---

*2　表面に防食処理をしたうえで，表面を針で削って腐食させることで凹版を得て印刷する方法．

*3　ケンブリッジ大学の歴史学教授ハーバート・バターフィールドが提唱したものだが，ここでは彼の主張に沿いながらも，主に 16 世紀のコペルニクスから 17 世紀のニュートンまでの科学的な出来事を科学革命として扱っている．

を述べると断罪されることさえあった[3-9]．その古代ギリシャのアリストテレスの『気象論』では，1-1-3に示したように人間の住む世界はヨーロッパとアジアと北部アフリカの三つに限られ，熱帯は灼熱の地で人は住めず，熱帯を越えて人は南半球に渡ることはできないとされていた．またプトレマイオスの『地理学』における地図は，地中海を中心としたヨーロッパ，北アフリカ，中東だけを描いたものだった．そこではアフリカと東アジアは南端の「未知の土地」とつながり，インド洋は内海で，もちろん太平洋も日本も南北アメリカ大陸もなかった．しかしその地点は緯度と経度で座標化され，球面を平面に投影する高度な技法は，中世ヨーロッパの地図と雲泥の差があった[1-3]．そのためプトレマイオスの『地理学』は，15世紀初頭にラテン語に翻訳されると当時の標準的な地図として広く使われた．

　15世紀にオスマン朝トルコが東ヨーロッパや北アフリカに進出して地中海の交易権を押さえると，ポルトガルやスペインはアジア，インドへ到達するための別の航路を開拓せざるを得なくなった．当時はアリストテレスによる『気象論』が風と海に関する主な知識の源だった．ポルトガルのエンリケ航海王子（Infante Dom Henrique）は1418年からアフリカ沿岸に沿って南下を試みるようになったが，そこは地図もない未知の世界であったため，羅針盤を用いた航法や天文測定を使って緯度を決定するなどまったく新たな航海術が発達した[1-4]．南下の途中で亜熱帯無風帯に遭遇して，帆船でそこを越えるのに苦労したりしたものの，「そこを越えたら二度と帰って来られない」と考えられていた熱帯地域は，実際には通過できることがわかった．1488年には，ポルトガルの航海者ディアス（Bartolomeu Dias）はアフリカ南端の喜望峰にまで達した．

　一方でコロンブス（Christophorus Columbus）は，プトレマイオスの地図でアジアが東方にかなり広がっているのを見て，インドに達するには西回りの方が早いのではないかと考えた．彼は1492年にいったんカナリー諸島まで南下し，熱帯域の貿易風に乗ることによって西向きに大西洋を横断してカリブ海のバハマ諸島に到達し，彼は予定通りインドに到着したと思ってそこを西インド諸島と命名した．帰還の際には，彼はまず北上して偏西風帯に入ってからその風に乗ってヨーロッパに戻った．1498年にはポルトガルの航海者バスコ・ダ・ガマ（Vasco da Gama）が喜望峰を回ってインドに到達することに成功した．これらの15世紀に始まる大航海時代の経験は，アリストテレスの「熱帯は灼熱のため，人はそこに住めないしそこを越えることもできない」という古代ギリシャ時代以来の考え方が間違っている証拠を多くの人々に突き付けた．しかしながら，赤道周辺の貿易風と西向きの赤道海

流の成因は，相変わらず天上界がそれらを引きずっているためというアリストテレスの考えが当てはめられていた[7].

当時の羅針盤を用いた航法の利用や測量術の向上は，文字通り世界を広げていった．当時の人々は，発見した土地をプトレマイオスの地図に書き加えていった．例えば，1427年には北ヨーロッパにスカンジナビア半島と今日グリーンランドとして知られている島が半島として地図に加えられた．1490年にはディアスは，喜望峰を発見した事実をふまえて大西洋とインド洋が正しくつながって描かれた地図を作成した．コロンブスによる大西洋横断の後，何度か大西洋を横断したイタリアのベスプッチ（Amerigo Vespucci, 1454-1512）は，その航海記で「コロンブスが発見した土地はインドではなくて新大陸である」という見解を述べた．1507年にドイツのヴァルトゼーミュラー（Martin Waldseemüller, 1470?-1520）が，「天地学序説（Cosmographiae Introductio）」を発表したが，これにアメリゴ・ベスビッチの航海記が紹介されるとともに，これに付された地図（図2-2）で新大陸を初めて「アメリカ」と名付けた[3-10].

大航海時代に，「熱帯を越えて，古代ギリシャ時代には描かれていない新しい大陸に行けた」という事実は，アリストテレスの気象学だけでなく，当時無条件に信

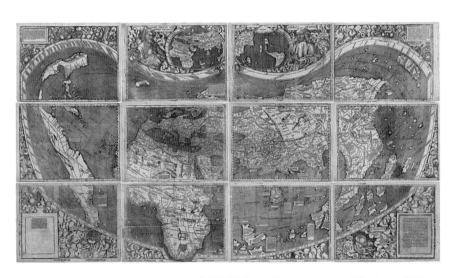

図2-2 1507年にヴァルトゼーミュラーの「天地学序説」に付されたアメリカ大陸が初めて掲載された世界地図

奉されていた古代ギリシャ自然哲学全体信頼性が崩れていくきっかけの一つとなった．また古代ギリシャ時代には知られていなかった未知なる知識や未踏の世界が，今後も存在し得ることを人々に印象付けた．それをその後の天文学の発展がいっそうはっきりと示すことになった．

2-3-2 彗星や新星の出現と古代ギリシャの宇宙観

　彗星は，アリストテレスの気象論では 1-1-3 で述べたように地上界（月下世界）最上部で起こる気象現象に属していた．そして中世になっても，彗星は超自然現象として神からのメッセージと捉えられたり，占星術に属する大変動の予兆と捉えられたりもした．いずれにしても突然現れて消えていく彗星は，大気上層の地上界に属する現象であり，永久不滅の天上界の現象と考える人はほとんどいなかった．

　1531 年に彗星が現れた．天文学者兼占星予言者であったドイツのアピアヌス（Petrus Apianus, 1495-1552）は，この彗星を詳細に観測して尾が常に太陽と反対側にあることを発見した．当時，尾の方角は不吉な大変動が起こる方向を示していると受け取る人が多い中で，彼は彗星の尾は太陽の光によって形成されていると結論した[8-1]．彗星の尾が太陽と関連していると考えることによって，初めて「彗星は地上界最上部の現象ではなく，天上界での出来事ではないのか？」という疑問が提起された．ちなみにこの 1531 年に現れたのはハレー彗星であり，この記録は後にハレーが彗星が周期的に回帰することに気付く重大な手がかりの一つとなった．

　1572 年にカシオペア座の本来何もないところに突然極めて明るい星が現れた．これは超新星の爆発であり，この観測を行った天文学者ブラーエはこれを「ステラ・ノヴァ（新しい星）」と名付け，この命名が現在でも新星をノヴァと呼ぶ語源となっている．ブラーエだけでなく当時優れた天文学者であったヘッセン方伯ヴィルヘルム IV 世，後にケプラーの師となるドイツの天文学者メストリン（Michael Maestlin, 1550-1631）らが日周視差*4 を確認することにより，この明るい星は火星や木星，土星の軌道より遠いところ，つまり天上界に存在していると結論した[8-2]．永久不変と信じられていた天上界で変化が起こったことは，西ヨーロッパ社会におけるそれまでの宇宙観を揺るがす大きな衝撃となった．

　そういう関心が高まっている中で 1577 年 11 月に再び彗星が現れた．このとき

---

*4　星などを地表の観測地点と地球の中心から見たときの方向の差．地球の自転に伴い 1 日周期で変化する．

2-3　アリストテレスの気象論などの古代ギリシャ自然哲学のほころび　　25

は，ブラーエなどを中心とした天文学者間の情報交換ネットワークがすでに作られており，その彗星の地球からの距離を測るために，ヨーロッパの各地で日周視差などの観測が行われた．このときの観測はブラーエのものが最も優れており，このデータは 19 世紀になってもこの彗星の軌道の決定のために用いられたほどだった[8-3]．彼は 1578 年に観測結果をまとめて，この彗星は月より遠い天上界に属しているとして次のように発表した．"天には何も新しいものが生じえないのであり，すべての彗星は空気の上層に位置するという，我々がこれまでしばしば耳にしてきたアリストテレス哲学は，有効ではあり得ない"[8-4]．当時観測を行っていたヴィルヘルムⅣ世，メストリンなどの多くの天文学者も同じ結論に達していた[8-5]．

　これによって，永久不変と信じられていた天上界で彗星が現れて消えていくことが確認された．この彗星の出現は「天文学の歴史における真の分水嶺になった」といわれている[8-6]．これは 1572 年の新星の出現とともに，2000 年近く信じられてきたアリストテレスを含む古代ギリシャの自然哲学に対する強力な反証を積み重ねることとなった．

参考文献

[1] 山本義隆，2007：一六世紀文化革命 2. みすず書房，[1-1]623, [1-2]590, [1-3]450, [1-4]462.

[2] Martin C., 2006 : Experience of the New World and Aristotelian Revisions of the Earth's Climates during the Renaissance. International Commission on History of Meteorology. History of Meteorology (Fleming R. J. ed.), 6.

[3] 山本義隆，2014：世界の見方の転換 1, みすず書房，[3-1]164, [3-2]165, [3-3]183, [3-4]148, [3-5]144, [3-6]259, [3-7]190, [3-8]192, [3-9]227, [3-10]320.

[4] Frisinger H. H., 1977 : The History of Meteorology to 1800. American Meteorological Society, [4-1]33, [4-2]36.

[5] Nico S., Hans S. (eds.), 2000 : Eduard Brückner ── The Sources and Consequences of Climate Change and Climate Variability in Historical Times. Springer, 245.

[6] Ptolemy. C., Robbins E.F. (transl.), 1940 : Tetrabiblos. Loeb Classical Library, §13.

[7] Burstyn H.L., 1966 : Early Explanations of the Role of the Earth's Rotation in the Circulation of the Atmosphere and the Ocean. Isis, **57**, 170.

[8] 山本義隆，2014：世界の見方の転換 3. みすず書房，[8-1]746, [8-2]804, [8-3]826, [8-4]832, [8-5]830, [8-6]822.

図の出典

図 2-1 Wikipedia

図 2-2 Waldseemüller, M.,: Universalis cosmographia secundum Ptholomaei traditionem et Americi Vespucii alioru[m]que lustrationes. https://www.loc.gov/resource/g3200.ct000725/

3. 科学革命の中での気象学

　14，15世紀ごろから，貨幣経済の発達による貨幣用の金，銀の需要，大砲などの軍事技術の発達による鉄，銅の需要が急増し，そのために鉱山や採鉱技術の開発が盛んになった．それをきっかけにして，16世紀前後から鉱山開発や要塞建築のための静力学，大砲と軍事技術のための放物体の弾道学，坑道の排水や排気，運河の建設などのための流体静力学，航海と操船のための天文学と潮汐などの技術の重要性が浮かび上がってきた．当時，こういった諸問題にダ・ビンチ，スティブン，ガリレイ，タルターリア，ガッサンディ，パスカル，ニュートン，ゲーリケ，ボイル，ケプラー，ハレーなどの多くの学者が取り組んだ[1-1]．

　このように発達してきた技術を背景にして，占星気象学を含む確かな占星学を確立しようとブラーエやケプラーは，精密な天体視測とその分析を進めた．ところがその結果発見されたものは，惑星の軌道は古代ギリシャ自然科学以来信じられていた円ではなく楕円であるということだった．さらにそれを説明するために，ニュートンは天上界と地上界で区別なく作用する万有引力の法則を発見した．アリストテレスによる二次的宇宙像，「不変的な円運動に基づく高貴な天上界」と「万物が流転する通俗的な地上界」は同一の万有引力の法則で結ばれた世界となり，約2000年間続いた天上界と地上界という概念は終焉を迎えた．同時にアリストテレスの『気象論』の考えも必ずしも正しくないことが認識された．風の起源としての蒸発気の考えも否定され，その代わりとなる風の原因が求められた．これが近代的な気象学の始まりとなる大気循環の説明の出発点となった．

　新しい知識を重視する考えは，精密な測定器の製作を可能とする技術の発達と相まって，フランシス・ベーコンが主張する測定器を使った実験や定量的な視測とその法則性の検証のための事実の蓄積へと向かった．またそれぞれの発見を情報交換するための学会が整備され，だんだんと科学的な手法が定まっていき，近代科学の発達の礎が築かれた．気象学も気圧の変動が天気と関係していることなどがわかり，学問としての成り立ちが探られた．いくつかの学会で

は各地の観測所を組織化して気象観測が行われた．18世紀中ごろからは，ニュートン力学を大気や海洋の運動に当てはめて，実際の大気の流れや潮汐などを，定量的に理解しようという研究も始まった．船乗りなどは嵐に備えて気圧計を利用するようになったが，一般的な気象の予測手法はまだことわざや占星気象学によるものだった．

16～17世紀のいわゆる科学革命などにより，さまざまな知識が急速に進歩した．そして，それは印刷技術などの発達を受けて，学者だけでなく一般の人々にまで知識が広まっていった．これは次のエピソードでもはっきりしている．1600年4月にオランダの船「リーフデ」号が日本に漂着し，その乗組員の中にイギリス出身のアダムス（William Adams, 1564-1620）がいた．彼は船大工出身でリーフデ号の一介の船員に過ぎなかったが，徳川家康は彼が持っていた知識に注目した．家康は彼を城に呼び寄せて進講を受け，当時ヨーロッパの航海，交易，政治，軍事についての知識を学んだ．その功績で彼は旗本に取り立てられて，三浦按針という日本名までもらった．彼は特別な教育を受けていたわけではなく，ヨーロッパではごく一般的な民衆の一人だった[2-1]．いってみれば一介の町人が身につけていた知識を将軍に披露した形になった．これは，当時の航海，交易，政治，軍事技術が，ヨーロッパでは彼のような一般階級の人々にまで広く浸透していたことを示している．

3-1　近代天文学への転機と気象学との関連

3-1-1　コペルニクスによる太陽中心説

コペルニクス（Nicolaus Copernicus, 1473-1543）は，1473年にポーランドに生まれた．彼はクラクフ大学で天文学と化学を学んだが，聖職者を目指してローマ法や医学を勉強するためにイタリアに留学した．そこで優れた天文学者であるノヴァーラ（Domenico Novara, 1454-1504）と出会い，彼の弟子となった．コペルニクスは1503年に帰郷し，天文学を研究しながらその生涯のほとんどをポーランド北端にあるフロンボルクの司教座聖堂の参事*1として過ごした．

コペルニクスの天文学の研究姿勢は，それまでの多くの天文学者たちによる「自身で星を観測する」という研究スタイルとはずいぶん異なっていた．彼は天文学の多くをプトレマイオスの『数学集成』のラテン語訳やレギオモンタヌスの『数学集

＊1　司教座聖堂の参事とは上級聖職者の管理者のこと．

成の摘要』などの書物から学んだ．また当時はすでにさまざまな天文表や天文暦が印刷されており，彼はそれらのデータを用いて研究した．これは印刷術が広まっていたからこそできたことだった．

　コペルニクスは「宇宙はすべての内で最善にして最高に秩序を重んじる神によって，我々のためにつくりだされた機構」と考え[3-1]，師ノヴァーラと同じように「単純なほど真理に近い」というピタゴラス派の立場に立って宇宙体系を考えた[4-1]．そして死ぬ直前の 1543 年に『天球の回転について*2』を出版した．これはそれまでの地球中心の動きを，太陽を中心とした動きに代えて，外惑星の逆行運動を簡単かつ統一的に説明したものだった．しかし周転円の考え方も残っており，プトレマイオスの宇宙モデルとは座標中心の取り方を変えただけともいえた[3-2]．コペルニクスによる太陽中心説の重要な点は，宇宙の中心を単に地球から太陽へ変えただけではなく，地球を惑星の仲間に入れたことであった．これはアリストテレス以来の高貴な天上界と通俗的な地上界という概念そのものを覆してしまう可能性を秘めていた．

　当初コペルニクスは，そのような恐れがあった『天球の回転について』の出版に慎重だった．弟子らの勧めでようやく出版に同意したが，印刷が終わってまもなく彼はこの世を去った．しかしながら，この本が出版されてもコペルニクスが恐れていた批判はほとんど起こらなかった．当時，太陽を中心と見るか地球を中心と見るかは相対的なものであり，どちらが正しいかという証明はできなかった．そのため，多くの人は彼の説を宇宙がどうなっているかという宇宙像の本質ではなく，惑星の軌道計算のための便宜的技法として受け取った[3-3][5-1]．逆にいえば，当時地球中心説は長年信じられてきた確固としたものであり，コペルニクスの理論により地球中心説が揺らぐことはほとんどなかったともいえた．ただし後に，カトリック教会はコペルニクスにまで遡って地動説に関する著述を禁書目録に載せ，これは 1835 年まで続いた[4-2]．

　コペルニクスの太陽中心説は後に風の考え方に大きな影響を与えることとなった．アリストテレスの『気象論』では，乾いた蒸発気が天上界に引きずられて風が起きるとされていたため，太陽中心説によって天上界が動かないとなると，代わりとなる風の成因は何かが問題となった．

＊2　"*Nicolai Copernici Torinensis De revolutionibus orbium coelestium, Libri VI*"

3-1　近代天文学への転機と気象学との関連　　29

3-1-2　ティコ・ブラーエの占星気象学と天体観測

　近代力学の礎となった惑星軌道に関する法則を見つけたのは後述するようにケプラーであるが、それはブラーエ（Tycho Brahe, 1546-1601）による、長期にわたって蓄積された高精度な観測データを利用したものだった．ブラーエは，1546 年にデンマークの上流貴族の子として生まれた．政治家となるべく 12 歳でコペンハーゲン大学に入学し，15 歳でライプチヒ大学に進んだ．そこで彼は天文学をさまざまな書物から独習した．彼は 16 歳のときに惑星の観測を行い，プトレマイオス理論に基づいた天文表では 1 か月，コペルニクス理論に基づいた天文表でも数日のずれがあることを知り，それが天文学を志すきっかけとなった[2-2]．

　1572 年にカシオペア座に新星が出現すると、彼はその星を入念に観測して「ステラ・ノヴァ」と名付けたことによって有名となった．彼はデンマーク国王フレデリック II 世の目に止まり、その庇護を受けた．ブラーエは上流貴族だったが貴族に定められた公務を果たさず天文学にのめりこみ、また平民の女性と結婚するなどしたため、一族からは厄介者扱いされたようである．彼は天文学を続けるために国外

図 3-1　ブラーエが建設したウラニボルグ（天空の城）

脱出を図ろうとするが，学問に理解のあった国王フレデリックⅡ世が彼を引き止めた．国王は公務を免除しただけでなく財政援助を行い，1576 年にデンマークとスウェーデンの間にあるヴェーン島に天体観測施設を建設して，そこで天体観測に専念することを認めた．この天体観測施設は「ウラニボルグ（天空の城）」（図 3-1）と呼ばれ，ブラーエはここで 1597 年まで観測を行った．

　当時でも占星術に対する信頼は絶大なものがあり，多くの知識人や有識者はこれを使っていた．例えば宗教改革を行った一人であるドイツの神学者メランヒトン（Philipp Melanchthon）は 1512 年の講演で「経験は，熱性の惑星の合が実際に日照りをもたらし，湿性の惑星が出合うと湿気を増加させることを示している」と述べ[3-4]，占星気象学がほとんど証明を伴わずに推測によっているからといってまるごと信じないのでよいのかと主張した[3-5]．また有名な神学者のカルヴァン（Jean Calvin）も自然占星術には，星の地上の大気への作用，したがって気象変動への影響も含まれるとし，「地上の物体は天空と適合し，人は星において地上に起こる事柄の何かを十分に気付き得ることを私は告白する．なぜなら天の影響はしばしば暴風，旋風，また種々の天候，長雨の原因となるからである」と述べている[3-6]．

　ブラーエも占星気象学としての天体の運行と気象の因果関係に強い関心を持っていた．当時の天文学は占星学と背中合わせの学問であり，天文学の研究の動機付けの多くは占星学のためであった．彼が占星気象学の研究のために 1582 年 10 月から 1597 年 4 月までウラニボルグで行った気象観測も占星気象学のためと考えられている[6-1]．彼は徹底した実証主義者であり，占星気象学を含む占星学が実証できないのは天体の観測精度が足りないためと考え，確かな占星学のために天体観測の精度をさらに高めることが必要であると考えていた[6-2]．

　彼は観測精度を上げるために，自ら優秀な技術者を雇って天体観測機器の開発や改良を行った．彼は天体観測用六分儀[*3]と赤道アーミラリー[*4]（図 3-2）を開発し，四分儀も改善して天体観測に革命をもたらした[2-3]．観測精度はそれまでより 10 倍以上向上して 1 分（1 度の 1/60）以内となり，肉眼の限界といわれるまでになった．これだけの精度があったからこそ，ケプラーによるブラーエの観測結果を用いた楕円軌道の発見が可能となり，引いてはニュートンによる万有引力の発見へとつなげることが可能となった[2-4]．そしてこの観測精度の達成は，知識の普及により

＊3　六分儀とは，天体などの高度，水平方向の角度を測るための道具．弧が 60 度（360 度の 1/6）であるところからこの名がついた．

＊4　いくつもの円環を組み合わせた天球儀で天体の位置の観測に使われる．

3-1　近代天文学への転機と気象学との関連　　31

ブラーエのアイデアを実現する測定器を製作できる高精度な加工技術の発達と，それを習得した優秀な技術者が育っていたことが大きな要因だった．

彼はこの高精度の観測結果に基づいて宇宙モデルを考えた．しかし，それは「地球以外の惑星は太陽を中心として回っているが，その惑星が回っている太陽と月は地球を中心として回っている」という，ある意味地球中心説に戻ったものだった．これは絶対に自信がある自身の高精度観測の結果でも恒星の年周視差[*5]が見られず，地球が太陽の周りを公転している証拠が得られなかったからだった[6-3]．実は年周視差の判別には1秒（1分の1/60）以下の精度が必要であり，この観測精度が達成されたのは1830年代に入ってからだった．

3-1-3　占星気象学者ケプラーによるケプラーの法則の発見

図 3-2　ブラーエが開発した赤道アーミラリー

ケプラー（Johannes Kepler, 1571-1630）は1571年にドイツに生まれた．生家は貧しかったが，ルター派の公費教育政策のおかげで神学校に入学できた．その後チュービンゲン大学に進み，そこでドイツの天文学者メストリンに師事した．メストリンはコペルニクスの太陽中心説などを紹介するなどしてケプラーに多大な影響を与えた．その後，ケプラーは占星気象学による天気予報を含む暦を作りながらグラーツの州立学校で数学と天文学の教師をしていた．その暦の天気予報がたまたまうまく当たったため，彼は占星学者として一生涯続く高い評判を得た[7-1]．

ケプラーは1595年に，異なる5種類の正多面体（プラトン立体）を球に内接さ

---

*5　星などを地表の観測地点から見たときの季節による方向の差．地球の公転に伴い1年周期で変化する．

32　　3.　科学革命の中での気象学

せるとそれらの内接円の半径の比が太陽から各惑星までの距離の比におよそ一致することに気付き，「なぜ惑星が 6 個なのか」という疑問（当時は土星までしか知られていなかった）に対して「惑星天球が異なる正多面体に外接しているため」という理由を考えついた．ケプラーはこの惑星天球を使って，1596 年に太陽系惑星の軌道構造を説明した本『宇宙の神秘（Mysterium cosmographicum）』を出版した．この本が契機となって，ケプラーは 1600 年にブラーエと出会い，ブラーエはケプラーの数学の才を見込んで彼を助手にした．

　デンマーク国王フレデリック II 世が死ぬとブラーエは庇護者（パトロン）を失い，デンマークを追われてハプスブルグ家のルドルフ II 世の宮廷数学官を務めた．当時の宮廷数学官とは実質的には占星学者のことだった[6-4]．そしてブラーエが亡くなると今度はケプラーがその職を務めた．ケプラーは占星学による人間の意思への影響，つまり戦争や政治，宗教，財産などへの影響を否定したが，天体運行の自然への合理的，科学的影響に関する熱心な研究者であり，その関心の大部分は気象予測だった[6-5]．彼はブラーエと同様に，1592 年から 1609 年まで 16 年間にわたって気象と惑星位置を観測してその関係を研究した．そして惑星からの光の角度（星相）が大気を揺動して大気の変動を引き起こすとして，その実例を記録した[6-6]．しかし，ケプラーのこの考えは人々に受け入れられることはなかった．

　1601 年のブラーエの死後，ケプラーはブラーエの火星の観測データを譲り受けて火星の軌道を計算した．その際に，想定した円軌道とブラーエの観測結果に角度にして 8 分の差があることに気付いた[7-2]．ケプラーは計算によって「惑星の軌道は円ではなく，楕円である」（第 1 法則）ことと，あわせて「軌道が描く面積速度は一定である」（第 2 法則）ことを発見し，これらを 1609 年に『新天文学（Astronomia Nova）』と題した本で発表した．さらに 1619 年には惑星の軌道の大きさと公転周期との関係（第 3 法則）を『宇宙の調和（Harmonice Mundi）』と題した本で発表した．ケプラーは 1631 年にこれらの法則に基づいて作られた天文表を使って水星の太陽面通過を予測し，それは見事に確認された[6-7]．

　ケプラーの法則は，それまで 2000 年続いた円軌道の教義から天文学を解放するだけでなく，惑星天球を使って説明していた惑星の運行を，太陽を中心とする力の概念に基づいて説明する天体力学のきっかけとなった．これにより，レギオモンタヌスからケプラーに至るまで，1 世紀半かけて自然界の定量的な把握を可能とする「数学的自然科学」が確立された．またこの発見は，自然の法則は演繹的な論証ではなく，実際の観測により検証されなければならないとする新しい自然研究のあり

方を生みだすきっかけにもなった.

この法則の発見により, それまで惑星を動かしていると考えられていたプトレマイオス以来の惑星天球の代わりに, 新たに「惑星を動かしている駆動力は何か」という説明が求められることとなった. 当時この駆動力として, 霊力に原因を求める物活論や, 磁石による磁気論, 近接作用による機械論などが挙げられたが[6-8], ケプラーは「太陽が惑星の駆動力の源である」という遠隔作用という考え方をとった[6-9]. 彼の「太陽が惑星に及ぼす力は太陽からの距離と関係する」という考え方は, 後のニュートンによる万有引力の考え方へと発展していった.

3-1-4 近代科学の父ガリレオ・ガリレイと風の考え方

ガリレイ (Galileo Galilei, 1564-1642) はトスカーナ大公国領ピサで生まれた. 彼はピサ大学に医学を志して入学したが数学への情熱を捨てきれず, 1589 年からピザ大学の数学教授となった. 1592 年にはパドヴァ大学に移り, そこで 1610 年まで幾何学, 数学, 天文学を教えた. ガリレイは科学に幅広く貢献した人で,「自然という書物は数学の言葉で書かれている」という有名な言葉で実験と数学を統合した.

ガリレイは物体の運動を捉えるための考え方を整理し, 運動の性質を決める際にそれまでの物体の味や色, 音などを検討から外して, 大きさ, 形, 重さなどだけに絞った[8-1]. また運動を明快に数理化, 抽象化して考えることにより, 落体の法則や慣性の法則を発見した. このため彼は「近代科学の父」と呼ばれている. 彼は晩年に気圧の発見, 温度計の発明と密接な関係を持つが, それはそれぞれ 4-1 と 4-3 で述べる. ここでは後の気象学の進展と大きく関係する天文学と力学への貢献について説明する.

当時天文学の発展に大きく寄与したのは, 望遠鏡の発明だった. 実は望遠鏡の発明者というのははっきりしていない. ガリレイもその発明者の一人とされることが多いが, ガリレイは当時オランダで発明された望遠鏡のことを聞き及んで, 1609 年に独自にそれを改良したようである[9]. 彼の斬新な点は, その望遠鏡を空に向けたことだった. ガリレイが望遠鏡を天に向けてまず発見したのは, 月の表面のでこぼこだった. これまで月はアリストテレス自然哲学でいう天上界に属しており, 崇高で完全無欠な天上界にふさわしく「球」と思われていた. ところが月は地球と同じように山や谷に覆われていることがわかったため*6, それに合わせてその後, 月は天上界ではなく地球と同じ地上界に属することとなった.

またガリレイは金星が月のように満ち欠けをしていることを発見した．プトレマイオスの宇宙像では金星の軌道は常に地球の軌道と太陽との間にあるため，三日月以上になることはあり得ない．金星が三日月にも満月にもなることは，金星が地球と太陽の間にあるときは三日月になり，太陽の向こう側にあるときは満月に近くなるということを示していた．これにより彼は金星が太陽の周囲を回っていることを直接目に見える形で証明した．さらに望遠鏡を木星に向けたガリレオは木星の四つの衛星を発見した．これは地球以外にも衛星を持つ惑星があることを意味しており，地球を宇宙の中心とするアリストテレスの宇宙像は誰が見てもわかる形で破綻した．

ガリレイはこれらの発見の一部を 1610 年に『星界の報告（Sidereus Nuncius）』と題して出版した．ところが，これらの証拠により宇宙の構造に関する論争は終わっても，太陽中心説に傾く人々の増加は徐々にでしかなかった．なぜならばこの考えは天文学の問題を超えて，それまでの「崇高な天上界と通俗な地上界」という考え方から「世界には崇高や通俗のような差はない」という人々の価値観の転換にまで踏み込んでいたからであった．なおガリレイは，木星の 4 個の衛星の発見した際に，木星をシンボルとしているフィレンツェの名家メディチ家に，その権勢を象徴しているとしてその発見を捧げた．メディチ家当主のコジモ II 世（Cosimo II de' Medici）はこれをたいへん喜び，ガリレイをメディチ家の哲学者，数学者として召し抱えた．当時は科学者という職業はなく，研究を継続するためには庇護者を見つけることが不可欠であり，ガリレイはそういった才にも恵まれていた．

それまでアリストテレスをはじめとした自然哲学者たちは，物体が「なぜ」落下するのかということを説明しようとした．それに対してガリレイは，物体が「どのように」落下するのかを数学的な法則で記述しようとした．彼は正確に計測できるように斜面を使って，水時計で時間を記録しながら落下実験を 100 回以上行った（図 3-3）．その結果彼は，「すべての物体が重さとは関係なく同じ速度で落下する」「物体が落下するときに落ちる距離は，落下時間の 2 乗に比例する」という落体の法則を発見し，1638 年に『新科学論議（Discorsi e dimostrazioni matematiche intorno a due nuove scienze）』と題した本で発表した．

それまでのアリストテレス運動論は，「動くものはすべて何かによって動かされ

---

*6 ケプラーは師であるメストリンがガリレイによる発見の前に肉眼で月のでこぼこを発見していたことを書き残している[6-10]．

図 3-3　ガリレイがドン・ジョヴァンニ・デ・メディチに落下体の法則を実証している場面　中央の最も背の高い人物がガリレイ．

なければならない」，つまり動かす作用がなくなると止まってしまうのが地上界での運動法則だった．しかしガリレイは，「運動する物体は外部からの作用がない限り動き続ける」ことを明確に述べて「慣性の法則」を確立し，「動いているか止まっているかは相対的なものである」という慣性系の考え方を提示した．

　コペルニクスの太陽中心説によって天上界が動かなくなったため，アリストテレスの説の代わりとなる風の成因が必要になった．ガリレオは，風は自転する地球の地面と大気との相対運動であると考えた．そして当時すでに知られていた貿易風や偏西風の成因について，1616 年に「低緯度では大気が地球の自転について行けずに東風になり，中緯度では大気が地面より先に進むため西風になる」と考えた[10-1]．この考えはその後イギリスの数学者ウォリス（John Wallis, 1616-1703）などが長く支持した．1618 年にはケプラーが，ガリレオと同様の説明を用いて赤道域の西向きの海流の成因を提示した[11-1]．これらの考え方は 17 世紀後半に地球規模の風に関する考察のもととなった．

3-2　科学的な考え方への転換

3-2-1　フランシス・ベーコンの自然科学に対する考え方

　この時代の科学の考え方に大きな影響を与えた人物は，イギリスのフランシス・

ベーコン（Francis Bacon, 1561-1626）である．彼はイングランドのジェームズⅠ世時代の，検事総長，枢密顧問，大法官を務めた政治家だった．それまでの中世ヨーロッパの自然に対する考え方は，「自然は神からのメッセージ」という神聖かつ素朴なもので，「神のもう一冊の書物」として第二の聖書とも考えられていた．ところがベーコンは，当時の産業の発展を背景にして，自然を人間や国家に「奉公させるもの」，「利用されるもの」として捉えた[12]．ベーコンにとって自然研究とは，それまでの学者個人が好奇心に駆り立てられるままに追求するものではなく，ガリレイの考え方を一歩先に進めて人間に役立つ自然に潜む隠れた作用を明るみに出す科学的技法であり，そのために実験で収集した事実に基づく帰納的手法を主張した．彼は1620年に著書『ノヴム・オルガヌム（Novum Organum）』で，自然哲学の研究の基礎として事実を蓄積するための自然誌（natural history）と実験誌（experimental history）の作成と，それに基づいた理論の構築を唱えた．それは一人の人間で完成されるようなものではなく，次の世代に引き継がれていく壮大なものであり[2-5]，彼の構想は後述する王立協会設立のもととなった．彼にとって自然の研究とは，公共の福祉や国家権力に役立つための目的意識を持った事実の蓄積やその考察などの組織的な共同作業であるべきだった[5-2]．そして，その実現のために有名な「知は力なり（Scientia est potentia）」を提唱した．

　ベーコンは自然の捉え方を，畏敬するものから制御して利用するものへと変貌させた．彼の「実験，観測によって客観的な事実を実験誌や自然誌としてできるだけ多く蓄積し，そこから法則性・公理を帰納的に引き出す」という考えは「ベーコン主義」とも呼ばれている．ただし，彼は客観的事実の分析よりもその蓄積に重点を置いており，それから自ずと帰納的に引き出された仮説を「誤謬の可能性は恐れるものではなく，皆が検証するために仮説を提供することが重要であり，そのため仮説は間違っていても有益なのだ」と主張した[8-2]．

　この帰納的な考え方は気象法則の解明にも当てはめられた．ベーコンには死後の1627年に出版された『ニューアトランティス』というユートピアを語った小説がある．そこに出てくる「ソロモンの館（Solomon's House）」の科学者たちは気象を観測してさらに操作した．"我々はいくつもの高い塔を持っている……さまざまな大気現象――風，雨，雪，雷，さらには燃えさかる流星――を観測するためだ．さらにいくつかの場所では，その塔の上に隠者たちの住まいがある．我々は，ときにその隠者たちを訪れ，何を観測すべきかを指示する……風を増幅し，強化して，さまざまな運動を引き起こすための装置もある"[13]．ソロモンの館は，それまで因果

関係が知られていない知識を獲得し，人類の知識の限界を拡張して，あらゆること
を実現可能にすることを目標とする機関だった[14-1].

　この「集めたデータから自然の法則を解明して自然を利用する」という考え方
は，17世紀以降多くの学者たちの科学活動の指針となり，物理や化学などの科学
とそれらを用いた蒸気機関や紡績機などのさまざまな技術の発展に寄与した．一方
でこの考え方は各種の産業による自然破壊や地球環境問題にもつながっている．気
象学においても人工降雨や気候制御（気候工学）などはこの考え方に立脚してい
る．

3-2-2　デカルトによる機械論哲学

　フランスの有名な哲学家デカルト（René Descartes, 1596-1650）は，ブルターニュ
の高等法院評定官を父に持つ名家の生まれで，10歳でイエズス会のラ・フレーシュ
学院に入学し，そこを出た後ポアティエ大学に進んだ．デカルトは思想書『方法論
序説』などを書いた哲学者として知られているが，彼はベーコンとは逆に数学的手
法による演繹を重要な出発点とした数学者でもあった．デカルトはスコラ学を否定
し，自然哲学を古代ギリシャ哲学に基づいて議論するのではなく，独自に物質を幾
何学的な「延長（res extensa）*7」としてその運動を理性によって論ずることによ
り，帰納的な試行錯誤ではなく演繹的に一気に自然科学に証明を与えようとし
た[15].

　当時医学も，ローマ時代のギリシャの医師ガレノス（Claudius Galenus, 129年？-
200年？）が確立した「動脈と静脈はそれぞれが独立したシステムである」といっ
たような不正確な知識がまだ広く信じられていた．1628年にイギリスのチャール
ズI世の侍医ハーヴェイ（William Harvey, 1578-1657）は，解剖学的な観察から「血
液は心臓から送り出されて動脈と静脈を通って心臓に戻ってくる」という血液循環
説を発表した．この発見は当時のサロンなどを通して広まり，この「人間の機械的
な構造」が研究者を刺激した．このような刺激がもとになって，デカルトは自ら中
心となって「機械論哲学」を発展させた．

　機械論哲学とは，「自然も機械的な法則に従って運動し，（宇宙のような）物質界
はそれを構成する部分の配列と作動によって説明可能である」[12]という考えであ
る．これはそれまで広く流布してきた一種の物活論である「物体には魂とある種の

---

*7　加算可能な物理空間的な概念．外延と訳されることもある．

運動へと向かわせる性向が付与されており，運動は物質自身に内在した性質である」という考えと対立するものであった．デカルトは物質から精神性を排除し，自然はさまざまな物質や部品から成る「同一の法則に従う機械」と考え，古代ギリシャ時代からの「原理（principle）」に代わって「法則（law）」という概念を初めて導入した[4-3]．機械論哲学の考えは後のラプラス，フェレル，そしてヴィルヘルム・ビヤクネスらによる気象の考え方にも引き継がれ，法則を用いれば将来の天気が決定論的にわかるという気象予測の考え方に影響を与えた．

　またデカルトは実体の存在しない空間を否定し，全空間のあらゆる物体は目に見えない微小粒子で満たされ，物質の持つ二次的性質（色，におい，味，熱）は，その微小粒子によってもたらされると考えた．彼の機械論哲学では，例えば時計が歯車で動くように，ものが運動や変化する際には何か接触するものが必要と考えた．ちょうど太陽中心説が広がってくると，個々の惑星は惑星天球の助けを借りずにどのようにして一定の軌道の運動を維持するのかということが疑問となった．そこでデカルトは，この微小粒子が接触し合うことで天体を含むすべての運動が起こると考えた（近接作用説）．そのため彼は実体のない空間を否定し，物体が運動する際には端に空間が生じないように必然的に円環運動になるとした．この「すべての運動する物体は円環運動の一部として渦巻きを形成する」という考えは渦動論と呼ばれている[5-3]．17世紀にはこの渦がアリストテレスの蒸発気に代わって風を引き起こしていると考えられていた時期もあった[11-2]．

　デカルトは近接作用を引き起こすための微粒子として，アリストテレスが主張したエーテルをとりあげ，「宇宙がエーテルという微粒子で満たされている」という考えを使って新たに宇宙構造の合理性を追求した．この考えはその後オランダの物理学者で数学者のホイヘンス（Christiaan Huygens, 1629-1695）が光の媒介物質とするなど，18世紀，19世紀のヨーロッパの多くの科学者たちに影響を与えた．特に19世紀にマクスウェルによって電磁場の方程式が発表されると，エーテルは電磁波や光を伝搬するものとして広く議論された．これについては9-1-1で述べる．

3-2-3　デカルトの『気象学』

　デカルトは1637年に自分の思索の経緯や方法を述べた『方法論序説（Discours de la méthode）』を発表した．これは，『気象学（Les Météores）』『幾何学（La Géométrie）』『屈折光学（La Dioptric）』の三つの論文集の序文として計画されたもので，彼はこの『方法論序説』の中で科学的な研究に対する基本となる考え方を整

理した．その考え方とは以下の通りである．

"明証的に真であると認めることなしには，いかなる事をも真であるとして受けとらぬこと，……私の研究しようとする問題のおのおのを，でき得る限り多くの，そうして，それらのものをよりよく解決するために求められる限り細かな，小部分に分割すること．……私の思索を順序に従ってみちびくこと，知るに最も単純で，最も容易であるものから始めて，最も複雑なものの認識へまで少しずつ，……何一つ私はとり落さなかったと保証されるほど，どの部分についても完全な枚挙を，全般にわたって余すところなき再検査を，あらゆる揚合に行うこと．"[16]

この四つの考え方は，この後真偽を理性的に判断して真理を探究する際の規範となった．デカルトの『気象学』は，当時行き詰まっていたアリストテレスの気象学を近代的な科学に置き換えるためのものであった．そのため彼は上記の科学研究の基本となる考え方を気象学にも当てはめた．デカルトは空気や水が初めて微小な粒子からなっていると考え，例えば水の粒子は「結合して互いに絡みついて簡単に切り離されないが，決してくっついたり引っかかったりしないウナギのように」長くて滑らかで，滑りやすいと考えた[17-1]．

当時は空気中で凝結して現れたり蒸発して消えたりする水蒸気について，どういう形態で空気中に存在するのかは謎だった．デカルトは，水蒸気は見えなくなっても溶けたり空気とくっついたりなどせずに，その形を保持して空気粒子とは区別されるとした．また蒸気の小さな粒子の結合によって水滴または氷片ができて雲を構成し，水滴や氷片が大きくなって大気が保持できなくなると雨や雪として落下するとした[17-2]．この指摘は現在においても正しいものである．

デカルトの『気象学』の目的は，それ以前のアリストテレスが提案した考え方に対する自身の考え方の卓越性を実証することであった．しかし当時は目視以外には大気の科学的な観測手段，実証手段はなく，したがって彼の理論の根拠の大半は演繹的な理論に頼らなければならなかった[17-3]．彼の演繹的手法の出発点はアリストテレスの『気象論』と同様に仮定だった．測定器が発達して観測結果から理論の客観的な検証が帰納的にできるようになると，彼が提唱した仮定に基づく演繹的な気象学理論の多くは顧みられなくなった．しかしながら，彼の基本的な考え方はその後の科学に与えた影響と同様に気象学にも大きな影響を与えた．

3-2-4 ニュートン力学の誕生

天文学と力学を総合して科学革命の頂点をなしたのはニュートン（Isaac Newton,

1642-1727）だった．彼は 1642 年にイギリスのリンカーン州ウールソープで生まれたが，生まれた日は偶然にもガリレイが亡くなった日だった．彼は 1661 年にトリニティ・カレッジに入学するが，数学や物理ではなく化学（当時の錬金術）に興味を持っており，その化学に対する強い関心はその後も一生続いた．1664 年にロンドンでペストが流行し，翌年から大学が閉鎖されたため，彼は 2 年間故郷に戻った．この間に二項定理の発見，微分法の元となった連続量の変化率（流率法）の考案，レンズの色収差とそれを防ぐ反射望遠鏡の考案，万有引力の構想などを行った．

　ニュートンは 1687 年にケプラーによる惑星軌道の法則，ガリレイによる落体の法則などの力学を統合して，地上の石から惑星に至る太陽系すべての物体の運動を統一的に扱う「万有引力の法則」を確立した．彼はこの考えを 1666 年には思いついていたといわれている．フック，ハレーなどの科学者たちも 1679 年には引力の逆二乗法則には気付いていた．惑星と太陽間の引力に関心を持っていたイギリスの天文学者ハレー（Edmond Halley, 1656-1742）は，1684 年にニュートンを訪ねてこの法則のもとで惑星の運動がどうなるかを質問した際に，ニュートンは惑星の運動が楕円になることを即答し，後日その証明をハレーに書き送った[4-4]．これを見たハレーはただちにその価値を見抜いて出版を勧めた．王立協会は出版の許可を与えたものの財政的に出版の費用を負担することができなかったので，出版の費用はハレーが負担するなどしてニュートンを支援した[18-1]．

　この支援により，ニュートンは 1687 年に『プリンキピア（自然哲学の数学的諸原理）(Philosophiæ Naturalis Principia Mathematica)』を出版した．この本の第一巻は力学原理を純粋幾何学を使って示したものである．そして第三巻の万有引力の法則は，地上の物質から惑星の運動までを統一的に説明することによって，古代ギリシャ時代以来の天上界と地上界の境目を完全に消し去った．

　これに対して，次に「万有引力をもたらしているものは何か」が大きな問題となった．万有引力は近接作用論とは異なり，真空中を力が「遠隔的」に伝わることを前提にしていた．当時引力が遠隔作用する原因について，霊力などの物活論が議論されたこともあったが，ニュートンは引力が「どのように」働くかということと「なぜ」働くかということを区別して考えており，彼は引力の量的関係性の解明だけに徹した．彼は万有引力が何によって起こるかを明らかにするためにはさらにこれに関する事実を見出す必要があり，それは困難と考えていた．そのため「我は仮説を作らず（hypotheses non fingo）」という言葉を掲げて，直感的な仮説に基づく

3-2　科学的な考え方への転換　　41

力の原因を議論することはしないという姿勢をとった.

ニュートンによる万有引力の法則は，すべての物質の運動は力学に従うという考え方の基本となり，この後，ダランベール，オイラー，ラグランジュなどが，物体に関する力学とその運動を「ニュートン力学」として発展させていった．ニュートン力学により物体の運動は「物体の本質」から切り離された．風などの大気の運動もその「始原」を考慮する必要がなくなり，他と同じく物体として力学に当てはめて考えることが可能となった[11-3]．そして大気の運動はニュートンの逆問題（物体の運動から，そのふるまいを決定している力や法則を決定する）の一種として，ニュートン力学の中に組み込まれていった.

3-3　学会の誕生と気象観測

3-3-1　学会が生まれた背景

17世紀の研究者たちは，自然に関するあらゆる新しい事実を見つけるための実験を行い，新しい理論を構築することを目指した．当時知識の辺境が新たにいくつも見いだされ，征服されるのを待ち受けているように見えた．それらの征服は単独では困難であり，可能な限り多く人が結集して協力して行動することが不可欠だった[14-2]．そのためフランシス・ベーコンの考えを引き継いで，個人では行いにくい実験や観測を協力して行ったり情報交換したりすることが始まった．そして近代的な観測は，定量的な計測とその記録から始まった．4-1で述べる気圧計の発明の後，1649年から1651年にかけてパリやストックホルムで気圧計を使った気象観測が行われた．特にストックホルムではデカルトが自ら観測を行った[17-4].

当時の自然研究者たちや実験家たちは，上記のように互いに協力して実験したり，情報を交換したりするためにグループを結成した．1633年にはロンドン，ブリュッセル，アントワープの間で郵便制度が始まり[14-3]，それからヨーロッパに広く整備され発展した郵便制度が，離れた地域間の情報交換を可能にした．そのようなグループは次第に組織化されて学会（アカデミーやソサエティ）となっていった．各地の学会は国家や資産家に資金援助を求めて個々の研究者に分配したため，それ以前のように研究者が個別に富裕な庇護者を見つける必要がなくなった．しかしながら，これは研究者たちによる科学の集団的管理ということにもつながっていった[14-4].

さらにそういった学会を通して，会員による発見などを発表する場や会報などの定期刊行物の仕組みも整備されていった．これは会報などを通して批評，批判，反

論を行う公開の機会を提供し，訂正や情報提供の依頼，研究計画の告知などにも使われた．こういった公開の議論や告知は発見の剽窃（ひょうせつ）を防止し，発見を秘匿するための研究者の孤立化を防いでヨーロッパの知的研究の向上に寄与した[14-5].

　気象についても，いくつかの学会ではベーコンの考えを引き継いで気象観測を行い，その結果を集積するために『気象誌（history of meteorology）』を編纂した．さらに各地での組織的な気象観測を自ら実施し，記録，整理，配布して議論しようとした学会もあった．そのためには比較可能で安定して動作する気象測定器を開発する必要があり，学会が主体となって気象測定器の開発が盛んに行われた．この測定器の開発については4章で述べる．

3-3-2　ヨーロッパ大陸での学会

　15世紀ごろから学問が盛んになると，教育機関となってしまった大学に代わって学会やアカデミーが研究機関の原型として整い始めた[5-4]．1474年にイタリアのフィレンツェにおいて，メディチ家によって「プラトン学院（Accademica Platonica）」が創設された．これが学術的な情報交換を目的とした集まりの始まりとされており，主に古典文献研究が目的だった．その後自然科学研究の隆盛とともに，その情報交換を目的として1603年にモンティチェリ公チェージ（Federico Cesi, 1585-1630）が，山猫の目のような鋭い具眼の持ち主を目標にするという趣旨で，ガリレイなどの自然科学の研究者や愛好家を集めてローマに「山猫アカデミー（Accademia dei Lincei）」を設立した．ここで行った実験は記録誌「Gesta Lynceorum」に収録された．これが学術団体によって発行された最初の出版物といわれている[14-6]．

　イタリアでは，1657年にトスカーナ大公フェルディナンドII世（Ferdinando II de' Medici, 1610-1670）とその弟レオポルド（Leopoldo de' Medici, 1617-1675）が，ガリレイの精神を継承していくためにトリチェリなどを擁した「実験アカデミー（Accademia del Cimento）」を作った．この学会は自ら気象観測を実施し，活動の一つとして温度計，気圧計，湿度計を作らせ，フィレンツェ，ピサ，バッロンブローザ，カルティリアーノ，ボローニャ，パルマ，ミラノの7地点からなる初めての気象観測網を作って，温度，気圧，湿度，風，空の状態を観測した．この観測網はさらにワルシャワ，パリ，オスナブリュック，インスブルックなどのヨーロッパの都市にも広がり，そこでの観測結果がこのアカデミーに送られた[17-5]．このアカデミーは1667年に解散したが，この学会による観測は18世紀以降の気象観測網の

発展に大きな影響を与えた．またこの活動内容は 1667 年に『自然科学実験論集（Saggi di naturali esperienze）』として出版され，初めての学会誌として注目された[1-2]．

フランスのパリでは 1630 年代から，数学や音楽の研究を趣味とする司祭メルセンヌ（Marin Mersenne, 1588-1648）が主催して，物理学者で数学者，哲学者だったガッサンディやデカルトやパスカルなどの多くの研究者を集めて，自然科学について自発的に研究集会を開くようになった．これは「メルセンヌ学会（Académie Mersenne）」と呼ばれた．フランスの財務，産業，海軍を所管した大臣コルベールは，この後述べるイギリスの王立協会に刺激を受けて，フランスの科学も公的な支援を必要としていると考えた．彼は文芸に関する学会である既存のアカデミー・フランセーズと似たような公式の科学学会を組織すべきと国王ルイ 14 世に進言した．その結果，1666 年にパリに「王立科学アカデミー（Académie Royal des sciences）」が誕生した[14-7]．ルイ 14 世はこのアカデミーに地球の形状を測量させる遠征を行わせるなど科学を政略として積極的に利用した．その権威の象徴として 1682 年にヴェルサイユ宮殿を造営して，ヨーロッパ最大の宮廷サロンの主催者となった．これはイギリスのベーコンが主張した「知は力なり」を実際に体現したものになった．

この王立科学アカデミーはパリで気象観測を行い，1688 年からアカデミーの紀要（memoirs）に気圧，気温，降水量を掲載した．フランスの地理学者，数学者，天文学者だったド・ラ・イール（Philippe de La Hire, 1640-1718）は，1709 年のアカデミー紀要の中で毎月の降水量を統計し，また天候継続の変動パターンの分析を行った[17-6]．

3-3-3　イギリスの王立協会とフック

ロンドンでは，1645 年ごろから数学者ウォリスらが中心となって新しい科学に興味を持つ人々がグループを作り，医学，幾何学，天文学，航海術，静力学，化学，機械学，自然実験など新しい知識を集めて議論，考察する活動を始めた．彼らの活動は「見えない大学（Invisible College）」と呼ばれることもある．このグループの一部は清教徒革命などの政争の影響でオックスフォードに移り，1649 年ごろからオックスフォードグループと称された．1652 年から 1656 年にかけて，このグループに新しいメンバーとして加わったのがボイルとフックだった．

1660 年に国王チャールズ II 世の復帰によって王政が再開されると，オックスフォードグループはロンドンのグループと合流して，ロンドンのグレシャム・カ

レッジ*8 で会合を持つようになった．このグループは 1662 年に国王による勅許を得て王立協会（Royal Society）を設立した．ただしフランスと異なり，国王は名称の利用を認めただけで協会の運営は国王とは独立していた．当時政争直後で国家転覆のための集会が横行しており，このような会合を開くためには国王の認可が必要だった面もあった．

　王立協会はスコラ学のように古代の権威や教義に依らず，実験事実を通して自然の秘密を解き明かすというベーコンの理念を重視しており，「言葉に依らず（Nullius in verba）」をモットーにしていた[1-3]．王立協会の活動の特徴は，得た知識や知見を 1665 年以降『哲学紀要（The Philosophical Transactions of the Royal Society）』として定期的に出版したことである．これは，当時の事務局長であったオルデンブルク（Heinrich Oldenburg, 1618？-1677）が個人事業として始めたものだった．しかし当時発行されていたフランスの公的な学術誌『学者のための雑誌（journal des sçavans）』に刺激を受けて，哲学紀要の発行は協会の公式活動となった．オルデンブルクはこの紀要の中でこう述べている．"科学に関する簡単な記録を少しずつ収めることが目的なのではない．……そこからさらに先へと進むために，相互扶助や協働作業があらゆる場面で行なわれるように促すことを意図しており，それが主要な目的である"[14-8]．王立協会は勅許があるため，このような出版物も国の検閲を受けずに発行することができた．

　この紀要はイギリスだけでなくヨーロッパ中からの報告を掲載し，また発見の告知，先取権の確立，論争の展開を通して，今日の学術論文の元となった．3-4 で述べるハレーやハドレーによる地球規模の大気循環の論文を始めとして数多くの有名な論文を生み出し，実験的な手法の普及と科学的知識の確立と保存に大きな役割を果たした．19 世紀の科学者でダーウィンの進化論を擁護したことで知られる生物学者ハクスリー（Thomas Huxley, 1825-1895）は，この紀要の役割についてこう述べている．"もし哲学紀要を除く全世界のすべての本が破壊されたとしても，物理科学の基盤は揺るがず，過去 200 年の膨大な知的進展についての記録は，完全とはいえないまでも，ほとんどが手元に残るといって差し支えない"[14-9]．

　ここで弾性に関するフックの法則などに名を残し，王立協会とそこでの気象観測

---

*8　イギリスの貿易商トーマス・グレシャム（Thomas Gresham, 1519-1579）が，死後にロンドンの屋敷に開設するように遺言してできた学校．学生ではなく社会人の教育のための実用的な教育を目的とし，新しい科学と成人教育の中心となった．なお，グレシャムは「悪貨は良貨を駆逐する」という言葉を残したことでも有名．

に大きな影響を与えたフック（Robert Hooke, 1635-1703）について述べておく．フックは1635年にイギリス南部のワイト島に生まれた．フックは生まれつき体が弱くて学校に行けなかったが，手先が器用で時計を分解して組み立てたりするだけでなく，絵画にも優れた才能を持っていた．後に彼が描いた『顕微鏡図譜（Micrographia）』を見れば，その才能は容易に推測できる．フックは画家の徒弟となるためにロンドンに行ったが，学業が優れていたためか絵の修業を途中でやめてエリート校であるウェストミンスター・スクールの生徒となった．そして1653年ごろオックスフォード大学の名門クライスト・チャーチに進んだ．

フックは先ほどのオックスフォードグループに参加して，そこで当時の最新科学に触れるようになった．そこで優れた実験技術の腕を買われてボイルの助手として仕事を手伝うようになり，その初仕事は真空ポンプを作ることだった．真空ポンプとは真空に近くなるまで空気を吸い出せるポンプのことであり，当時最先端の技術を集めた科学装置だった．フックは科学実験器機の製作職人に真空ポンプを作らせたが実用にならなかったので，1658年か1659年にこの装置に自ら改良を加えて完成させた．この当時，実用になる真空ポンプは世界中で後述するゲーリケとフックのものだけだったといわれている．ベーコン主義に基づいた観察によって自然の真理を突き止めるためには優れた技術が必要であり，フックが持っていたような優れた技術は当時の科学の発達のための重要な条件だった．

このような実績を買われて，フックは1662年に王立協会の実験主任（curator of experiments）に任命された．この役割はグレシャム・カレッジで行われる毎週の例会で実験を行ったり，協会依頼の実験を行ってその結果を持って来ることだった．彼の優れた実験手腕が協会に与えた影響は大きく，彼の実験がなければ王立協会は存続できなかったといわれているほどである[18-2]．彼は1665年にはグレシャム・カレッジの幾何学の教授にもなり，その敷地内に住んだ．1666年に起こったロンドン大火の後に彼はロンドン復興のための測量官に任命され，同じく測量官に任命された親友の大建築家レンとともにロンドンの街の再建にも当たった[18-3]．レンは気象測定器の開発にも携わっており，そのことは4-7で述べる．

フックはニュートンと望遠鏡の構造，光学（波動説），万有引力などについて論争したが，その中にはニュートンが行った落体の軌道計算の間違いに気付く[18-4]など，その後のニュートンの成果を啓発したものもあった．また彼は幅広い分野で多くの機器を発明したが，当時はきちんと証拠を残しておくという風習が十分でなく，フックの発明品の中には後に特許紛争を起こしたものも多くあった．数多くの

論争もあってか，大実験家のフックと大理論家のニュートンは仲が悪かったようである．フックが1703年に亡くなった後，当時の王立協会の会長だったニュートンは，一部の反対意見を無視してグレシャム・カレッジにあった王立協会の移転を強行し，その際にグレシャム・カレッジの王立協会内にあったフックのさまざまな実験装置や肖像画が失われたといわれている[18-5]．そのためかフックの肖像画は1枚も残っていない．またフックが開発した技術には気温の較正方法や船舶用気圧計など後世に十分に伝わらなかったものも多くあるが，これもこのときに失われたことが原因かもしれない．

図3-4 フックが「気象誌の作成方法」の中で描いた風力計

　フックは1663年に王立協会に「気象誌の作成方法（A method for making the history of the weather）」を提案した．その中で彼は，風向と風速，およびその持続時間，湿度，気温，気圧，空の状態を記録する方法や様式を定めた（図3-4）[19-1]．ただ観測する時刻は決まっておらず，天候に顕著な変動があった際に記録することになっていた．またフックはあらゆるといってよいほど各種の気象測定器について発明や改良を行って，気象観測の発展に大きく貢献した．彼は測定器のスケール（尺度）の標準化にも重要な貢献を行い[17-7]，広域にわたる気象観測の結果を統一的に比較できるようにするための重要な契機を作った．これら気象の測定器への貢献については4章で述べる．

　1732年に王立協会の会長ジュリン（James Jurin, 1684-1750）は，フックの思想を受け継いで哲学紀要を通して各地に標準様式による気象観測を要請した[20-1]．ジュリンの要請は，"観測者は1日に最低1回は気圧計と温度計の示度，風の方向と強さ，前回の観測時からの雨または雪の量，それに空の状態を記録すること．激しい嵐のときはストームの時刻とストーム開始時，最盛期，衰弱期，終了時における気圧計の読み取り，さらに日誌は6行に分けて各要素を記録し，各月ごとに気圧，気温の平均と降水量の総量をまとめ，年ごとの平均も算出すること"[19-2]だった．この要請に応えて，北ヨーロッパ，インド，北アメリカからも観測記録が送られてくるようになり，王立協会による気象観測は真の意味で初めての国際的な観測網となった．ただし，送られてきたデータの多くは測定器や観測の状況が不明のま

まだった[20-1].

　ジュリンの後にこの事業を引き継いで，王立協会で気象誌を発行したのが 3-4-3 で述べる地球規模の大気の流れを説明したハドレーだった[11-4]．1771 年にランベルト図法の発明者で円周率が無理数であることを初めて証明したことでも知られるドイツの数学者ランベルト（Johann Lambert, 1728-1777）は，王立協会による気象観測を世界中に拡張すべきという提案を行った[17-8]．しかし，当時はちょうど科学の発展期であり科学の分野は広がりつつあった．王立協会は以前にも増してさまざまな科学分野を扱うようになり，その中で気象分野が占める重要性は相対的に小さくなっていった．多くの資金や人手を必要とする気象観測への熱意はだんだん失われていった．そういう状況では，科学を総合的に扱う学会ではなく気象を専門とする学会が必要だった．

3-3-4　医学や農業への気象データの利用

　4 章で述べるように，17 世紀以降気象に関する測定器が発明や改善がなされ，少しずつだがそれを使った定量的な観測が広がった．また学会やその刊行物などで，気象に関するさまざまな情報の交換が盛んになっていった．占星気象学による気象と天文との関係の追求がだんだん下火になった後，ヒポクラテスによる気候と病気との関係が注目されるようになった．

　ドイツ，ブレスラウの医師カノルド（Johann Kanold, 1679-1729）は，1717 年に仲間とともに自然現象と死亡率との関係を調べるために各地の気象データの収集を始めた．気象データの収集は当初ドイツ国内のみだったが，やがてオランダ，イギリス，スウェーデン，フランス，イタリアにまで広がり，13 年間にわたって続いた[20-2]．18 世紀初めには，イギリスのロンドンやエディンバラでも気候や気温の変化と病気や死亡率との関係が調査され[20-3]，1730 年ごろにイギリスの医師アーバスノット（John Arbuthnot, 1667-1735）は，気候と病気が関係していることを広く民衆に広めた．19 世紀前半のアメリカでは兵士の健康管理のために軍によって組織的に気象観測が行われ，気象や気候と疾病や死亡率との関係の調査が行われた[21-1]．これは 5-2-4 で述べるように，アメリカの国家規模の気象観測網設立の始まりとなった．

　また病気だけでなく，人間や国家の性質と気候との関係にも関心が持たれた．18 世紀半ばには，フランスの歴史家でフランスアカデミーの会員だったデュボス（Jean-Baptiste Dubos, 1670-1742）やフランスの哲学者モンテスキュー（Charles-

48　　3.　科学革命の中での気象学

Louis de Montesquieu, 1689-1755）は，過去の文献をもとに人間の性格や国家の盛衰における気候との関係を議論した．その中でデュボスは，文明国の繁栄は適した気候によってのみ可能で，気候変動は国家の盛衰に関わっているに違いないと主張した[20-1]．

18世紀後半になると，重商主義の発展によって農業の育成と健康な住民の増加に対する経済価値が認識され始めた．農業と衛生に対する気象の影響が重視され，気象は政治や経済と密接に関係し始めた．また測定器の発達とその較正方法の確立は各地の気象の定量的な観測を可能にした．そのような中でヨーロッパでは7年戦争[*9]（1756-1763）での疲弊の後，寒波と不順な夏によって農業が大きな打撃を受けたため，ヨーロッパ諸国は気候変動への関心を高めた．

1774年にフランスの重農主義者で財務総監だったテュルゴー（Jacques Turgot）は，流行していた牛疫に対応するため獣医と医者による気象観測網を作った[22-1]．1776年にこの観測網はパリの王立医学協会（Société Royale de Médecine）の下で拡張され，これにフランスの化学者ラボアジエ（Antoine-Laurent de Lavoisier, 1743-1794）も加わって協力した．フランスの気象学者コット（Louis Cotte, 1740-1815）は，この観測結果から毎月の最高値と最低値と平均値をとりまとめて，医学協会の紀要の中で1793年まで発表を続けた．しかしながら，この気象観測網への参加者はほとんどが素人で，測定器の扱いをよく知らない人も多かった．またコットの勧告にもかかわらず大部分の測定器は較正されていなかったため，個々の観測結果は相互に比較不能で，さらに測定器の作りが粗悪なために結果の信頼性にも欠けていた[22-2]．

3-3-5　気象を専門とする学会による気象観測網の誕生

ドイツのパラティナ地方では気象の農業などへの価値が認識され，その観測の必要性が高まっていた．パラティナというのは，ドイツのラインラント＝プファルツ州の南部地方の英語名のことで，ドイツ語ではファルツまたはプァルツと表記される．当時はフランス革命前後で新しい宗教観，国家観による国民の自国意識が台頭した時期だった．プファルツ選帝侯[*10]テオドール（Karl Theodor, 1724-1799）は

---

*9　プロイセンおよびそれを支援するイギリスと，オーストリア・ロシア・フランスなどのヨーロッパ諸国との間で行われた戦争．
*10　神聖ローマ皇帝の選挙権を持った諸侯のことで，選挙権以外にも他の諸侯より数々の特権を有していた．

1743年にプファルツ選帝侯を継承したが，1777年にはプファルツ州とは別のバイエルン選帝侯となった．彼は非宗教的な芸術，文化，科学への後援を通して領土内への影響力を増すことを考え，宮廷のあったプファルツ州マンハイムに科学アカデミーを設立して，文化や学芸を熱心に振興した．彼はマンハイムからバイエルン州のミュンヘンに宮廷を移してからも，気象学の農業への影響に対する関心により，マンハイムの科学アカデミーに気象観測のための永続的な資金を提供する意欲を示した[22-3]．

当時，気象学の農業への適用に興味を持っていた司祭で，気象学者，物理学者であったヘンメル（Johann Hemmer, 1733-1790）は，農業と医療のために気象観測を専門に行うパラティナ気象学会（Societas Meteorologica Palatina）をマンハイムに設立することをテオドールに提案し，この気象学会が主催して1780年に国際的な気象観測網が作られた[22-4]．この気象観測網には，ヨーロッパ，地中海，アメリカ，ロシアなど37か所の観測所が参加し，気圧，気温，湿度，風向，雨量などを測定した（図3-5）．地点の選択には長期間の継続性を重視して，学会，大学，修道院など観測者が世代交代しても継続できる地点が優先された[22-5]．

この気象観測網ではコットの観測網の欠点などを参考に，4章で説明するレオミュール水銀温度計，ガチョウの羽毛軸の膨張を利用した湿度計など信頼できる同一の気象測定器一式を大量に準備して，無償で観測所に提供した．気圧計と温度計に使われる水銀は，中に溶解している気体を除くために3度熱されるほど観測の正確さが期され，レオミュール水銀温度計は一定気圧の下で氷の融解点（0°R[*11]）と沸点（80°R）の2点で較正された．観測についての指示書が作られ，観測時刻は午前7時，午後2時と午後9時と決められ，観測結果は所定の用紙に記入されることになっていた[22-6]．

こうして観測されたデータは学会に集められて編集され，1781年から1792年までの観測結果がマンハイムのエフェメリデス（天体暦）の中で出版された．この観測によって結果の統一的な解析が可能になった．この観測の目的には，長年の気象観測結果を使って天体の運動から気象のパターンや周期を見つけて，気象予測の手法を得ることもあった．しかし結果からは「長い間探し求められていた気象と天体の運動との関係は見つからない」という証拠を得ただけだった[22-7]．ところが，ヘンメルは自ら自記気圧計を使って連続して観測された記録を分析した．その結果彼

---

*11　レオミュールによるスケール（列氏）を示す．これについては4-3で説明する．

50　　3.　　科学革命の中での気象学

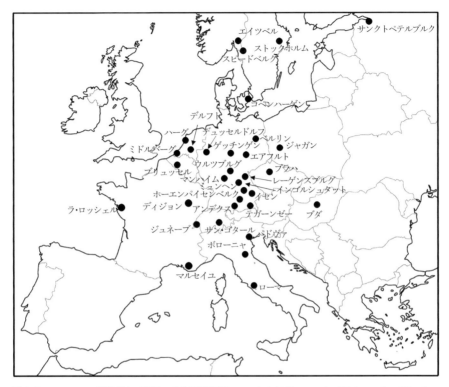

図 3-5 パラティナ気象学会が組織した気象観測網　これら以外にヌーク（グリーンランド），ケンブリッジ（アメリカ），ピシュマ（ロシア），モスクワ（ロシア）がある．

は「太陽が正午と真夜中に子午線と交差したとき，気圧計の指示がごくわずかに短時間下がる」という結果を見いだして報告した[22-7]．これは日射による熱が大気を暖めることによって起こる大気潮汐の結果を捉えていたと考えられる．

　ヘンメルは，測定器の作業の際に有毒な水銀蒸気の吸入を長期間続けたため1790年に急逝した．さらに，1795年にライン川を越えて侵攻して来たナポレオン率いるフランス軍にマンハイムは占領された．マンハイムの科学アカデミーは一時的に解散し，これによりこの気象観測網の機能は完全に停止した．しかしながら，この広域にわたって統一された観測の意義は19世紀になって開花した．後述するように，この観測データはフンボルトやブランデスによって初めての気候図や天気図の作成に使われた．

3-4　地球規模での大気の流れへの関心

3-4-1　広域で定常的に吹く風の発見

　地理学, 天文学などの発達による航海術の発展によって大航海時代が始まり, 15世紀末の喜望峰周りのインド航路だけでなく, 16世紀初めにはアメリカ大陸（主に南アメリカ）とヨーロッパの貿易のために大西洋航路が頻繁に使われるようになった. また16世紀末にはアカプルコ（アメリカ大陸）とマニラ間でガレオン貿易と呼ばれる太平洋を横断した貿易も行われるようになった.

　外洋を長期間にわたって効率的に安全に航海するためには気流や海流の情報が重要であり, 航海中の風向きや海流が記録されるようになった. その結果, 北緯30度付近は風が弱く, それを境に高緯度側で北西風, 赤道付近を除く低緯度側で北東風が常時吹いていることがわかってきた（南半球は南北の風向が逆になる）. 特に西向きの航海の場合には, 北半球では低緯度の北東風を帆船が利用するようになり, そのため熱帯域で吹く北東風は貿易風もしくは偏東風と呼ばれるようになった. そして, どうして北東風が吹き続けるのかが当時の人々の関心を呼んだ.

　ガリレイは3-1-4で述べたとおり, 貿易風の成因として赤道付近では空気が地球自転についていけないためと説明した[23]. 風の原因を気圧差によって起こると初めて考えたのはトリチェリとされている. しかし彼の考えは, すでにその考えが広く流布していた死後の1715年まで発表されなかった[11-2]. ボイルの法則を独自に発見したとされているフランスの物理学者マリオット（Edme Mariotte, 1620？-1684）は貿易風の成因を考察した. 彼は1686年に『水やその他の流体の動きの取り扱い（Traité du mouvement des eaux et des autres corps fluides)』という本の中で風の原因を扱い, まだ蒸発気などによる原因を残してはいたものの風を初めて流体力学的に捉えた. その中で季節や緯度に応じた日射量による熱の違いが空気の膨張と収縮によって風を引き起こし, 不完全ながらもそれによって赤道付近の東風が南北の偏向成分を持つことを示唆した. また同時に赤道地面の動きが中緯度より速いため, 赤道域の風の運動量が高緯度に伝搬すると偏西風になることも示した[11-5]. これらは後の大気の地球規模循環の考えへと発展していった. このマリオットの考えは, 彼の死後の1686年5月26日に王立協会の会合において, ハレーによって彼の有名な貿易風の理論とともに読み上げられ, 出版された[11-6].

3-4-2 ハレーによる貿易風の説明

イギリスの天文学者で地球物理学者でもあったハレーが，ニュートンの『プリンキピア』の出版を支援したのは 3-2-4 で述べたとおりである．彼はオックスフォード大学で学位を得た後，1679 年には 350 もの南半球の星を調べて，王立協会のメンバーとなった．また 1698 年からは航海中の経度を知る手がかりとして，海洋における地磁気の偏角の測定も行っていた．彼は似たような軌道を持つ彗星が 1456年，1531 年，1607 年，1682 年と定期的に現れることに気付いて，1705 年にこの彗星が 1758 年に再び現れることを予言した．彼は 1742 年に亡くなったが，1758年のクリスマスに彗星が見事に現れて，この彗星はハレー彗星と命名されることになった．この時天文学は 53 年先の予測に見事に成功した．

観測に基づいた広域の風についての議論は，当時世界の海を支配していたイギリスから起こった．ハレーは南半球から見える恒星の表を作るために 1677〜1678 年にアフリカ沖のセントヘレナ島へ観測に行き，そのときの経験などをもとにして熱帯の貿易風やモンスーンの成因を物理的に考察した．そしてニュートンがプリンキピアを発表する前年の 1686 年に，「熱帯とその周辺での海洋で観測される恒常風とモンスーンについて物理的原因を当てはめた説明[*12]」と題して哲学紀要に発表した．彼の研究は偏西風には触れずに低緯度の風に限られていたが，大西洋，太平洋，インド洋の三つの海洋での観測に合うように熱帯の貿易風の共通の原因を探り，次のように結論した．

彼は「貿易風は大気が地表で地球自転についていけないために起きる」という考えを否定し，貿易風の成因としてマリオットの熱による空気の膨張と収縮を当てはめて，「赤道域で空気が太陽によって熱せられて上昇した結果その下層に風が集まり，この熱せられて空気が上昇する領域が太陽の移動につれて西に移動するため」とした[23]．この考えは風の収束[*13]や発散[*14]という新しい概念を示していたが，貿易風が東風になる理由としては間違っていた．ガリレイの説の有力な支持者だった数学者ウォリスは，ハレーの考えだと必ずしも東風にならないと何度も反論した[11-7]．しかし 1728 年にイギリスのチェンバーズ（Ephraim Chambers, 1680-1740）

---

*12 "An historical account of the trade-winds and monsoons observable in the seas between and near the tropics with an attempt to assign the physical cause of said winds"
*13 風がある領域に向かって周りから吹き込むこと．
*14 風がある領域から周りに吹き出すこと．

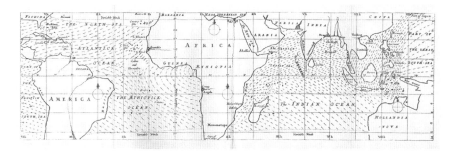

図 3-6　1686 年に発表されたハレーによる風系地図

が出版し，百科事典の元となった『サイクロペディア（Cyclopaedia, or a Universal Dictionary of Arts and Sciences）』の中の風の物理的原因にハレーの説明が使われたために，ハレーの説は 19 世紀の初めまで長く流布した[23]．

　ハレーはその同じ論文で風に関する革新的な解析方法も示した．それは複雑な風の状況を図で簡潔に伝えることを意図した風系地図で，熱帯付近の貿易風とモンスーンの特徴を風の方向と矢印で示したものだった（図 3-6）[24]．この風系地図は気象に関する要素を地図に記入した初めての図であり，貿易風の成因とともにこの図はそれ以降地球規模の大気循環を議論する際の基礎となった．ハレーは風系地図についてこう述べている．"これによって，どんな言葉による説明よりも物事をよりよく理解できるかもしれない"[25]．彼は言葉による説明より，図が持っている理解や分析に及ぼす力をよく理解していた．また，当時地磁気の偏角は風とともに大洋上の航法のための重要な情報であったため，ハレーは 1701 年に地磁気偏角の分布を，初めて等値線（等偏角線）を使って描いた図を出版した．この図は後にフンボルトが気温分布の等値線を描いた気候図の元となった[26]．

3-4-3　ハドレーによる大気循環の説明

　次に偏西風や貿易風の成因を地球全体の大気循環の中に位置付けて説明したのは，イギリスのジョージ・ハドレー（George Hadley, 1685-1768）だった．現在彼の名前は，熱帯から亜熱帯にかけての子午面循環の名前であるハドレー循環やイギリス気象局の気候センターの名前であるハドレーセンターとして，その名をとどめている．彼の兄であるジョン・ハドレー（John Hadley, 1682-1744）は天文学者で，ニュートン式反射望遠鏡を実用化したことや「ハドレー八分儀」を発明したことで

有名だが，名前が似ているためジョージは兄のジョンと混同されることもあったようである．

　ジョージ・ハドレーは，1735年に法律家でありながら王立協会のメンバーになった．3-3-3に記したように，当時王立協会は外国の観測所にも測定器を提供して気象観測網を運営しており，彼はそこでジュリンの後を引き継いで観測データを集めて気象誌を発行する役目を担当した．1735年に哲学紀要に，「普遍的な恒常風の原因に関して（Concerning the cause of the general trade-winds）」という題で，熱帯を中心とした大気循環の原因を考察した論文を発表した．彼はまず次のようにハレーの説を否定した．"この（日射による）希薄化は，大気があらゆるところから最も希薄なところに，特に大気が最も冷たい南北から流れ込む原因になる以外のいかなる影響も与えない．ましてやこれまで広く提案されているように東西からはなおさらである"[27-1]．

　さらに彼は次のように初めて子午面循環の存在を明確に示した．"赤道地域付近の太陽熱によって希薄になった大気は，地球から上昇しなければならない．それによってより冷たい地域から流入する大気のための余地が生まれる．上昇した大気は流体であるため他の大気の上に広がる．その結果，上層の運動は赤道から北向きか南向きにならなければならない．その大気は，地球の表面から離れるにつれてやがて熱の大部分を失い，再び地表に戻るのに十分な密度と重力を得る．このため，この大気はそれまでに回帰線を越えて西風が見られる地域に到達すると推測される"[27-2]．また貿易風については，低緯度ほど（地球の自転軸から遠いほど）地面の東向き絶対速度が速いため，"大気は，回帰線から赤道へより遅い速度を持ちながら移動するにつれて，地球の自転と反対の相対的な運動を持つこととなる．これが赤道に向けた運動と結合して，赤道の北側で北東風が生じ，反対側で南東風が生じる"[27-3]と，地球の自転の影響を使って説明した．これが，貿易風が北半球で北東風，南半球で南東風になるメカニズムの初めての説明となった．

　これだけでは赤道での計算上の風の速さが実際の風より遥かに大きくなるため，"回帰線からの大気が赤道に到着する前に，陸または海の表面から東向きの運動を得なければならない．それによって相対的な運動は減らされて，いくつかの連続した循環によって大気の運動は知られている大きさにまで減少すると推測される"[27-2]と，風は地球表面との摩擦によって減速すると考えた．ただし摩擦があると地球の自転がだんだん遅く（1日が長く）なるはずなのに1日の長さは変わらないことから，彼は別のところで地球表面のへの加速が起こっていると考えた．彼の

考えは，貿易風の成因を太陽の移動ではなく，地球の自転そのものの影響を定量的に考慮した点で斬新だった．

このハドレーの理論は，当時は一部の人々にしか知られていなかったが，5-3-1で述べるように 19 世紀になって有名なドイツの気象学者ドーフェが地球規模の大気の子午面循環を説明するものとして取り上げたため，広く知られるようになった．

3-5 ニュートン力学の大気への適用

3-5-1 初期の風の力学理論

ニュートンによる力学が広まるにつれて，地球の海や大気にも力学法則を当てはめようという考え方が出てきた．まずイギリスの数学者のマクローリン（Colin Maclaurin, 1698-1746）は，1740 年に『潮汐の物理的原因について（De causa physica fluxus et refluxus maris）』という本で，地軸の周りに日周運動する物体にかかる偏向力を論じて，ハドレーが大気に対して説明を行ったように海流についての説明を行い，フランス王立科学アカデミーの賞を獲得した[10-2]．

1746 年には，これに刺激を受けて，ベルリン科学アカデミーが地球上の任意の場所と時間での風向と風速を予測するという課題を懸賞に出した．哲学者，数学者，物理学者で，当時『百科全書（Grande Encyclopedie）』を編集した中心人物の一人だったフランスのダランベール（Jean Le Rond d'Alembert, 1717-1783）は，その懸賞に「風の一般的な原因に対する意見（Reflexions sur la cause generale des vents）」を書いて応募した．彼の説は流体への運動量の適用や連続の式（質量保存則）を利用して海の潮汐のように大気中でも振動が起こることを示し，低緯度の東風や中緯度の西風を初めて数学的に説明した[28]．彼が提出した論文は見事に優勝したが，彼は風の原因を太陽加熱や地球自転ではなく月や太陽による引力（潮汐力）に求めたため，現在から見ると正しいものではない[10-2]．

カント（Immanuel Kant, 1724-1804）は，ドイツの有名な哲学者，思想家だが，宇宙，気象，地震などの自然に対する研究者でもあった．彼は「カント-ラプラス星雲説（Kant-Laplace nebular hypothesis）」で有名である．彼は気象においても，1756 年 4 月にケーニヒスベルクで「風の理論の説明に対する新しい意見（Neue Anmerkungen zur Erlauterung der Theorie der Winde）」を発表した．これは，風に関して以下の五つの考えからなっていた[10-3]．

　（1）加熱が持続する限り，場所による加熱の違いは風を引き起こす．

　（2）暖かい空気は，冷たい空気に置き換わる．

（3）赤道から極への風は，地球の自転により次第に西風になる．

（4）東風の貿易風も，同様に地球の自転による．

（5）モンスーンは，（3）の原因によっても説明される．

カントは，これらの考えから極向きの上層の流れが存在しているという結論に達し，この上層の風が地表風と接触するとき，さまざまな現象が起きると考えた[10-4]．これが大規模な風同士が接触して顕著な気象が起こることの初めての考えとなった．また，これら大気循環の原因に関する記述を含んだカントの自然地理学に関する教科書や講義ノートは 19 世紀になって出版され，広く使われた．

3-5-2 ラプラスの潮汐方程式

ダランベールらによる力学を継いだ一人は，フランスのラプラス（Pierre-Simon Laplace, 1749-1827）である．彼は，1749 年にフランス，ノルマンディにあるボーモン＝アン＝オージュに生まれた．彼は父親の意向を受けて 16 歳でカーン大学に入学するが，カーン大学の数学教師が彼の数学の才能に気付いて彼を師であるダランベールに紹介した．ダランベールは即座に彼を気に入り，ラプラスにパリの陸軍士官学校の数学教授の職を世話した．ラプラスは後に微分方程式を使った天体の力学や確率論を研究して数々の業績を上げ，また長さの定義など計量法の統一にも尽力した．彼は 1784 年に王立砲兵隊の試験官としてある若者の試験を受け持った．その若者が当時 16 歳だったナポレオンだった[29]．ナポレオンは政権を握ると，科学や技術に関心を寄せて多くの科学者を顧問や官僚に登用してその地位の向上と制度化を進めた．ラプラスはナポレオンの側近になり，元老院書記長などを務めるとともに，科学の研究や行政を統括してフランス科学界に君臨した[30-1]．

ラプラスは，3-2-2 で述べた機械論哲学の信奉者であり，天体規模のマクロな世界から分子規模のミクロな世界まである瞬間の粒子の位置と運動が明らかになれば，将来起こり得るすべての現象がニュートン力学を使って計算できかつ予言できると考えていた[4-5]．彼はニュートン力学を受け継いで，天体などの運動を微分方程式などを使って数式化し，1799 年から 27 年をかけて 5 巻からなる有名な『天体力学（Mécanique Céleste）』を出版した．ナポレオンがラプラスの天体力学を読んで，世界を決めていると考えられていた神の記述がないことをラプラスに問うとき，彼は「陛下よ，そのような仮定はもはや必要としません」と答えたことは有名である[4-5]．

彼は大気と海洋も天体などと同様に力学で扱えると考え，「天体力学」の中で大

3-5 ニュートン力学の大気への適用 57

$$\frac{d}{d\mu}\left[\frac{(1-\mu^2)}{(\sigma^2-\mu^2)}\frac{dY(\theta)}{d\mu}\right] - \frac{1}{(\sigma^2-\mu^2)}\left[-\frac{s}{\sigma}\frac{(\sigma^2+\mu^2)}{(\sigma^2-\mu^2)}+\frac{s^2}{(1-\mu^2)}\right]Y(\theta)+\frac{2\Omega a}{gh}Y(\theta)=0$$

図 3-7　ラプラスの潮汐方程式の水平構造式　　$Y(\theta)$ はジオポテンシャルの緯度構造，θ は緯度，μ は $\sin\theta$，s は波数，σ は振動数，Ω は自転角速度，a は地球半径，g は重力加速度，h は等価深度.

気と海洋の運動を地球の自転を厳密に考慮した「ラプラスの潮汐方程式」を使って数学的に表わせることを示した（図 3-7）[31]．ラプラスはダランベールとは異なって貿易風は太陽と月からの引力には起因せず，地球の自転が地球上の物体の運動に重要であることを示した[10-5]．ラプラスによるニュートン力学を使った大気運動の考え方は，この後のフェレルやヴィルヘルム・ビヤクネスなどの気象学者による大気運動の数式による表現に受け継がれていった.

　ちなみに 20 世紀以降，気象観測の充実とその解析によって，大気の運動の中には大気重力波[*15]，ケルビン波[*16]，ロスビー波[*17] などのさまざまな波があることがわかってきた．ラプラスの潮汐方程式は極めて難解な数式で，完全な形のまま解析的な解を得ることはできないが，これまで多くの数学者や物理学者が近似して，あるいは特定の条件の下で解を求めてきた．その結果，上に示したようなさまざまな波はラプラスの潮汐方程式にすでに含まれていることがわかっている（例えば[31]）.

3-6　総観気象学の夜明け前

　17 世紀から 18 世紀にかけて力学を始めとして物理学，化学などの分野でさまざまな法則が発見され，科学が飛躍的に発展した．それは，3-2 で説明したように多くの実験結果を蓄積して帰納していく手法が確立され，その手法がそういった分野に適していたからだった．そういった科学分野の発展とは対照的に，気象学の進歩はあまりなかった．当時嵐などの大気現象が科学的な探求の及ばないところにあった理由の一つは，それが目で見える範囲を超える規模を持っており，現象の全体像を捉えることができなかったためだった．嵐などを掌握するためには，19 世紀の総観気象学[*18] の発達まで待つ必要があった．正体がわからない嵐は，当時の人々

＊15　浮力を復元力とする波で，浮力波と呼ばれることもある.
＊16　赤道域で発生する東西方向に伝搬する波.
＊17　中高緯度域で発生する地球規模の大きさを持つ長い波長の波.
＊18　高低気圧や前線など数千 km に及ぶ広い地域での同時観測された気象要素を天気図として表すことによって気象の構造や特性を研究する学問.

にとっては恐怖以外の何ものでもなかった.

イギリスの作家でジャーナリストでもあったデフォー (Daniel Defoe, 1660-1731) は, 1703 年にイギリスを襲った最大級の嵐についてこう述べている. "こうした現象を通じて, 自然は, 我々を無限可能の御手に, あらゆる自然の創造者に導く. 最高の神秘の官殿の奥深く, 「風」はひそむ. 理智のたいまつの灯をかかげ, 自然を赤裸にあばいた古の賢人たちも, その途上で地に倒れた. 「風」は理智の灯を吹き消し, やみが残った"[32]. 彼は嵐の後, 自力であるいは郵便を使って嵐によって国内で何が起こったのかを綿密に調べて記録し, それがどうして起こって人々に対してどう影響するのかを説明しようとした. 彼は自然科学に関する最初のジャーナリストの一人となった.

また, アメリカの政治家, 憲法思想家, 哲学者であり, アメリカ建国の父の一人であるハミルトン (Alexander Hamilton, 1755-1804) は, 1772 年の西インド諸島での嵐を経験してこう書き残している. "まるで自然のすべてが壊滅してしまったようです. ……海と風のうなり, 空中での激しい大気現象, ほとんど絶え間ない稲妻の巨大な閃光, 家が倒壊する大音響, 耳をつんざく苦しむ者の悲鳴, これらは天使たちをも驚かせるに十分なほどでした"[33-1]. 嵐は人間の歴史にとって長い間神秘であり, 神の不快感, あるいは自然の気まぐれによる災いの象徴だった.

当時としては捉えようのない嵐などの気象について, それでも幾人かの先駆的な人々は独自の緻密な観察や明敏な閃きでもってその構造や規則性に関する推測を行った. 気象の解明に先駆的な成果を上げたダンピア, フランクリン, ピディントンの 3 名を紹介する.

3-6-1 ウィリアム・ダンピア

イギリスのダンピア (William Dampier, 1651-1715) は主に 17 世紀に活躍した船乗りである. 彼を海賊と紹介している書物もあるが, 彼が乗り組んでいた船は敵国の商船を略奪することを自国の政府が認可した私掠船であり, いわゆる政府公認の海賊だった. 彼は主に南太平洋とアジアの海で活動していたが, その間経験した気象, 地理学, 風, 気流, 現地の民族, 外来植物と動物などを日誌に緻密に記録した. 彼は自然主義者 (naturalist) であり, その残した記録により 5 大陸を制覇した初の自然主義者といわれている.

ダンピアは 1697 年にその記録を『新世界周航記 (A New Voyage Round the World)』と題して出版した. ガラパゴス諸島での植物相と動物相についてのダンピ

ア観察は，イギリスにそれらの島々についての最初でかつ詳細な報告をもたらした．この本は極めて有用であったため，進化論で有名なイギリスの自然科学者で生物学者のダーウィン（Charles Darwin）は，150年後に「ビーグル」号で南アメリカなどの探検を行った際にこの本を持って行ったほどである[34]．ダンピアの探検能力に目を付けたイギリス海軍は，彼を軍艦ローバック号の船長に任命してオーストラリア探検に派遣した．この探検は帰還の際に船が収集した標本とともに沈没して失敗したが，ダンピアは再び私掠船の航海士として船に乗り込んで3回目の世界周航に成功した．

　ダンピアは，このような多彩な航海の途中で遭遇したいろいろな気象を記録し，1699年に『航海と状況（Voyages and descriptions）』を出版した．それには雷雨，セント・エルモの火，竜巻などについての観察が記されており，「嵐は巨大な旋風である」との推測やカリブ海西インド諸島のハリケーンと中国沿岸の台風が同じタイプの嵐であることの発見も含まれていた．またこの本に含まれている「世界中の恒常風，海陸風，嵐，季節，熱帯の潮汐と海流の説明（A discourse of trade-winds, breezes, storms, seasons of the year, tides and currents of the torrid zone throughout the world）」の中で，熱帯の風や海流に関してハレーの説明を自身の経験や観察に基づいて改善し，さらに水夫たちの知識を加えて風系地図を作成した（図3-8）．彼は貿易風やモンスーンのような恒常風について次のように説明した．"恒常風は1点

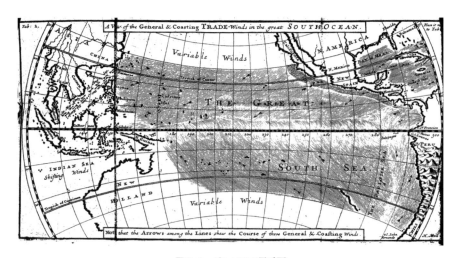

図3-8　ダンピアの風系図

3. 科学革命の中での気象学

またはある範囲の地域から絶えず吹くような風であり，この最も特有な地域はおよそ赤道から北に 30 度と南に 30 度の範囲である．恒常風には種々の風があり，あるものは東から西に吹き，あるものは南から北に吹く．ある地域では年中一定のものもある．半年間一方向へ吹き，残りの半年を逆に吹くものもある"[35]．この恒常風と海流との関係についても初めて説明を行った．

このダンピアの船団には航海長を務めていたセルカーク（Alexander Selkirk, 1676-1721）という乗組員がいた．彼はダンピアとはそりが合わなかったため，チリ沖のファン・フェルナンデス諸島で下船してこの島に一人残った．彼は遭難者となったが，4 年後にイギリスの私掠船が水平線上に現れて彼を救助した．ところがこの私掠船の航海士はダンピアだった．セルカークはこの漂流を冒険談にして出版した．そしてさらに数年後に，このセルカークの冒険談を元にしてデフォーが発表した小説が『ロビンソン・クルーソー』である[34]．

3-6-2　ベンジャミン・フランクリン

フランクリン（Benjamin Franklin, 1705-1790）は政治家でアメリカ独立宣言の起草者の一人であり，アメリカの 100 ドル札に肖像画が描かれている．しかしながら，彼は自然の深い探求者でもあった．彼は以下に示すように気象にも深い興味を抱いており，その解明にも取り組んだ．なお彼の活動の大半はアメリカ大陸においてであったがアメリカが独立したのは 1776 年であり，フランクリンが自然科学者として活動した時期の大半はアメリカがまだイギリスの植民地であった時代のことである．

1）嵐が移動することの発見

フランクリンは，測定器や観測網がないにもかかわらず嵐の本体が吹いている風とともに移動するということに気付いて，それを書き残した．1743 年 10 月 21 日にアメリカ大陸東部で月食が起こることになっていた．フランクリンはこういう自然現象を観察することが好きで，フィラデルフィアに住んでいた彼は，この日を心待ちにしていた．しかし当日は日暮れ前から嵐で天候が崩れたため，残念ながら月食を見ることはできなかった．ところが彼は後日ボストンの新聞を見たときに，そこでは予定通り月食が見ることができたという記事を見つけた．それはフィラデルフィアで嵐であった時刻に，ボストンはまだ嵐になっていなかったということを意味していた．彼は他の地方の新聞も調べて，嵐が移動してフィラデルフィアから 4 時間経って 400 マイル（約 640 km）離れたボストンに到達したのではないかと考

えた．これをもとに彼は嵐の移動速度を時速100マイル（時速約[160 km]）と推測した[21-2]．これは現在から見ると明らかに速過ぎであるが，嵐が移動することに気付いて，その移動速度を初めて見積もったものとなった．

フランクリンの発想が優れていたのは，月食という同時の現象を使って新聞を通して各地の嵐の様子を観察した点だった．この発想が人間の視界をはるかに超えた大規模な現象の特徴を，その片鱗であるが捉えることを可能にした．さらに彼はいくつかの嵐を観察して，嵐の動きが異なっているものがあることを書き留めている[33-2]．彼は嵐の針路のパターンなどから今日でいう中緯度低気圧とハリケーンとをすでに分けて観察していた可能性もある．

2）雷の研究と避雷針の発明

1746年から，フランクリンは電気を使った一連の室内実験を行った．フランクリンは，それらの実験から尖った先端を持つ物質が電気火花の放出と誘引に効果的であり，電気状態を説明するのに「プラス」と「マイナス」という言葉を用いた[36-1]．また，放電を観察して電気と稲妻が類似していることを推測するとともに，ライデン瓶に電気を充電して放電させる際に，接地することの重要性を指摘した．

彼は先端が尖っている方が電気火花を誘引しやすいという室内実験での経験から，雷雲がその地域を通過しているとき，高い丘や木々，尖塔，船のマスト，煙突などに落雷しやすいことを発見した．そしてとがった金属の先端からの放電が上空の雲からの電気の影響を減らして稲妻に打たれる可能性を減らすことと，その放電効果は伝導体が接地されているときに最も高いことに気がついた[36-2]．フランクリンは，その結果をイギリスの王立協会のメンバーで植物学者だったコリンソン（Peter Collinson, 1694–1768）に手紙で送った．コリンソンは1751年にその内容を本として出版し，フランクリンの実験はただちにフランス語やドイツ語に翻訳されて，ヨーロッパ中に知られることとなった．

1752年5月10日にあるフランス騎兵がフランクリンの本に従って，パリの近くのマルリー＝ラ＝ヴィルで地面から注意深く絶縁された高い鉄塔から火花を引き出すことに成功した[36-3]．この実験から雷雲は帯電しており，稲妻は電気的な放電であることが証明された．この実験はただちに評判になり，ただちにヨーロッパ中の多くの人々によって確かめられた．当時は科学ブームの時代で，こういったさまざまな「科学の驚異」のデモンストレーションに人々は夢中になった[30-2]．

フランクリンによる有名な凧を使った雷誘導の実験は，1752年6月か7月に行われたが（図3-9），そのときフランクリンはマルリー＝ラ＝ヴィルでの実験を知

らなかった．それまで多くの人が，雷が放電現象であることを指摘してはいたが，フランクリンがこの実験から指摘したことは次の点で画期的だった[36-4]．

(1) 雷雲が帯電しているかどうかを絶縁した高い棒で確かめることができ得る．
(2) 接地した高い棒を使えば稲妻の衝撃から免れ得る．

またフランクリンは，雷雲の極性を測るのに大気中の電気の特性を摩擦で発生させた電気と比較した．その結果，彼は摩擦の電気と雷の電気は同じもので「落雷を起こす雲の電気は負の状態が一般的だが，時々は正の状態である」ことを発見した[36-4]．以上の観察結果から，1762

図 3-9　フランクリンの凧を使った雷実験の絵

年にフランクリンは雷の被害を防ぐために避雷針を考案した．現在では建造物を雷から保護するのに世界中で避雷針が利用されている．そしてその構造と設置の基本的な原理は，今でもフランクリンが示した仕様と本質的には同じままである．

3) 熱対流と竜巻に関する考察

彼は竜巻を観察し，それが凪と酷暑の後に出現する点に注目した．そして1753年に竜巻を次のように解釈した．"熱は地上付近の大気を希薄にする．それが上昇することによって地表気圧の低下を生み出す．気圧が低下すると涼しい大気が四方八方から内部へ流れ込む．大気は低圧部の中心付近に着くと上昇しなければならないが，すぐには運動方向を変えることができない．その代わりにちょうど液体が樽の底の穴に向かって渦を巻く際に右に曲がるように，大気は右に曲がって回転しながら上昇する"[37]．このフランクリンの解釈は，ほぼ1世紀後に連続した観測データによって裏付けられ，嵐の特徴とその起源の解明のきっかけになった．

4) 火山噴火と季節変動への洞察

彼は気候変動にも強い関心があった．1783年にアイスランドのラキ火山とその近郊のグリムスヴォトン火山が噴火して，大気中に大量の火山灰が放出されて長時間滞留した．このときのヨーロッパの状況はグレート・ドライ・フォッグとも呼ば

れている．フランクリンはこの年の夏の日射が異常に弱いことに気付いた．そして次の冬は厳冬となった．彼はこの原因を「大気中の塵による煙霧が日射を散乱して地上に届く熱が減ったため」ではないかと考えた．彼は"これまでの歴史上の厳冬もこのような煙霧の後に起こっているかどうかを調査して，もしそうであればそういう煙霧が起こった際には引き続いて起こる厳冬への対策を事前に講じることができる"と指摘した[33-3]．現在では大規模な火山噴火の際に成層圏に入った火山ガスがエアロゾル（大気中の塵）になって日射を反射や散乱し，数年間寒冷になることが知られている．フランクリンは気候変動を予測する先駆者でもあった．

3-6-3　ヘンリー・ピディントン

ピディントン（Henry Piddington, 1797-1858）は少し時代が下るが，1797年イギリス生まれの船員である．彼は東インド会社で船長を務め，後にカルカッタの海員審判所の所長となった．彼はベンガル湾やアラビア海の嵐についての資料を各地から集めてまとめ，その中で1838年に嵐の風が回転していることを発見して，嵐をサイクロン（ギリシャ語で「蛇がとぐろを巻く」の意）と命名した．そのため，今でもインド洋やアラビア海の嵐はサイクロンと呼ばれている．

ピディントンは1848年には『水夫のための嵐の法則に関する手引き（The Sailor's Horn-Book for the Law of Storms）』を出版した．彼はこの本で蝶や鳥が嵐の中心部に閉じ込められているという観察から，嵐の内部に向かって風が吹き込むことを主張した．さらに航海中の嵐による被害を少しでも軽減しようと，1852年に読みやすい対話形式にしてハリケーンの特徴や対処方法を述べた『水夫のためのハリケーンについての対話（Conversations about Hurricanes : for the Use of Plain Sailors）』を出版した．

この本は日本においても蘭学者の伊藤慎蔵（1826-1880）の訳により，1857年に『颶風[*19]新話』として出版された．これは蝦夷地との交易をしていた越前大野藩の藩主土井利忠が，その航海を安全にするために，緒方洪庵が開いた適塾の塾頭であった伊藤を招いて訳させたものである[38-1]．越前大野藩土井家の本家は下総古河藩（今の茨城県西部）であり，そこの藩主だった土井利位は雪の結晶図を描いた『雪華図説』で有名である．土井利忠は本家の古河藩と交流があり，20歳以上年上だった利位の影響を受けたといわれている[38-2]．1859年8月15日にアメリカの商

---

*19　颶風（ぐふう）とは，台風のような大規模で強い旋風を指す．

64　　3.　科学革命の中での気象学

船「ヘスブリン」号が奥尻島で座礁したとき，越前大野藩士で蝦夷地総督であった内山隆佐は，この本の風の知識を利用して台風の中での乗組員の救助にあたって成功した[38-2]．

参考文献

[1] ベー・エム・ゲッセン，秋間実，稲葉守，小林武信，渋谷一夫（訳），1986：ニュートン力学の形成『プリンキピア』の社会的経済的根源．法政大学出版局，[1-1]31-34，[1-2]145，[1-3]42．

[2] 山本義隆，2007：一六世紀文化革命 2．みすず書房，[2-1]544，[2-2]494，[2-3]496-498，[2-4]500，[2-5] 674．

[3] 山本義隆，2014：世界の見方の転換 2．みすず書房，[3-1]388，[3-2]421，[3-3]668, 696，[3-4]652，[3-5] 655，[3-6] 657．

[4] 武部啓，川井雄，1983：科学思想史．南窓社，[4-1]22，[4-2]30-31，[4-3]40，[4-4]43，[4-5]50．

[5] ジョン・ヘンリー，東慎一．訳，2005：一七世紀科学革命（ヨーロッパ史入門）．岩波書店，[5-1]24，[5-2]138，[5-3]94，[5-4]61．

[6] 山本義隆，2014：世界の見方の転換 3．みすず書房，[6-1]861,872，[6-2]862-863，[6-3]921-922，[6-4]966，[6-5] 付 記 D,105，[6-6] 付 記 D,107,110-111，[6-7]1106，[6-8]949，[6-9]1020-1022，[6-10]849．

[7] 広重徹（編），1970：科学史のすすめ．筑摩書房，[7-1]160，[7-2]158．

[8] ハーバート・バターフィールド，渡辺正雄（訳），1978：近代科学の誕生（上）．講談社，[8-1]143，[8-2]165．

[9] Lawrence P. M.，菅谷暁・山田俊弘（訳），2014：科学革命．丸善出版，85．

[10] Persson A. O., 2006 : Hadley's Principle : Understanding and Misunderstanding the Trade Winds. History of Meteorology 3. Proceedings of the International Commission on History of Meteorology (Fleming R. J (ed.), [10-1]18, [10-2]p20., [10-3]21, [10-4]22, [10-5]24.

[11] Burstyn H. L. , 1966 : Early Explanations of the Role of the Earth's Rotation in the Circulation of the Atmosphere and the Ocean. Isis, **57**, [11-1]170, [11-2]171, [11-3]172, [11-4]183, [11-5]173-174,[11-6]175, [11-7]179.

[12] 松行康夫，2003：近代科学の形成と還元主義的機械論科学の特質．経営論集，71．

[13] ジェイムズ・ロジャー・フレミング，鬼澤忍（訳），2012：気象を操作したいと願った人間の歴史．紀伊国屋書店，102．

[14] B. C. ヴィッカリー，村主朋英（訳），2002：歴史のなかの科学コミュニケーション．勁草書房，[14-1]92，[14-2]94，[14-3]95，[14-4]105，[14-5]106，[14-6]100，[14-7]104，[14-8]108，[14-9]107．

[15] 広重徹，1972：科学と歴史 改訂第 2 刷．みすず書房，264．

[16] デカルト，落合太郎（訳），1979：方法序説．岩波書店，30．

[17] Howard F. H., 1977 : The History of Meteorology to 1800. American Meteorological Society, [17-1]81, [17-2]38, [17-3]40, [17-4]100, [17-5]101, [17-6]104, [17-7]55, [17-8]111.

[18] 中島秀人，1996：ロバート・フック ニュートンに消された男．朝日新聞社，[18-1]244，[18-2]52，[18-3]89，[18-4]232，[18-5]274．

[19] 斎藤直輔，1982：天気図の歴史－ストームモデルの発展史－ 第 3 版．東京堂出版，[19-1]6，[19-2]7．

[20] Fleming R. J., 1997 : Meteorological Observing Systems Before 1870 in England, France, Germany, Russia and the USA : A Review and Comparison. World Meteorological Organisation Bulletin, **46**, [20-1]250, [20-2]251, [20-3]249.

[21] Fleming R. J., 2000 : Meteorology in America. Johns Hopkins Univ Press, [21-1]55, [21-2]7.

［22］ Cassidy, C. D., 1985 : Meteorology in Mannheim : The Palatine Meteorological Society, 1780-1795. Sudhoffs Archiv, **69**, ［22-1］10, ［22-2］11, ［22-3］16, ［22-4］8, ［22-5］18, ［22-6］18-19, ［22-7］22.
［23］ Persson, A., 2008 : Hadley's Principle : Part1- A brainchild with many fathers. Weather, **63**, p 335.
［24］ John Delaney : Library, Historic Maps Collection Princeton University. Alexander von Humboldt, 1769–1859. First X, Then Y, Now Z : Landmark Thematic Maps. Princeton University Library, 2012. http : //libweb5.princeton.edu/visual_materials/maps/websites/thematic-maps/humboldt/humboldt.html
［25］ Halley, E., 1686 : An Historical Account of the Trade Winds, and Monsoons, Observable in the Seas between and Near the Tropicks, with an Attempt to Assign the Phisical Cause of the Said Winds. Philosophical Transactions of the Royal Society, **16**, 163.
［26］ Nebeker, F., 1995 : Calculating the Weather Meteorology in the 20th Century. ACADEMIC PRESS, 17.
［27］ Hadley, G., 1735 : Concerning the Cause of the General Trade-Winds. Philosophical Transactions, **39**, ［27-1］59, ［27-2］61, ［27-3］60.
［28］ Swackhamer, C., 1841 : The Winds. The United States Democratic Review, **38**, 123.
［29］ Robertson, J. O' Connor and E FJ. Pierre-Simon Laplace. Laplace biography. http : //www-history.mcs.st-andrews.ac.uk/Printref/Laplace.html
［30］ 古川安, 1989：科学の社会史. 南窓社, ［30-1］108, ［30-2］88.
［31］ 廣田勇, 2000：ラプラスから 200 年-大気波動力学の歴史と現状-. 数理解析研究所講究録, **1152**, 157.
［32］ 小倉義光, 1971：大気の科学. NHK 出版, 43.
［33］ Cox, J.D., 堤之智 (訳), 2013：嵐の正体にせまった科学者たち-気象予報が現代のかたちになるまで. 丸善出版, ［33-1］37, ［33-2］5, ［33-3］14.
［34］ Keith, H.C. : Weather Almanac for September 2005 William Dampier : The Weather Pirate. The Weather Doctor. http : //www.islandnet.com/~see/weather/almanac/arc2005/alm05sep.htm.
［35］ Dampier W. : Part III A Discours of Winds, Storms, Seasons, Tides, and Currents in the Torrid Zone trought the World. Voyages and Defcriptions. London : James Knapton, 1699, Vol. Ⅱ, 1-2.
［36］ Krider P. E., 2004 : Benjamin Franklin and the First Lightning Conductors. Proceedings of the International Commission on History of Meteorology, **1.1**, ［36-1］2, ［36-2］3, ［36-3］3-4, ［36-4］5.
［37］ De Young G., 1985 : The Storm Controversy (1830-1860) and its Impact on American Science. EOS, **66**, 657.
［38］ 気象庁, 1975：気象百年史Ⅰ通史第 1 章前史. 気象庁, ［38-1］41, ［38-2］42.

図の出典

図 3-1 Blaeu, J., 1663 : Atlas Maior.
図 3-2 Brahe, T., 1598 : Astronomiæ instauratæ mechanica.
図 3-3 Leemage/Universal Images Grpup/ゲッティイメージズ
図 3-4 Hook, R., 1663 : A Method of Making a History of the Weather, p.92.
図 3-6 文献 ［25］.
図 3-8 Dampier, W., 1699 : A Discourse of Trade-Winds , Breezes, Storms, Seasons of the Year, Tides and Currents of the Torrid Zone throughout the World.
図 3-9 The Philadelphia Museum of Art. https : //www.philamuseum.org/collections/permanent/57044.html

4. 気象測定器などの発展

　ここまではおおむね時代に沿って述べてきたが，気象の測定器や観察法については ある程度まとめて述べるために，本章では 17 世紀から 19 世紀までをまとめて扱う．また，各測定器にはその改善の過程でさまざまな発展形が生まれ，そのすべてを網羅することは困難であるため，ここでは各測定器の初期の代表的なものをいくつか紹介する．

　16 世紀までの気象観測は主に目で見た天候や生物季節の様子を記録するものだったが，17 世紀に入って気温や気圧の測定器が発明されたことで，それらを定量的に測定できるようになった．これは学会などによる各地に測定器を展開しての気象観測事業を促進した．一方で測定には一定の基準と安定した再現性を必要とする．基準の確立や測定の安定性のための試行錯誤が行われ，測定器や測定法の改善は 19 世紀に入っても続いた．

　気象測定器の発明の影響は気象学に留まらなかった．1668 年にイギリスの聖職者で哲学者のグランヴィル（Joseph Glanvill, 1636-1680）は，『プラス・ウルトラ―アリストテレスの時代以来の知識の進歩と発展』という題の書物で，「後の時代に極めて有用となった三つの優れた学芸と数多くの道具がある．その学芸とは化学と解剖学と数学であり，その道具とは，顕微鏡，望遠鏡，温度計，気圧計，そして真空ポンプである」[1]と述べている．これらは当時を代表する最先端の科学機器だった．そして，これらの測定器は科学に実験や観察の定量化という新たな手法をもたらし，グランヴィルが述べているように物理学や化学などの科学一般の知識の進歩と発展のための貴重な道具となった．

　気象測定器によって気圧や気温が高度によって変わることがわかると，それらの関係を調べて高度を推定する研究が行われ始めた．これは気象要素の特性を数学的に表すための初めての試みとなった．この関係式の確立にヨーロッパの多くの数学者や気象学者などが挑んだが，約 150 年間にわたって試行錯誤を積み重ねる展開となった．その時々の最新の知識に基づいた取り組みの経緯は，科学の歩みの典型的な例を示していると考えられる．また測定器を使うわけではないが，雲の目視による体系的な観測手法は，後の雲を用いた高層気象観測に大きな影響を与えた．これらについてもここで述べる．

4-1　トリチェリによる真空の発見

　空気というものは，今日の我々でもそれを直接見ることができない．しかしながら，昔の人々は目で見えなくても何かが存在しているようだと感じて，それを「気」と名付けた．そしてそれが天と地との間に満ちていることは，自然の意志だと考えた．古代ギリシャにおいてサイフォンの現象というものが知られていた．サイフォンとは液体を満たした管を利用して，液体をある場所からより低い場所まで途中出発点より高い地点を通って導く装置のことである．アリストテレスは，「もし気のない空間である真空を作り出そうとしても，自然の意志はそれに反発してその真空をなくそうと働く」と考え，「自然は真空を嫌悪する」ためにサイフォンの現象が起こると考えた．この真空嫌悪説は長い間にわたって人々に信じられた．

　ところが 17 世紀になって土木技術や鉱山技術が発達してくると，ポンプを使っても水を地下から約 10 m 以上吸い上げることができないことがわかってきた．1630 年にジェノバの物理学者で天文学者でもあったバリアーニ（Giovanni Baliani, 1582-1666）は，この問題をガリレイ（Galileo Galilei, 1564-1642）に相談した．ガリレイは真空の存在には気付いていたが，当時は空気に重さがあるとは考えておらず，真空は約 10 m 以上の水の重さに単に耐えられないために出現すると考えていた[2-1]．彼はこの考えを 1638 年に『新科学対話（Discorsi e dimostrazioni matematiche intorno a due nuove scienze）』に記したため，ガリレイの真空に対する考えは広く知られるようになった．

　この考えを知って，ローマの数学，天文，物理学者ベルチ（Gasparo Berti, 1600-1643）は実際に水を使った管で真空実験を行って上部の空間を確認したが，ベルチと彼の仲間らは音や光を使ってもそこが本当に真空なのかどうかまでは確認できなかった[2-2]．この実験を水銀で行うことを考えたのは，ガリレオの弟子であったヴィヴィアーニ（Vincenzio Viviani, 1622-1703）で，水銀を使った実験のことをガリレイ自身の承認の下で『新科学対話』の改訂版のための原本の余白に書き込んでいた[2-3]．まもなく 1642 年にガリレイは亡くなったが，弟子であったヴィヴィアンニはまだ若すぎたため，弟子になったばかりのトリチェリが水銀を使った真空実験を行うことになったようである．トリチェリ（Evangelista Torricelli, 1608-1647）は，1608 年にイタリアのファエンツァの近くで生まれた．彼は幼くして両親を亡くして学識のあった僧である叔父に育てられた．彼は 20 歳近くでローマへ行き，ガリレイの友人で水理学の研究者だったカステッリ（Benedetto Castelli, 1578-

1643)の下で勉強した．トリチェリは1641年にガリレイの招きでフィレンツェに行くが，そのわずか3か月後にガリレイは亡くなった．

　トリチェリは約90cmの長さの一端を閉じたガラス管を準備し，その中に水銀を満たして水銀入りの鉢の中でそのガラス管を立てるという，いわゆる「トリチェリの実験」を行った（図4-1）．水銀柱はガラス管上部に空間を作って約76cmの高さに下がってそこで止まった．例えば上部が球のような体積が異なる別なガラス管を使っても，水銀柱の高さは同じだった．これはガラス管上部の空間を作る原因がその中の物質に依らないこと，つまり物質は存在しないことを示した．またそのまま水銀を水に換えると，水はたちまちガラス管の天井まで満ちた．これによって，トリチェリはガラス管上部にできた空間は真空であると考えた．さらにガラス管の中で落下が止まった水銀の重さは，大気の重さつまり大気の圧力と釣り合っていると考えた．彼はそれを"我々は大気の海の底に沈んで暮らしている"と表現した[2-4]．

　ガリレイは死ぬ前には「重さのある物体は，それに釣り合う重さがないと持ち上

図4-1　トリチェリの実験

がらない」，つまり「ポンプで液体が吸い上げられるのは大気には重さ（気圧）があるため」であることを認識しており[3-1]，トリチェリはこの考えを受け継いでいた．彼はこの大気圧こそが「真空を嫌う自然の意志」に取って代わるべき力と考えた．これで地下から 10 m 以上水を吸い上げられなかった原因も説明がついた．彼はこの仕組みを利用して大気の圧力の変化を示す機器を作ろうとしたため彼は気圧計の発明者とされている．しかし，初めて実際に気圧計に目盛りを付けたのはフランスのデカルトとされている[2-5]．デカルトについては後述する．またトリチェリの実験は 1643 年に行われたと推測されているが，実験の発案が 1643 年で，その準備が整って実際に実験を行ったのは 1644 年という説もある[2-6]．トリチェリは，1644 年 6 月 11 日に友人の技術者に宛てた手紙でこの発見を伝え，その技術者はパリの司祭メルセンヌに実験の詳細を書いた手紙を送り，メルセンヌが各方面に出した手紙によってこの発見はヨーロッパ中へと広まった[4-1]．

　この実験を聞いて，ローマなど各地で同様な実験が行われた．そして太さや容量が異なるガラス管や斜めのガラス管でも水銀の高さが変わらないことが確かめられた．また，ガラス管の周囲の空気の温度や湿度によっても水銀の高さが変わらないことも確認された．フランスの思想家で自然哲学者のパスカル（Blaise Pascal, 1623-1662）は，メルセンヌが各方面に出した手紙を通してトリチェリによる真空の発見を知った．しかし当初彼は気圧の存在を信じなかったようである．そのため 1647 年にデカルトがパスカルにそれを確認するための山頂での実験を提案した[2-7][5-1]．

　パスカルは 1648 年 9 月に義兄ペリエ（Florent Perrier, 1605-1672）にフランス中部クレルモンに近いピュイ・ド・ドーム山の山頂（1464 m）と中腹と麓でトリチェリの実験を行わせ，「高度が高いほどガラス管の中の水銀が低い」ことを確かめて，水銀の重さを支えているのは気圧であることを実証した．パスカルによるこの功績を称えて，現在気圧の単位には Pa（パスカル）が使われている．また高度が上がるにつれて気圧が下がることから，高高度の宇宙は真空であるという推測の元ともなった．さらにパスカルはさまざまな実験を行い，「密閉流体の一部の面に加えられた圧力は，その全部の面に同じ大きさで伝わる」というパスカルの原理も発見した．

　ドイツのマクデブルク市長だったゲーリケ（Otto von Guericke, 1602-1686）は，かつて技術者であった経験を生かして，当時としては極めて高性能の真空ポンプを自作した．彼はその自作のポンプを使って，1654 年に「銅製の半球を合せたもの

70　　4.　気象測定器などの発展

図 4-2　1654 年のマクデブルクの半球実験の様子

の内部をほぼ真空にして両側から 8 頭ずつの馬で引く」という有名な「マクデブルクの半球実験」を行った（図 4-2）．半球同士を合わせて中を真空にすると馬でも引き離せなかったものが，球の中に空気を導入すると簡単に手で引き離せることを示して，気圧の存在とその強さを大勢の前で実証した．

4-2　気圧計の発達

　トリチェリの実験の後，トリチェリやデカルトによって気圧計が作られるようになり，それが日々変動することがわかってきた．パスカルも気圧が日々変動することに気付いていた．ところがパスカルは，その原因として大気中の「水蒸気が多いと大気が重くなって気圧が高くなる」と考えた[6]．しかし空気と水の分子量を比較するとわかるように，実際には水蒸気が多いと逆に大気は軽くなる．また気象学に関心があったドイツの数学者ライプニッツ（Gottfried Leibniz, 1646-1716）やイギリスの数学者ウォリスも，雨が降るとその分に比例して大気が軽くなるため気圧が下がると考えていた[5-2]．水蒸気はその重さだけでなく，どういう形で空気に含まれてどうして空気中で水滴として凝結するのかは当時の人々にとって謎だった．このなぞは，6-1-3 で述べるようにドルトンが分圧の法則を発見するまで続いた．

ゲーリケは得意の技術を使って水を使った気圧計を製作し，自宅に設置した．1660年12月に気圧が大きく下がったときに暴風が起こったことから，悪天候時に気圧が下がることを発見した．これが天候と気圧との関係を示した最初といわれている．ゲーリケによるこの「気圧の変化が天候と関係する」ことの発見がきっかけとなって，気圧の降下を悪天の予兆として利用するようになった．気圧計は，嵐を避ける必需品として特に船乗りに広く普及した．

　1661年にイギリスの物理学者ボイル（Robert Boyle, 1627-1691）は，真空ポンプを使って真空中の物質の振る舞いを研究した．彼は助手のフックと協力して，J字型をしたガラス管を用いて短い閉じた方の先端に空気が残るようにし，長い方から水銀を入れて水銀の高さ（圧力）と残った空気の体積との関係を調べた．彼らは44回に及ぶ精密な実験から，温度が一定の状態では圧力と体積の積が一定になるボイルの法則を発見し，1662年にそれを発表した[4-2]．これは，まさにベーコン主義の結実だった．ボイルは同年にギリシャ語の「重さ（バロス）」という意味を使って気圧計をバロメータと名付けた[7]．

　フックについては3-3-3で触れたが，彼は元来極めて手先が器用であり，さまざまな実験装置を考案や開発した．長大な望遠鏡やユニバーサル・ジョイント（自在継手）などの天文観測装置，時計のアンクル脱進機とばね付きてんぷ，海の深度測定装置，海水の自動採取装置などはその一例に過ぎない（例えば[8-1]）．フックはまさにベーコン主義を実践するための技術を生み出す人物だった．フックは，1665年に顕微鏡を使った観察などを詳細にスケッチして記録した『顕微鏡図譜』を発表したことが知られている．これは顕微鏡で拡大した鉱物，植物，小動物などをスケッチしたものだが，望遠鏡による観測や測定器などの絵もあった．フックの絵画の才能はこの図版にも遺憾なく発揮され，微小な世界を誰にでもわかる図版という形で示した『顕微鏡図譜』は，当時

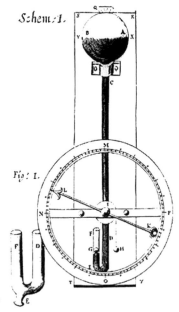

図4-3　ホイールバロメータ

の人々に強い印象を与えてフックの名声を世にとどろかせた[8-2].『顕微鏡図譜』には彼が考案した気圧計や湿度計の絵も残されている.

　1665年にフックは水銀を使った気圧計を改良し,水銀の高さ(気圧)を盤上で回転する針で示す仕組みを開発した[3-2].これはホイールバロメータと呼ばれ,広く使われるようになった(図4-3).水銀気圧計は水銀柱の高さを水銀槽の水銀面から測定する必要がある.ところが水銀柱の高さが変わると,槽内の水銀面の高さも変わるため,水銀柱の高さを精密に測定するのは手間がかかった.パリの測定器製作者フォルタン(Nicolas Fortin, 1750-1831)は,1800年ごろに気圧計の水銀槽を見えるようにガラス製にし,槽の天井から逆さまに象牙の針を付けて,さらに水銀槽の底を革にして底の高さを上下させて水銀面が象牙の針先にちょうど触れるように調整できるようにした.針先は水銀柱の目盛りの基点ともなっているので,その後に水銀柱の目盛りを読めばそのまま水銀柱の高さ,つまり気圧がわかる仕組みを導入した.これはフォルタン型気圧計と呼ばれている(図4-4).

　水銀気圧計は一般に大型,精巧で持ち運ぶことは困難だった.持ち運び可能の気圧計は1695年にイギリスの時計職人クエール(Daniel Quare, 1648?-1724)によって作られた.それは木製の水銀槽の底が革でできており,底についたねじで革底を動かして水銀を調整できるようにしたもので広く普及した.移動させる場合は水銀柱に空洞ができないように革底をねじで調整してから運び,到着すると逆の手順で測定状態に戻した.この方式は特許を取得し,持ち運んで山の高さを測定するのにも使われた[2-8].1700年にはフックが船舶用気圧計(Marine barometer)を作った.これは温度計と気圧計が組になっており,気圧を温度計で補正することができた.ハレーはこれを航海に使用して"決して悪天の予測を過つことなく,あらゆる悪天を早期に知らせる"と賞賛した[9].19世紀になって,イギリスの医療機器製作者で気象学者でもあったアディー(Alexander James Adie, 1775-1859)はこの方式を改良して,1818年にシンピエゾメータ(sympiesometer)として特許を取ってから広く使わ

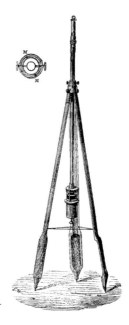

図4-4　フォルタン型気圧計

4-2　気圧計の発達　　73

れるようになった[2-9].

　水銀を使わずに，内部を低圧にした小型の金属製の空ごう（箱）を使って気圧を
測れるようにしたのが，アネロイド気圧計である.「アネロイド」とは液体を使わ
ないという意味のギリシャ語から来ている. この動作機構は数学者ライプニッツに
よって初めて提案されたが，実際には製作されなかった[2-10]. 1844 年にフランス
の物理学者ヴィディ（Lucien Vidie, 1805-1866）が初めて実用的なアネロイド型気
圧計を製作した. この型の気圧計は，アネロイドセルと呼ばれる減圧された小さな
金属製の箱の体積が気圧によって変形することを利用して，盤上の針を動かす仕組
みになっている. これは小型の携帯型の気圧計に使われた.

4-3　温度計の発達とその目盛りの変遷

　温度は暑い寒いなど人間が直接感覚として感知できるが，その程度を定量的に示
すことは容易ではない. 温度によって体積などが変わる物質は多いが，大きな障害
は測定基準だった. 温度の基準にするための「常に一定の温度を示すもの」の発見
には試行錯誤を要した. 一時期は体温（血液温度）がその基準の一つに使われたこ
ともあった.

　温度による空気の膨張や収縮を利用した仕組みとして，数学の「ヘロ
ンの公式」で有名なギリシャの数学者ヘロン（Heron ho Alexandreus,
10？-70？）が，紀元 62 年ごろに大規模な仕掛けを製作した. これは
温度による空気の膨張と収縮を利用して，神殿の祭壇の火の点火と消火
に応じて神殿の扉が開閉するというものだった. このことが書かれたヘ
ロンの本は 16 世紀にラテン語に訳され，ヨーロッパで多くの学者に注
目された[4-3].

　16 世紀末にガリレイは，ガラス球がついたガラス管の管先を水槽に
沈めて，このガラス球内の気体の膨張や収縮による管内の水の高さの変
化によって気温を測定する温度計を作った（図 4-5）. 遅くとも 1593 年
までにはガリレイはこの温度計を発明したとされている[3-3]. この発明
はパリの司祭メルセンヌによって広くヨーロッパ中に伝わった.

　ところが，この空気を使った温度計は，気圧計の発明によって気圧の
影響を受けることがわかってきた. この影響を避けるため，実験アカデ

図 4-5　ガリレイがパドヴァ大学で講義に使っていたとされるものと同様の温度計

74　　4.　気象測定器などの発展

ミーを主催したトスカーナ大公フェルディナンドⅡ世は，液体をガラスに密閉して封入した2種類の液体温度計を発明した．一つはアルコールを入れた細長い瓶の中に密度が異なる液体を封じた複数の小瓶を浸けたもので，浮いたり沈んだりする小瓶が温度に応じて異なることを利用して気温を測定した（図4-6）．この温度計は実験アカデミーの記録によって少なくとも1641年には作られていたことがわかっている[2-11]．もう一つの温度計は密封されたガラス管の中の液体の伸縮で温度を測るもので，フィレンツェ温度計（Florentine thermometer）と呼ばれた（図4-7）[10]．さまざまな液体が利用されたが，最も多く使われたのは水またはワインの酒精だった．このタイプの温度計は数多く作られ，実験アカデミーの世界初の気象観測網の中で使われた．

1660年ごろに作られた珍しい温度計として，ゲーリケが作った高さが約6mも

図4-6 フェルディナントⅡ世が製作した実験アカデミーの温度計（左上）と凝結湿度計（右下）．

図4-7 フィレンツェ温度計　ガラス管に白と黒のエナメルのガラス玉の目盛りが封入されている．

4-3 温度計の発達とその目盛りの変遷

ある巨大で立派な空気温度計があった．これは多数の輝く星で装飾された大きな銅球からパイプが下がったもので，このパイプはU字になってその端は開放されていた．パイプ内には球内の空気の膨張や収縮によって動くアルコールが入っており，その高さで温度を測定した．温度を示すアルコールの上面には金属のふたが載っており，そこから上に伸びた紐は滑車を通して反対側に吊された天使の人形と結ばれて，その天使の位置が気温を示した[11]．この巨大な温度計は，建物の壁にやはり巨大な気圧計と対にして並べられていた（図4-8）．

この頃の温度計のスケール（尺度）は，絶対的なものではなかった．スケールは温度計製作者ごとに異なっており，またそれぞれの温度計が比較可能かどうかは温度計製作者の工作精度にも依存していた．つまり製作者の腕が悪ければ，同じ製作者の温度計でも同じ温度で示度が異なった．

王立協会のフックは，1664年ごろから温度計の工作精度や形態にかかわらず各温度計の指示を同じように保つため，水の氷点を0度として温度計の目盛りを合わせることを始めた．彼は1665年からこれを利用して王立協会に標準となる温度計

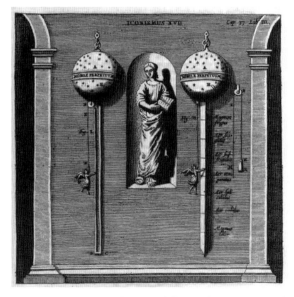

図4-8　ゲーリケが1660年にマクデブルクの自宅に取り付けた空気温度計（左）と気圧計（右）．

を導入した[3-4]．しかしこのことは次第に忘れ去られ，「製作者の異なる温度計」間のスケールは統一されなかった．その後何人かの人々が，氷点と沸点の両方を使って温度計のスケールを固定することを提唱したようだが，そのことを1694年に書物に掲載したのはイタリアのパドヴァ大学のレナルディーニ（Carlo Renaldini, 1615-1698）だった[2-12]．1701年にはニュートンが氷点を0度，体温（血液温度）を12度にするスケールを考案し[2-13]，このスケールでは水の沸点は34度となった．また，ニュートンは温度の目盛りを拡張して，鉛の溶融温度（96度），石炭の燃える温度（192度）なども定義した．これらは基準としてはあまり成功しなかったが，この実験の最中に「物体温度の時間変化は周りの温度との差に比例する」というニュートンの冷却法則（Newton's Law of Cooling）を発見した[3-5]．また同じ頃，気象観測を行っていた王立協会では，会長のジュリンが推奨して温度計の最高示度をゼロ，氷点を65度とする王立協会としてのスケールを使い始めた[2-13]．

　初めて基準となる温度計を作ったのは，オランダの天文学者レーマー（Ole Rømer, 1644-1710）だった．彼は木星の衛星の食を使って初めて光速度を算出した人物である．彼は1702年に塩と氷の混合状態を0度，水の沸点を60度とするスケールを持つ標準温度計を作った．これが後世でも示度の再現性が確認された初めての温度計となった．このスケールでは氷点の温度は7.5度となり，後には改めて氷点を7.5度，沸点を60度として温度計が較正されるようになった[2-14]．

　このレーマーのスケールを改良したのがオランダの技術者ファーレンハイト（Daniel Fahrenheit, 1686-1736）である．彼は1717年にレーマーの目盛りを4倍細かくして氷点を30度，体温を90度にしたが，90度では不便に感じて96度に変えた．このスケールは華氏（℉）として現在でも使われている．彼は温度計を次の三つの基準，「塩（または塩化アンモニウム）と氷の混合状態」を0度，「水の氷点」を32度，「口内の温度」を96度で較正した．彼は水の沸点は気圧で変わることを知っていたので温度の基準には使わなかったが，彼の死後に，沸点は温度の基準（212度）として使われるようになった[2-15]．また彼は，天文学者たちが使っていた水銀気圧計が気圧にかかわらず正しい温度を示すことを知って，これを温度計に応用して1714年に水銀温度計を作っていた[3-6]．

　1730年ごろにフランスの化学者，物理学者，昆虫学者だったレオミュール（René-Antoine Réaumur, 1683-1757）は氷点を0度，沸点を80度としたスケールとして列氏（℞）を考案した．このレオミュールスケールを使った温度計はレオミュール温度計と呼ばれ，フランスや中央ヨーロッパで約100年間にわたって広く使われ

た[2-15]．レオミュールが 80 という値を使ったのは単に分割しやすいという理由だったようであるが，そうすれば次に 100 という値が出てくるのは自然の成り行きだった．レオミュールが温度計の改良を続けた中で，レオミュールかレーマーの後継者だったホレボー（Horrebow）なのかは不明だが，1740 年に氷点を 100 度，沸点を 0 度とした百分度温度計が考案された[2-16]．

1741 年 12 月には，スウェーデンの天文学者であったセルシウス（Anders Celsius, 1701-1744）が，百分度温度計を観測記録に使い始め，これをスウェーデンの有名な植物学者であったリンネ（Carl von Linné, 1707-1778）が，温室内の温度を測るために氷点を 0 度，沸点を 100 度に改めた．これは 1745 年秋より前とされている[2-17]．このスケールが摂氏（℃）として現在日本などで使われている．しかしこの 2 年前に，フランスの天文学者で物理学者でもあったクリスティン（Jean Pierre Christin, 1683-1755）が，温度が高いほど値が大きくかつ氷点と沸点の間を 100 分割した水銀温度計を先に発明していた[2-18]．

4-4 風力計・風速計

15 世紀ごろからさまざまなタイプの風力計，風速計が作られた．それらは主に次の三つに分類される．（1）風による圧力が何らかの表示器に観察可能な変位を引き起こすもの（圧力風力計），（2）風によって水平軸もしくは垂直軸を回転させ，その回転速度を測るか回転数を数えるもの（回転式風速計），（3）大気による冷却能力を用いるもの[2-19]．ただし，三つめは気象分野ではほとんど用いられなかった．それぞれのタイプの風力計，風速計は独立に発達していった．

（1）の圧力風力計については，2-2-3 で遠近法を発明したアルベルティが，1450 年ごろに初めて風圧を板の傾きで測る風力計（swinging-plate anemometer）を考案した．1470 年にダ・ビンチも風力計を発明したとされているが，彼はアルベルティの風力計にも言及しており，彼がアルベルティと独立に風力計を発明したとは必ずしもいえない[2-20]．

1667 年にはフックが風力計を作った．彼が作った風力計は，長方形の板に風が当たってその強さに応じて板が吹き上げられ，その吹き上げられた角度で風の強さを知るものだった（図 3-4）[3-7]．18 世紀中ごろには，山脈による重量異常を発見したり造船工学を生み出したりしたフランスの物理学者ブーゲ（Pierre Bouguer, 1698-1758）が，ばねのついた棒の先に垂直に取り付けた板に風に当ててばねの伸び縮みで風圧を測定する風力計を作った．これは手持ち式の可搬型で主に海上で使われ

た[3-8].

　圧力管を使った実用的な風力計は，イギリスの医師で衛生学の創始者でもあるリンド（James Lind, 1716-1794）によって 1775 年に作られた．これは U 字管の中に水を詰めて，水平に曲げられた一方の管先を風に向け，反対側の管先との圧力差が引き起こす水の高さの変化を測って風圧を測定するものだった[3-8]．この種の風圧計は精密な測定が難しかったが，1889 年にイギリスの気象学者ダインス（William Dines, 1855-1927）が精巧な風圧計を製作した．これは圧力によって生じる水の高さの変化をフロートで感知して自記記録するもので，高さが約 1 m もある大がかりなものだった[12]．なお，ダインスは元鉄道技師で数学を教えていたが，1879 年にスコットランドのテイ湾にかかる鉄道橋であるテイ橋が，列車が通過中に強風で崩落して大惨事になったのをきっかけに気象学に興味を持った．彼は 8-2-5 で述べるように高層気象観測も行った．

　(2) の回転式風速計については，その発達の際に自然と風車が参考にされた．フックは 4-7 で述べるウェザークロック（自記気象観測装置）用に，風向計の先端の水平軸に羽根車をつけた風車型の風速計を開発した．これは軸の一定回転数ごとにパンチ穴で記録を残す仕組みを備えていた．しかし製作指示書を書く途中でフックは亡くなってしまったため製作されなかった[2-21]．この型の風速計は風向計としても使えるため，近代になって発達した．日本では 1961 年からこのプロペラ型風向風速計が導入され，それまで用いられていたダインス風圧計に代わって最大瞬間風速の測定にも使用されるようになった[13]．

　鉛直な軸に羽根車を付けて水平に回転させる方式の風速計は，1673 年ごろにフランスの時計職人だったグリエ（Rene Grillet, 生没年不詳）が開発した．彼の風速計は水平十字の各横木に 4 枚の薄板を蝶番でつないで一方向の風しか受けないようにしたものだった．その風速計は横木を支える鉛直軸の単位時間の回転数を記録することにより，風速を計算できる仕組みを備えていた[2-22]．1846 年にアイルランドの天文学者ロビンソン（Thomas Robinson, 1792-1882）は，やはり水平に回転させる方式の風杯式の風速計（ロビンソン風速計）を考案した．これは垂直に交わった支柱の四つの先端にそれぞれ半円のカップを取り付けて風で水平に回転させるものであり（四杯式），彼はカップが風速の 1/3 の速さで動くと推定していた[2-23]．これは比較的回転が遅いため記録のための機構が簡便で済み，また風車型のように風向に合わせる必要もないため広く普及した．ところが，19 世紀後半からカップの動きが風速の 1/3 にならないなどの疑念が指摘され始め，1926 年にカ

4-4　風力計・風速計　　79

ナダ気象局の気象学者パターソン（John Patterson, 1872-1956）が風洞実験から三つのカップを持った三杯式の優位性を提唱して，以後三杯式が広まることとなった[2-24].

> コラム　ビューフォート風力階級
>
> 　測定器械を使ったものではないが，イギリス海軍の提督で水路学の専門家であるボーフォート（Francis Beaufort, 1774-1857）は，1805 年にイギリスの小型駆逐艦の帆走具合を基準にして，風の強さを 13 段階に分けた風力の測定尺度を定めた．これはビューフォート風力階級*1 と呼ばれている．風力 0 では船がまったく動かず，風力 1 ではやっと舵がきく程度，風力 2 ではすべての帆を上げてやっと走る程度．風力 3 は帆をいっぱいに張って時速 4 ノットで走る程度．風力 4 になると満帆のまま時速 5〜6 ノット．風力 5 からは帆を縮める縮帆を検討し始め，風力 10 なら帆を畳むことと対応している．この風力 1 を基準とした風圧の増大率は風力階級のちょうど 3 乗になっており，例えば風力 4 のときの圧力は風力 1 のときの風圧の 64 倍（4 の 3 乗倍）になる[14-1]．この風力階級は 1964 年に世界気象機関（WMO）によって採用されて，日本では風力 7 以上になると海上風警報が発表されるなど，現在でも海上での警報の基準となっている．

4-5　さまざまな湿度測定の発達

　湿度は気温と同様に人間が身近に体感できるものの一つであり，皮膚上の汗の乾き具合やそれに伴う温度変化などから蒸し暑いなどを感じることができる．また身近なものの中にも，冷たいグラスに付く露や松ぼっくりのかさや塩など湿度の影響を受けるものが数多くある．しかしそのようなものを利用して湿度が測られるようになると，凝結した水の空気中での様態や水が蒸発する際に冷える理由などの謎も出てきた．これらは湿度計の原理の解明とともに物理学，化学の発達にも関連していった．

　現在知られている最も古い湿度計は，風力計の発明と同じアルベルティが 1452 年に『建築論（De re aedificatoria libri decem）』に記したもので，海綿（スポンジ）が湿ると重さが変わることを利用したものである（図 4-9）．またドイツの神学者で

---

*1　日本では慣例的にこの名称で呼ばれている．

数学者でもあった枢機卿クザーヌス（Nicolaus Cusanus, 1401-1464）は，1450年に著書『計量実験（De staticis experimentis）』の中で，"羊毛の重さが大気が湿っぽくなると増加し，大気が乾燥気味になると減少することがわかる"[2-25]と書いて，天秤を使って湿度を測ることができることを示した．彼は天文学における測定を地上の自然科学にも適用することを始め，定性的だった自然哲学を測定器を使った定量的な自然科学への転換を図った近代科学の先駆者の一人だった[15]．ダ・ビンチが湿度計の発明者とされることがあるが，彼はクザーヌスの研究を数多く読んでいたことが知られている[2-26]．

図4-9 吸湿湿度計の例　秤で吸湿性物質の重さを測定しているところ．

湿度は身近なものだけに検出する方法は数多くあり，さまざまな方法が試されてきた．大きく分けると，(1) いろいろな物質の吸湿性を利用した吸湿湿度計（hygroscopic hygrometers），(2) 人工的に冷やされた表面での露の生成を利用する凝結湿度計（condensation hygrometers），(3) 湿った表面からの蒸発熱による冷却を利用する乾湿計（psychrometers），(4) これら以外の湿度計，に分けられる．

4-5-1　吸湿湿度計

吸湿湿度計は，湿度によって重さが変わるものと形（長さ，容積，ねじれ，木目による変形など）が変わるものに分けられる．湿度計のためにひもや羊腸弦（ガット），オート麦（エンバク）などの芒*2，そら豆のさや，海綿，塩化アンモニウム，海草，毛髪などさまざまざまな物質が試行錯誤して使われた．それらの持つ湿気を吸収した際の重さや長さ，ねじれなどの特性の変化が湿度の指標とされた．

1626年には，イタリアのパドヴァ大学医学部教授であったサントーレ（Santorio Santorre, 1561-1636）が，羊などの腸で作った細い紐であるガット（弦）が空気中の湿気に応じてねじれることを利用して，ガット検湿器を発明した[4-4]．17世紀半

---

*2　実の殻にある堅い毛．

ばからは湿度による紐の伸縮を使った湿度計が作られるようになった．このタイプの湿度計としては，1656年ごろに枢機卿ジョバンニ・カルロ・デ・メディチ(Giovanni Carlo de Medici)が，4〜5 mの長さの紐の片側を止め，反対側を滑車に水平に通して終端の重りで紐を張り，その長さの変化で湿度を測る測定器を作った（図4-10）[2-27]．1665年にはフックが羊腸で作られた弦の音程が湿度で変わることに気付いてこれを利用しようと考えた．ところが彼は，オート麦の穀粒の外皮から出ている芒が湿度によってねじれることを知って，これを文字盤の上を回転する針に結び付けた湿度計を製作し，顕微鏡図譜にその絵を載せた（図4-11）[3-9]．

聴覚障害を持ったフランスの物理学者アモントン(Guillaume Amontons, 1663-1705)は，1687年にフックの三液体気圧計をベースにした湿度計を王立協会に示した．これは水銀で満たされた革袋がガラス管の下方に結び付けられており，湿度の変化による革袋の体積の変化が細いガラス管の中の液体の高さを変えることを利用して湿度を示した．管内の上部に別の軽い混ざらない液体を上に乗せて，湿度を示す液体の表面が蒸発したり汚れたりすることを防いだ[2-28]．その後，革袋の感部の代わりに角や象牙，ガチョウの羽軸根などの穴の太さが湿度によって変わることを利用した湿度計が使われるようになった．

3-3-3で述べたドイツの数学者ランベルトは，1768年に羊腸弦のねじれを使っ

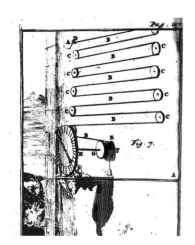

図4-10　紐を使った吸湿湿度計の例　重りで伸びた紐の湿度による伸縮を滑車についた回転する針で示す．

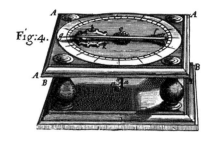

図4-11　オート麦の芒を使ったフックの湿度計

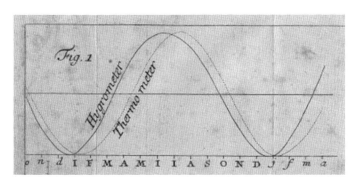

図 4-12　ランベルトの湿度と気温の同時描画図　　Hygrometer が湿度で Thermometer が気温，横軸は月．

た湿度計を作って，ベルリン，ザガン，ヴィッテンベルグ（またはアウグスブルグ）の3地点で気温と湿度を毎日測定し，1771年1月から翌年の11月まで毎月の変動を図に描いてグラフ化した．これが気象要素の変化をグラフ化した最初とされている．彼は湿度と気温との間に期間の遅れを持った関係があるとして，これを1772年に『湿度測定試論（Suite de l'essai d'hygrometrie）』で示した（図 4-12）[3-10]．このときにタイトルに「hygrometrie」という言葉を使ったことから，その後湿度計は英語でハイグロメータ（hygrometer）と呼ばれるようになった[3-9]．

スイスの地質学者で気象学者でもあったドリューク（Jean Andre Deluc, 1727-1817）は，それまで動物の角を使っていた湿度計を，象牙を使ったものに改良した．これは象牙の細い穴に詰められた水銀が，湿度に応じて象牙の穴が伸縮することによって穴に接続された管の中を水銀が上下するものだった．しかし彼は，吸湿性の物質として象牙は不適当であることに気付いて，1781年に鯨骨（whalebone）の細片を固定し，その長さの変化を利用した鯨骨湿度計を製作した[16]．これは反応速度は遅かったが耐久性や安定性に優れており，かなり実用的なものだった．鯨骨湿度計は測定器メーカーによって数多く製造され，4-9で雲形を定義したハワードのロンドンでの気象観測や5-1で説明するフンボルトの探検などにも利用された[2-29]．

スイスの物理学者ソシュール（Horace-Bénédict de Saussure, 1740-1799）は登山家でもあり，モンブランなど高山で気象観測を行ったことでも知られている．彼は1775年に湿度の計測に毛髪を使うことを思いついた（図 4-13）．彼は毛髪にさまざまな化学処理を施して湿度に対する実験を行い，その結果をまとめて1783年に

4-5　さまざまな湿度測定の発達　　83

『湿度測定法に関する試論 (Essai sur l'hygrométrie)』として出版した.

ところが，ドリュークが1786年に『気象学論 (Idées Sur La Météorologie)』の中でソシュールの毛髪湿度計に対して疑義を表明し，論争に発展した．争点は湿度の示度100の基準の取り方だった．ソシュールの毛髪湿度計は，最も湿った状態を得るために水中に倒立したガラス鐘の中に湿度計を入れ，最も長く伸びたときを100とした．一方でドリュークは完全に飽和した状態を得る方法はその物質を水中に沈めたときと考えており，彼は鯨骨湿度計の最大示度の100を水中につけて決定していた．両者の測定器を同じガラス鐘に入れて測るとその示度は異なった．ソシュールは水蒸気による鯨骨の伸びの割合は80〜81％であり，残りの伸びは水中で鯨骨中のゼラチン質が水を過剰に吸収するためであると反論した[16]．しかし，毛髪湿度計の方も毛髪の湿度に対する応答がよくわかっていない部分があるなど，鯨骨湿度計より劣っている部分があった．

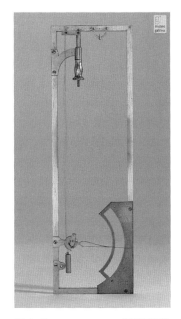

図4-13 ソシュールの毛髪湿度計 毛髪の伸縮が針を動かす仕組みになっている．

さらにドイツの科学者などが加わってこの論争は続いたが，別な方法で正確に湿度が測定できるようになったことと，6-1-3で述べるようにドルトンなどによって湿度と水蒸気の考え方がはっきりしてきたこと，また1815年または1816年にフランスの化学者ゲイ＝リュサック (Gay-Lussac, 1778-1850) が，化学的手法と比較して毛髪の伸縮と相対湿度の関係を与えた[2-30]ことで，決着がつかないままそれぞれに適した使い方が確立されたようである．ソシュールの毛髪湿度計は，1789年にパリの測定器制作者，リシェ (Jean François Richer) によって8本の毛髪を使ったものに改良され[2-31]，さらにその後も改良が続けられて，厳密な測定というより手軽に湿度を測定するのに広く使われるようになった．

3-3-5で述べたパラティナ気象学会の気象観測において，課題の一つが湿度の観測だった．当時の湿度計は気圧や気温の影響を受けたが，その補正方法が確立されていなかったため精密な較正は困難だった．パラティナ気象学会では湿度観測の較

正を行える測定器を公募し，それに二人が応募した．その一人はソシュールで，自作の毛髪湿度計で応募した．しかし学会は測定器の脆弱性や測定範囲の狭さ，毛髪の伸びと湿度との関係の法則性が未解明などを理由に採用を却下した．もう一人は，イタリアの天文学者キミネッロ（Vincenzo Chiminello, 1741-1815）で，水銀温度計の感部の容器を湿度に敏感に伸縮する羽軸根に改良したものを提示した．これは羽軸根を使った水銀湿度計の温度依存性を，横に並べた同じ構造の温度計の値で補正できるようにしたもので，パラティナ気象学会ではこの方式を採用した[17]．

4-5-2　凝結湿度計

凝結湿度計の最初のものは 17 世紀にイタリアのフィレンツェで発明された．実験アカデミーのトスカーナ大公フェルディナント II 世は，1655 年に冷えたグラスの外側に水分が凝結することに気がついた．彼はトリチェリとともに下端を細く絞った瓶を氷で冷やして滴る露を下のビーカーで受ける測定器を製作した．瓶は木の三脚スタンドで支えられて下にビーカーが置けるようになっており（図 4-6）[2-30]，湿度は一定時間にビーカーに貯まった水の量で測定された．この湿度計は実験アカデミーで使われたが精密な測定には向いていなかった．

フランスの王立科学アカデミーの医学教授ル・ロア（Charles Le Roy, 1726-1779）は，1751 年にガラス容器の温度を下げていくとある温度以下でガラスの外側に露ができることを見つけ，この温度を露点温度と呼んだ．また彼は空気中の水蒸気量をその温度の飽和水蒸気量で割った「相対湿度」の概念を定式化した[4-5]．ところが，ル・ロアは露となる水は空気の中に溶解していると考えたため，雨ができる仕組みを溶液中の塩が沈殿するのと同じであると考えて，雨などの降水を表わすのに英語で「沈殿（precipitation）」という語をあてた．この言葉はディドロとダランベールによって編集されたフランスの有名な『百科全書』に記載されたため広く使われるようになった[4-6]．9-2-7 で述べるように降水が起こる仕組みは沈殿とは異なることがわかっているが，現在でも英語では降水を「precipitation」と表記している．

1820 年に化学者，物理学者でダニエル電池の発明者でもあるダニエル（John Frederic Daniell, 1790-1845）は，クリオフォール（cryophorus）を使った湿度計を考案した．クリオフォールとは二つのガラス球の上部をガラス管でつないだ実験装置である．一方のめっきされたガラス球の中にはジエチルエーテルとその温度を測定する温度計が入っており，他方のガラス球は外側を布などで覆われている．装置

4-5　さまざまな湿度測定の発達　　85

の内部は空気が抜かれており，布に覆われた方の
ガラス球にアルコールなどを垂らして冷やすと，
他方のめっきされた球の中のエーテルが蒸発して
冷えて球の外に露がつく．この温度と露がつかな
くなった温度との平均を露点温度とした（図 4-
14）[2-32]．この露点計は後にフランスの化学者ル
ニョー（Henri Victor Regnault, 1810-1878）や同
じくフランスのクレルモン＝フェラン大学の物理
学教授アルアード（Emile Alluard, 1815-1908）に
よって改良され，露点温度を精密に測定する際の
測定器として近年まで使われた．

4-5-3 乾湿計

乾湿計とは水などの蒸発熱を利用した湿度計で
ある．1699 年にアモントンは，水に浸けた温度

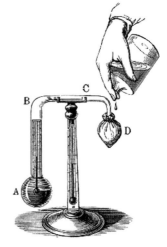

図 4-14 ダニエルの凝結湿度計

計を引き抜くと示度が下がることを見て蒸発が熱を奪うことに気付いた．イギリス
のエディンバラ医学大学の教授で化学者でもあったカレン（William Cullen, 1794-
1878）は，彼の学生が温度計をアルコールから引き上げると示度が下がることに
気付いたことにヒントを得て，濡れた温度計は蒸発によって冷やされることを実験
で確認した[2-33]．彼は冷却の程度は蒸発量と厳密に関係すると考え，1755 年に「蒸
発する液体による冷却と冷却を生み出すその他の手段に関する試論（An Essay on
the Cold produced by Evaporating Fluids, and of some other Means of Producing Cold）」
でそのことを発表した．

水蒸気が蒸発したり凝結したりする際の潜熱[*3]については，イギリスの物理学
者，化学者で二酸化炭素の発見者としても知られているブラック（Joseph Black,
1728-1799）が初めてその存在に気付いた．1761 年ごろに彼は大量の熱を加えて氷
を解かしても水の温度が変わらないことを利用して氷の融解熱を測定し，また実験
で蒸発熱も測定して潜熱の概念を確立した．その潜熱と蒸発量との関係を最初に湿
度計に応用したのは，イギリスの地質学者で気象学者だったハットン（James
Hutton, 1726-1797）で，彼は感部を湿らせた温度計である湿球の温度は空気の乾

---

*3 融解熱や気化熱など，物質の相が変化するときに必要な熱エネルギー．

燥度に比例するのではないかと考えた．なお，ハットンについては 6-1-3 で改め
て紹介する．

　さらにハットンの同僚で数学と物理学の学者だったレスリー（John Leslie, 1766-
1832）は，1795 年に「乾球の示度と湿球の示度との差は，蒸発した水分の気化熱
に等しい」と考え，2 台の同様の温度計で感部が湿ったもの（湿球）と乾いたもの
（乾球）とで比較することを思いついた[2-34]．1822 年にイギリスの数学者で天文学
者でもあったアイボリー（James Ivory, 1765-1842）は，相対湿度をこの乾球と湿
球の温度差と気圧の関数から決定する近似式を導いた．3 年後にドイツの物理学者
アウグスト（Ernst August, 1795-1870）が同様の結果を得て，これを乾湿球湿度計
（乾湿計）と呼んだ[4-7]．英語で乾湿計はサクロメータ（psychrometer）というが，
これはギリシャ語の「冷たい（psychros）」と「計る（metron）」から来ている．こ
の原理による乾湿計は，その後多くの研究者が改良を手がけ，1892 年にドイツの
気象学者で医師でもあったアスマン（Richard Assmann, 1845-1918）が換気や放射
の影響を除くための通風装置を付与して，湿度測定の標準的な方法となった．

4-6　雨量計

　雨量計を記述した世界最古の書は，紀元前 4 世紀ごろに古代インドのマウリヤ朝
初代チャンドラグプタ王の宰相であり軍師だったカウティリア（Kautilya または
Chanakya，紀元前 350 年-紀元前 283 年）の書いた『実利論（Arthastra）』である．
当時穀物の種まきの時期を決めるために，直径約 45 cm の鉢で定期的に雨量が観測
された[18-1]．紀元前 200 年ごろから紀元 200 年ごろにかけてのユダヤ人の暮らしを
記録したユダヤ教の書『ミシュナー（The Mishnah)』の中には，パレスチナで年間
に 540 mm の雨が降った記録が残っている．しかし，どこでなのか，ある年なのか
平均してなのかなどはわかっていない[18-1]．

　洪水に悩まされていた中国では，数学者である秦九韶（1202-1261）が 1247 年
に『数書九章』の中で，各地点に置かれた雨量計の値を使ってどうやって面平均値
を出すかを議論した．雨量測定の目的は頻発していた洪水のためと考えられるが，
農業のためである可能性もある[18-1]．李氏朝鮮では，1442 年に第 4 代国王である
世宗（1397-1450）が直径 14 cm，深さ 30 cm の青銅製の雨量計を製作し，これが
現存する最古の雨量計とされている（図 4-15）．この雨量計を用いた観測は朝鮮で
独立に発達したもので，李氏朝鮮はこれを各地方に配置することによって，世界初
の組織的観測網を構築した[19]．李氏朝鮮で雨量観測が発達した理由として，稲の

4-6　雨量計　　87

成育と収穫は朝鮮における政治経済の根本であり，稲作に関して雨季の降雨量に関心が高まったためと考えられている[20]．この観測は1907年まで宮廷に報告されたとの記録がある[18-2]．

ヨーロッパで記録が残っている最古の雨量計の記述は，イタリアの水理学者カステッリによるもので，雨量計の水位を測定するものだった．彼は1639年にガリレイへの手紙で，ペルージャ付近の雨を観測してトラジメーノ湖から流出する水量への影響を推定した[3-11]．イギリスでは，1662年にフックの友人であるレンが4-7で述べるウェザークロックの一部として雨量計を設計した．これは転倒マス型で，溜まった雨が一定量になると容器が傾いて中を空にする仕組みになっており，容器が転倒した回数はウェザークロックに記録された[21-1]．

図 4-15　朝鮮の雨量計

1677年ごろにはイギリスの数学者で天文学者のタウンリー（Richard Townley, 1629-1707）が漏斗型の雨量計を開発した．これは漏斗で集めた雨を細管で目盛りのついた容器に導入するもので，漏斗で雨を集めたのは，容器に溜まった雨の蒸発を防ぐためだった．1695年にはフックも同様の雨量計を製作し，これはグレシャム・カレッジで数年間使われた[21-2]．

18世紀半ばまで雨量計は屋根の上などに設置されていた．イギリスの医師ヘベルデン（William Heberden, 1710-1801）は，同じタイプの雨量計を自宅の庭と煙突の上とウエストミンスター寺院の塔の上の3か所に設置して調べたところ，庭の雨量に対して煙突の上は80％，塔の上は50％の雨量しかないことを発見した．彼は雨粒が地面に到達する数百m前から成長するため，高度が低いほど雨量が増えるのではないかと推測した[18-2]．

これに対して，経済の限界効用理論を提唱したことで有名なイギリスの経済学者ジェヴォンズ（William Jevons, 1835-1882）は，観察できるように側面がガラス製の風洞を作り，その中に雨量計を置いて煙を流して，雨量計に対する風の影響の実験を行った．その結果から，1861年に高所のように風が強い場所だと雨量計自身が風を強めて雨滴が雨量計を飛び越えるため，雨量計による雨滴の捕捉率が下がることを発見した[18-2]．これによって，雨量を測定する際に風の影響を考慮しなければならないことがはっきりした．現在，気象庁では，雨量観測の際には建物の屋上

などを避けて風の影響がない場所を適切としており，雨量計設置場所の近くに建物がある場合にはその風の影響を避けるために少なくとも建物の高さの2倍以上，できれば4倍以上離れた場所を推奨している[22]．

4-7　メテオログラフ（気象自動記録装置）

　気象の観測は毎日定時の観測を長期にわたって継続的に行う必要がある．昔は決まった時刻になると人が測定器の目盛りを読んで記録する必要があった．これは長期間継続しようとするとたいへんな負担となる．しかも定時以外の気象は記録できなかった．これをなんとか解決しようと測定器の検出部の開発と並行して，観測結果を機械的に記録する機構を開発しようとしたことは驚くにはあたらない．1638年のガリレイによる振り子の等時性の発見をもとに1657年にはホイヘンスが高精度の振り子時計を発明し，さらに彼による1675年のひげぜんまい付きのてんぷの発明により（フックの発明との説もある），時計は急速に発展した．そのため，測定器が発明され始めた17世紀後半には，すでに精巧な機構を備えた時計を作る技術があった．気象の変化は複数の要素が同時に変化するため，これらを時計の時刻とともに並列して記録しようと多要素の同時記録装置が開発された．当時は単一要素の自動記録装置もメテオログラフ（meteorograph）と呼ばれてたようだが，現在では多要素の記録装置がメテオログラフと呼ばれている．

　この複数の気象要素を同時に記録するメテオログラフを初めて考案したのは，フックの親友だったイギリスのレン（Chistopher Wren, 1632-1723）だった．彼は数学家，天文学者でかつ建築家であり，ロンドンのセントポール大聖堂をはじめとして数多くの有名な建物の建築を手掛けた．彼は15歳のときに父親に宛てて，「夜間でも記録できる回転シリンダー付きの気象時計（ウェザークロック）を作った」と手紙に書いている[2-35]．その後，彼は本格的な自記気象観測装置をウェザークロックと呼んで開発しようとした（図4-16）．

　1673年から1678年にかけて，フックはレンのウェザークロックを改良して，気温，風向，雨量を初めて自動的に連続記録するメテオログラフを作った[3-12]．それは標準的な振り子時計の両側に，風向計の記録装置，温度計の記録装置を取り付けたものだった．記録装置は時計に同期して15分ごとに記録紙に針で値に応じた穴を開けた[2-36]．1679年5月に王立協会がこの機械の動作を確認した記録はあるが，この装置の詳しいメカニズムは残っていない．この装置にはいくつか問題があった．まず記録紙に空いた穴は，後で読み取るときに手間がかかった．またこのメテ

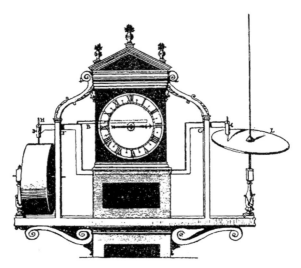

図4-16　レンが1663年に王立協会に提出したウェザークロック

オログラフの温度計と湿度計は，屋内に設置されたメテオログラフに直接取り付けられており，屋外での観測ができなかった．さらにこの精巧なメカニズムは高額で維持管理も厄介だった[2-37]．その後，メテオログラフはイタリアで細々と開発が続けられたようだが，19世紀になるまでは観測の記録のためにこのような装置を使うことは主流にはならなかった．しかしながら，17世紀に各気象要素の感部の繊細な動きを離れた記録紙まで機械的に伝達して，時計に同期して記録紙に記録しようとした工夫に対する熱意には敬服させられる．

19世紀になって各国に気象観測網が設置されるようになると，測定器メーカーが感部から記録装置まで一式を組み込んだ機械を売り出すようになった．その中で有名なものは1846年にロンドンの光学機械メーカーが作った「大気記録装置(atmospheric recorder)」だった．これは気圧計，温度計，湿度計，静電電位計，雨量計，風向風速計を備えて，時刻に合わせて動く水平な1枚の記録紙に，自動的に観測結果を記録することができた[2-38]．これは1851年のロンドン万国博覧会に出品され，そのカタログの序文でロンドン気象学会会長だった気象学者グレーシャー(James Glaisher, 1809–1903)が次のように述べている．"機械仕掛けで動いて自然現象を追随する自動記録装置は，各要素が連続的で夜間に起こる現象も日中と等しく大切な気象調査に極めて重要である．"[2-38]

90　　4.　気象測定器などの発展

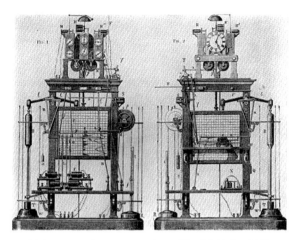

図 4-17　セッキのメテオログラフ（左：正面と右：後面）

　1857 年にはローマのコレジオ・ロマーノ天文台の台長であったセッキ (Angelo Secchi, 1818-1878) は電気式のメテオログラフを開発し，1867 年のパリ万国博覧会に出品した（図 4-17）．彼はこのメテオログラフのパンフレットでこう述べている．"すべての学者は，気象学が自動的にすべての現象を記録する機械を持つことによってのみ進展することに合意している．……大陸を進む嵐の問題は，これらの方法によってすぐに解決されるであろう"[2-39]．

　しかし，自動記録装置が重要となる気象要素の急激な変動の研究は，20 世紀に入って風の収束線[*4]の研究が重要視されるようになるまで主流にはならなかった．また 1880 年代にパリのリシャール社が持ち運びできる安価な自記記録装置を開発すると，それまでの精巧だが巨大で重いメテオログラフは廃れていった[2-40]．

4-8　測高公式の発見

　1648 年にパスカルが山上で気圧が下がることを発見して以来，高度と気圧の関係が研究され始めた．1662 年にボイルの法則が発見されたことから，ボイルの法則（気圧と体積を乗じたものは一定）を使った考察もなされるようになった．1665 年にフックは『顕微鏡図譜』の中で，地上での 35 フィート（約 10 m）の空

[*4]　風が集まる長く狭い領域．

気層が1000層まで積み重なるとどのような高さになるかを，数列を使った式で考察した．しかし上層に行くにつれてあまりに式が複雑になるため，実際の高さを計算することは断念した．1679年にフランスのマリオットは，高度に応じた各大気層の平均厚みについての単純化した仮定から気圧と高度の間の関係を計算し，大気圧が減少するにつれて高度が等比級数的に増加すると結論した[5-3]．

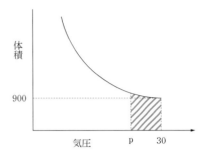

図4-18　ハレーが考えた気圧高度の考え方．900は海面高度での水銀柱1インチあたりの大気の体積，30は地上での水銀柱の気圧示度，pはある地点での水銀柱の気圧示度．斜線部分の面積が求める地点の高度．

イギリスのハレーはマリオットの考えを発展させ，1686年にその地点の高度を「地上気圧とその場の気圧の比」の対数に比例する形で定義した．彼は気圧と体積の関係が双曲線になることを利用して，グラフ上で「地上気圧とそのときの体積，その地点の気圧とそのときの体積」で囲まれた面積を出せば，その地点の高度になると考えた（図4-18）．双曲線の面積は1668年にデンマークの数学者メルカトール（Nicholas Mercator, 1620-1687）が新たに定義した自然対数を使って表せることはわかっていたので，それを使って高度をイギリス・フィートで $30 \cdot 900 \cdot (\log 30 - \log p)$ で表した．ここで900は海面高度での水銀柱1インチあたりの大気の体積，30は地上での水銀柱の気圧示度，pはその地点での水銀柱の気圧示度である（900・30は定数であり，ハレー定数とも呼ばれる．logは自然対数だが，常用対数に変換して対数表を用いて計算した．当時圧力や高度の単位は任意で表すしかなかった）．彼は，これは近似式で気温が高度計算に影響することを理解していたが，この式で十分な精度があると考えていた[5-4]．このハレーの式はその後の測高公式の研究の基本となった．

1753年にはフランスの地質学者ブーゲー（Pierre Bouguer, 1698-1758）はハレーの対数式をその後蓄積された観測結果を使って補正しようとした．しかし高度が上がるとずれが大きくなるのは空気の弾性のためと考え，振り子の振幅が時間とともに減少する度合いが空気密度に比例することを利用して，気圧測定の際に振り子を使って空気弾性の影響を補正しようとした[5-5]．

スイスの気象学者ドリュークは，さまざまな公式が出てくるのは信頼できない測定器で行われた不十分な観測に基づくためと考えた．彼は気圧計と温度計に高い信

頼性が必要であると考え，20 年間（1750-1770）かけて両方の測定器の主要な改善を行ったうえで，1772 年にハレーの対数式に経験式による気温の補正項を加えた測高式を考案した[5-6]．彼の気温補正の研究はその後の測高式の研究に大きな影響を与えた．

1785 年 11 月にドイツのゲッチンゲン王立協会はこの関係式の解明に懸賞をかけた．ドイツの数学者ヘンネルト（Friedrich Hennert, 1733-1813）は，初めて 2 地点の温度差を，気温を高度の関数と見なして計算しようと考え，数学者オイラー（Leonhard Euler, 1707-1783）が 1754 年に考案した高度が増えるとその調和数列式に従って気温が減少するという説を用いようとした．実験してみるとオイラーの気温と高度の関係式は必ずしも正しくないことがわかったが，オイラーを尊敬するヘンネルトはなんとかそれを補正し，また空気の膨張係数をも考慮して 1786 年にハレーの対数式に気温を高度の関数として補正した測高公式を作り上げた．この式は完全なものではなかったが，彼が懸賞を獲得した[5-7]．

その後イギリスの数学者プレイフェア（John Playfair, 1748-1819）は，1788 年に測高公式に湿度を考慮しようとしたが，多くの気象要素と高度などとの理解が不十分であることを感じて，観測結果に基づくよりはまず気象要素同士の数学的関係の解明に取り組んだ[5-8]．それを受け継いだのがフランスのラプラスだった．彼は高度方向の気圧変化率と高度変化率との関係に静力学平衡という考え方を考案し，1805 年に『天体力学』の第 4 巻で静力学平衡の式（$dp = \rho g dz$）を使った測高公式を定義した．ここで p は気圧，ρ は空気密度，g は重力加速度，z は高度である．この静力学平衡は局所的な積雲対流などの現象を除いて大気に対して広く成り立つため，大気を力学で扱う際にはまず基本的な近似として現在でも使われることが多い．ラプラスの測高公式には高度による温度の補正だけでなく，重力や緯度による補正をも考慮されていた．

現在の測高公式は緯度や重力の補正は行わないが，原理的にはラプラスの式と同じものである[23]．測高公式は数学，特に微積分と対数の気象学への最初の応用となり，その後気象要素の特徴を経験に基づいて数学的関係を使って表す定量的な気象学の基本となった．測高公式は応用的なもので大気の原理を示すようなものではないが，高度の簡易的な推定だけでなく層厚*5 の算出など，現在でもその考え方は使われている．

---

*5　二つの等圧面間の高度差．大気層の気温によって変わる．

4-9 雲形の定義

　人類の誕生以来，無数の人々が空を見上げたに違いない．しかし，刻々と変わる雲に体系的な名前を与えて残した人は，有史以来19世紀になるまで誰も現れなかった．当時の気象観測には，雲量や雲のたなびく方向や雲の色彩の記録はあっても，形の記述はなかった．イギリスで製薬会社を経営する実業家で，気象学が趣味であったハワード（Luke Howard, 1772-1864）は，初めて雲の形を固定化して分類してそれに名前を与えた．これによって絶えず形が変わる水蒸気の凝結物は，秩序と整合的な特徴を持った概念になった．

　ハワードは，1772年にロンドンで生まれた．1783年の11歳のとき，アイスランドでの火山噴火によって起こった煙霧，グレート・ドライ・フォッグによって気象に興味を持ったが化学薬品製造工場を経営する実業家となった．化学について偉大な化学者ラボアジエの影響を受けたが，植物学に関してリンネ学会に属していた．二人は友人たちの間で科学的な興味を深めるために，1796年にアスケジアン学会（Askesian Society）と呼ばれた小さな哲学グループを作った．

　ハワードは1802年にその会合で，雲の形を分類した「雲の変形に関する試論（On The Modification of Clouds）」を発表した．彼は雲を高度と形によって規定し，それらに対して体系的な名前を普遍的なラテン語で付けた．例えば層状の雲を層雲（ストレイタス）とし，それが現れる高度によって高層雲，低層雲のように分類した．同様にして巻雲（シーラス），積雲（キュムラス），雨雲（ニンバス）も分類した．この命名方法は，動植物の分類を行ったスウェーデンの植物学者リンネの秩序立った命名法を参考にした[24-1]．

　この命名により雲に特定の形があることが認識され，それを世界共通の言葉であるラテン語で呼ぶことができるようになった．彼の分類方法はその後も引き継がれ，1887年にはイギリスの気象学者アーバークロンビー（Ralph Abercromby, 1842-1897）がスウェーデンの気象学者ヒルデブランドソン（Hugo Hildebrandsson, 1838-1925）と共同で巻雲，巻層雲，巻積雲，層巻雲，積巻雲，層積雲，積雲，積乱雲，乱雲（雨雲），層雲の10種類に分類した．1894年のウプサラで開かれた国際気象委員会の特別委員会では層巻雲，積巻雲の代わりに高積雲，高層雲が定義され，これに基づいて1906年に国際雲図帳（International Cloud Atlas）が作られた[25]．

　ハワードによる雲の命名は単なる雲の分類リストではなく，自然を整然と見る新

94　　4.　気象測定器などの発展

しい手法だった．彼は，"大気の変化に影響を及ぼす普遍的な原因は，雲にも明瞭な影響を与えています．つまり，これらの影響は，人の心や体の状態が一般に表情に表れるのと同様に，それらの原因が作用していることが見えるよい指標となるのです"[24-2]と述べている．雲は大気状態の結果であり，それ以降雲を観察することが大気状態を判別する手がかりとなった．特に高層気象観測については，気球等を使った直接的な観測が充実する 20 世紀初めまでは高層雲の観察が唯一の実質的な観測手段となった．

　フランスの博物学者で生物学者だったラマルク（Jean-Baptiste Lamarck, 1744-1829）も，同じ頃偶然にハワードと似た雲の分類を進めていた．彼は 1802 年に雲の種類を五つに分類し，1805 年にさらに 12 種に細分した方法を占星気象学に基づいた 1 年の気候予測を掲載した雑誌に発表したが，占星気象学に疑念を抱く人々から雲の分類も合わせて疑問視された[26]．またフランス語で定義したため国外にも広まらなかった．ラマルクは気象予測も研究していたようだが，ナポレオンから博物学に専念すようにと指摘されて，やむなく気象学を捨てることとなった．

　ハワードによる雲の分類は，ロマン派画家の巨匠であるドイツのフリードリヒ（Caspar David Friedrich, 1774-1840）やイギリスのターナー（Joseph Mallord William Turner, 1775-1851），コンスタブル（John Constable, 1776-1837）らの風景画に影響を与えた[24-3]．コンスタブルは気象学を用いた風が吹く様子から動く空気の本質をとらえた．蒸気や雲の虜となったコンスタブルは，"（空中の蒸気や雲は）移りゆく時間から取り出した短い一瞬に永続する覚醒した存在を付与すること"と述べている[14-2]．彼は絵画における最も献身的な雲の記録者となった．ハワードによる雲の分類と命名は，雲の観測を通して気象学に貢献しただけでなく，人々に雲に特定の種類があることを気付かせ，雲の美しさを再認識させるきっかけともなった．

　ハワードはロンドンの気候についても研究し，1818 年と 1819 年に『ロンドンの気候（The Climate of London）』を出版して，都市の構造物や大気汚染が今でいうヒートアイランド現象を引き起こすことを初めて明らかにした[24-4]．彼は気象学への貢献から 1821 年に王立協会の会員に選ばれたが，この頃からドイツの詩人で気象学者だったゲーテ（Johann Wolfgang von Goethe, 1749-1832）との交流が始まった．ゲーテも雲型，気圧，風向，降水などの関係を調べていた．ゲーテは気圧が変動するメカニズムを研究して 1825 年に『気象学試論（Essay on Meteorology）』を出版したが，彼の説はあまりにも複雑だったため，そのうち誰もそれを顧みなくなった[27]．ただ彼の気象研究の成果は彼の詩の中には反映されているようである．

参考文献

[1] 山本義隆，2007：一六世紀文化革命 2．みすず書房，697-697.

[2] Middleton, W. E. K., 1969：Invention of the Meteorological Instruments. The Johns Hopkins Press, [2-1]5, [2-2]7-8, [2-3]10, [2-4]13, [2-5]23, [2-6]16, [2-7]21, [2-8]30-31, [2-9]38, [2-10]76, [2-11]52, [2-12]57, [2-13]58, [2-14]59-60, [2-15]63, [2-16]66, [2-17]68, [2-18]69, [2-19]182, [2-20]182-183, [2-21]203-204, [2-22]208-209, [2-23]214, [2-24]224, [2-25]85, [2-26]86, [2-27]91, [2-28]98, [2-29]106-107, [2-30]110, [2-31]108, [2-32]115, [2-33]122, [2-34]124, [2-35]245, [2-36]252-253, [2-37]255, [2-38]256, [2-39]260, [2-40]263.

[3] Howard, F. H., 1977：The History of Meteorology to 1800. American Meteorological Society, [3-1]68, [3-2]71, [3-3]48, [3-4]57, [3-5]59, [3-6]61, [3-7]92, [3-8]93, [3-9]82, [3-10]83-84, [3-11]90, [3-12]94.

[4] Z. ソルビアン，高橋庸哉，坪田幸政 (訳)，2000：ワクワク実験気象学－地球大気環境入門．丸善出版，[4-1]43, [4-2]49, [4-3]57, [4-4]119, [4-5]117, [4-6]118, [4-7]121.

[5] Frisinger H. H., 1974：Mathematicians in The History of Meteorology：The Pressure-Height Problem From Pascal To Laplace. Historia Mathematica, **1**, [5-1]264, [5-2]269, [5-3]266, [5-4]268, [5-5]271, [5-6]277, [5-7]280, [5-8]281.

[6] 小柳公代，1975：Pascal の「真空論」について．フランス語フランス文学研究，**25-26**, 111-112,.

[7] 高橋浩一郎，内田英治，新田尚，1987：気象学百年史，東京堂出版，23.

[8] 中島秀人，1996：ロバート・フック ニュートンに消された男，朝日新聞社，[8-1]157-166, [8-2]67.

[9] Willam Ellis F. R. A. S., 1886：Brief historical account of the barometer. The Quarterly Journal of the Royal Meteorological Society, **12**, 135.

[10] Whipple Museum of the History of Science, University of Cambridge：Early thermometers and temperature. Explore Whipple Collections. http：//www.hps.cam.ac.uk/whipple/explore/meteorology/thermometersandtemperaturescales/

[11] Bolton H. C., 1900：Evolution of the Thermometer. The Chemical Publishing Co., 50-51.

[12] Pike W. S., 1989：One hundred years of the Dines pressure-tube anemometer. The Meteorological Magazine, **118**, 209-210.

[13] 竹内清秀，ほか，1982：気象観測と測器．天気，**29**, 9.

[14] ライアル・ワトソン，木幡和枝 (訳)，1996：風の博物誌〈下〉，河出書房新社 [14-1]26-30, [14-2]97.

[15] 山本義隆，2007：一六世紀文化革命 1．みすず書房，356.

[16] 根本順吉，1962：気象学史物語Ⅶ　ド・ソシュールとド・リュックの湿度計論争，日本気象協会，**6**, 453.

[17] Camuffo D., et al., 2014：Early hygrometric observations in Padua, Italy, from 1794 to 1826：the Chiminello goose quill hygrometer versus the de Saussure hair hygrometer. Climatic Change, 122, 218-219.

[18] Strangeways, I., 2010：A history of rain gauges. Weather, 65, [18-1]133, [18-2]134.

[19] 田村専之助，1969：朝鮮の気象学 (7). 8, 測候時報，**36**, 280.

[20] 田村専之助，1968：朝鮮の気象学 (1). 12, 測候時報，**35**, 452.

[21] Biswas A. K., 1967：The Automatic Rain-Gauge of Sir Christopher Wren, F.R.S.. Notes and Records of the Royal Society of London, **22**, [21-1]96, [21-2]101-102.

[22] 気象庁，1998：気象観測の手引き．気象庁，6.

[23] 根元順吉，1962：気象学史物語Ⅴ 高さによる気圧の逓減と日本における晴雨計の歴史，気象，**6**, 404-405.

[24] Cox, J.D., 堤之智 (訳)，2013：嵐の正体にせまった科学者たち-気象予報が現代のかたちになるまで．丸善出版，[24-1]21, [24-2]23, [24-3]18, [24-4]20.

［25］岡田武松，1949：気象学の開拓者．岩波書店，54-56.
［26］根本順吉，1963：気象学史物語XIXラマルクとホワード (1)，気象，**7**, 743.
［27］Bernhardt, K.-H., 2004 : Johann Wolfgang von Goethes Beziehungen zu Luke Howard und sein Wirken auf dem Gebietder Meteorologie. History of Meteorology (Fleming R. J. ed.), **1**, 28.

図の出典

図 4-1 Schott, G., 1664 : Technica curiosa, sive mirabilia artis.

図 4-2 Schott, G., 1664 : Technica curiosa, sive mirabilia artis.

図 4-3 Hooke, R., 1665 : Micrographia. Schem. l.

図 4-4 Dictionnaire général des Sciences théoriques et appliquées de Privat-Deschanel et Focillon (1883) 229.

図 4-5 Tozzetti, T., 1780 : Notizie degli aggrandimenti delle scienze fisiche accaduti in Toscana nel corso di anni LX del secolo XVII / raccolte dal dottor Gio. 88.

図 4-6 Magalotti, 1667 : Saggi di naturali esperienze fatte nell'Accademia del Cimento. Ⅲ.

図 4-7 Camuffo, D., Bertolin, C., 2012 : The earliest spirit-in-glass thermometer and a comparison between the earliest CET and Italian observations. Weather, **67**, 207.

図 4-8 Guericke, O., 1672 : Experimenta nova (ut vocantur) magdeburgica de vacuo spatio. 123.

図 4-9 D'Alencé, J., 1707 : Traittez des Barometres, Thermometres et Notiometres ou Hygrometres. Fig.11.

図 4-10 D'Alencé, J., 1707 : Traittez des Barometres, Thermometres et Notiometres ou Hygrometres. Fig.7.

図 4-11 Hooke, R., 1665 : Micrographia. Schem. 15.

図 4-12 Lambert, 1774 : Hygrometrie oder Abhandlung von den Hygrometern, Fortsetzung der Hygrometrie. 203.

図 4-13 http://catalogue.museogalileo.it/object/SaussureHairHygrometer.html

図 4-14 Wiedemann, E., Ebert, H., 1890 : Physikalisches Praktikum mit besonderer Berücksichtigung der physikalischen-chemischen Methoden. 163.

図 4-15 気象庁提供

図 4-16 Multhauf. R.P., 1961 : The Introduction of Self-Registering Meteorological Instruments. 100.

図 4-17 Lacroix, E., 1867 : Etudes sur l'exposition de 1867 , Vol. 2.

5. 気候のための観測網の設立と 力学の大気循環への適用

19世紀前半に安定した測定器が比較的安価で入手できるようになると，各地で気候などの解明のために気象観測が行われるようになった．しかし他の科学分野と異なって，気象はどんなに優れた研究者でも一人であるいは1か所の観測でわかることは限られている．アメリカの気象学者エスピーはこう述べている．"天文学者は仲間の天文学者たちからある程度独立しており，観察したい星が子午線に来るまで，天文台で待つことができる．しかし，一人の気象学者には地平線に囲まれた狭い範囲の観測結果だけしかない．広域での同時観測を提供してくれる多数の観測者たちの助けを借りなければ，気象学者はほとんど何もできないのである"[1-1]．組織化されていない個別の観測では，いくら観測結果を積み上げても気象の原因や法則の解明には限界があった．気象を引き起こす大規模なメカニズムを解明するためには，各地点の気象観測結果を系統的に結び付けることができる「組織的な観測」という新たな仕組みをまず整備する必要があった．そのためには測定器の整備だけでなく，観測時刻や手法，単位なども統一されてなくてはならなかった．

この頃になると，自国の産業や領土拡大のための実用的な情報，あるいは戦略的な情報として気候を調べるために，ヨーロッパでは国家規模の組織的観測網の構築が少しずつ始まった．また広大な領土を持つアメリカは，拡大しつつあった領土の気候を農業や交通などの基盤的情報とするために，国家が大規模な組織的気象観測網を構築した．観測結果は一元化されて定常的に収集と整理が行われるようになったが，郵便を使った収集と手作業による整理には時間がかかり，結果を利用できるようになるまでには数か月以上かかった．

気象観測網の充実によって少しずつ各地の気象や気候がわかってきた．また，漁業や海運の発達により，風を利用するために地球規模の大気の流れがどうなっているのかについての議論も起こった．それは大気の流れを理想的な流体として力学を用いて扱ったものであったが，気象の予測とはまだ無縁のものだった．

5-1 気候学の発展

5-1-1 アレクサンダー・フォン・フンボルトについて

19世紀初めに気候学の確立に大きな貢献をしたのは，ドイツのベルリンで生まれたアレクサンダー・フォン・フンボルト（Alexander von Humboldt, 1769-1859）だった．彼は1769年にベルリンで高級貴族の家庭に生まれた．彼の兄ヴィルヘルム・フォン・フンボルト（Wilhelm von Humboldt, 1767-1835）は，成功したドイツの外交官かつ言語学者であり，ヴィルヘルムが1810年に創立したフンボルト大学（Humboldt-Universität zu Berlin）は「研究と教育の一致」を理念とし，大学を国家や社会から切り離して学問に専念できるようにし，また自然科学を学課に加えるなどして近代的な大学の模範となった[2]．ちなみにこの大学改革は，教授を中心としたゼミナール方式の新しい教育の導入と科学研究の従来の学会から大学への移行を促した．兄のヴィルヘルムが高級官僚への道を進んだのとは対照的に，アレキサンダーは幼い頃から野山を歩き回って，カブトムシ，花，貝殻，石の収集とその標本化に興味があった．

アレクサンダー・フォン・フンボルトはゲッチンゲン大学に入学し，そこで民族学者であり探検家のフォルスター（Georg Forster）と出会って大きな影響を受けた．その後彼はパリへ行き，そこで科学探検家になるという決意を固めて，取りつかれたように地質学，植物学，外国語，解剖学，天文学を学び，科学的な測定器を研究した[3]．彼は9歳で父を亡くし，27歳の年には母も亡くしたが莫大な遺産を相続した．

フンボルトはパリの兄の家で暮らしている間に植物学者ボンプラン（Aime Bonpland）と知り合いになった．彼らは刺激的な挑戦を求めて二人でピレネー山脈を歩いて横断し，6週間かけてマドリードまで行った．ここで願ってもない幸運と出会うこととなった．マドリードでスペイン国王カルロスIV世と面会した際に，彼らは中南米の植民地への探険の希望を伝えた[3]．国王は，彼らが植民地で新たな埋蔵鉱物や資源を発見したらその利益はスペインに属すという条件で彼らの探検に同意した．当時，南北アメリカ大陸の大半がスペイン領であり，地球上で最も大きな未知の領域が，彼らの探検に提供されることになった．

フンボルトらは1799年から5年間かけて自費で南緯12度から北緯52度まで，1万km以上の距離を探検した．そして，当時知られていた中で世界最高峰だった南アメリカのチンボラソ火山に登ったり，世界の磁気標準となった磁気赤道を測定

100 　5.　気候のための観測網の設立と力学の大気循環への適用

したり，後にフンボルト海流と呼ばれるようになる海流の流れや水温を調べたりした．彼らは数多くの天文学，地質学，気象学，植物学，海洋学の観測データだけでなく6万個の標本を持ち帰った[3]．フンボルトによる写実的な記録は，地理学の新しい方向としてこの分野に大きな発展をもたらした．その後ロシアなども探検したが，晩年は『コスモス（Kosmos）』と題した世界の成り立ちを説明した本の出版に取り組んだ．『コスモス』は5巻にわたって出版されたが，その出版などで全財産を使い果たし，1859年に亡くなったときは無一文だった．なお，この『コスモス』の第3巻にドイツの薬剤師で天文学者だったシュワーベ（Samuel Heinrich Schwabe）のそれまであまり知られていなかった太陽黒点の周期性に関する報告が記載されたため，その後太陽黒点の周期性が注目を浴びるようになった．

5-1-2 気候図の発明

フンボルトは探検によってわかった植物の地理的な分布を地図にしている際に，世界の年平均気温分布を地図にしてみることを思いついた．1817年に，彼はパラティナ気象学会の気象観測網の記録など58地点の結果をもとに年平均気温の分布図（北半球のアメリカ東部〜中国まで）を作成して[4]，年平均気温分布の緯度線からのずれとその度合いが経度やその地方の乾燥度によって異なっていることを明らかにした．例えば，ロンドンはカナダのハドソン湾の南端と同緯度であるにもかかわらず，より低緯度のアメリカのシンシナティと同じ年平均気温をもっているというようなことがわかった．これはアリストテレス以来唱えられてきたように，気候は太陽高度角（緯度）だけによって決まるのではなく，地理的状況にも依存することを明らかにした．この気温分布図は，20世紀半ばに作られた世界気温分布図と比較しても大きな違いはなく，その質は驚くほど高いものだった[4]．フンボルトによる気温分布図はそれまでの気候に対する考え方を変え，また気候を地図化した気候図という考え方を生み出し，気候の解明や気候知識の発達に極めて大きな役割を果たした．

フンボルトが1817年に発表した気温分布図には海岸線が入っていなかった．アメリカの教師ウッドブリッジ（William Woodbridge, 1794-1845）は，フンボルトらの協力を得てこれを南半球に拡大し，さらに海岸線を含めて1823年に初めて世界地図の形で気候図を出版した（図5-1）[3]．ウッドブリッジはコネチカット州の聴覚障害者の施設で教師をしていて，地図のような視覚を使った図が人々の理解を高める効果を熟知していた．彼はアメリカの聴覚障害者教育に大きな功績を残したこ

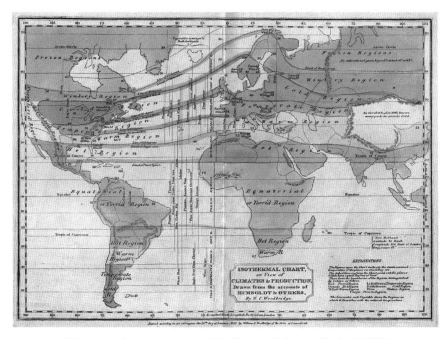

図 5-1　1823年にフンボルトらの結果を基にウッドブリッジが作成した気候図

とでも知られている.

　その地域の平均的な気象を表した気候図は,各種の産業で利用されるようになった.さらに国家による気象事業が開始されると,各地で収集された気象観測データが整理,統計されて利用できるようになり,これが気候の分析を後押しした.19世紀後半になるとベルギーの近代統計学者ケトレ (Adolphe Quételet, 1796-1874) やオーストリアの気象学者ハン (Julius Ferdinand von Hann, 1839-1921) の著書『気候学 (Handbuch der Klimatologie)』によって系統的な気候学が誕生した.それをさらに発展させたのは気象学者,植物学者だったケッペン (Wladimir Köppen, 1846-1940) である.彼はサンクトペテルブルグで生まれ,ドイツのライプチッヒやハイデルベルグで動物学と植物学を学んだ際に気温と植物成長との関係に興味を持ち,1884年にハンブルグのドイツ海洋気象台において,気候区分を分類した気候図を作成した.これは植生分布と強く関連しており,何度も改訂されて「ケッペンの気候区分」となって気候に関連する産業や農業などに広く利用されるようになっ

た.

5-2 各国での組織的気象観測網の整備

5-2-1 ベルギーとオランダの気象観測網の整備

19世紀前半から中期にかけて，ヨーロッパでは各国で気象機関と気象観測網の設立が相次いだ．ベルギーでは，統計学者のケトレがブリュッセルに王立天文台を設立して，1833年からそこで定常的な気象観測を開始した．実際には1830年にベルギーがオランダから独立した際に天文観測機器類をオランダに持ち去られたため，天文観測の代わりに気象観測に専念せざるを得なかったためともいわれている[5-1].

オランダでは，オランダ王立気象台の長官ボイス・バロット（Christoph Hendrik Diederik Buys Ballot, 1817-1890）が，1854年にユトレヒトを中心として37か所の観測所からなる観測網を設立した[6]. 1859年には電報を使った気象報告を初めて発行し，1860年6月1日にヘルダー，フローニンゲン，フリシンゲン，マーストリヒトの観測結果に基づいて暴風警報を発表した．これにより，オランダはヨーロッパで暴風警報を発表した初めての国となった[7]. なお，ボイス・バロットは，気象観測における国際協力の必要性を最初に認めた研究者の一人で，1879年に設立された国際気象機関の初代総裁も務めた．この国際気象機関は，第二次世界大戦後に国際連合の専門機関である世界気象機関となった．国際気象機関と世界気象機関については11章で述べる．

5-2-2 ロシアでの気象観測網の整備

ロシアでは化学者で物理学者のクッパー（Adolf Kupffer, 1799-1865）が1829年にサンクトペテルブルグなどで地磁気や気象の観測を開始した．さらに彼は，1837年に鉱山技術研究所などが運営する11地点からなる観測網を設立し，地磁気や気象の観測結果をフランス語による気象年報（Annuaire magnetique et météorologique）として発行した[5-2]. 1849年からは彼が所長を務めるロシアの中央物理観測所（Main Physical Observatory）が各地の観測所を統括した．クッパーは1864年に電報を使った気象報告を開始し，その後を継いだスイスの気象学者で物理学者だったウィルド（Heinrich Wild, 1833-1902）は1874年からロシアで暴風警報を発表した[5-3]. 彼はスイスで学び，そこでの気象測定器の標準化の担当者だった．彼はロシアに来て観測結果に誤差が多いことに驚き，ロシアの測定器の標

準化にも尽力した[8]．ウィルドは 1868 年にクッパーの後を継いでロシア中央物理観測所の所長に就任するとともに，1879 年からはボイス・バロットの後を継いで国際気象機関の総裁も務めた．

5-2-3　ドイツでの気象観測網の整備

　19 世紀前半のドイツは，多くの連邦と自由都市からなるドイツ同盟（Deutscher Bund）からなっていた．その中で 1847 年にベルリンにプロシア気象研究所（Prussian Meteorological Institute）が設立され，1849 年にはドイツの気象学者ドーフェ（Heinrich Dove, 1803-1879）がその所長となった．彼は 1803 年にライプチヒの裕福な商人の家に生まれたが，父親の早死などで苦学した．彼はブレスラウ大学に入学して 6-1 で述べるドイツの気象学者ブランデスの下で学び，1824 年にベルリン大学へ移って 1826 年にそこを卒業した後，ケーニヒスベルク大学で教鞭をとった．彼は，6-1-2 で述べるように「風の回転法則」や異なる性質の気流の接触を唱えて，ベルリン大学の教授やプロシア気象研究所の所長を務め，「当世随一の気象学者」「近代気象学の父」と呼ばれて 19 世紀前半のヨーロッパの気象学界に君臨して強い影響力を発揮することとなった[9-1]．

　ドイツの気象観測網は 1849 年には 37 地点からなっていたが，1860 年代末にはプロシアで最高 120 地点にまで拡大した[10]．これら各国の観測所での記録は郵便などでプロシア気象研究所に集められたが，そこでの研究は総観天気図を使わず，ドーフェは観測所から定期的に送られてくる気象データの統計処理と出版をほぼ一人で行った[10]．普仏戦争での勝利の後，1871 年にヴィルヘルム I 世がドイツ皇帝に即位して統一されたドイツ帝国が成立すると，ドイツ科学界はヨーロッパ科学の第一線へと踊り出ていった．そういう状況の下でもドーフェの考えは極めて経験的，保守的であり，19 世紀後半に出てきた新しい熱力学を使った気象の物理学的な考え方などを取り入れなかった[9-2]．そのため彼が亡くなると，異なる気流の接触を含む彼の研究の多くは信用できないものと受け取られるようになった．

　1868 年から北ドイツ連邦海洋気象台（Norddeutschen Seewarte）は電報を使って集めた気象情報の発表を始めたが，1871 年に統一されたドイツ帝国ができると，1975 年にハンブルクにドイツ海洋気象台（Deutsche Seewarte）が設立されて北ドイツ連邦海洋気象台の仕事を引き継ぎ，その台長に後に国際極年の委員長を務めた科学者ノイマイヤー（Georg Neumayer, 1826-1909）が任命された．彼は 1873 年のウィーンでの第 1 回国際気象会議に出席した際に，同じ会議にロシアから出席して

104　　5.　気候のための観測網の設立と力学の大気循環への適用

いたケッペンと知り合いになった．ケッペンは 1871 年からサンクトペテルブルグにあるロシア中央気象台で台長だったウィルドの下で助手を務めていた．

ドイツ海洋気象台ができた当時，ドイツではまだドーフェの影響で総観天気図を使っておらず，ノイマイヤーは総観気象学の導入のため 1875 年にケッペンをハンブルグのドイツ海洋気象台に招聘し[11]，同年からドイツ海洋気象台では暴風警報の発表を始めた[5-4]．ケッペンは 1879 年にはそこで新しくできた気象調査課の課長となり，1919 年に退職するまでそこで 8-2-4 で述べるように気象や低気圧の研究を行った．

5-2-4 アメリカでの気象観測網の整備

アメリカでは政治家のジェファーソン（Thomas Jefferson, 1743-1826）が，18 世紀末から気象に高い関心を抱いていた．彼は自ら気象日誌をつけたり，気候や生物気候学的なデータも集めたりしただけではなく，アメリカ哲学協会（American Philosophical Society）が主導する国家規模の気象観測網構築の構想も持っていた[5-5]．しかし，独立戦争とその後の公職（国務長官や第 3 代大統領など）に忙殺されて，結局彼はこの構想を実現することができなかった．

当時のアメリカでの気象への関心の一つは病気との関係だった．当時ヒポクラテスが提唱した医学が人々の関心を集めており，疾病地理学（medical geography）の一部として，気候や気象の変化が病気の原因として考えられていた．1812 年に英米戦争*1 が始まると，陸軍健康管理部は兵士の健康管理のために気象に関心を寄せた．そして軍医総監は全軍医に対して，病気と気象の関連についての報告を求め，さらに 1818 年には気象統計の報告も含められるようになった．そのため気象，気候と病気による死亡率との関係の系統的な調査も行われた[5-6]．

後にアメリカ暴風雨論争を引き起こすことになるフランクリン研究所の気象学者エスピー（James Espy, 1785-1860）は，1831 年 1 月にフランクリン研究所の気象観測網を使って気象月報を出版するために，同研究所に気象観測委員会を設立した．また同年にアメリカ陸軍軍医総監ラヴェル（Joseph Lovell）は数年以内に国中の軍の駐屯地の気象観測結果をアメリカ哲学協会に提供することを申し出た．この二つのプロジェクトを管理するために気象合同委員会（The Joint Committee on

---

*1 イギリスとその植民地カナダ，同盟を結んだインディアン部族とアメリカとの間で行われた北米植民地戦争．第二次独立戦争とも呼ばれる．1812 年から 1814 年まで続いた．

Meteorology）が設立され，1834 年 9 月にその委員長にエスピーが就任した．この観測網は測定器の質や観測地点の密度の点で十分なものではなかったが，それまでの気候目的だけではなく，後に嵐のような動きのある現象も捉えようとした点で画期的なものだった．エスピーは観測者たちが適切な観測が行えるように，1837 年に「気象観測者のための指針（Hints to observers on Meteorology）」を作成した[5-7]．

1837 年 5 月に，エスピーとフィラデルフィア文化協会は，アメリカ連邦政府に気象観測網のための援助を請願した．連邦議会は 1842 年 8 月に陸軍の軍医総監の下での気象観測の拡充を認めた[5-8]．これが実質的にアメリカで国家が主体となって行う組織的な気象観測の始まりとなった．エスピーはその責任者となり，陸軍の気象観測の目的をそれまでの疾病地理学や気候学から嵐の調査に変えた．フランスとイギリスでの気象観測網の整備については，6-2-3 と 6-2-4 で述べる．

5-3　地球規模の大気循環の解明への取り組み

5-3-1　コリオリ力と地球規模の大気循環の理解

19 世紀半ばごろまでは論文の発行域や流通が限られて他分野の動向もよくわからなかったため，それまでの研究成果が必ずしも踏まえられずに過去や他分野の成果が改めて再発見されることがたびたびあった．1851 年 1 月 8 日に，フランスの物理学者フーコー（Léon Foucault, 1819-1868）は，パリのパンテオンで振り子の振れる向きが少しずつずれるという有名な公開実験（フーコーの振り子実験）を行った（図 5-2）．

この実験を受けて，フランス科学アカデミーは 1859 年にこの振り子のずれを起こす偏向力は何かという討論を行った．この討論において，フランスの数学者コリオリ（Gaspard-Gustave Coriolis, 1792-1843）が 1835 年に提唱した「回転系上で運動する物体にかかる偏向力」が再発見された[12-1]．これが今日「コリオリ力」として知られているものである．コリオリ力とは回転系上の運動を説明するための見かけの力で，地球上の大気や海洋の大規模な運動の説明には欠かせないものである．

3-4-2 で説明したように，17 世紀のハレーによる太陽の日周運動によって貿易風が起こるという説は『百科全書』にも掲載されて，その後ハドレーの理論よりはるかに広く知られるようになった．しかし，ハドレーの理論のように地球の自転そのものが力学的に貿易風を引き起こすことは，カントやラプラスも気付いていた．18 世紀末にハドレーの理論を再発見した一人は，イギリスの化学者で 6-1-3 で述べるように気体の分圧則を確立したドルトンである．彼は独自に地球自転が風にど

図 5-2　フーコーの振り子実験

う影響するかを研究してハドレーと同じ結論に達し[12-2]，ハレーの説明が不正確にもかかわらずまだ権威を持って広く受け入れられていることに注意を喚起しながら，1793 年にハドレーの説を『気象観測と試論（Meteorological observations and essays）』という本で紹介した．

　19 世紀初頭までの気象観測は極めて限られていたので，子午面循環として上層風は大気を極の方に運び下層風は大気を赤道の方に運ぶというハドレーの理論はそのまま受け入れられた．ところが，19 世紀に気象観測網が発展してくるとそれとは合わない観測事実が出てきた．その一つは北半球中緯度の風が南西から吹いてくることがたびたびあるということだった．もともと北半球亜熱帯域の上層では南西風が吹くことが知られており，地表での南西風を説明するために，亜熱帯上層の南西風が極に向けて下方に傾斜し，中緯度で地表に接して南西風が吹くと考えられるようになった．そうすると今度は極に向かった空気は高緯度から熱帯にどのようにして戻ってくるのかということが疑問となった．

　その疑問に答えたのがドイツの気象学者ドーフェだった．彼は，1835 年にアナーレン・デア・フィジーク誌に「大気の流れに関する地球自転の影響に関して（Über den Einfluss der Drehung der Erde auf die Strömungen ihrer Atmosphäre）」と題して，極と赤道間の子午面循環をベースにしながらも赤道起源の南西風と極起源の北東風

5-3　地球規模の大気循環の解明への取り組み　　107

が中緯度で交互に並んで吹いているモデルを発表した．この考えは赤道域と極域間の熱と運動量のバランスを定性的には満たしており[13-1]，また 6-1-8 で述べるように極と赤道を起源とする異なる性質の気流の接触によって嵐が起こっているという考え方の原点ともなった．

　彼は 1935 年にその説を提唱する際に，ハレー以来大気循環の研究に進歩がないとして，ハドレーに触れることなくハドレーと似た理論を含めて自分のオリジナルの理論として発表した．ドルトンは 1937 年にフィロソフィカルマガジン誌に掲載されたドーフェの論文の英訳でこのことを知って驚いた．そのためドルトンは，ドーフェの理論の基本はすでにハドレーと自分が発表していることを同誌の編集者へ手紙で送り，その手紙は両誌に掲載された[12-3]．これを受けて，その後ドーフェは自分の理論をハドレー理論と合わせてたびたび紹介するようになった．

　ハドレーの理論に従って赤道で静止していた空気が北緯 30 度まで運ばれると，運動量保存則から理論上の風速は毎秒 62 m の西風になる．そして当時緯度 30 度付近での上層の巻雲の観測から，実際に毎秒 20～40 m の南西風が観測されたことから，ハドレーの理論は確かめられたかのように見えた[14]．ところが，19 世紀初めごろから角運動量保存則が地球上の運動にも適用できることがわかってきた．それを用いると，赤道上で静止していた空気は北緯 30 度では理論上毎秒 134 m の西風という非現実的な風速になった[14]．この違いを地表との摩擦による減速と考えるのは困難だった．このことは，逆に「なぜ中高緯度で定常的に強い風が見られないのか」という疑問を気象学者たちに提起し，次で述べるように地球規模の大気循環に焦点が当たることとなった．

5-3-2　大気循環の定式化

　アメリカの海軍士官で海洋の研究者でもあるモーリー（Matthew Maury, 1806-1873）は，船の航海日誌を集めて海図上にその航跡と風の観測結果を記入した『風と海流の図（Wind and Current Chart）』を 1852 年に発行した．これは海洋を航行する船にとって，平均的な海流と風を利用することにより，最短の航路と予想される状況を知ることができる最初の体系的な情報となった．この図は，海運における航海期間の短縮や遭難の減少に大きく貢献した．引き続いて彼は，1855 年に海と大気の現象についてまとめた『海の自然地理学（Physical Geography of the Sea）』を出版し，その中に地球規模の大気循環の説明を含めた．

　このモーリーの『海の自然地理学』を読んで気象学に目を向けたのが，当時アメ

108　　5.　気候のための観測網の設立と力学の大気循環への適用

リカのテネシー州の無名の教師だったフェレル（William Ferrel, 1817-1891）だった．彼は数学的な才能に長けており，ニュートンの『プリンキピア』やラプラスの『天体力学』を独学で勉強し，それをもとに 16 歳のときに独自に日食を予想したが，そのときの実際のずれはわずか 9 分だった[1-2]．彼の本来の関心は天文学と潮汐にあったが，モーリーが書いた『海の自然地理学』を読んで，その大気循環に「気流が亜熱帯高圧帯で沈降するときや赤道無風帯で上昇するとき，子午面流同士が交差する」というような科学的な欠陥を数多く見つけて（図 5-3），地球規模の大気循環にも関心を持つようになった．彼は後述するように気象学で大きな功績を上げることとなり，モーリーの気象分野での最大の功績は「フェレルの注目を気象学に向けさせたこと」と揶揄されることとなった[1-3]．

　1853 年にアメリカのラファイエット・カレッジの教授コフィン（James Coffin, 1806-1873）は，6-2-2 で述べるスミソニアン協会によって集められた観測結果とモーリーのデータを利用して，1852 年に「北半球の風（Winds of the Northern Hemisphere）」という風系図を出版した．フェレルは 1856 年に，このコフィンの図などを元にして大気の循環やハリケーンに関する解説書『風と海流に関する論説（An essay on the winds and currents of the ocean）』を発表した．その中で彼は，ハドレーの理論は地球規模の大気循環を説明するには不十分であることを示した．さらに彼は 1851 年のフーコーの振り子実験を聞いて，大気に働く力学の観点から，当時南北風だけに当てはめられることが多かった地球自転による偏向力（コリオリ

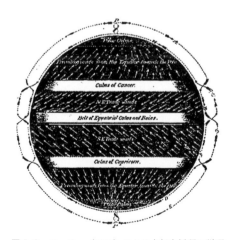

図 5-3　モーリー（1855）による大気大循環の説明

力）が，東西風にもあることを明確に示した．また彼は観測された極域と赤道域の低圧と北緯，南緯 28 度付近の高圧帯（静穏帯）の原因を，南北の気圧分布とコリオリ力，摩擦力のバランスから説明した．合わせて，赤道域での貿易風，中緯度での偏西風，赤道から極にかけての三つの子午面循環（赤道での上昇と 28 度付近での下降，28 度付近での下降と極圏境界域での上昇，極圏境界域での上昇と極での下降）を示した（図 5-4）[15-1]．これら三つの循環は，結果として現在明らかになっている地球上の平均的な子午面循環と同様なものである．

さらにフェレルは 1860 年には『地球表面に相対的な流体と固体の運動（The motions of fluids and solids relative to the earth's surface）』を出版して，これらの大気循環を初めて運動方程式の形で数式として示した．彼は地面との摩擦を考慮せず，また大気中の絶対角運動量を一様として扱ったため，高緯度では現実に合わない強風が吹くことになった．しかしながら，彼の式は地球自転のために風が等圧線に沿って吹き，その速さはおおむね気圧傾度によることを明確に示した[13-2]．これは現在では地衡風[*2]（geostrophic wind）の関係として知られているものである．彼によるこの考え方は，ボイス・バロットによる風の法則の理論的根拠ともなった．

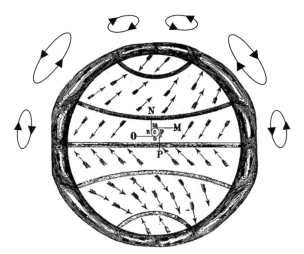

図 5-4　フェレル（1856）による地球規模大循環図　　緯度高度
　　　　断面内の子午面循環を外側に加筆．

---

*2　気圧傾度力とコリオリ力の釣り合いの結果生じる風．

フェレルは 1857 年に教師の職を辞してマサチューセッツ州の海軍天文台の職員
となり，1882 年には当時のアメリカの国家気象機関である陸軍信号部（U.S. Army
Signal Corps）に移って，アメリカの気象予測技術の基礎の確立にも貢献した．気
象学者でアメリカの国家気象機関の発展に尽力したアッベ（彼については 6-2-5
で述べる）は，フェレルによるニュートン力学を用いた大気循環の定式化の功績
を，ニュートンが書いた不朽の名書プリンキピアに例えてこう述べている．"ニュー
トンの業績がその後ラプラスや他の著述家に引き継がれたように，フェレルの業績
は間違いなくよりエレガントな数学的な論文に引き継がれるであろう．しかしなが
ら，フェレルの研究論文は常にそれらの起源として『プリンキピア・メテオロロジ
カ』の形として残るであろう"[16]．彼の研究は，地球規模の大気運動を定式化した
最初のものとなった．

また，フェレルは互いに向きの異なる風が出合うと旋回する風が生まれるが，こ
の最初の成因だけでハリケーンが熱帯から高緯度まで 10 日近くも持続しながら移
動することはあり得ず，エスピーの理論によるハリケーン中央部の上昇流による水
蒸気の凝結がハリケーンを維持していることを指摘した[15-2]．一方でハリケーンの
中心部に向かう風は，地球自転によって受ける力により北半球では反時計回りの回
転運動をすることを示した．彼は次のように述べている．"周囲の大気を中心の方
へ向かわせようとする力が働くとき，それに作用する力の合成は大気が旋回運動を
受けるように作用する．このため，この運動は北半球では反時計回りとなり，南半
球では逆になることは明白である"[15-3]．これによって 6-1-6 で述べるハリケーン
などの嵐による風の構造や維持に関する長く続いた議論は決着することとなった．
この後の地球規模の大気循環の発展は 8-3 で述べる．

参考文献

［1］Cox, J.D., 堤之智（訳），2013：嵐の正体にせまった科学者たち-気象予報が現代のかたちになるま
で．丸善出版，[1-1]77，[1-2]103，[1-3]105．

［2］古川安，1989：科学の社会史．南窓社，117．

［3］Delaney, J., 2012 : Library, Historic Maps Collection Princeton University. Alexander von Humboldt,
1769–1859. First X, Then Y, Now Z : Landmark Thematic Maps. Princeton University Library.
http://libweb5.princeton.edu/visual_materials/maps/websites/thematic-maps/humboldt/humboldt.html

［4］Munzar, J., 1967 : Alexander von Hunboldt and his Isotherms. Weather, **22**, 362.

［5］Fleming, R. J., 2000 : Meteorology in America. Johns Hopkins Univ Press, [5-1]165, [5-2]168, [5-3]169,
[5-4]167, [5-5]10, [5-6]15, [5-7]61, [5-8]69.

［6］Leonardo, A. J. F., Martins D. R., Fiolhais C., 2011 : The Meteorological Observations in Coimbra and the
Portuguese participation in Weather Forecast in Europe. Earth Sciences History, **30**, 2.

［7］ Walker, M., 2009 : Storm Warnings for Seafarers. History of Meteorology and Physical Oceanography Special Interest Group, **3**, 6.

［8］ Fleming R. J., 1997 : Meteorological Observing Systems Before 1870 in England, France, Germany, Russia and the USA : A Review and Comparison. World Meteorological Organisation Bulletin, **46**, 253.

［9］ Persson A. O., 2006 : Hadley's Principle : Understanding and Misunderstanding the Trade Winds. History of Meteorology 3 (Fleming R. J ed.), ［9-1］26, ［9-2］28, 31.

［10］ Bernhardt, K.-H., 2004 : Heinrich Wilhelm Dove's position in the history of meteorology of the 19th century. Preprints of the International Commission on History of Meteorology.

［11］ Kutzbach, G., 1979 : The Thermal Theory of Cyclones － A History of Meteorological Thought in the Nineteenth Century. American Meteorological Society, 89.

［12］ Persson, A., 2009 : Hadley's Principle : Part 2 － Hadley rose to fame thanks to the Germans. Weather, **64**, ［12-1］46, ［12-2］44, ［12-3］45.

［13］ Lorenz N. E. , 1967 : The Nature and Theory of the General Circulation of the Atmosphere. World Meteorological Organization, ［13-1］62, ［13-2］66.

［14］ Persson, A., 2009 : Hadley's Principle : Part3-Hadley and British. Weather, **64**, 94.

［15］ Ferrel, W., 1856 : An Essay of the Winds and the currents of the Ocean. Nashville journal of medicine and surgery, **11**, ［15-1］8, ［15-2］13, ［15-3］14.

［16］ Cleveland, A., 1891 : FERREL'S INFLUENCE IN THE SIGNAL OFFICE. Giants of Science, These Memorial Articles were read at a meeting of the New England Meteorological Society, October, 1891. http : //www.history.noaa.gov/giants/ferrel1.html.

図の出典

図 5-1 Isothermal chart of the world created 1823 by William Channing Woodbridge using the work of Alexander von Humboldt.

図 5-2 De Agostini/Biblioteca Ambrosiana/ ゲッティイメージズ

図 5-3 Thomson, J., 1892 : Bakerian lecture. ― On the grand currents of atmospheric circulation. Philosophical Transactions of the Royal Society A, **183**, 670

図 5-4 Ferrel, W., 1856 : An essey of the winds and the currents of the ocean. Nashville J. Medicine and Surgery, **11**, 287-301. 加筆 8.

6. 嵐の解明と気象警報の始まり

18世紀後半になると，蒸気機関や紡績機などの発達とそれらによる産業革命によりさまざまな分野で産業が発達し，それとともに物理や化学などの分野が科学として確立され，さらに分化し深化していった．それにつれてそれぞれの専門家は数学者，化学者，物理学者などとそれぞれの領域の名称で呼ばれるようになり，それぞれの学者を総括する言葉が必要となった．そのため，後の1834年ごろにイギリスのケンブリッジ大学の哲学者ヒューエル（William Whewell）が新たに科学者（scientist）という造語を作った[1-1]．

ところが，19世紀になっても気象学は専門的な学問とはならず，多くの気象の研究者たちは産業や他の科学に携わりながら趣味や副業として気象学に取り組んでいた．19世紀前半になると，産業の発展に伴って貿易，農業，林業，公衆衛生などの実利として気象学の関心が集まり，前章で述べたように各国で組織的な気象観測網が設立されるきっかけとなった．

その気象観測により，各地でベーコン主義に基づいて大量の観測結果が集積されていった．当時の人々は，そうしていけばやがて天文学や力学のように気象の法則もその中から見つかるだろうと考えていた．気候図やある時期の天気図が作られるようになり，低気圧の通過に伴って変わる風の法則などもわかってきた．アメリカでは嵐による被害が多かったこともあって，初めて嵐が持つ風の構造についての論争も起こった．当時はいろいろな嵐の違いについて十分に認識されておらず，竜巻，ハリケーン，低気圧などがすべて嵐という名前で呼ばれていた．

産業が発展するにつれて物資や人の海上輸送は増大し，それに伴って嵐による海難も増えていた．そういう中で，気象観測の結果を利用するための技術に大きな変化があった．それは電信技術の発明だった．電信によって各地の観測結果を気象電報として即時的に集めれば，嵐が襲っている場所とその移動方向がわかるため，船などは事前に嵐に備えることができる．オランダ，ロシア，ドイツについては 5-2 で述べたように各地の気象観測結果を電報を使って中央の気象台に集めて，船舶用に暴風警報を出すことが始まった．この暴風警報は実用技術としてフランス，イギリス，アメリカでも行われるようになった．こ

れは現状把握であり，数時間後程度の予測であれば有効であるが，それ以上先の天気予報にこの考え方をそのまま当てはめることはできなかった．それにもかかわらず一部の国々では天気予報に対する期待が高まった．天気予報についてはそのための科学的な法則や考え方は確立されていなかったにもかかわらずイギリスでは先進的に天気予報を開始したため，混乱が起こったりもした．

6-1　嵐の解明

6-1-1　初めての総観天気図

　広域の気象を人間が捉えることができるようにするには，遠く離れた複数の地点の観測結果を何らかの手段で整理，解析する必要があった．それを天気図という形で初めて目で捉えられるようにしたのは，ドイツの物理学者，天文学者で気象学者でもあったブランデス（Heinrich Brandes, 1777-1834）だった．

　ブランデスはゲッチンゲン大学で学び，同級生には数学者のガウスがいる．彼は学生時代の 1789 年に流星の測定から，天文学者で友人のベンツェンベルグ（Johann Benzenberg）とともに流星が大気圏中の現象であることを明らかにした．彼は 1811 年にブレスラウ大学の数学科教授になり，1826 年にはライプチヒ大学の物理学の主任になった．

　1820 年にブランデスは 3-3-2 で述べたパラティナ気象学会による北アメリカ，ヨーロッパなどでの気象観測の記録を用いて，1783 年の 1 年間について気圧偏差の等値線と風向などを記入したヨーロッパの天気図を初めて作成した（図 6-1）．偏差を使ったのは，各観測地点の気圧基準が揃っているとは限らなかったからである．彼は作成した天気図を見て，低圧部がヨーロッパ全部をおおうほど大きいことに驚いたが，彼には広域で気圧が減った分の大量の空気がどこへ行ったのかまったく見当がつかなかった[2]．彼は天気図を使うことによって，それまでの気象表よりはるかに多くのことがわかるため，この天気図を今後もっと追求するべきと考えていた[3-1]．しかし各国が気象観測網を整備し始める前のことであり，後述するアメリカのルーミスが気象観測網によるもっと高頻度の天気図を独自に作成するまでは，この考えは顧みられなかった．ブランデスによるこの「広域の大気の同時の状態を定期的に俯瞰的に把握すること」を意図した天気図は，6-2-4 で述べるイギリスの気象学者フィッツロイによって「総観天気図」と呼ばれるようになり[4]，その後天気予報のための重要な手段として発展していくこととなった．

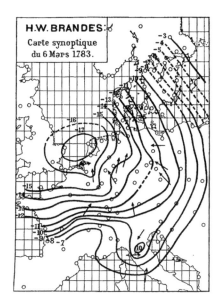

図 6-1　1783 年 3 月 6 日のブランデスの天気図　ヒルデブランドソンとテスラン・ド・ボールが後年再現したもの.

6-1-2　風の法則の発見

18 世紀前半に風に関する法則を発見し，気象学に大きな影響を与えたのはドイツの気象学者ドーフェだった．彼はケーニヒスベルクで，1826 年 9 月 25 日から 10 月 6 日までの 12 日間にわたって気象観測を行った．そこでの局所的な風向の時間変化から，1827 年に低気圧と高気圧の通過に伴って「風向を示す矢印が時計回りに回る」という「風の回転法則」（ドーフェの法則）を発表した（図 6-2）[6]．この法則は，低気圧に続いて高気圧が通過する際にその南側だけに通用する法則であり，デンマークなど一部の研究者からはこの法則に対する疑念が出されたが，ヨーロッパの大部分は低気圧の針路の南側になることが多かったため，多くの船乗りや気象観測者によって確認されて有名になった[5]．また彼は 6-1-8 で述べるように，異なる気流の接触という考え方も広めた．

風に関しては，オランダのユトレヒト大学の数学教授でオランダ王立気象台の長官であった気象学者ボイス・バロットが近代的な気象学の元となる法則を発見した．彼は 1855 年からオランダの中央に位置するナイメーヘンと主要 4 地点間の気

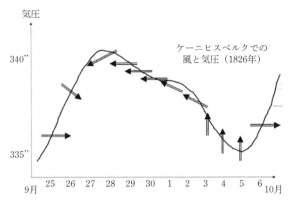

図 6-2　ケーニヒスベルクでの 1826 年 9 月 25 日から 10 月 6 日までの気圧と風向

圧傾度を毎朝計算し，その結果得られた風向と気圧傾度の関係から「人が風の向って来る方向に背を向けて立つならば，低気圧の中心は左手の方向に存在する」という法則を発見して，1857 年にアムステルダムの王立学術会議に報告した[6]．これは「ボイス・バロットの法則」と呼ばれている．この法則は風がおおむね等圧線に沿って吹くことを間接的に示しており，暴風警報の根拠として使われただけでなく，地衡風の考えの元ともなった．

6-1-3　水蒸気に関する法則の発見

　雲や雨の生成を物理学的に考察したのは，4-5-3 で湿球を提案し，近代地質学を確立した地質学者ハットンだった．彼はイギリスのエディンバラに生まれて科学的なことに強い興味を持っており，化学や薬学を学ぶためにパリとライデンでその専門教育を受けた．ところが家の事情で急に農業を継ぐことになり，故郷に戻って農業に専念した．彼は他国の農業を勉強するためにオランダ，ベルギー，フランスを旅してまわり，そのときの地形などの印象から地質学に興味を持った．家業の農業が安定すると鉱物や岩の起源を探るようになり，1785 年に『地球の理論（The Theory of Earth）』を発表して大地の隆起などの地質現象を合理的に説明した．聖書の影響が大きかった当時は地球の年齢は 6000 年位と考えられており，彼は地質学的な証拠と理論を持って地球の年齢が非常に古いことを主張した．彼の説はイギリスの数学者プレイフェアや地質学者ライエル（Charles Lyell）によって広まった．

ハットンは大気についても関心を抱いていた．彼は 1788 年に発表した「雨の理論（Theory of Rain）」で，空気が保持できる水蒸気量は気温の上昇につれ増加し，雨は二つの異なる温度の空気が混合した際に大気中の水蒸気が凝結して，見える様態となると考えた．また各地の雨量と気候を調査して，雨量は「異なる空気が混合する度合い」と「その空気中の湿度」の二つの要因に依存すると考えた[7]．このハットンの説はそれ以降約 100 年間にわたって雨の成因として広く信じられた．

　空気と水蒸気と関係，つまり空気中に水がどういう形で含まれているのかは長い間謎だった．水蒸気が気体として空気とは独立に存在する分圧の法則を確立したのは，イギリスの化学者ドルトン（John Dalton, 1766-1844）である．彼は 1766 年に，イギリスのイーグルスフィールドという村で敬虔なクエーカー教徒の家庭に生まれた．家は貧しかったが彼の父が数学の手ほどきを行い，後にクエーカー教徒の通うフレンズ・スクールで先生の代役を務めるほどになった．彼はケンダルにあるクエーカー・スクールの先生となり，そこで目が不自由な気象学者ゴフ（John Gough, 1757-1825）の影響を受けて，新たに創設されたニューカレッジ・マンチェスター（後のハリス・マンチェスター・カレッジ）で数学と自然哲学の教師になった．

　彼は 1803 年に初めて相対原子質量を示した「ドルトンの原子説」で有名だが，1794 年から死ぬまで 50 年間にわたって自ら気象観測を行って，その結果を出版した気象学者でもあった[8-1]．彼は 1801 年に「理想気体の混合物の圧力は各成分の分圧の和に等しい」という「ドルトンの法則」（分圧の法則）を導いた．また翌年には圧縮と膨張の実験を行って水蒸気が凝結する法則を導いた[3-2]．これにより，当時混乱していた空気中の水蒸気の形態について，水蒸気は大気中で空気とは独立に存在していることをはっきりさせた．また彼は気温や風速と蒸発の関係についても研究し，蒸発量が飽和水蒸気圧とその場の水蒸気圧との差に比例することを発見した[8-2]．

　また彼はテムズ川の水量を定量的に分析して，その流域の雨量と露の量が蒸発量と川の水量との合計に等しいことを発見し，議論が続いていた「川の水の源は何か」という疑問に対して，定量的な水循環の考え方を確立した[8-2]．ドルトンに影響を与えたゴフは，3 歳で天然痘のため視力を失ったが，数学などとともに気象学にも興味を持ち，イギリス湖水地方の気象観測を行ったり，友人であったハワードと協力して，凝結した雲粒の下降と蒸発のバランスで雲底が決まることを明らかにしたりした[9]．

6-1　嵐の解明　　117

6-1-4 気象学への熱力学の導入

18世紀に入ると産業革命を牽引する蒸気機関の改善が研究されるようになった. それまでは運動として力だけを考えていればよかったが, 熱という概念の導入は必然的に熱と運動との関係の解明を促した. エネルギーの保存や熱の運動への転化などには, エネルギー形態の変化を考慮する必要があるが, 当時熱やエネルギーの考え方はまだ確立されていなかった. 蒸気機関はイギリスで実用的な発展を遂げていたが, その発展の多くは原理の解明ではなく, 単に圧力や蒸気を制御しようとする秘伝的あるいは汎用的技術だった.

これに対して, 学問体系として熱理論を普遍化しようとしたのがフランスのエコール・ポリテクニク*1 出身のカルノー (Sadi Carnot, 1796-1832) だった. 彼は熱機関の効率を理論化し, 位置エネルギーの利用と同様に, 熱も熱素 (カロリック) が温体と冷体の2点の温度差間を移ることによって動力が生まれると考えた. これが後のカルノーサイクルという熱機関の理論の元となった. しかし, 当時熱に関する考え方は定まっておらず, 熱はいろいろな研究者たちによって個別に運動エネルギーや電気エネルギー, 生物活動などと結び付けて議論された.

最終的にドイツの生理学者で物理学者であるヘルムホルツ (Hermann von Helmholtz, 1821-1894) が, 1847年にエネルギー保存則を定式化して論文誌に投稿した. しかし受理されなかったため, 自費で『力の保存について (Über die Erhaltung der Kraft)』という題で本として出版した. 当時まだ力とエネルギーは明確に区別されておらず, ここでいう力はエネルギーのことである. これは多くの物理学者によって確認されて, エネルギー保存則が確立された. 今日の「エネルギー」という概念は, 1853年にイギリスの物理学者でグラスゴー大学の教授だったランキン (William Rankine) によって導入された. これらによって熱素 (カロリック) 説は完全に否定され, 運動エネルギー, 位置エネルギー, 熱エネルギー, 電気エネルギーなどが仕事としてそれぞれ等価であり, また全体のエネルギーが保存されることが明確になった. これは今日でいう熱力学第一法則を示している. なお, 彼は熱力学で熱のやりとりがない状態を指す断熱 (adiabat) という言葉も提示している[3-2].

---

*1 基礎科学を中心とした教育による高級技術者となるための科学の専門学校. 各国の高等工業学校や工科大学のモデルともなった[1-2].

熱の考え方がこういう発展を遂げている途上で気象学に初めて熱力学の概念を導入したのは，アメリカのエスピーだった．彼は1928年ごろからドルトンの水蒸気の研究を聞いて雲の生成に興味を持ち，初めて断熱膨張と熱対流という考え方を組み合わせて，大気が上昇する際に断熱膨張して冷却されて雲が生成されると考えた．そして上昇大気中の雲の生成を調べるため，湿った空気を断熱状態で急速に減圧，冷却して水蒸気を凝結させる実験を行うためのネフェレスコープ（nephelescope）という装置を製作した[3-3]（図6-3）．これは現在の雲生成実験装置の原型といえるものである．彼はさまざまな条件のもとで気温を測定する実験を行い，その結果から現在でいう乾燥断熱減率[*2]と湿潤断熱減率[*3]を調べて，1841年に『嵐の原理（Philosophy of Storms）』の中で発表した．一般的な熱力学の法則が整備されるのは1850年以降であり，当時の熱理論の不完全さや装置の不備から結果にはやや誤差があるものの，エスピーの結果は現在から見ても定性的な議論には十分耐えるものであった．

　当時，相対的に軽い水蒸気が凝結して水滴となって大気から抜けると，空気そのものは逆に重くなって沈降すると考えられていた．このため大気の上昇と雲の生成は謎だった．この実験からエスピーは大気を巨大な熱機関と見なして，次のように結論した[10]．

(1) 水蒸気の凝結は，雲の大気密度を上げるのではなく低下させる効果を持っている．
(2) その結果として生じる浮力の増加は対流を強化して，それゆえにより多くの凝結と対流を引き起こす．

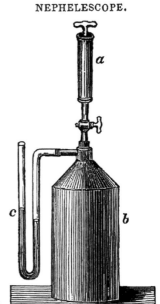

図6-3　エスピーによるネフェレスコープ

[*2] 気塊が水蒸気の凝結が起こらない断熱的な状態で鉛直方向に動いたとき，動いた高さに対してその気塊の温度が変化する割合．
[*3] 気塊が水蒸気の凝結を起こして潜熱を放出しながら鉛直方向に動いたとき，動いた高さに対してその気塊の温度が変化する割合．

図 6-4　エスピーの理論での対流による雲の生成

　雲中の潜熱の放出を加味した彼の熱理論は，雲が生成すると加熱による膨張のためにむしろ周囲空気より軽くなることを示して，空気が沈降しない謎を解決した．彼はハットンの説を否定して，下層から入ってくる空気が上昇するにつれて含まれている水蒸気が凝結して雲となり，またその際に潜熱を放出することによって嵐のエネルギーが長時間にわたって維持されていると考えた（図 6-4）．

　エスピーは 1837 年から潜熱による嵐の原因と人工降雨に関する民衆向けの講演活動を開始していた．彼は大規模な火災を起こすことによって発生した熱が大気の大規模な対流を生みだし，それが雲を発生させて雨を降らせることができると提唱し，実際に大規模な実験を提案した．理論上はともかく，実際に雨が降るかどうかは他のさまざまな要因も絡むため，この考えは現実的なものではなかった．しかし彼の考えは広く民衆に受け，彼は「嵐の王（Storm King）」と称され[11]，気象観測に関する民衆の関心は高まった．

　エスピーは紛れもなくこの時代に気象熱力学を切り開いて気象学の発展のための基礎を準備した先駆者だったが，突拍子もない人工降雨の実験を主張したり，6-1-6 で述べるようにアメリカ暴風雨論争において嵐の風系に間違った構造を提示してそれに固執したりしたため，気象熱力学における彼の革新的な業績は曖昧になってしまった．

6-1-5　嵐の構造についての発見

　北アメリカはハリケーンや竜巻に襲われる国である．ヨーロッパでは発達した低

気圧による被害はあっても，ハリケーンや竜巻に直接襲われることは少ない．そのため，ヨーロッパからアメリカに移民した人々はこの嵐による被害に悩まされた．陸上での嵐については 3-6-2 に示したように，18世紀半ばにフランクリンが特有の方向に移動することに気付いたが，嵐についてのその後の進歩はほとんどなかった．ところが 1821 年 9 月に大きなハリケーンがアメリカ東海岸沿いを進んだ[12]．ニューヨークではこのハリケーンによって家々の煙突は倒れ，屋根は吹き飛び，木々はなぎ倒された．ニューヨークにあるハドソン川はあふれてマンハッタンは水浸しになった．またニューヨークだけでなく，アメリカ北東部のロングアイランドやニュージャージーも大きな被害を受けた．このハリケーンは，後にノーフォーク・アンド・ロングアイランド・ハリケーンまたはグレート・セプテンバー・ゲールとも呼ばれた．ゲールとは暴風や強風の意味である．当時はまだハリケーンという言葉は一般的でなく，このような暴風はゲールなどとも呼ばれていた．

　このハリケーンの直後，レッドフィールド（William Redfield, 1789-1857）という実業家がオハイオ州に住む親類を訪ねるために，被害を受けたニューイングランド一帯を旅行した．彼は初等教育しか受けていなかったが，幼い頃から近所の医者から書物を借りて独学で科学を勉強し，独力でニューヨーク蒸気船運航会社を興して，後の 1848 年にはサイエンス誌の発行などで知られるアメリカ科学振興協会[*4]（American Association for the Advancement of Science）の初代会長となった人である．

　1821 年の嵐の直後の旅行によって，レッドフィールドはハリケーンが通り過ぎた直後の森林や野原を偶然に観察することとなった．彼はハリケーンによって一見無秩序に吹き倒された木々が，地域によって倒れた方向に規則性を持っていることに気付いた．樹木はコネチカット州では北西の方向に倒れていたが，約 100 km 離れたマサチューセッツ州西部では南東に倒れていた．もちろん，このようなことはそれまでも誰の目の前でも起こっていたはずだが，それまで木が倒れた方向に規則性があることに気付いた人は誰もいなかった．この倒木の痕跡からレッドフィールドが考えた嵐が持つ風の性質は「風が嵐の中心の周りを回転している」，つまり嵐は大規模な旋風なのではないかということだった．彼はこのハリケーンは南西から

---

*4 科学振興協会とは，それまでの伝統的で閉鎖的な学会やアカデミーに対抗して，科学者ならば誰でも自由に参加できて，科学の国家への貢献，普及や地位向上を目指した新しいタイプの学会．この時期にイギリス，フランス，アメリカなどで相次いで設立された．

6-1 嵐の解明　121

北東に進みながらも中心の周りに反時計回りの強烈な風を伴っていたと考えた[13-1].

　彼は学者ではなく実業家であったため，このことをただちに発表する機会はなかった．ほぼ10年後の1831年に，彼はエール大学教授の天文学教授で気象の研究もしていたオルムステッド（Denison Olmsted, 1791-1859）とたまたま同じ船に乗り合わせて，グレート・セプテンバー・ゲールの話をした．オルムステッドはレッドフィールドの事実に基づいた注意深い説明に感銘を受けて，論文として発表することを勧めた[13-2]．彼は1831年に，アメリカン・ジャーナル・オブ・サイエンス誌に「北アメリカ州の大西洋岸に多い嵐についての所見（Remarks on the prevailing Storms of the Atlantic coast, of the North American States)」という題で，グレート・セプテンバー・ゲールの特徴を詳細な根拠とともに発表した．その中で彼は「この嵐は巨大な旋風であり，そのため風向は観測者の位置と嵐の中心の相対位置によって変わる．そして嵐が回転する風系を持ちながら移動している」という，嵐の構造についての初めての首尾一貫した説明を行った[14-1]．また，1843年には自説を少し修正し，嵐の風は回転しながらもわずかに中心に向かう成分を持っているとした．

　船舶運行会社を経営していたレッドフィールドの研究の目的は，船が安全に航行できるように嵐の挙動について説明することだった[14-1]．この論文はただちに反響を呼んだ．イギリスの工兵で西インド諸島バルバドスの総督であったイギリスのリード（William Reid, 1791-1858）はレッドフィールドの論文に注目し，多数の航海日誌と船が出会った嵐の報告書を集めて，彼が嵐の研究を進めることができるようにそれらを提供した．レッドフィールドの研究は，3-6-3で述べたピディングトンの「水夫のための嵐の法則に関する手引き」の発行のきっかけともなった．

6-1-6　アメリカ暴風雨論争

　ところが，このレッドフィールドが主張する嵐の構造についてアメリカで大きな論争が起きた．1841年に嵐に関して新たな説を発表したのは，フランクリン研究所のエスピーだった．エスピーは，嵐の風は低気圧の中心の周りに回転するのではなく，中心に向かってあらゆる方向から直線的に吹き込むのだと主張した．この考え方の違いは風が起きる原因の違いによるものだった．レッドフィールドは，円形の水槽を回転させると縁の水面が上がるように「風の回転による遠心力で大気は中心部から外側に引き出され，中心付近上層の冷たい大気が下降して暖かい大気と混

じって雲や雨になる」と主張した．一方エスピーは，熱力学から「もし上層からの空気が下降すると圧縮されて暖められて逆に乾燥する」と反論し，風の駆動源を低気圧中心部での雲の生成，つまり水蒸気の凝結による潜熱の放出だとした．潜熱の放出によって中心部の暖まった空気が上昇すると地上付近の気圧は下がり，そのために雲の下に向かって周囲から空気が一直線に吹き込むと主張した．

　レッドフィールドの説は，実際に観察した結果をもとにしていたが，エスピーの説は力学や熱力学を用いた理論的な考察に基づいていた．エスピーが低気圧の中心部に向かって風が直線的に吹き込むと考えた理由は，風が回転する必然性が知られていなかったからだった．嵐の風が回転するのは「コリオリ力」によるものだが，コリオリの論文は 1835 年に出版されていたもののフーコーの振り子実験をきっかけとして再発見されたのが 1859 年であり，当時コリオリ力はほとんど知られていなかった．

　当時ちょうど貿易の拡大に伴って安全な航海を求めるという実用的な要請もあって，この二つの説はレッドフィールドが本拠地としているニューヨークの学者とエスピーが本拠地としているフィラデルフィアの学者の間で大論争に発展し，アメリカ暴風雨論争（The Storm Controversy）と呼ばれた．この論争はアメリカ国内だけではなく，イギリスのリードや物理学者で数学者のブリュースター卿（Sir David Brewster）らはレッドフィールドを推し，フランスの天文学者アラゴ（François Arago, 1786-1853），物理学者で数学者のバビネ（Jacques Babinet）らはエスピーを支持するという世界をまたにかけた論争になった．

　レッドフィールドは成功した実業家である紳士で用心深いという性格であり，学者同士の議論が重要と考えて自説を民衆にアピールして支持を得ることには控えめだった．また彼は徹底的なベーコン主義者で，あらゆる結論は観測結果から帰納的に導かれなければならないと考えていた．一方でエスピーは若い新鋭の学者で外向的でやや誇張を好むという性格であり，積極的に講演や新聞などで自説を広くアピールして民衆の支持を得ようとした．また彼は自ら導いた気象熱力学を用いた演繹主義者であり，まず仮説を立てることが重要で観測結果はそれを証明するために用いるという考えだった[14-1]．この論争には性格や研究姿勢の違いも影響していた．

　この論争は当時イギリスなどで行われていた光の粒子説と波動説の議論にも影響を与えた．17 世紀にホイヘンスが提唱し始めた波動説は，波動性そのものは実験で確認されたものの，波を媒介する物質として未確認のエーテルの存在という仮説から出発していた．18 世紀にはニュートンが帰納的に主張する粒子説が主流だっ

6-1　嵐の解明　　123

た．ところが19世紀の初めにイギリスの物理学者ヤング（Thomas Young）が光の干渉を示す実験を行い，その結果を約30年後にフランスの物理学者フレネル（Augustin Jean Fresnel）が数学的に理論化すると，アメリカ暴風雨論争が行われている頃は，エーテルを仮定する演繹的な波動説が有利となっていた．レッドフィールドを推すブリュースター卿は帰納的な粒子説を推し，エスピーを推すアラゴは演繹的な波動説を推していた．アメリカ暴風雨論争は決着こそつかなかったが，演繹的な仮説を強引に主張するエスピーに対する学者たちの評判はよくなく，レッドフィールドの事実に基づいた帰納説は旗色が悪かった粒子説を勢いづかせた[14-2]．

さらにこの論争には，ペンシルベニア大学の化学の教授であるヘア（Robert Hare, 1781-1858）も加わっていた．ヘアはフランクリンの雷の実験による「雲が大量の電気を運ぶ」ことにヒントを得て，嵐は電荷に対抗する電流が引き起こす現象であると主張した．しかし，当時の観測では誰も決定的な証拠を挙げることができず，この大論争は論文や学会での議論を超えて，やがて新聞などを巻き込んだ互いの攻撃に終始するようになった．

エスピーは5-2-4に示すように観測網としては不十分ながらも気象観測網の設立に積極的に動いていた．学者には不評だった彼の説は民衆には支持され，それによって5-2-4で述べるように1840年ごろから公的機関の支援による気象観測網の整備が始まった．しかしながら，観測結果からは「風が低気圧の中心に向かって真っすぐ吹き込む」というはっきりした証拠は得られなかった．エスピーは自説の立証には成功しなかったが，彼の「嵐に対する熱力学理論」と「嵐の解明のための気象観測網の設立」は気象学を学問分野へ広げるための大きな役割を果たした[14-3]．

この論争は結局三人の論争者が生きている間には決着がつかず，5-3-2で述べたように約20年後にフェレルの結論によって解決された．この論争は嵐のような広域の気象現象を人間が正確に捉えることが，いかに困難かを示している．一方でこの論争は，こういった現象を正確に捉えるには組織的な広域の気象観測網による常時観測が必要であることを，多くの人々に感じさせることになった．

6-1-7　初めての精密な天気図

アメリカ暴風雨論争の最中に，アメリカのオハイオ州にあるウェスタン・リザーブ大学の数学と自然哲学の教授ルーミス（Elias Loomis, 1811-1890）は，この問題を実証的に詰めようと考えた．彼はエール大学出身でオルムステッド教授の下で講師を務めたことがあり，ウェスタン・リザーブ大学の教授になる前にパリに留学し

た際に気象測器を一式購入し，教授になると大学で気象観測を行っていた．彼は倒木などの嵐の痕跡からではなく，嵐のときの気象データを広範囲にわたって利用することを考えた．ちょうどその頃，イギリスの天文学者で気象学者でもあったハーシェル卿（Sir John Herschel, 1792-1871）は，世界各国の気象学者と篤志観測者に向けて，それまで1日に3〜4回だった気象観測を夏至や冬至など年4回に限って36時間にわたって1時間ごとに一斉に観測してもらう計画を呼びかけた．この計画実施の最中の1836年12月20日に，偶然にも大きな低気圧が北アメリカ大陸を襲い，多くの気象観測者が密な観測記録をとることに成功した．

ルーミスはハーシェル卿が呼びかけた観測の結果に目をつけた．彼はこの日の前後の気圧データなど27地点の毎時の気象データを使っただけでなく，ニューヨーク州内のいくつかの科学協会や陸軍の気象観測網からも気象データを得た．そして彼は，低気圧通過時のカナダ南部からフロリダ半島までの北アメリカ東部の個々の気象要素の状況として，最低気圧の発生時刻，風向・風速，雲量，降雨域などを6時間ごとに一枚の地図の上に重ねて記入したものを作成した．この複数の気象要素の観測結果を広域の地図上に可視化してその構造を整理したことは，気象の振る舞いを把握するうえで極めて効果があった．そして，1841年にその分析を，「1836年12月20日を中心として広くアメリカで経験された嵐について（On the Storm Which Was Experienced throughout the United States about the 20th of December, 1836)」という題でアメリカ哲学学会紀要（Transactions of the American Philosophical Society）に発表した．

ルーミスは6年後に再びこの解析手法を二つの低気圧の観測結果に当てはめた．このときは前回と異なって低気圧の中心が観測網の中にあった．1845年にこのときの天気図を「1842年2月の広くアメリカで経験された二つの嵐について（On Two Storms Which Were Experienced throughout the United States, in the Month of February, 1842")」という題で同じ紀要に発表した．彼はこの論文でそのときの北アメリカ東部の気象状況を俯瞰的に一目で理解することができるように色分けした天気図で示した（図6-5）．このルーミスが作成した天気図は近代的な総観天気図の原型となり，その後の気象解析になくてはならないものとなっていった．

ルーミスが分析した嵐は，それまで多くの調査と理論の対象だった嵐と異なっていることを示した．それまでレッドフィールドやエスピーが調べていたのは，主にハリケーンや竜巻による嵐だった．そして，その風の構造が内側に直線的に吹き込むのか回転するのかを議論していた．ところが，ルーミスが調べた嵐は主に中高緯

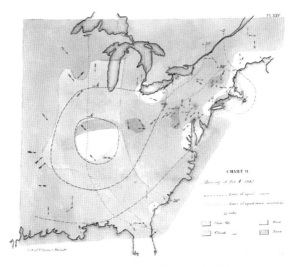

図 6-5　ルーミスが描いた 1842 年 2 月 4 日のアメリカ東部の天気図
　　　色で晴天域，曇天域，雨域，降雪域が分けられている．

度で発生する低気圧による複雑な構造をした嵐だった．ルーミスはレッドフィールドやエスピーの議論についてこう結論した．"彼らのどちらの概念図もここに調査された嵐を忠実に表現していないことを示している．そのためどちらかでも地球上の大部分における風の運動を正確に表現しているかどうかは疑わしい……．しかしながら，二つを組み合わせたものはたびたび見られるのである"[15]．

6-1-8　異なる気流の接触という考え方の出現

　天候が悪くなる場合に気流が影響していることが多くある．この悪天候の原因を異なる性質の気流の接触に求めた考え方の萌芽は，3-5-1 で述べたようにカントによるものだった．そして，それを引き継いだのはドーフェだった．彼は 1837 年にカントの考えを元に，極域からやってくる冷たい気流は地球自転の影響によってだんだん北東風に変わり，赤道域からの暖かい気流はだんだん南西風に向きを変えて，最終的にはそれぞれ東風と西風となると考えた[16]．彼は観測所での風配図の形から，これらの極域からと赤道からの気流同士が中緯度で接触して，嵐などの悪天候をもたらしていると推論した[17]．整備された総観天気図がなかった時代には，観測に基づいた彼の風の回転法則のように，ある地点で観測された気象要素で天気

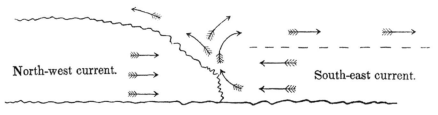

図 6-6　ルーミスが考えた北西気流（左側）と南東気流（右側）の接触

の変化をもたらしているシステム全体を推測するしかなかった．彼はこうした異なる気流の接触という考え方を明確にした点では先駆者だった．

次にこの異なる気流の接触に気付いたのはルーミスだった．彼はアメリカ暴風雨論争のための研究を行っている間に，嵐の際に風が長時間にわたって同じ方向に吹き続けることがあることに気付いた．彼は 1841 年にこの原因についてこう述べている．"互いにそう遠く離れていない二つの風が，……はたして数日間も互いに向かって激しく吹き続けることができるだろうか？……結論は必然である．北西の風は南東の風の下を流れることによって，南東の風と取って代わるのである"[18]．彼は，ぶつかった寒冷な北西気流は温暖な南東気流の下に潜り込んで，南東気流を押し上げ続けていると考えた（図 6-6）．これとエスピーの熱力学を使えば，ハットンの説を使わなくとも，気流の接触域で雨が降る原因を説明できた．

また，ルーミスは 1846 年に嵐の一生についても分析した．それによると，嵐は「異なる気温と湿度を持つ西風と南風が出合って中心付近で暖気が上昇して雲の生成と降水を引き起こし，その後冷たい北西風が強まって中心付近に吹き込む南風が弱まり，低気圧を東に運んでいる上層風によって東風が弱まり西風が強まると衰弱する」と考えていた[3-4]．これは 20 世紀前半にノルウェーのベルゲン学派[*5]によって確立された低気圧の発達と衰退の考えを先取りしたものだった．

この 19 世紀前半の気流の接触という考えは，悪天候をもたらすメカニズムとして重要な意義を持っており，6-2-4 で述べるように，フィッツロイが天気予報を行う際の手法に用いた．しかしこれを強く主張していたドーフェが亡くなると，彼が与えていた気象学への強い影響は，気流の接触という重要な考え方も含めて急速に

---

*5　1918 年ころにヴィルヘルム・ビヤクネスが，ノルウェーのベルゲン大学地球物理学研究所で天気図解析や天気予報を行った気象学者たちの集団．気象学において新しい概念を数多く打ち立てた．

薄れていった．その後は気圧分布を使った解析が主流となり，気流の接触という考えは 20 世紀になるまで顧みられることはほとんどなかった．

6-2　電信の発明と各国での暴風警報体制の確立

6-2-1　電信の発明

　電信は純粋に物理学分野，電磁気学分野の技術を使った発明である．しかし瞬時に情報を送ることができるというその特徴は，気象観測網での気象状況の即時的な収集を可能にし，そのため電信を使った電報は天気予報などの気象事業と密接に関わることになった．天気予報にとって通信技術は本質的に重要なものであり，この通信の重要性は現代においても変わっていない．例えば日本のアメダスという気象観測網は，天気予報や防災情報のために不可欠な役割を果たしているが，昭和 49 年にアメダスの運用が開始された際に，そのデータは電話回線を通して自動的に収集された（現在は専用回線を使っている）．その電話回線を使った気象観測データの収集は，それまで電話回線の音声以外の利用を厳しく制限していた公衆電気通信法が改正されて電話回線が一般のデータ通信に開放された際に，それを真っ先に利用してできたものである[19]．

　電気についての知識は 18 世紀までは断片的だったが，1800 年にイタリアの物理学者ボルタ（Giuseppe Volta）が電池を発明したことで，電気を使った実験が可能となり，電気の研究が一挙に進んだ．なおボルタは雹ができる原因を初めて雲粒子の電気力による蒸発で説明しようとしたことでも知られる[20]．1820 年にデンマークの物理学者エルステッド（Hans Ørsted）は，電池を使った実験の際に近くに置いてあったコンパスが動くのに気付いて電流の磁気作用を発見した．これによって電気と磁気との相互作用が研究されるようになった．

　それを利用した電磁気の発展と利用に大きな貢献をしたのは，アメリカのニューヨーク州立大学オルバニー校教授ヘンリー（Joseph Henry, 1797-1878）だった．彼は後述するように気象観測網や天気予報にも大きく関わることになる．1829 年に彼は，それまでにない強力な電磁石を製作し，1830 年には 1 マイル（約 1.6 km）離れたベルを鳴らす実験に成功した．ヘンリーと一緒に研究していたファラデー（Michael Faraday）は，1831 年に磁気作用から電流が発生する「電磁誘導現象」を発見して一躍有名になった．しかしヘンリーはその前にこの現象に気付いていたとされている．彼は高潔で学究的な人物であり，世俗的な欲得には興味がなかった．彼は 1932 年に電磁石の自己誘導現象を発見し，彼のこの功績を称えて現在電磁誘

導係数インダクタンスの単位として H（ヘンリー）が使われている.

　この電磁誘導現象を通信に利用することが研究されるようになった．1831 年にはドイツで，ロシアの外交官のシリング（Pavel Schilling）は六つの磁針を使って遠方に文字を伝送することに成功した．しかしながら，遠距離間の通信には弱くなった信号を途中で増幅する必要があった．1835 年にはヘンリーがそれを解決する継電器（リレー）を発明した．1836 年にイギリスのクック（William Fothergill Cooke）とホイートストン（Charles Wheatstone）はシリングの電信装置を改良し，五針式電信装置で実用的な電信の可能性を実証して商業化した．1837 年 5 月，クックとホイートストンは共同で電信の特許を取得し，すぐさま英国グレート・ウエスタン鉄道に 21 km にわたる電信線を設置した．ただ，クックとホイートストンの電信は複数の電信線を必要とした．1843 年にホイートストンはさっそく電信を使った遠く離れた気象観測装置のテレメータ化を考案し，実際に係留気球などの遠隔観測用の温度計が製作され試験された[21]．また 1842 年には，プラハ天文台の助手クレイル（Karl Kreil）が電信を使ってリアルタイムで気象データを集めようとしたが，まだ電信が完全なものでなかったためうまくいかなかった．

　アメリカの画家であるモールス（Samuel Morse）は，1832 年にヨーロッパへ絵の調査に行った帰りに船上で電磁石を見て，電磁石の作動時間を信号化して通信を行うことを考えついた．1835 年に彼は電流をパルスとして送ることに成功したが，距離はわずかに数十 m だった．彼はヘンリーなどの協力の下で改良に取り組み，電流によって電磁石についたり離れたりする鉄片とそれに連動する記録装置を発明した．

　モールスと彼の協力者たちは，新聞を集めてどの字が多く使用されているかを調査し，使用頻度により文字をトン・ツーの形で組み合わせたいわゆるモールス符号を作成した．さらに彼は，1838 年に 1 本の電信線のみを使ってモールス符号を送受信する電信機を開発した．モールスは 1840 年にモールス符号と電信機の特許を取得し，1844 年にはそれを利用したワシントンとボルチモア間，約 40 マイル（約 64 km）の電報システムが整備された．この後，電報網は急速に広がっていき，この瞬時の情報伝達技術は各分野で社会を大きく変えていくことになった．

　ヘンリーは，その通信の発展に大きく貢献した電磁気学の権威だった．しかしヘンリーは若い頃，ニューヨーク州立大学で気象観測のデータを気候データとしてまとめる仕事をした経験があった．このため彼は電磁気学を使った電報システムが持つ瞬時の情報伝達の意義を深く理解しており，それが持っている気象分野への利

用，つまり気象監視の可能性にも気付いていた．彼は 6-2-2 で述べるように気象の監視や天気予報のために国家規模の気象の観測・監視事業を世界で初めて構築し，社会的な基盤が不安定だったこの事業の保護と発展に尽力した．それによって，彼は近代的な天気予報の確立に大きな影響を与えた．彼の科学上の伝記や記録には，電磁気学の研究に関する数多くの業績が記されているが，次で述べるように天気予報のための事業組織の設置や運営に対しても，その歴史上欠くことのできない大きな功績を残した．

6-2-2　ヘンリーによる電報を使った気象観測網の誕生

　気象観測網からの観測データの準即時的な収集を初めて組織したのは，イギリス気象学会（British Meteorological Society）の理事長だったグレーシャーだった．彼は 1849 年に各地の観測データを，当時イギリスで発達してきた鉄道網を使ってロンドンに集めるようにし，その結果を翌日に表として新聞に発表した[22-1]．また 1851 年のロンドン万国博覧会では，エレクトリック・テレグラフ・カンパニーが，試験的ではあったが電報による気象報告を使って毎日の天気図を展示した[22-2]．当時の万国博覧会は，実質的に技術力のレベルを競うオリンピックのようなもので，各国が最高の技術を誇示して競う場だった．

　電報を使った気象観測事業の原型を作ったのはアメリカだったが，その経緯はいくつかの偶然が重なったものだった．イギリスのノーザンバーランド公爵の息子で科学者でもあったスミッソン（James Smithson, 1765-1829）が，莫大な財産を残して 1829 年に亡くなった．この亡くなる間際に，スミッソンは全財産を「知識の普及と向上」のためにアメリカに寄贈するように遺言した．本人はそれまでアメリカと特に関係があったわけではなく，彼がアメリカに遺産を寄贈した理由はよくわかっていない[13-3]．

　この一見気象とまったく関係のない，そして理由がよくわからない出来事がこの後のアメリカでの天気予報の発展に大きく関係することとなった．遺産に関する権利関係が整理された 1846 年に，彼の遺産を元手にワシントン特別区にスミソニアン協会（Smithsonian Institution）が設立された（図 6-7）．現在スミソニアン協会は，「知識の普及と向上」のために博物館，美術館，動物園などの 19 の施設を擁し，その主な施設はワシントンにある．スミソニアン協会は，さまざまな展示施設を運営しているだけでなく，多くの研究機関も運営している．その中のスミソニアン天体物理観測所は，天文学，天体物理学，地球・宇宙科学，科学教育の研究も

130　　6.　嵐の解明と気象警報の始まり

図 6-7 スミソニアン協会本部の建物

行っている．そのほかにもスミソニアン協会の研究対象は，美術，生物，文化財，環境，海洋などさまざまな分野に及んでいる．

当時，設立されたこのスミソニアン協会の最初の理事長の人選が行われ，ファラデーらの推挙によりヘンリーが選ばれた．この協会の理事長に気象の研究経験を持つ電磁気学の専門家が選ばれたことは，近代的な気象観測事業にとって幸運だった．ヘンリーはこの機会を活かして大陸規模な気象観測網の設立に動いた．それをルーミスやエスピー，さらに海軍，陸軍，農務省，特許庁などが支援した．当時まだくすぶっていたアメリカ暴風雨論争に決着をつけることができるという期待もあった．

6-2-3 で述べる天文学者ルヴェリエが，天王星の実際の軌道が計算された軌道とずれていたことから新たな惑星の位置を予言し，そこに海王星が発見されたのがスミソニアン協会の設立と同じ 1846 年だった．日食の予測も当たり前になっていた．気象も法則さえわかれば，天文学と同様に将来の天気を予測できると期待された．またアメリカは広大な面積を持つ単一言語国家であり，人口も国内にうまく分散していたため，広域の気象観測網の設立に有利な条件を満たしていた面もあった．

理事長になったヘンリーは，スミソニアン気象プロジェクトとして 2 種類の観測プロジェクトを立ち上げた．一つは，各地に有志を募って気圧，気温，降水の開始時刻と継続時間，風向風速，雲量，天候など毎日の観測結果を記録して，それをワシントンへ毎月報告するものだった．スミソニアン協会はそのためにスケールの基準をそろえた気圧計，温度計などを提供し，標準の観測手順や記録様式を規定した[22-3]．また検定員を雇って基準器を持って巡回させて，各観測所の観測機器のス

ケールを確認させた．そしてスミソニアン協会はその結果をまとめたものを年一回刊行した[22-4]．

この有志観測に加わる者は 1860 年までに 500 人以上に達し，彼らは「スミソニアン・オブザーバー」と呼ばれた．この「スミソニアン・オブザーバー」になることは，当時は周囲から尊敬される栄誉だった．またスミソニアン協会はいろいろな気象学の本を出版したり，翻訳したりもした．これらの本やとりまとめられた観測結果はオブザーバーに優先的に配布された．これはそれまで科学者だけが関わることができた科学を，「知識の普及と向上」のために広く各地の市井の人々に行きわたらせる役目も果たした．

アメリカが独立した際の当初の領土は東部海岸からミシシッピ川までであり，19 世紀になってからアメリカは神から与えられた「明白な天命（Manifest destiney）」という名目の下で，西へ西へと領土を拡大させていた．それは西海岸に達し，1869 年には太平洋岸までの大陸横断鉄道の完成によって一応の達成をみた．しかし新たな領土を利用するためには，気候を含めた自然地誌の資料の整備が不可欠だった．スミソニアン協会によるプロジェクトの気象観測網は，植物や動物などの自然地誌的な情報の収集も行った[22-5]．このプロジェクトによって系統的に保存された気候や自然地誌の観測記録は，ブラーエが蓄積した観測記録がケプラーの天体の法則の発見に貢献したように，アメリカにとって新たな地での農業や産業の発展のための基礎資料となった．

そしてヘンリーが立ち上げたもう一つのプロジェクトは，電報網と各電報局の操作手を使った即時的な気象情報の収集だった．電報局の操作手たちは，毎朝通信の開始の試験時に自発的に互いの天候や風などの情報を交換していた．その有用性に気付いたヘンリーは，1849 年にスミソニアン協会にその利用を提案し，各地の電報会社に気象電報の無料利用を要請した[22-6]．天候の報告地点は，1 年以内に 150 地点，10 年以内に 500 地点に上った[23]．スミソニアン協会は，操作手たちからの気象情報を本部に集めて，1856 年からはアメリカの大きな地図に各地の気象状況を示して，スミソニアン協会本部のロビーに毎日展示した．地図に示された異なる色のシンボルは，そこで雨が降っているか，雪が降っているか，晴れているかを示していた．1857 年には電報による観測データの収集も開始された（図 6-8）．ヘンリーはエスピーの協力を得て，1857 年 5 月 7 日にアメリカ東部沿岸各地の天候状況と予報を初めて発表し，それはワシントン・イブニング・スター紙に掲載された[24-1]．

132　　6.　嵐の解明と気象警報の始まり

図 6-8　1860 年のスミソニアン協会の電報ネットワーク

　彼の革新的な試みは，1861 年から始まった南北戦争で終わることとなった．この戦争により南部と北部間の信号線は切断され，残った信号線も戦争の情報に占有された．電報の操作手たちも戦争に出払ってしまった．さらに追い打ちをかけたのは 1865 年にスミソニアン協会本部を襲った火災だった．この火災で協会本部は貴重な資料や記録，気象測定器類を失った．

　ヘンリーは協会本部の再建に忙殺されることとなり，資金的にもスミソニアン協会による気象観測体制の再建は困難を極めた．すでにフランスやイギリスでは，後述するように同様な事業が政府の手によって行われていたため，ヘンリーは政府に費用の一部負担を要請した．しかしながら，電報による気象情報の有用性が一部では認識されていたにもかかわらず，アメリカでは気象観測網の目的と役割が曖昧になっていた．そのためヘンリーの要請に対して議会は費用の負担を認めず，6-2-5 で述べるようにアメリカでの組織的な気象観測網の再建は 1870 年からとなった．

6-2-3　ルヴェリエによるフランスでの天気図の発行

　フランスでは 18 世紀からパリ天文台で気象観測を行っており，その結果は 1798

年から物理学会誌などで発表されていた．1849年からは科学者の有志による気象観測の結果がフランス気象年報（Annuaire Météorologique de France）として発行され，これを続けるために1852年にはフランス気象学会（Société météorofogique de France）も創設された[25].

　そのフランスで気象観測とその観測結果の電報による収集のための体制を作ったのは，天文学者ルヴェリエ（Urbain Leverrier, 1811-1877）だった．彼は1811年3月11日にノルマンディのサン・ローに生まれた．エコール・ポリテクニクを出た後，ゲイ＝リュサックの下で化学の研究に携わったが，1845年にパリ天文台長だったアラゴに招かれ，天王星の軌道を研究した．観測された天王星の軌道が既知の惑星を用いた力学理論による軌道とずれていたことから，1846年に紙と鉛筆だけを使った計算から別な惑星の存在とその位置を予言した．そして実際にそこに惑星があることが確かめられ，その惑星は海王星と名付けられた[*6]．それはニュートン力学を使った天文学の輝かしい成果だった．彼はその功績により，アラゴが亡くなった後，1854年にパリ天文台長となった．

　1853年にロシアとトルコの間でクリミア戦争が始まった．トルコを支援するイギリスとフランスは黒海にあるロシアの要港セバストポリを攻略するために，陸上部隊と英仏連合艦隊を派遣した．ところが，この艦隊がクリミア半島沖に停泊中の1854年11月13日夜半から天候が急変し，嵐が黒海にある艦隊とクリミア半島の陸上部隊を襲った．翌14日にかけて南東の強風は豪雨を，そしてその後の西風は寒気と雪をもたらした．この暴風によって，フランス最新鋭の装甲戦艦アンリⅣ世号や7000トンの医薬品と冬の衣類を積んだイギリスの蒸気船プリンス号が戦わずして沈没，その他の多くの艦船や陸上部隊も大きな被害を受けた[13-4]．悲惨な飢えと病に直面した兵士たちを救うため，イギリスの看護師ナイチンゲール（Florence Nightingale, 1820-1910）は多くの看護師たちを引き連れて現地に赴くことになった．ところがヨーロッパでは数日前からヨーロッパ西部を嵐が襲っていたことがわかっていた．この被害に驚いたフランス政府のベラン陸軍大臣は，当時のパリ天文台長ルヴェリエに嵐の来襲を予測し得るかどうかの可能性について調査を命じた．

　ルヴェリエは，ヨーロッパ各地の天文学者や気象学者に当時の気象記録の提出を要請した．その際には，彼の海王星の発見に伴う世界的名声が大きく貢献したよう

＊6　海王星についてはイギリスの数学者ジョン・クーチ・アダムズもほぼ同時期に発見したとされている．

134　　6.　嵐の解明と気象警報の始まり

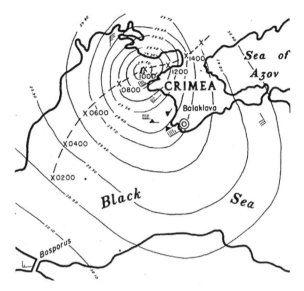

図 6-9　1854 年 11 月 14 日 10 時（地方時）の天気図を再現したもの．点線は約 12 時間の暴風雨中心の経路．

である．ルヴェリエは集めた結果を分析した結果，この嵐を引き起こした低気圧はスペインから地中海を経て黒海に進行したことがわかった（図 6-9）．この「嵐が移動する」ということは，当時のヨーロッパでは大きな発見と受け取られた[26-1]．嵐が移動することは，ルーミスやレッドフィールドらの研究によってアメリカではすでにわかっていたが，当時の科学の主流はヨーロッパであり，発展途上と見なされていたアメリカの科学知識はヨーロッパまでは十分に伝わっていなかったようである．

　ルヴェリエは，嵐の位置と進行方向や速度を電報を使って短時間のうちに知ることができれば，電報を使って嵐の接近を警告することができると結論した．彼は 1855 年 2 月に当時の国王ナポレオン III 世に組織的な気象観測と通報計画を提出した．その計画は，ヨーロッパ各国の気象観測所の気象データを電報でパリ天文台に収集し，そこから嵐の警報を発表するものだった．この計画はただちに承認され，ヨーロッパ各国の気象観測所との折衝が開始された．その際にルヴェリエが意を砕いたことは，定時観測と気象電報の無料化だった．正確な気象状況を掴むためには，各観測所で一斉に同じ時刻で観測する必要があり，その確立にも努力した．こ

れは現在の定時通報観測（SYNOP）の先駆けとなるものである．ルヴェリエは広域同時観測の意義を十分に理解していた．彼はこう述べている．"観測地点相互に脈略なく 100 年続けられた観測資料よりも，たとえ 1 年でも各地点で同時観測された資料の方が遥かに優れている"[27]．当時の電信は高価な設備を使った緊急時の伝達手段であり，その使用料は高額だった．ルヴェリエは気象電報の定期的な国際交換の必要性や警報の有益性から，気象電報の国費負担を数年がかりで各国政府に説いて，ヨーロッパの各国からの報告に基づいた国際的な観測による警報体制を築いた[26-2]．

ルヴェリエは，1856 年 7 月からヨーロッパなどの約 30 地点の気圧，気温，風向・風速，天候などを観測表に記載した気象報告を毎日発行し[24-2]，さらに 1863年 8 月からは等圧線が描かれた天気図の発行と電報による警報業務を開始した[28]．予報は行わなかったが，実際には推測した翌日の天気概況が含まれていた．フランスは国の事業として天気図を毎日発行する世界で初めての国となった．この天気図は後の『大気大循環図』や『世界気象図』の元となるなど，気象学の進歩のための貴重な基盤となった．

フランス国内での気象観測網は，ルヴェリエの提案により 1864 年から 58 地点の教員養成大学（Normal School）に気象観測施設が設置された[22-7]．またルヴェリエは雷雨のような局地気象による農業への被害にも関心を持っていたため，1873年から農業のための気象サービスを開始し，その地点は 1587 地点に上った[29]．ルヴェリエの死後，物理学者であるマスカール（Eleuthère Mascart, 1837-1908）を初代長官とする中央気象局（Bureau Central Météorologique）が 1878 年 5 月に設置され，気象業務は天文台からそちらへ移された．

ルヴェリエは，天気図を検証することによって，嵐が広がりを持った体系的な構造を持って長い距離を移動することを示した．彼は海王星を発見した天文学者として広く知られているが，気象学においても気象観測網を国際的に展開した警報体制を世界で初めて構築し，定常的に運用するという大きな業績を残した．

6-2-4　フィッツロイによるイギリスでの暴風警報と天気予報

イギリスでは 1823 年にロンドン気象学会（The Meteorological Society of London）が設立されたものの，その活動は低調だった．いったん休止した後，1836 年から活動再開して 1840 年には 52 の観測地点を使った雨量分布図を作成したが，その観測は信頼の置けるものではなかった[25]．1850 年には統一的な観測を目指したイ

136　　6.　嵐の解明と気象警報の始まり

ギリス気象学会が設立されて，グレーシャーがその理事長になった．そして毎日気象観測結果が鉄道によって集められ，気象報告が作成された[25]．

11-1 で述べるように，1853 年にブリュッセルで行われた海上での気象観測に関する初めての国際会議で，気象観測の内容と報告様式の標準化が合意された．それを受けてイギリスではその海上の気象観測をまとめるために，1854 年 8 月に商務省（the Board of Trade）に気象局（the Meteorological Department）が置かれた．商務省は王立協会の勧めにより，英国海軍中将で英国海軍艦艇「ビーグル」号の艦長だったフィッツロイ（Robert FitzRoy, 1805-1865）をその責任者である気象統計官（Meteorological Statist to the Board of Trade）に任命した．「ビーグル」号は 1831 年に南アメリカ沿岸の探検航海を行ったが，その際に若い博物学者で後に進化論で有名になるダーウィンが同行したことで有名である．そのダーウィンを同行メンバーに選んだのはフィッツロイだった．新設された気象局におけるフィッツロイの役目は，船舶で記録された気象観測の統計をとって，航海の安全のための海上の気候学の精度を高めることだった．

1859 年 10 月 26 日早朝，メルボルンからリバプールへ向かっていた 2700 トンの最新型の鋼船「ロイヤル・チャーター」号が英国アングルセイ南西沿岸で暴風によって沈没し，450 人が遭難するという事件が起こった．またこの低気圧によって，合わせて計 133 隻が難破して 800 人が死亡したという．このため，この低気圧はロイヤル・チャーター号暴風（Royal Charter Gale）と呼ばれている．この遭難はフィッツロイに大きな衝撃を与えた．このときフィッツロイは，電報を使った適切な警報体制があればこの遭難を防止することができたと考えた．彼は，嵐を探知してその進路を予測する手段が存在していることを訴えるために天気図を作成し（図6-10），「電報によって各地の気象情報を集めて暴風警報を出し，船員に利用してもらう」という考えを提唱した．この考えは多くの方面からの支持を得た．

それを受けて 1859 年 12 月 19 日に商務省は，英国学術協会（British Association）評議会を通して，フィッツロイに対して港に近付く嵐を警告する電報の活用法についての報告を依頼した．フィッツロイはいくつかの提案を正式に行い，これらは1860 年 2 月 25 日の英国学術協会の会合で承認された．フィッツロイはイギリスとアイルランドを「北」，「東」，「南西」の三つの気象区に分けることを提案し，これらの三つの地区のそれぞれに観測装置を配置して，定められた様式の観測結果をロンドンへ電報で送ることになった[24-3]．

フィッツロイは，1860 年 6 月 6 日に気象局の暴風警報センターとしての認可を

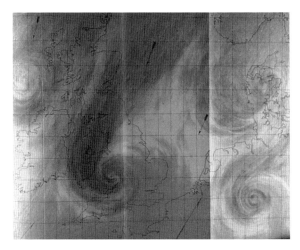

図 6-10　フィッツロイが作った天気図

商務省長官から公式に得た．これにより 1860 年 9 月 1 日から英国内 13 地点（アバディーン，ベリック，ハル，ヤーマス，ドーバー，ポーツマス，ジャージー，プリマス，ペンザンス，クィーンズタウン（コーブ），ゴールウェイ，ポートラッシュ，グリーノック）で気温，湿球温度，風力と風向，気圧，天候状況などの電報による収集が始まった．観測は毎日 1 回 9 時ごろに行われて，ロンドンの気象局に送られた．この作業は電報職員が彼らの定常的な作業の一部として行った[24-4]．

フィッツロイは観測結果を受け取るとともに，主要な新聞にそれらを提供した．そして 1861 年 2 月 6 日に最初の暴風警報を海運業に対して発表した．彼はそれを「警戒信号（cautionary signals）」と呼び，その伝達手段として沿岸からはっきり見える地点に，円錐形または円筒形もしくは両者を組合せた標識を竿に掲げた（図 6-11）．この信号標識はそれから 1 世紀以上にわたって沿岸の地点で用いられた[24-5]．

ところが，フィッツロイは暴風警報だけでなく 1861 年 8 月 1 日から天気予報をも一般民衆に対して毎日発表し，それは国内の新聞に掲載された．しかしながら，商務省にとっては船員に対する暴風警報でさえ試験的なものと思っており，ましてや一般民衆に毎日天気予報を出すことは容認できない行為だった．当時天気の予測はまだアルマナックなどに記載された占星気象学によるものが広く普及しており，それと混同される恐れがあったことと，気象予測については学問体系としての科学的な根拠はほとんど確立しておらず，天気予報が外れた際の責任を政府が回避しよ

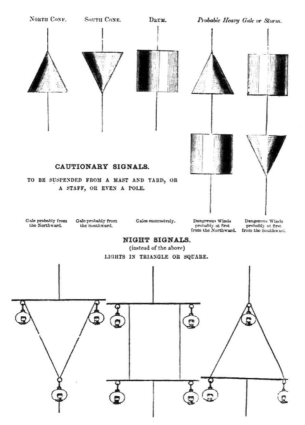

図6-11 フィッツロイの警戒信号　上段は昼間の信号．左から強風（北風），強風（南風），強風（継続），暴風（最初は北風），暴風（最初は南風）下段は代わりにランプを使った夜間の信号．

うとしたことは無理もなかった．

　フィッツロイは，気象理論に関しては気流の接触を主張したドーフェの後継者であり，寒冷な気流と温暖な気流の境界上に旋回する風系が形成されると考えていた．しかし気象予測の手法については経験則に基づいており，その科学的な根拠が不十分であることを理解していた．当然のことながら天気予報の不正確さに対する非難が起きた．フィッツロイは自身の天気予報が科学的法則に基づいていないことを示すために，科学的な根拠に基づくという意味を含む「予測（prediction）」とい

う表現を避けて,「フォアキャスト (forecast)」という新たな言葉を作った.「フォア」とは,あらかじめや先にという意味で,「キャスト」とは意を注ぐ,注意を向けるといった意味である. ただし,現在では「フォアキャスト」は天気予報の意味として用いられている.

多少不正確でも実用に役立てたいというフィッツロイの考えと,科学的な根拠を厳格に考える王立協会などの科学者たちの考えとの間には,大きな隔たりがあった. 科学者たちは天気予報を科学全般の信頼性と尊厳に関わる問題と捉えた. フィッツロイはだんだんと孤立していき,また非難は彼個人にまで向けられた. さらに船員の安全よりも,暴風警報のために船が港に釘付けになる費用の損失の方に関心がある船主たちも,フィッツロイへの批判を高めた[30-1].

フィッツロイが「ビーグル」号の航海に同行メンバーとして選んだダーウィンは,1859 年に著書『種の起源(On the Origin of Species)』で進化論を発表していた. 敬虔なキリスト教徒だったフィッツロイにとって進化論の考え方は受け入れられるものではなかった. 彼はダーウィンを同行メンバーに選んだ公人としての立場と宗教信念を持った私人としての立場の心理的葛藤にも苦しんだ. そして 1865 年 4 月 30 日に喉をかみそりで切って自殺した. しかし,彼が自殺した真の理由はわかっていない.

フィッツロイの死後に委員会が組織され,気象局の活動状況に関する調査が行われた. その委員長にはダーウィンのいとこで優生学を創始し,統計学における相関の考案などを行った近代統計学者のイギリスのゴルトン卿(Sir Francis Galton, 1822-1911)が任命された. 彼は気象学者でもあり,高気圧を英語でアンチサイクロン (anticyclone) と命名したりしたことで知られている. この委員会は「一般民衆のための予報はやめるべきである」と勧告し,1866 年 5 月 28 日をもってイギリスにおける予報は中止された[30-1]. 暴風警報は続いていたが,商務省の官僚ら,委員会,王立協会のメンバーとの間で暴風警報に対する意見の食い違いがあった. そのため商務省は 1866 年 12 月 7 日でもって暴風警報も中止した. ところがこれには船乗り,港湾当局者などの多くの人々から強い苦情が起きた. 有名な雑誌や商務省にも多くの投書が行われた. 結局商務省は 1867 年 11 月 13 日に暴風警報を再開すると発表し,再開後初めての暴風警報は 1868 年 1 月 10 日に発表された. しかし天気予報については 1879 年まで再開されなかった[30-2].

140   6. 嵐の解明と気象警報の始まり

6-2-5 アッベによるアメリカでの国家気象機関の設立

南北戦争と火災によって打撃を受けたスミソニアン協会に代わって，アメリカでの気象事業の再建に関わり，その発展を指導したのは気象学者のアッベ（Cleveland Abbe, 1838-1916）だった．アッベは当初天文学を志してロシアの天文学者ストルヴェ（Otto von Struve）の下に留学し，アメリカに帰国後の 1868 年にシンシナティ天文台の台長となった．彼は天文台を活発化する活動の一環として 1869 年 9 月からシンシナティの水運支援のために，付近の気象観測所のデータを用いて天気予報の試験プロジェクトを 3 か月間行った．彼は予報に「プロバビリティズ（見込み）」という言葉を当てたため，彼は後に「オールド・プロッブ（Old Prob）」というニックネームで親しみを込めて呼ばれた．

このプロジェクトに協力していたミシガン湖西岸のミルウォーキーに住むスミソニアンオブザーバーだったラッファムという人物が，アメリカ下院議員のペイン（Halbert Paine）にアメリカ北西部に位置する五大湖の海難を軽減するための暴風警報システムの構築を訴えた．偶然にもペイン議員は気象学者ルーミスの教え子だった．五大湖周辺での嵐による被害は，1868 年には 321 名が亡くなり，1164 名が負傷し，被害額は 310 万ドルに上っていた[22-8]．一方アメリカは，悲惨な南北戦争による荒廃から立ち上がるために，国家再建の旗印となる事業を必要としていた．ペイン議員はアメリカ議会に対して国家による気象事業の設立を請願した．議会はこの被害軽減のための請願を支持し，1870 年にグラント大統領は法律に署名した．

国家気象機関が作られ，それは陸軍信号部に置かれた．気象事業のための組織が軍に置かれたのは，軍が最も規則正しく正確に観測し，最も敏速に報告すると思われたからだった．軍は規則には厳格だったが，形式主義的で科学的な知識や能力もなく，十分に発達していない気象学の下では防災機関として十分に機能しなかった．誰か専門的な科学知識を持った人が，研究や開発を含めて気象事業を主導する必要があった．一方で天文台による天気予報の試験プロジェクトが終わって気象学から手を引きかけたアッベだったが，シンシナティ天文台は大気汚染などの付近の環境悪化のため天文台として十分に機能しなくなっていた．天文台の移転のための費用は，オハイオ大学の設立に転用されてしまった．アッベは気象分野に転向することを決心し，1871 年に陸軍信号部に移った．

アッベは陸軍信号部での気象事業の確立に優れた能力を発揮した．まず気象観測

の基準を整え，必要な技術を説明して隊員を教育した．また当時進んでいたドイツなどの気象学の文献を翻訳し，3回に分けて出版した．これは気象学の英語圏での理解を大きく進めた．さらにアッベは気象学研究のために，1871年に「スタディルーム」という個人的な研究室を設立し，専門家の育成を図った．明治初期に日本に招聘され，日本の地球物理学の基礎を作ったメンデンホール（Thomas Corwin Mendenhall, 1841-1924）も，アメリカに帰国後の1884年から2年間このスタディルームで気象の研究をした．またアッベは，優れた地球物理学者で地球規模の大気循環を定式化したフェレルを陸軍信号部にスカウトした．アッベによるフェレルと彼の研究成果の採用は，当時のアメリカでの気象予測の理論的な土台となった．

　アメリカの気象機関は，標準時の決定にも大きな役割を果たした．当時アメリカでは地方ごとにばらばらの時刻を採用しており，そのため観測時刻の統一と管理は気象観測にとって大きな問題だった．陸軍信号部のアッベは1879年に子午線に基づいた系統的な時刻制度を採用するべきとの報告書を提出した．当時，鉄道も同じ悩みを抱えていた．地域によって時差の異なる複雑な時刻体系は，列車の安全な運行に対して重大な脅威になっていた．1883年に開かれたアメリカの総合時刻会議は，子午線を基準に1時間間隔で分ける国内時刻体系の採用を決定した[31]．さらに世界的な時刻の統一も問題になった．翌1884年にワシントンで国際子午線会議（International Meridian Conference）が開催され，この会議でイギリスのグリニッジ天文台が管理しているグリニッジ子午線に基づいて，原則として1時間間隔の時刻体系を世界中で採用することになった．この会議にアメリカ代表として陸軍信号部のアッベが出席した[31]．なお，このときの日本代表は東京大学の菊池大麓だった．

参考文献

[1] 古川安，1989：科学の社会史．南窓社，[1-1]128, 130, [1-2]99-102.

[2] 小倉義光，1971：大気の科学．NHK出版，48.

[3] Kutzbach, G., 1979 : The Thermal Theory of Cyclones － A History of Meteorological Thought in the Nineteenth Century. American Meteorological Society, [3-1]31, [3-2]20, [3-3]22, [3-4]34-35.

[4] Fitzroy, R., 1863 : Weather Book. Longman & Green, 103.

[5] Persson A. O., 2006 : Hadley's Principle : Understanding and Misunderstanding the Trade Winds. History of Meteorology 3 (Fleming R.J. ed.), 26.

[6] 三友栄，1957：オランダ気象学史（2），測候時報，**24**, 250.

[7] Soylent Communications, 2014 : James Hutton. NNDB : Tracking the entire world, http : // www.nndb. com/people/213/000104898/.

[8] Oliver, H., Oliver, S., 2003 : Meteorologist's profile - John Dalton. Weather, **58**, [8-1]210, [8-2]209.

[9] Wilson, C., 2011 : The blind philosopher : the contribution to meteorology of John Gough (1757-1825).

Weather, **66**, 310.

[10] McDonalde, J., 1963 : James Espy and the Beginnings of Cloud Thermodynamics. Bulletin of the American Meteorological Society, **44**, 635.

[11] ジェイムズ・ロジャー・フレミング，鬼澤忍（訳），2012：気象を操作したいと願った人間の歴史，紀伊国屋書店，116.

[12] Wikipedia : 1821 Norfolk and Long Island hurricane. https : //en.wikipedia.org/wiki/1821_Norfolk_and_Long_Island_hurricane.

[13] Cox, J.D., 堤之智（訳），2013：嵐の正体にせまった科学者たち - 気象予報が現代のかたちになるまで. 丸善出版，[13-1]41-42, [13-2]45, [13-3]81, [13-4]132.

[14] De Young G., 1985 : The Storm Controversy (1830-1860) and its Impact on American Science. EOS, **66**, [14-1]658, [14-2]659, [14-3]660.

[15] Loomis E., 1845 : On Two Storms Which Were Experienced throughout the United States, in the Month of February, 1842. American Philosophical Society, **9**, 180.

[16] Persson, A., 2009 : Hadley's Principle : Part 2 - Hadley rose to fame thanks to the Germans. Weather, **64**, 45.

[17] Bernhardt, K.-H., 2004 : Heinrich Wilhelm Dove's position in the history of meteorology of the 19th century. The International Commission on History of Meteorology.

[18] Loomis, E., 1841, : On the Storm Which Was Experienced throughout the United States about the 20th of December, 1836. Transactions of the American Philosophical Society, **7**, 154.

[19] 古川武彦，2015：気象庁物語. 中央公論社，99.

[20] 岡田武松，1949：気象学の開拓者. 岩波書店，296.

[21] Middleton, W. E. K., 1969 : Invention of the Meteorological Instruments. The Johns Hopkins Press, 318.

[22] Fleming R. J., 2000 : Meteorology in America. Johns Hopkins Univ Press, [22-1]141, [22-2]142, [22-3]75, [22-4]118, [22-5]129, [22-6]142, [22-7]168, [2328]153.

[23] Nebeker, F., 1995 : Calculating the Weather Meteorology in the 20th Century. ACADEMIC PRESS, 13.

[24] Walker, M., 2009 : Storm Warnings for Seafarers. History of Meteorology and Physical Oceanography Special Interest Group, **3**, [24-1]9, [24-2]6, [24-3]7-8, [24-4]8, [24-5]9.

[25] Fleming R. J., 1997 : Meteorological Observing Systems Before 1870 in England, France, Germany, Russia and the USA : A Review and Comparison. World Meteorological Organisation Bulletin, **46**, 252.

[26] 股野宏志，2008：天気予報いまむかし. 成山堂書店，[26-1]47, [26-2]49-50.

[27] 股野宏志，1994：総観気象学の幕開け. 天気，**41**, 7.

[28] 気象庁図書資料管理室，1996：ルベリエの「1854 年 11 月の黒海のあらしに関する報告」について，測候時報，**63**, 190.

[29] Harding, S. J., 1881 : Organzition of the Meteorological Service in some of the Principal Countries fo Europe. Symons's monthly meteorological magazine, **183**, 37.

[30] Walker, M., 2010 : Storm Warnings for Seafarers Part2. History of Meteorology and Physical Oceanography Special Interest Group, 1, [30-1]14, [30-2]16.

[31] Willis E.P., Hooke, H.W., 2006 : Cleveland Abbe and American Meteorology, 1871-1901. Bulletin of the American Meteorological Society, **87**, 318.

図の出典

図 6-1 Hildebrandsson, H., Teisserenc de Bort, 1907 : Les bases de la météorologie dynamique : hist-origueétant de ros connaissances. 47.

図 6-2 文献 [16]45 を日本語に改変

図 6-3 McDoNALD, J. E. 1963 : James Espy and the Beginnings of Cloud Thermodynamics. BAMS, **44**, 638.

図 6-4 Espy, J., : 1841 : The philosophy of storms. xii.

図 6-5 文献 [15] CHART II.

図 6-6 文献 [18] 159.

図 6-7 http://sirismm.si.edu

図 6-8 文献 [22] 145.

図 6-9 Landsberg, H., 1954 : Storm of Balaklava and the Daily Weather Forecast. The Scientific Monthly, **79**, 347-352.

図 6-10 FitzRoy, R., 1863 : The Weather Book : A Manual of Practical Meteorology, Plate VII.

図 6-11 FitzRoy, R., 1863 : The Weather Book : A Manual of Practical Meteorology, 350.

7. 近代日本での気象観測と暴風警報

　中世以降，ここまでは欧米の状況を見てきた．ここで日本に目を転じるが，まず18世紀ごろの日本の科学の状況はどうなっていたのであろうか．戦国末期から江戸時代中ごろまで，日本では禁教令や鎖国による禁書のため西ヨーロッパの知識はほとんど入ってこなかった．しかし1716年に第8代将軍になった徳川吉宗（1684-1751）は技術分野に強い興味を持っており，徳川実記によると同年に江戸城内の吹上御庭で雨量を測定させたり[1-1]，有徳院殿御実記によると1718年には同じ江戸城内に天文台を建設して自ら天文観測を行ったりした[2-1]．吉宗は蘭学を奨励したこともあって，キリスト教に直接関係のない書物の輸入が許されるようになった．3章で見てきたように，西洋ではいわゆる科学革命によって17世紀に科学が急進展しており，この時代に吉宗が禁書を緩めたことは日本にとって幸いだった．これ以降，ヨーロッパの学問を紹介した漢書が輸入されたり，オランダ語から直接の訳本が作られたりするようになった．それらは，日本の科学が多少なりとも西洋に追い付くのに大きな役割を果たした．

　一方で気象については江戸時代に，地方ごとに雲や風，あるいは動物の行動と関連させて，さまざまな天気予報に関する経験則が伝承されており，それに中国の陰陽説を加えて1年間の晴雨，風や気温などを占った農事暦などの冊子が作られていた．箕輪藤次郎が1750年に刊行した『天時占候』は，天文の知識などを集めたものだったが，天候についての占い書でもあった．京都の暦算家である中西敬房（生年不詳-1781）が1767年に刊行した『民用晴雨便覧』は，天気の予測だけでなく雲や虹などの気象の解説も入っていた．尾張藩の蘭方医で蘭学者の吉雄常三（1787-1843）が天保8年（1837年）に刊行したと考えられている『晴雨考』は，医学予防のための1年間の天候の占いで，その後著者や内容を変えて毎年発行された．

　琉球王国の儒者である程順則（1663-1735）が1708年に中国で刊行した『指南廣義』の中にある「風信考」は，航海のための優れた気象書だった．原文は漢文だが一部を書き下すと，"清明以後，地気は南より北すれば，すなわち南風を以って常風となす．霜降以後，地気は北より南すれば，すなわち北風を以っ

て常風となす．もし，その常に反すれば，すなわち颶（台風）や颭（低気圧）がまさに作らんとす．舟は航行すべからず"[3]というように，わかりやすく台風などの前兆や性質などがまとめられていた．

　江戸時代後期の幕府による気象観測は天文観測の補正のためだった．明治維新後は，さまざまな欧米の技術が入ってくる中で，日本でも気象の測定器を輸入して欧米のような本格的な気象観測が行われるようになった．その先導はお雇い外国人たちだった．そして彼らの手で日本においても海難を防止すべく暴風警報の発表の必要性が提案された．各地に少しずつ測候所が作られたが，それを組織化して警報発表体制を作ったのはあるお雇いドイツ人だった．

7-1　江戸時代日本での気象観測

7-1-1　江戸中期の気象と測定器

　江戸時代には，漁業や海運業において海に出ている間に遭難しないように，好天が続くのか時化になるかを見極めることが行われていた．その天候を判断する行為やそれを行う人は「日和見」と呼ばれた．そして，それを行うための港に近い小高い丘は「日和山」と名付けられた．今でも各地の海岸付近に日和山という名前の山が残っている．船頭や日和見はこの山に登り，四方を見晴らして雲のわき立つ方向や形，また風の方向や強弱，空気の湿りぐあいなどから，翌日ないし数日後の天候を判断した[1-2]．

　日本での気温や気圧などの定量的な測定は，海外からの測定器の伝来がきっかけだった．1692年には，オランダ商館付のドイツ人医師ケンペル（Engelbert Kaempfer, 1651-1716）が京都所司代に寒暖計（温度計）の用法を説明した[1-3]．また1768年ごろ，多芸な発明家で知られる平賀源内（1728-1780）は，外国人が持ってきた温度計を参考に自らタルモメイトルという温度計を作ったとされている[4]．しかし，当時は物珍しさ以外の使い道はなかったようである．

　気圧計については，1800年ごろに志筑忠雄（1760-1806）が『暦象新書』で自作の測定器による気圧実験に関する記述があり，これが日本人による観測のはじめではないかと考えられている[5]．1808年に司馬江漢（1747-1818）が刊行した『刻白爾天文図解』には，図解入りで気圧計の詳しい説明があり，"バルモメーテル之図，天変考ト名ヅク，バルモハ天雨ラントスル前日水銀升ル其分厘ヲ測テ大雨，小雨ヲ知ル"と書かれている[6]．ちょうど同じ年に，幕府天文方の手伝いをしていた間重富（彼については後述する）は子である間重新に気圧計の製作を命じたが，実用的

146　　7.　近代日本での気象観測と暴風警報

なものにはならなかったようである[6]．一方で海外から日本を訪れた何人かの外国人は，個人の気圧計や温度計を持ち込んで断片的ながら日本の気象観測を行っていた．また1800年ごろ以降は長崎のオランダ商館の日誌に気象記録が残っており，1819年からは時折ながら気温の数値などが記録された[7]．また後述するシーボルトの弟子で蘭方外科医二宮敬作は，1826年2月シーボルト参府の際に同行して，気圧を測定して箱根の高さを約1000mと算出している[6]．

7-1-2　日本での暦問題

　ヨーロッパでは，暦は農業用だけでなく宗教儀式のためにも重要であったが，日本では暦は朝廷にとって統治のための重要な道具だった．そのため朝廷には「陰陽寮」という役所があり，その暦部門では毎年秋に翌年分の二十四節気や新月の時刻，日月食などを計算して，頒暦として全国に配布して暦の統一を図っていた．特に日食が予測された場合には朝廷の業務はすべて休みとされた．ところが平安初期より使われていた宣明暦は，そのまま約800年間使われ，江戸時代になると冬至が2日も遅れたり日食や月食の誤差が大きくなって信頼性が薄れてきていた．

　編暦を司る朝廷とそれに基づいて統治を行う幕府にとって改暦は必要な課題となっていた．渋川春海（別名 安井算哲，1639-1715）は，中国の元の時代に書かれた授時暦を日本に合うように改良し，貞享二年（1685年）に貞享暦に改暦した．これは初めての国産の暦であり，これを機に幕府に「天文方」という専門職が置かれ，暦を編纂するための天文観測などの業務の一部は朝廷の陰陽寮から幕府の天文方に移された．渋川春海は幕府の初代の天文方に就任した[2-2]．なお天文観測の仕事は幕府に移ったものの，陰陽寮の長である陰陽頭であった土御門家は，地方の陰陽師に上納金と引き替えに免状を出して，家元として彼らを支配下に置いていた．土御門家の禄は微々たるものだったが，地方の陰陽師から得られる上納金は相当なもので，京都に豪邸を張り権威を誇っていた[8]．

　貞享暦に改暦しても暦のずれは残っており，それを懸念したのは第8代将軍徳川吉宗だった．彼は貞享暦が正しいかどうかを検証し，1749年には正式に改暦の命を下した．ところが，さらに精度を高めようとすると西洋の天体運動論の理解と精密な天体観測が必要であったが，当時それに対応できる人がおらず，吉宗の在任中に改暦は実現しなかった．

　18世紀後半になると，中国で宣教師たちが伝授した西洋の書物が漢訳されるようになり，多くの漢訳天文書が日本に輸入された．その天文書の内容を大坂の医者

である麻田剛立（1734-1799）などが会得するようになった．その麻田剛立には二人の優れた弟子，高橋至時（1764-1804）と間重富（1756-1816）がいた．高橋至時は大坂定番同心だったが，理論天文学に類まれな才能を持った天才肌の研究者で，その数学的な実力は師の剛立をも凌駕するといわれるほどだった．間重富は通称を十一屋五郎兵衛ともいい，家業は質屋で大坂市中の質屋年寄も勤めるなど大坂を代表する商人の一人だった．高橋至時が数理研究を得意とした理論家とすると，間重富は観測技術に才能を発揮した観測屋といえた[2-3]．

　1795 年に幕府は西洋暦法による改暦を考えて，その責任者に麻田剛立を任命しようと考えたが彼は固辞したため，弟子の高橋至時と間重富を起用した．士分だった至時は天文方に任ぜられ，間重富は得意の技術と豊富な財力を用いて，垂揺球儀*1 や象限儀*2 などの観測機器の発明や改良を行って，観測精度の向上に貢献した．二人は太陽と月の運動論にケプラーの楕円軌道理論を用いた漢訳天文書『暦象考成後編』などを使って『暦法新書』を完成させ，これに基づいた寛政暦は 1798 年から施行された[2-4]．改暦を終えた間重富には褒美として，白銀二十枚，苗字御免，五人扶持，大坂町内に屋敷が下賜され，大坂へ戻った．

　ところが高橋至時は，1803 年にオランダ語訳の『ラランデ暦書（Astronomia of Sterrekunde）』を入手して，その精緻な内容に衝撃を受けた．ラランデ暦書とは，パリ天文台長などを歴任した著名なフランスの天文学者ラランド（Joseph-Jérôme Lalande, 1732-1807）が著したもので，これは日本でそれまで紹介された西洋科学の啓蒙書ではなく，天文学を厳密に網羅した教科書だった．各巻 500 ページからなる本 5 分冊からなっており，天文学における大気差，光の屈折の影響も含まれていた．高橋至時はオランダ語に対する十分な知識もないままこの一部の訳にとりかかり，わずか 5 か月間で研究ノート『ラランデ暦書管見』8 巻を著したものの，その無理がたたって病死してしまった．幕府天文方高橋景保（1785-1829）は，弟である渋川景佑（1787-1856）らに対して『ラランデ暦書管見』の調査と高橋至時が行った研究のまとめを行わせた．この結果は『新巧暦書』にまとめられ，この書とオランダの数学者で天文学者のステーンストラ（Pibo Steenstra, 1731-1788）の著書を翻訳してまとめた暦書『西暦新編』を使って，1844 年に改暦が行われて天保暦となった．これは 1873 年にグレゴリオ暦が導入されるまで使われた．

---

*1　時間を計るための計測器.
*2　円の 1/4 の扇形をした測量機器で，天体などの高度（角度）を測定する.

7-1-3 江戸後期の気象観測

上記の改暦のためには正確な天文観測が必要だった．天文観測の大気による影響を補正するためには大気密度が必要であり，そのために日本で定常的な気象観測が行われ始めたのは 1818 年だった．幕府天文方であった高橋景保の建議により，幕府は天気儀と呼ばれた気圧計と気候儀と呼ばれた温度計をオランダから輸入し，江戸浅草暦局で天文観測のための濛気差の観測を行うようになった[9-1]．濛気差の観測とは，大気密度から光の屈折を計算して天文観測を補正するための気圧，気温，湿度の測定である．

日本で測定器を使った最も古い現存する気象観測記録は「晴雨昇降表」で，これは 1828 年 7 月から同年末までの 1 日 3 回の気温，気圧が記録されたものである[10]．また同じ頃，大阪では間重富の子である間重新が気象観測を行っており，1828 年 12 月 5 日から 1833 年 2 月 5 日までの気温，気圧，天候が『未加精之測験』に記録として残されている．さらに幕府天文方の渋川景佑は，1838 年 11 月から 1855 年 12 月まで 18 年間にわたって続けられた天文観測記録『霊憲候簿』の中に 1 日 3～4 回の気圧，気温，天候の記録を残した[11]．この観測は，暦局での天体観測を大気密度によって光の屈折の度合いを補正するためと考えられている．

気象の観測記録というのは，当時貴重な資料だった．1828 年のシーボルト事件では，長崎にいたドイツの医師シーボルト（Philipp Franz von Siebold, 1796-1866）が，伊能忠敬による日本地図などの国禁の品々を持ち出そうとした．その結果シーボルトは国外退去，地図を渡した高橋景保は獄中で病死した（死後の判決で死罪）．シーボルトが持ち出そうとして幕府が押収した品々の目録中に，気象観測の資料も含まれていた．その中身は，徳川幕府の暦局における濛気差のための観測資料と推測されている[12]．なお，シーボルト自身も長崎において 1 日 3 回の気象観測を行っていた．その観測記録が最近になってオランダ王立気象研究所で発見されている[13]．

コラム　蚕当計の開発

　江戸時代末期になると，民間の方でも気温を測定して利用しようとする動きが出てきた．養蚕に使う蚕の飼育は気温に敏感に依存し，蚕室の温度によって繭の生産量が大きく変わる．今の福島県伊達郡の医師である稲沢宗庵（1799-1870）は，長崎でオランダ人医師について医学の修行中に温度計を見て，蚕室の温度管理に使えるのではないかと考えた．郷里に戻る際にこの温度計を持ち帰って，それを妹婿の中村善右衛門（1806-1880）に贈った．中村善右衛門はこの温度計と同じものを製作しようとして，数多くの試作品を作っては贈られた温度計と示度が合わない原因を一つ一つ突き詰めて，管の太さや中の溶液を改善するなど苦心惨憺した．しかしながら，最終的に独力でほとんど同じ精度の温度計を作り上げ（図7-A）[14]，1849年から「蚕当計」と命名して，『蚕当計秘訣』という使い方の手引き書とともに販売した．蚕当計は日本の養蚕技術史上で明治以前の最大の業績とされている．

図7-A　蚕当計

7-2　明治政府による気象観測の開始

　江戸幕府は1855年から，長崎海軍伝習所において蒸気船「観光丸」を使って航海術を訓練した．この船はオランダが幕府に寄贈したもので，気圧計，温度計，湿度計を備えており，気象観測も行うことになっていた．海軍伝習所の訓練生たちは日本人として初めて西ヨーロッパ式の気象観測を学んだ人たちで，勝海舟や榎本武揚らがいたが[9-2]，彼らは操帆や操船の技術習得に精一杯で，気圧計が降下した際には港に入って投錨や係留を厳重にするのに使われたものの，気象観測の記録は残さなかった[15-1]．

　幕府崩壊寸前の1866年に，幕府は諸外国に対して関税協定である改税約書を調印したが，その第11条には「日本政府は，外国交易のための各港最寄船々の出入安全のため，燈明台（燈台），浮木（ブイ），瀬印木（障害標識）などを備えなければならない」という内容があった[16]．そのため，政権を引き継いだ明治政府は，新政府となって早々の事業の一つとして海路の安全のための燈台などを設置しなけ

ればならなかった．政府は明治元年からイギリス人技師ブラントン（Richard Brunton, 1841-1901）の指導の下で神戸元島，劔埼，石室埼（石廊崎），樫野埼，潮岬，和田岬，江崎，伊王島，佐多岬の9基の燈台，本牧，函館の2隻の燈船を完成させ，1871年6月から1日2回天気，気圧，風向，風力，気温の測定を開始した[17]．この観測資料はイギリス人技師によってまとめられ，最終的にはイギリスの気象委員会へ寄贈されて1876年に『日本の気象学への貢献（Contribution to the Meteorology of Japan)』という題で出版された[1-4]．

　1858年に日米修好通商条約を契機として安政五カ国条約が結ばれ，日本は箱館*3，横浜，長崎などを開港した．そうすると，やってきた外国人の医師，商人，宣教師らが幕末から明治維新にかけて，神戸，東京，新潟，大阪，横浜，箱館，長崎，那覇などで気象観測を行った[9-2]．その中で，箱館に滞在したイギリス人ブラキストン（Thomas Blakiston, 1832-1891）は，1868年から箱館で気温や天候を観測して記録した．ブラキストンは商人だったが自然科学に深い興味を持っており，彼が観察した動植物の津軽海峡を境とした分布の違いは，ブラキストン線として知られている[9-3]．

　函館で政府の通訳をしていた福士成豊（1838-1922）は北海道開拓使に気象観測を建議し，これが函館支庁で認められて，明治5年（1872年）7月に函館気象測量所を開設して1日3回の気象観測を開始した[18-1]．前年の明治4年（1871年）にアメリカ農務局長だったケプロン（Horace Capron）が北海道開拓使顧問団長に就任すると，気象観測の重要性を説いてブラキストンの観測結果を利用したりしたので，ブラキストンは函館で続けていた気象観測を開拓使に引き継いで継続させようと考えたようである[18-1]．福士成豊はブラキストンと交友があり，彼から気象観測の手ほどきを受けていた．そのため福士による函館気象測量所は，実質ブラキストンが行っていた気象観測を受け継いだものだった．

　次の政府による気象観測は，1872年3月に兵部省から独立した海軍省が行った．軍艦の航行には精密な水路図が必要だが，その作成のためには天体観測に基づいた測量が必要である．そのため海軍水路寮では観象台を設置することにしたが，観象台がまだ完成していない1873年10月にまず気象観測を開始した[18-2]．これはほとんど日本人独力による気象観測であり，翌7月からは完成した海軍観象台で毎時の観測が行われた．1878年にヨーロッパ視察を終えて帰国した海軍大佐柳楢悦（1832

＊3　函館は1869年までこう称していた．

-1891）は，観測網を整備して電報を使って海上の天気予報と暴風警報を行うことを建議したものの，軍艦などの整備の予算が優先された．しかし，1880年10月からは長崎と兵庫の海軍施設でも気象観測を行って，天候に異変がある場合には状況を電報で知らせることになり，翌年9月からは独自に観測台から海軍鎮守府や造船所などの海軍関係機関に暴風警報を電報で知らせることになった．これは後述する東京気象台によるものより1年半早く，海軍内だけを見ればこれが日本での最初の暴風警報体制となった[1-5]．

　政府は1871年に測量のために工部省に測量司を置き，燈台建設のため来日していたブラントンの助手でイギリス人マクビーン（Colin McVean, 1836-1912）を測量師長として雇用した．彼の下で助手をしていたジョイネル（Henry Joyner, 1839-1884）が，1873年5月に政府に気象観測を建議した[19-1]．政府はジョイネルの建議を採用してイギリスから気象測定器を買い，それらは1875年5月に東京赤坂の内務省地理寮量地課に設置された．ジョイネルはその責任者となって，6月1日より気象観測を開始した*4[15-2]．この組織は後に東京気象台と称され*5，明治政府による組織的な気象観測の開始となった．現在の気象記念日はこの日にちなんでいる．この観測は地方時で1日3回（9時半，15時半，21時半）行われ，5日ずつ表にして横浜の外字新聞に発表された[20-1]．その後，観測者数も7〜8名に増えたが，1877年の行政整理で組織は縮小された．ジョイネルは同年6月に満期解雇となり帰国したので，その後は正戸豹之助（1855-1938）を観測主任として下野信之，中条信儁の3名の日本人だけで観測を続けた[20-2]．

　1878年からはアメリカ陸軍信号部の求めで，ワシントン電信局とグリニッジ時で12時の観測結果を相互に交換することになり，他にもロンドン，ウィーン，メキシコの各気象台，イタリア天文台との気象略表の交換が開始された．翌1879年には，さらにロシア天文局，徐家滙（上海），ベルリン，北京の各気象台との交換が始まり，1880年以降，ベルギー，ブラジル，カナダ（イギリス領），ユトレヒト（オランダ），カルカッタ，クリスチャニア（後のオスロ），ジュネーブなどの気象台に広がった[21-1]．このように急速に諸外国との気象資料交換が広がったのは，国の事業としての気象観測結果を示すことで，当時の日本政府の行政力を諸外国にアピールするためでもあった．

---

*4　実際に観測が開始されたのは6月5日だったという説もある[20-1]．
*5　ジョイネルが観測表を横浜の外字新聞に発表したときの表題「Imperial Meteorological Observatory, Tokio, Japan」を訳して，東京気象台と称するようになったのではないかという説もある[20-1]

7-3 暴風警報に向けた体制の確立

7-3-1 気象をめぐる当時の状況

　すでに述べたように，当時欧米ではすでに暴風警報を出す体制が確立されていた．この頃には国内でも電信網が設立されつつあり，1871 年には上海～長崎間の海底電信が開通し，1873 年には長崎～東京間の電報も開始された．また 1874 年には，長崎医学校のオランダ人医師でボイス・バロットの親友でもあった A. T. C. ヘルツ（A. T. C. Geertz）は，長崎に海底ケーブルを持っていた大北電信会社と交渉して，上海，香港，アモイの気象電報を長崎電信局で毎日掲示していた[23]．

　当時，海難による船舶や人命の喪失は少なくなかった．当時の記録によると，1874～1876 年にかけての船の難破隻数は，それぞれ，1199 隻，417 隻，457 隻に上った[19-2]．そういう状況を受けて，お雇い外国人から「電報を使ってまだ暴風が到達していないところに暴風の到来を知らせることができれば船舶とその人命の被害を軽減できる」という海難の防止，軽減のための暴風警報の必要性の声が上がった．1872 年 9 月に政府が雇い入れて地質や鉱山の調査を行っていたアメリカ人アンチセル（Thomas Antisell, 1817-1893）が，1874 年 11 月に同じアメリカ人のライマン（Benjamin Lyman, 1835-1920）が，1876 年 5 月にはイギリス人のジョイネルが暴風警報の必要性に関する提言を行った．特にアンチセルは 1872 年 8 月の台風の記録を調べ，神戸～東京間の台風の移動速度を毎時 56 km，暴風の継続時間から，暴風の半径を約 40 km と割り出した[19-3]．これが台風についての日本での最初の気象学的な調査となった．

　組織名を測量課に変えて気象観測を行っていた測量課課長の荒井郁之助（1836-1909）は，1877 年に，内務卿大久保利通の承認を得て，内務省直轄の測候所を設置して暴風警報の発表を行う方針を打ち出した[21-2]．これらの地点選定に当たって，電信線が近くに来ていることと海から来る暴風を捉えるために海岸に近いことが条件となった．その測量課のあった地理局の局長櫻井勉も農商務少輔品川彌二郎とともに暴風警報の発表を推進した．そして，日本において暴風警報を実際に実現させたのは，次に述べるドイツ人クニッピングだった．

7-3-2 クニッピングと地理局への雇用

　ドイツ人クニッピング（Erwin Knipping, 1844-1922）（図 7-1）は，オランダに近いドイツのクレヴェという町に生まれた．彼は商船学校を出た後，海員や海軍を経

7-3 暴風警報に向けた体制の確立　153

て一等航海士として「クーリエ」という汽船に乗り組んだ．「クーリエ」号が日本に航海してきたときに，南校（のちの開成学校）で教鞭をとっていた同じドイツ人化学者ワグネル（Gottfried Wagener, 1831-1892）を訪ねた．当時南校はドイツ語で講義が行われていたため，クニッピングはそのときワグネルに南校の教師募集があれば連絡をくれるように依頼した．1871年にクニッピングが上海にいたときにワグネルから連絡が入ったとされている[24-1]．なおクニッピングは，「クーリエ」号は日本人に売却されたとしているが，幕末から明治にわたる外務省の艦船購入の許可記録には残っておらず[24-2]，船が売却されたのが南校に移る前か後なのかははっきりしない．彼は同年

図7-1　エルヴィン・クニッピング

5月から同校で教鞭をとり，ドイツ語で算術から地理，幾何，作文，体操まで教えた[25-1]．そしてこれが，彼が明治政府に延べ20年にわたって雇われるきっかけとなった．

　その後開成学校の講義の主流は英語となり，クニッピングはドイツ語で行う講座が狭められたため退職し，1876年7月に今度は内務省駅逓局に船員となるための試験である海技試験の試験官として雇用された．この駅逓局の在籍時の1879～1880年にかけて，彼は燈台の気象観測と船舶の航海日誌を用いて日本に襲来した三つの台風について中心位置，経路，風向，風力分布などを調査し，それぞれドイツの論文誌に発表した．このうち二つの論文は1882年に海軍水路局で翻訳され，「颶風記事」という題で出版された[25-2]．彼は開成学校の教師時代から，妻がベルリンから持ってきた測定器を学校内の官舎に設置して気象観測を行っていたが，ジョイネルが東京気象台で観測を開始したためクニッピングは1878年に観測を中止した[24-3]．しかし，その結果の一部を1876年に「江戸における気象観測（Meteorologische Beobachtungen in Yedo）」としてドイツ語の雑誌に発表している[1-6]．

　1877年に内務省が暴風警報の発表を行う方針を打ち出したことは先ほど述べた．そのため，1878～1882年にかけて内務省地理局は長崎，新潟，野蒜（宮城県）に直轄の測候所を設置した．さらに県などの地方政府も地理局の呼びかけに応じて，広島，和歌山，京都，青森，金沢，高知，大阪に測候所を設置し，北海道開拓使も

すでにある函館，札幌に加えて留萌，根室，増毛に測候所を開設した．地理局は技術者を派遣し，職員を訓練して観測を支援した．内務省は各地で気象観測を開始したものの，それを組織化して暴風警報の発表を実現するにはほど遠い状況だった．

こういう政府の状況を見てか，1881年にクニッピングは太政大臣三条実美に対して，暴風警報事業化に関する建白書を出した．この建白書は残っていないが，彼が1878年に書いた「毎日の気象観測に基づいて東京の気象予測を行う試み*6」という論文には，"最近，欧米ニ於テハ，各地ノ気象観測報告ヲ電信ニヨッテ中央機関ニ収集シ，之ニ基キ広範囲ニワタル天気ノ一般状態ヲ勘案シ，来ルベキ天気状態ヲ予測スルコトガ行ハレテイル．コノヨウナ予言ガ暴風警報トシテ多クノ船舶ヲ沈没ノ危険カラ庇護シテイルコトハ，一ツニ電信ト気象学ノ進歩ニヨルモノデアル．陸上オヨビ港ヲ出タ船舶ニ対スル天気ノ警告ハ，悲シイカナ十分デハナイ．彼等ハ頼リトスルモノガナク，荒天ニイカニ対処スベキカ自分自身デ判断シナケレバナラナイ．来ルベキ天気状態ヲ予測シテ彼等ニ知ラセルヨウニデキルダケノ努力ヲスルコトガ切望サレル．"[19-4]と書かれており，ほぼこれに沿った趣旨であったと考えられている．

当時クニッピングがいた管船課は，内務省駅逓局より新設の農商務省商務局に移管され，彼は1881年5月に駅逓局を満期解雇となった．クニッピングの提言は政府の方針に合致しており，また日本人だけでの事業化は困難に直面していたため，暴風警報の整備にかねてから熱心であった農商務少輔品川彌二郎と内務省地理局長櫻井勉はこれに大いに賛成した．彼は臨時の船長の仕事の依頼を断ってまで政府からの返答を待ったが[24-4]，政府からの返答はなかなか来なかった．建白書を出してからおよそ7か月後の1881年12月のクリスマスになって，ようやく地理局に雇い入れることが彼に伝えられた．彼は政府からの返答を待っている間に貯金を使い果たし，あきらめて帰国する寸前のことだった[24-4]．

7-3-3　暴風警報のための諸準備

クニッピングは1882年1月から地理局に採用され，暴風警報体制を整備することを任された．彼は測候所をさらに8か所（鹿児島，宮崎，下関，境，浜松，沼津，宮古，秋田）増やすように進言したが，それだけで暴風警報を出せるわけではなかった．日本全国の気象状況を把握する組織的な観測網による「統一された観

---

*6　"Versuch, das in Tokio wahrscheinlich zu erwartende Wetter nach taglichen Beobachtungen anzugebe"

測」と，観測結果を速やかに1か所に集めて解析する「中央組織」を構築する必要があった．

明治になるまで観測結果の速やかな収集を阻んでいたのは，まず情報の通信速度だった．江戸時代までは飛脚や早馬が最速の通信手段だったが，それでは気象の移動速度に追い付かない．京都での「本能寺の変」が備中高松の羽柴秀吉に届くまで1日半，忠臣蔵の発端となった江戸城での「松の廊下の事件」が国元の赤穂に届くのに4日半かかったといわれている．天候の推移に比べて短時間での通信を可能にしたのが電報だった．電報が，「地方の気象状況を東京気象台に集めて分析して暴風警報を発表する」という考え方を可能にした．ちなみに当時札幌と東京気象台間の電報には50〜60分かかったとされている．

技術的に速やかな通信が可能となっても警報体制の構築にはいくつかの障害があった．最初の障壁は電報の費用だった．気象状況を常時監視するためには，毎日定時に多数の地点から気象状況を電報で送ってもらう必要がある．当時，電報の使用には高額の費用がかかった．測候所1か所からの1日1回の気象電報の費用は年間2795円と見積もられていたが[19-5]，当時の測候所の職員の月給はおよそ15円だった[21-3]．クニッピングは，ほとんどの国では気象に関する電報は無料であるから1日3回の電報を無料にすべきことを要望したものの，明治政府の理解は得られず承認されなかった．

クニッピングは1882年4月に，太政大臣への上申書により電報費用を予算要求した．しかしこれも費用が高額なのと財政逼迫のため却下されてしまった．内務省としては暴風警報のための電報は重大な公益に関することなので，せめて1日1回だけでもと再び太政大臣三条実美に伺いを出した．これに前内務卿であった大蔵卿松方正義が賛成したことから，1883年1月に1日1回の無料（当時の表記では無税）の気象観測電報が認可された[19-6]．

次の課題は観測時刻だった．明治政府は1873年1月1日に太陽暦のグレゴリオ暦に改暦したが，それに合わせて時刻はそれまでの不定時法*7から1日を24等分する定時法へと変更された．それでも時刻はその地方での太陽の南中時刻を基本とする地方時だった．暴風警報のために広域の気象状況を把握するためには現象を同時に捉えることが必要であるため，気象観測は全国統一時刻による同時観測が基本

---

*7　日出から日没までと日没から日出までの時間をそれぞれ6等分する方法．季節によって時間の長さが異なる．

となる．当時は地方時でも生活に支障を来すことはなかったが，電報を使った気象観測結果の収集は各地の時刻の違いの問題をクローズアップした．各測候所は，地方時で1日3回（午前6時半，午後2時半，午後10時半）の気象観測を行っていたが，観測時刻の同期をとるため，1882年7月から各測候所では京都時での午前6時，午後2時，午後10時の観測が追加された[26-1]．京都時を用いたのは，京都は幕末まで天皇がいた場所であり日本人に馴染みがあることと，東西に分けると京都は日本のほぼ中央に位置しているためだった．しかしながら，観測時刻については，平常の2倍の観測回数を行う日があったり，電報局の都合で観測時刻が変わったりなど時代に応じて各種の変遷があった[26-2]．

　6-2-5で述べたように，1884年にワシントンでの国際子午線会議でグリニッジ天文台の子午線が世界の時刻標準に決まり，1886年には兵庫県明石市を通る東経135度を日本標準時とすることが決まった（実施は翌年の1月1日）．日本標準時が東京時ではなく東経135度を標準にしたのは，日本標準時を決める際に内務省が京都時を使ってすでに気象観測を行っていることも一因となったようである[27-1]．なお，この日本標準時が定められても，東経120度を基準とする西部標準時もあり，八重山諸島などでの観測はその時刻体系を使用した[26-2]．

　また観測の単位の問題があった．当時日本では一般には尺貫法が使われていたが，気象観測については，当時観測開始時の指導がイギリス人であったり測定器にイギリス製が多かったりしたため，イギリス式のインチや華氏を使っていた．しかしクニッピングは国際気象会議で国際計量単位であるメートル法と摂氏の採用が決議されていること，ドイツを含む多くの国もメートル法を採用していること，イギリスとアメリカもいずれはメートル法に改めるであろうことを理由として，国際計量単位を使うことを提言した[28]．こうして1882年7月1日から単位にメートル法と摂氏を使った気象観測が開始された[24-5]．これにより例えば気圧だと，水銀柱の高さに相当するミリメートル（mm）が単位となる．このメートル法の採用は，1886年の日本でのメートル条約加盟の公布に先立つこと約4年，1891年に度量衡法として尺貫法にメートル法を併用したものが規定されることに先立つこと約10年であった．

　さらに観測手法を統一する必要があった．観測については1881年7月に保田久成がアメリカのスミソニアン協会の本を訳した『気象観測法』が使われていた．クニッピングは1882年8月に観測手順を統一した『観測要略』を作成し，これを鈴木信と正戸豹之助が翻訳したものが印刷されて各測候所に配布された[19-6]．なお測

候所で行う観測全般については，地理局観測課長小林一知（1835-1906）のもとで東京気象台職員の中村精男（1855-1930）と和田雄治（1859-1918）の両氏が編さんして，正式の「気象観測法」として1886年1月に東京気象台から刊行された[29]．これは1915年に第2版，1929年に第3版に改訂されながら使われた[26-1]．

7-3-4 初めての天気図の作成

このように暴風警報を出すために，クニッピングは電報による気象データの短時間での収集の仕組みを整備し，さらにデータを一元的に総合して解析する仕組みを整えた．そしてこれらの取り組みの結果，1883年2月16日に初めて天気図が当時の東京気象台で作られ，3月1日から毎日発行された（図7-2）．ヨーロッパでルヴェリエによって初めて本格的な天気図が作られたのは1863年であり，それに遅

図7-2　1883年3月1日の印刷天気図

7.　近代日本での気象観測と暴風警報

れること20年であった.

　天気図は，当初全国21地点の測候所からの電報をもとに等圧線，等温線を図に記入したものだった．等圧線，等温線を描く作業はクニッピングが一人で行い，天気図に天気概況を英文で記述した．残りは日本人の担当者が作業し，最終的に印刷する際には天気図の等圧線や等温線は画家が記入し，文字は書家が清書した．英文の天気概況は和訳され，そのときの訳語として作られた低気圧などの言葉は今日でも使われている．この天気図は，気象資料の交換として海外にも送られた．1883年7月には，当時アメリカの国家気象機関だった陸軍信号部から，我が国の天気図の発行がアジアへの気象事業への拡大と気象学への発展に大きく貢献するとして，賞賛する手紙も送られてきている[19-7].

　東京気象台に集められた各地の天気は，天気報告として公表された．これを同年4月6日から福沢諭吉が主宰して発行していた時事新報が掲載した．この新聞は天気報告を，“一目の下全国の天気を伺ふに足るべき頗る便利有益の報告なり”と評し，日本国を縮めて一つにして“小胆近親の弊”を救うかもしれないと述べた[27-2].廃藩置県から12年が経っていたが，まだ国というと自分が住んでいた藩や地方を指すことが多かった時代であり，当時の人々は一つの日本国という意識を形成する途上だった．そういう時代に毎日各地の状況として天気が掲載されるということは，地域ごとに排他的な人々の意識を，同じ日本人として統一するのに役立ったのかもしれない.

7-4　暴風警報と天気予報の発表

7-4-1　初めての暴風警報

　1883年5月26日には，我が国最初の暴風警報が発表された．最初の暴風警報が発表されたときの気象状況は，「全国的に気温が上昇するが気圧は下降し，四国南岸に中心を持つ低気圧によって，四国，九州方面は風が強い」というものだった．東京横浜毎日新聞は，このときの神戸港の様子を6月1日付けで次のように報じている．“（中略）神戸ニテハ東京気象台ヨリ予メ「荒レアルヘシ」トノ電報アリタルヲ以テ同港ハ云フモ更ナリ兵庫ニテモ各々其ノ用意ヲナシ西国通ヒノ諸船舶ハ執レモ出帆ヲ見合セタルガ果シテ25日午後ヨリ天気ノ模様何トナク常ニ変リ風荒ラク吹キ出シ折々雨ヲ降シ海面波高カヽリシカハ碇繋ノ諸船舶ハ勿論両港ノ人民ハ又モヤ一昨年ノ如キ暴風トナランカトテ安キ心ハナカリシカ幸ヒニ27日午後4時過キニ至リ風波全ク静マリ人々始メテ愁眉ヲ開キタリト云フ”[19-8]．神戸においては

この警報によって船舶が出航を見合わせたため，この暴風を避けることに成功した．

　さらに8月17日に今度は台風が襲ってきた．クニッピングは，台風は九州南部を東に進むと予想していたようだが，台風は九州西岸を北上して日本海に入った．しかし暴風警報は付近一帯に出されていた．このとき長崎測候所は，東京気象台からの電報を受けてまだ風が強くないうちに長崎県庁，佐賀県庁，福岡県庁，熊本県庁に警報を出した．県庁は警察署に暴風が来ていることを掲示させ，新聞社は号外を出して市中の周知に努めた．果たして夜から翌日にかけて風は猛烈となった[19-9]．長崎港も風が南に変わると波頭が高くなって多くの船に被害が出たが，あらかじめの準備がなければもっと被害が生じたかもしれない．三菱郵便船東京丸は18日の午後に横浜に向けて出航する予定だったが，出航を翌日に延期した．このように暴風警報によって事前に適切な措置を取ることができるようになった．

　ところが，いつも順調にいったわけではなかった．数百kmの規模の暴風は毎時30〜40kmの速度で移動することが多い．暴風の兆候を捉えても，中心部が襲って来るまでに1日もかからなかった．1日1回の気象電報だけでは暴風をあらかじめ捉えるのが困難な場合があるのは当然だった．1883年10月7日，鹿児島において朝から午後2時までに気圧が3mm降下したが，それが東京に報告されたのは，翌10月8日午前6時の定時電報だった．暴風はそのときにはすでに紀伊半島沖にあり，正午には大阪を襲った．東京気象台は10月7日午後9時の鹿児島から非常事態を告げる臨時電報でこの暴風の襲来を知ったが，もうこの時刻では鹿児島などの南西海岸に対して暴風警報を出す時期を失していた[27-3]．

　クニッピングは，1日3回の電報を要求した．また日本における気象事業を完備するため望ましいこととして，測候所などの気象観測所を増やして観測網を広げて，また気象電報入手のための電信路を延長し，さらに日本の風上となるアジア大陸に気象電報のための組織を整備することを挙げた．当時少しでも警報の精度を上げようとすれば，まず観測を拡充するという方向に行くのは自然の流れだった．

7-4-2　天気予報の開始

　当初は荒天が予想される場合に暴風警報を発表するだけで，天気予報は出していなかった．ところが暴風が襲来する頻度はそう多くないため，その合間に気象台は何をやっているのだという非難が生じたようである．実際は警報を出そうが出すまいが，日々行う作業量はほとんど変わらなかった．クニッピングの意図は，あくま

で防災のための事業という考えだったが，周囲の人々は天気図によって全般的な天気状態を知り，その推移を監視して今後の天気を推定して警報を発表するものであるから，警報も天気予報の一部ではないかと考えた．政府はクニッピングに対して天気予報も出すように申し渡したが，クニッピングはなかなか受け入れなかった．

　前述したように，イギリスでは暴風警報でさえいったん頓挫した．気象を予測するためには，少なくとも天気現象をもたらしている気象学の成熟が必要だったが，当時は晴天や雨をもたらしている気象のメカニズムはよくわかっていなかった．しかし，要望していた1日3回の気象電報が1884年5月9日にようやく承認されたため，それを待ってクニッピングは天気予報の発表を決意した．

　天気予報の開始は暴風警報の開始より約1年後の1884年6月1日だった．当初は8時間先までの予報で1日3回（6時，14時，21時）発表されていたが，天気図を作るための費用もばかにならず，経費節減のため1888年4月から24時間先までの予報に変更され，1日1回21時に発表された．天気予報の開始について，後年中央気象台長を務めた岡田武松（1874-1956）はこう述べている．"天気予報を出すのは暴風警報を出すよりもむずかしいものだから，クニッピング氏は暫らく様子を見ておられたのであろう．そうこうするうちに，予報はどうしたんだろうなんていう声が高くなったので，同氏も思い切って出すようになった．しかるに案の定，不中がたびたびあって評判がよくなかった．天気予報は簡単に当るものだと信じている世間も悪いが，無理やりに出す方も善くないともいえないこともない．しかし創業時代には，こんな無理をしなければ，事業が起こせないのだから仕方がない"[30]．これは，当時暴風警報事業のために天気予報を抱き合わせで行わなければならなかった状況をよく表している．

　クニッピングは驚くほどよく働いた．彼は日本人の助手たちに1週間ずつ交代で1日3回の気象観測を行うように提案したことがあったが，とても耐えられないとの理由で断られていた[24-6]．1885年2月に今の皇居本丸にあった彼の宿舎が火事になり，10か月ほど築地のホテルへ住まいを移した．築地から皇居までは簡単には往復できないために初めて観測を助手に代わってもらった．それまで彼は1882年に採用されてから3年間毎日1日も欠かさず1日3回の観測と天気図の作成，警報の発表を続けていた．当時のドイツ人と日本人の気質の違いなのかもしれない．クニッピングによる警報と予報は，クニッピングが満期解雇となる1891年3月31日まで続いた．クニッピングは解雇後帰国してハンブルグのドイツ海洋気象台に就職したが，1922年にキールで79歳の生涯を閉じた．

7-4-3 気象事業の安定のための組織の整理

　暴風警報の発表という気象事業は一応軌道に乗った．警報と天気予報を出すことができるようにはなったものの，次の段階としてこれを国家の事業として安定的な組織的基盤を確立するために，政府内に複数あった気象事業を整理する必要があった．

　1884 年 5 月に地理局による測量事務が陸軍参謀本部に移った．1885 年の政府による内閣制度の整備によって，政府では太政大臣や各省卿などが廃止され，新たに内閣総理大臣と各大臣をもって内閣を組織することになった．これに伴いいくつかの変遷の後に，1886 年 2 月に各省官制の制定によって，気象事業を行っていた測量課は観測課と改称された．1888 年 6 月には海軍省水路部の気象事務は後述する内務省の中央気象台に移り，その代わり内務省で行っていた編暦の事務は東京天文台に移った．これにより気象事業は内務省だけとなった．

　政府は 1886 年 11 月 5 日に訓令によって，政府直轄測候所 11 か所（長崎，野蒜（石巻），新潟，秋田，浜松，沼津，下関，境，宮崎，鹿児島，宮古）を，補助金を付してそれぞれ所在の府県に移管した．1887 年 1 月 1 日には内務省観測課の東京気象台を中央気象台と改め，国の気象業務の中枢機関として，地方の気象業務の統一的運用と指導面の強化を図ることになった[22-1]．しかし財政難のため実際の制定は遅れ，中央気象台が荒井郁之助を初代の台長として定員 25 名で発足したのは1888 年 3 月 7 日だった[22-2]．なお，中央気象台は 1892 年に内務省から文部省へ移管された．

　政府は 1887 年 8 月 3 日に勅令によって「気象台測候所条例」を公布して，体制の基盤強化と地方におけるさらなる測候所の開設を促進した．この条例によって府県営地方測候所の 51 か所の位置指定が行われ，測候所は各県が費用を負担して整備することとなった．その理由として「測候事業はその地方の農・漁・衛生・治水などに受ける利益が大きいので，その県の測候所は県の地方税で維持すべきである」[22-1]とされている．当時明治政府は財政が困窮しており，1886 年 2 月には各省機構の縮小と予算の節約を実行していた．この地方への移管は，全国のすべての測候所を国の機関として設置するにはあまりに負担が大きすぎたことも一因だった．またこのときの内務大臣山縣有朋は，総理大臣伊藤博文に対する「気象台測候所条例説明」として，「現在気象台や測候所の維持費は，地方税あるいは商社の出資または個人の寄附または国庫の補助金などさまざまである．これを統一し確かなもの

162　　7.　近代日本での気象観測と暴風警報

にしないと、全国の気象現象を調査，考察するのに不便な上に，その興廃が自由に行われる恐れがある」とも述べている[22-3].

この府県が主な測候所を維持する体制は，戦争による気象事業の調整のために，企画院気象協議会によって測候所が国営化された1939年まで続いた．戦時中の1943年11月には中央気象台は運輸通信省へ移り[31]，1956年には運輸省の下で気象庁に改組された．

7-4-4　天気予報の伝達

発表された天気予報は，官報に掲載されるとともに東京では各交番に掲示された．地方に天気予報を送る際に郵便では意味がないため，再び電報問題が浮上してきた．1888年11月11日に全国の測候所長を初めての招集した「第1回気象協議会」が開催された．これはそれまで中央から地方に一方的に連絡や調整を行っていたが，拡大した組織を反映して中央と地方が一堂に会して意見交換するためだった[32]．この第1回気象協議会において，中央気象台から出す天気予報の電報を無税にして地方にも天気予報を伝達してほしいという要望が出された．これを受けて，内務省は逓信省より無税の承認を得て，1889年1月1日から天気予報を測候所へ電報により伝達することとなった[33-1]．各測候所はこれを門前に掲示し，また地方によっては警察署，派出所，駅にも掲示した．さらにこれとは別に天気予報専用の掲示場を設けた府県もあった．

中央気象台は，天気予報を出すにあたってあらかじめいくつかの新聞社に天気予報の掲載を打診したが断られた．しかし，福沢諭吉が主宰する時事新報だけが1888年4月から天気予報の掲載を開始した．そうなってみると，5月には報知新聞，6月からは朝野，読売，日日などの新聞が掲載を始め，さらに東京の新聞だけでなく地方の新聞も掲載するようになった[33-2]．

このように各新聞が天気予報を掲載し利用が拡大していくと，気象台の一方的な都合での発表時刻では利用者に不都合なことが出てきた．まず天気予報が測候所を通して地方の新聞社に届くのには時間がかかるため，21時の発表では翌朝の新聞の印刷に間に合わなかった．そのため1891年6月に天気予報を14時発表の24時間予報に変更することとなった．さらに1902年7月に，時事新報から天気予報を1日1回ではなく2回にするべきという社説が出された．そのためか1903年1月1日から天気予報の発表は11時ごろと18時ごろの1日2回となった[33-3]．

予報の精度は，当時の観測網と気象学の水準から多くを期待するのは無理という

ものだったが，天気予報の困難さに対する無知もあって世間の反応は厳しかった．1893年6月7日付けの中央新聞は，誤りが多いと社説で天気予報を罵倒し"彼レ公職者ニシテ責任ナキ乎"と非難した[33-4]．萬朝報という新聞に至っては，1896年8月21日に"依テ明日以後，従来載セ来レル中央気象台ノ予報ト共ニ朝報社独得ノ予報ヲ紙上ニ掲ケ其孰レカ尤モ信憑ス可キヤノ実験ヲ読者ニ乞ハントス"と自らと中央気象台の天気予報とどっちが当たるか読者に判断してほしいという挑戦状を突き付けた[34]．こういう状況の下で，日露戦争の頃には「測候所，測候所」と唱えれば弾丸に「当たらない」，いや「タマに当たる」からよくないなどと話題になった．

参考文献

[1] 気象庁，1975：気象百年史 I 通史第1章前史．気象庁，[1-1]36-37，[1-2]30，[1-3]34，[1-4]42，[1-5]45，[1-6]115-116，.
[2] 嘉数次人，2016：天文学者たちの江戸時代 ―暦・宇宙観の大転換．筑摩書房，[2-1]73，[2-2]37，[2-3]145，[2-4]113.
[3] 上地貞昭，2002：程順則の指南廣義「風信考」について．沖縄技術ノート，59-60，53.
[4] 堀内剛二，1954：本邦気象事業創設史考(3)．測候時報，21，89.
[5] 根本順吉，1962：気象学史物語VI 湿度および湿度計の歴史．気象，6，429.
[6] 根元順吉，1962：気象学史物語V 高さによる気圧の逓減と日本における晴雨計の歴史．気象，6，405.
[7] 塚原東吾，2006：蘭学・地球温暖化・科学と帝国主義・歴史と気候，オランダ史料．東京大学史料編纂所研究紀要，16，92.
[8] 中山茂，1993：占星術 その科学史上の位置．東京 ： 朝日新聞社，164.
[9] 鯉沼寛一，1968：初期の日本気象業務史(1)．測候時報，35，[9-1]129，[9-2]131，[9-3]133.
[10] 堀内剛二，1954：本邦気象事業創設史考(6)．測候時報，21，175.
[11] 根本順吉，1962：気象学物語III 日本における寒暖計の歴史．気象，6，357.
[12] 堀内剛二，1954：本邦気象事業創設史考(7)．測候時報，21，208.
[13] 小西達夫，2010：1828年シーボルト台風(子年の大風)と高潮.，天気，57，384
[14] 阿部常藏，1899：我邦ニ於ケル最初ノ寒暖計．氣象集誌．18，699-700.
[15] 荒井郁之助，1888：本邦測候沿革史．気象集誌，1，[15-1]12-13，[15-2]13.
[16] 堀内剛二，1954：本邦暴風警報創業始末(1)．測候時報，21，271.
[17] 新谷光三，1969：海上保安庁燈台部所管の気象業務．測候時報，36，194.
[18] 鯉沼寛一，1968：初期の日本気象業務史(2)．測候時報，35，[18-1]219，[18-2]222.
[19] 気象庁，1975：気象百年史 I 通史 第2章 気象事業の誕生．気象庁，[19-1]47，[19-2]63，[19-3]7，[19-4]65，[19-5]69，[19-6]68，[19-7]75，[19-8]76，[19-9]77.
[20] 鯉沼寛一，1968：初期の日本気象業務史(3)．測候時報，35，[20-1]265，[20-2]266.
[21] 鯉沼寛一，1968：初期の日本気象業務史(4)．測候時報，35，[21-1]302，[21-2]301，[21-3]303.
[22] 気象庁，1975：気象百年史 I 通史第4章気象事業の確立．気象庁，[22-1]101，[22-2]106，[22-3]102.
[23] 岡田武松，1949：気象学の開拓者．岩波書店，14.
[24] エルヴィン・クニッピング，小関恒雄，北村智明(訳)，1991：クニッピングの明治日本回想記.

玄同社，[24-1]87, [24-2]94-95, [24-3]116, [24-4]160, [24-5]164, [24-6]182.

[25] 堀内剛二，1954：. 本邦暴風警報創業始末 (2). 測候時報，**21**，[25-1]301，[25-2]304.

[26] 佐藤順一，山田琢雄，1937：気象観測法の沿革. 測候時報，**8**，[26-1]415，[26-2]416.

[27] 堀内剛二，1954：. 本邦暴風警報創業始末 (4). 測候時報，**21**，[27-1]366，[27-2]367，[27-3]369.

[28] 堀内剛二，1954：本邦暴風警報創業始末 (3). 測候時報，**21**，340.

[29] 篠原武次，1957：明治 19 年版の気象観測法と第 1 回気象協議会. 測候時報，**24**，183.

[30] 岡田武松，1952：本邦天気予報事業の今昔. 測候時報，**19**，315.

[31] 気象庁，1975：気象百年史 I 通史 第 8 章 大正期より昭和期の気象事業. 気象庁，213.

[32] 古川武彦，2012：人と技術で語る天気予報史. 東京大学出版会，10.

[33] 気象庁，1975：気象百年史 I 通史 第 5 章 明治の天気予報. 気象庁，[33-1]131-132，[33-2]132-133，[33-3]133，[33-4]141.

[34] 気象庁，1975：気象百年史資料 I 来歴文書 第 5 章中央気象台沿革記録. 気象庁，74.

図の出典

図 7-A 伊達市教育委員会所蔵

図 7-1 気象庁ホームページ（https://www.jma.go.jp/jma/kishou/intro/gyomu/index2.html）

図 7-2 気象庁ホームページ（https://www.jma.go.jp/jma/kishou/intro/gyomu/index2.html）

8. 19世紀末の気象学の発展と
   気象予測の行き詰まり

　産業革命後の技術進歩と相まって，19世紀中に物理学，化学，医学などの科学は急速に発達した．さまざまな分子や原子の性質が解明され，エネルギーや熱力学の概念も確立された．電磁気学はマクスウェル方程式で定式化され，電気を利用した電信やモーターや物質の化学反応なども利用されるようになった．また，大規模で効率的な蒸気機関，ガソリン機関などの動力源が実現し，細菌やウイルスも発見され医療や衛生の概念も大きく変わった．それらを使って人々の暮らしはそれまでと大きく変わり始めていた．それらはまさにフランシス・ベーコンの主張する「知は力なり」の実現だった．

　そのような発達を受けて，当時の科学は深い自信を持つとともに，あらゆる自然現象が原子や分子の従う法則によって演繹的に理解できるであろうという将来に対する楽観的な見方が広がっていた．物理学界の大御所であるイギリスのケルビン卿（トムソン）（William Thomson, 1824-1907）は，1900年の王立研究所での講演で，"現在人類が手にしている物理学によって本質的に重要な問題はすべて解決され，自然のすべてを解明できる"との自信を表明した[1]．ニュートン力学ですべての自然現象を過不足なく説明でき，自然科学はいずれ終焉するとの見方もあった．

　一方で気象の分野では，19世紀中ごろには各国で気象観測網が整備され，等圧線分布などが描かれた総観天気図が定期的に作られるようになった．物理学や化学，あるいは高層大気の観測技術の発展により気象熱力学や気象の力学の基本的な概念が確立されていった．しかし，気象予測に使える体系的な法則はほとんど見つからなかった．低気圧の構造や地球規模の大気循環の研究も行われたが，それらはまだ相互に関連しなかった．

　当時は気象学の専門の論文誌は少なく，気象学に関する情報交換もほとんどが国内の同じ分野の関係者同士に限られていた．後述するように気象熱力学に関するケルビン卿の論文はイギリスのマンチェスターの学会紀要に英語で発表され，ライエの論文はドイツの数学と物理学の論文誌にドイツ語で発表され，プスランの論文はフランスの科学協会の論文誌にフランス語で発表されたため，

それぞれが相手の研究成果を知るのに多大な時間がかかった．このように研究成果は国外の気象学者にはなかなか広まらなかった．

1870年代には気象学者たちは国境を超えた情報交換が不十分であると考え，この状況を改善しようとするいくつかの試みがあった．アメリカで極めて重要だったことは国家気象機関のアッベによる3回にわたるヨーロッパの出版物の英語への翻訳だった．これはアメリカがヨーロッパの気象学に追い付くのに大きな役割を果たした．オーストリアの気象学者ハンは，ドイツの気象科学誌 "Meteorologische Zeitschrift" の編集者として1870年代の間に英語やノルウェー語のいくつかの論文のドイツ語への翻訳を行った．これによってアメリカのフェレルなどの論文がドイツなどで知られるようになった．またこの学術誌での外国の気象学論文の概要紹介と論評は，この学術誌の重要な特徴となった．

当時の気象予測はほとんど天気図の気圧分布に基づいて行われ，その際には低気圧こそが悪天候の「運び屋」とされた．低気圧の構造に注目が集まり主にその気圧分布と場所による気温や湿度の違いに研究の焦点が当てられた．そして観測から低気圧の前面には湿った暖気が，後面には乾燥した寒気があることがはっきりし，二つの異なる性質の大気が隣接して存在していることは，後に大気に不連続な境界があるという概念につながっていった．しかし，当時の観測網の密度や観測の頻度では短時間で変わる局地的な気象を正確に捉えることは難しく，風の収束線や前線のような研究は主な対象とはならなかった．そのような中で議論の対象として浮かび上がってきたのは，低気圧とその風を駆動しているエネルギー源は何かということだった．

一方で，当時気象予測に使われた原理は，「(1) 天気は西から東に移動する．(2) 天気の特徴は一般的にほぼ等圧線分布で決定される．」であり，それ以上の普遍的な予報技術は発達しなかった．これは，いってみれば等圧線幾何学 (isobaric geometry) だった．気象予測は当時要請された実用的な技術だったが，しっかりした科学的な基盤を持っていなかった．また科学の方でもあまりに複雑な気象に対して科学的に体系化された知識や法則を十分に提供することができず，気象予測は個人的な経験に基づく職人芸になっていた．

8-1　気象熱力学の定式化

8-1-1　気温減率の定式化の試み

6-1-4で示したように，エスピーによる実験が行われた1830年ごろは，熱素（カ

168　　8.　19世紀末の気象学の発展と気象予測の行き詰まり

ロリック）などの説がまだ残っており，きちんとした熱力学は確立していない時代
だった．18世紀後半になって熱力学やエネルギーという考え方が整備されると，
あらためて気象熱力学を定量化する試みが行われた．空気塊の断熱上昇による理論
的な気温減率を最初に示したのは，絶対温度の導入などを行ったイギリス物理学界
の大御所ケルビン卿だった．彼は1862年に乾燥断熱減率と湿潤断熱減率の両方を
初めて定式化し，マンチェスターの学会で発表した．当時彼は大西洋の海底通信
ケーブルの敷設に関わっており，その際に海洋での断熱温度減率の問題を分析し
て，それを大気にも当てはめたと考えられている．しかし，当初の彼の式ではイギ
リスの気象学者ウェルシュ（John Welsh, 1824-1859）が1852年に行った気球観測
の結果に比べて気温減率が大き過ぎた．そこで友人の物理学者ジュール（James
Joule）が潜熱の効果を取り入れるように助言し，その修正の結果観測値と合うよ
うになった[2-1]．しかし，ケルビン卿はこの結果を1865年まで論文として出版しな
かった．多方面の研究に取り組んでいる彼にとって，気象学は第二義的であり，後
述するライエの論文の出版を聞いて急いで論文にしたのではないかといわれてい
る[2-2]．

　ドイツのストラスブルグ大学の数学科教授ライエ（Theodor Reye, 1838-1919）は
気象学の研究も行い，今日でいうパーセル法[*1]という考え方を用いて1864年にケ
ルビン卿より洗練された表現を使って大気中の気温減率を定式化した．彼は乾燥状
態と飽和状態での大気の安定条件を厳密に区別し，より正確な乾燥断熱減率と湿潤
断熱減率を算出した[2-3]．またフランス南部のタルブの鉱山技師プスラン（Henri
Peslin, 1836-1907）は，1868年に乾燥状態と飽和状態の両方の断熱減率を使って嵐
と降水の研究を行った．その際に，ライエと同様にパーセル法という考え方に基づ
いて，湿潤断熱減率の式を比湿[*2]を使うなどして簡潔な形に洗練させるとともに，
周囲の気温減率に基づく温度より暖かい空気塊は上昇し続けることを示した[3-1]．
彼は大気の鉛直安定度を示す高度と気温との関係を示したダイアグラムも作成した
が，高層大気の観測が少なかった当時は誰もその有用性に気付かなかった[3-2]．

　彼らの研究によって，空気塊が鉛直方向に変位した際に，気温の鉛直分布の状態
（気温減率）に応じて「空気塊が元に戻るため対流が起こらない」，あるいは「空気

---

*1　空気塊（パーセル）が鉛直方向に変位したときに，空気塊は周囲大気と混合せず周囲大気の状態
　　も変化しないと仮定して大気の状態を調べる手法．
*2　湿潤空気質量に対する水蒸気質量の割合．

塊が上昇し続けることによってさらに対流が活発化する」という大気の安定，不安定という概念が明確になった．この概念によって，大気が不安定な状態を研究すれば，いつどこで対流が起こって雨が降るかの予測が可能であるという考え方が出てきた．

8-1-2　気温減率の完成

1884 年に，ドイツの物理学者で電磁波を発見したヘルツ（Heinrich Hertz, 1857-1894）は大気の鉛直安定度を図から判断できるダイアグラムを作った．これがそ

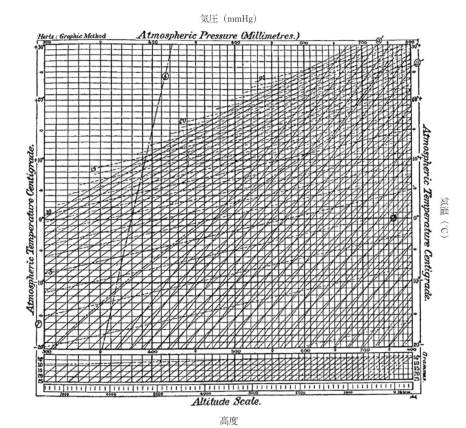

図 8-1　ヘルツのダイアグラム

れ以降気象熱力学で用いる各種ダイアグラムの原型となった（図8-1）．ヘルツは後に気象学者ヴィルヘルム・ビヤクネスの物理学の師となるが，そのことは9-1で述べる．最終的に気象熱力学を完全な形にしたのは，ベルリンの王立気象研究所所長でベルリン大学のドイツ最初の気象学教授ベツォルト（Wilhelm von Bezold, 1837-1907）だった．彼は1888年から1906年にかけて偽断熱減率[*3]を現在の形で導入して，気象熱力学の問題にそれらをどのように適用すればよいかを示した．これにより，気象熱力学の式が現在の形になった[2-4]．このとき彼は「温位[*4]」「偽断熱過程[*5]」「エントロピー」などの用語も気象学に導入した[3-3]．これらの用語は今日でも気象学において広く使われている．

8-1-3 フェーンの解明

　ドイツ南部などではときおりアルプスから高温の乾燥した南風が吹き下ろすことがあり，この風はフェーン（föhn）として知られている．現在では日本でも高温の風が吹くとフェーン現象として説明されることがある．19世紀後半までこの高温の乾燥した風がなぜ吹くのかは謎であった．

　1704年1月28日にはミュンヘンの約60 km南にあるベネディクトボイアーン修道院をスイス軍が攻撃しようとした際に，修道院周辺の凍った沼地を利用して進撃しようとしたスイス軍は，正午ごろから吹き始めたフェーンにより沼の氷が急速に溶けてぬかるんだため攻撃を断念した．この修道院を守った高温の南風は聖アナスタシアの祝祭日の前日に起こったため，アナスタシアの奇跡とも呼ばれて知られることとなった[4]．その後，19世紀半ばまではこの高温の風はサハラ砂漠からやってくると考えられていた．これに最初に異議を唱えたのはドイツの気象学者ドーフェであった．彼は1865年にこの風は西インド諸島に起因する赤道風によるものであり，カリブ海を渡ってくる間に水蒸気を含むため湿っていると主張した[3-4]．

　フェーンの仕組みを解明したのは，5-1-2で述べたオーストリアの気象学者ハンだった．彼はウィーン大学で物理学と地理学を修め，1868年の29歳のときにウィーン中央気象台に入り，1877年にはウィーン大学教授とウィーン中央気象台長を兼務した．彼は幼い頃から身近にフェーンを経験してよく知っていた．彼はグリーンランドで起こる似たような高温の風について，その付近に熱源がないことに

---

*3　飽和空気から凝結した水滴がすべて空気から落下するとした不可逆な熱過程を考慮した気温減率．
*4　ある高度の空気塊を1000 hPaに断熱的に変化させたときの温度．
*5　飽和に近い水蒸気量を含んだ空気塊を膨張・圧縮させた場合の変化過程．

8-1　気象熱力学の定式化　　171

注目した．このこととヨーロッパでのフェーンを熱力的に吟味して，彼は1866年にフェーンは風がアルプスを吹き下ろす際に，断熱圧縮により高温になって乾燥したものと結論した．これは前年のライエによる断熱変化を利用した気象熱力学の研究とも整合した．また総観的な気象調査から，アルプス南方に高気圧，ヨーロッパ北部に低気圧があってアルプス南斜面で雨が降っているような時にフェーンが起こることもわかった[3-5]．これらの一貫した説明から，フェーンの原因はアルプス南斜面で上昇した空気が降雨によって潜熱を放出し，北斜面に到達して下降する際に断熱圧縮によりさらに気温が上昇するためであることがわかった．この考え方は原理的にはアメリカのエスピーが30年以上も前に指摘していたものの応用であり，またエネルギー保存則の気象学における有用性を示すものでもあった．

8-2 低気圧の研究

8-2-1 気象熱力学を使った低気圧モデルの発達

　気象熱力学の発達は，それまで力学的な風の場が主流であった低気圧の構造の研究にも大きな影響を与えた．まず天気図による低気圧の構造の研究を進めたのは，イギリスのスコットランド気象学会会長だった気象学者のバカン（Alexander Buchan, 1829-1907）だった．彼は総観規模での低気圧の研究には詳細な天気図が不可欠と考え，1865年に135の観測地点からなるヨーロッパの総観天気図を出版した．それは観測時刻の違いによる修正や海面高度の補正を独自に行い，異なる測定器の影響を取り除くため気温平均値からの偏差をプロットしたものだった．総観天気図がなかった時代のエスピーが，どちらかというと積雲個別の対流に注目していたのに対して，バカンは低気圧の維持と運動のために組織的な対流が不可欠と考え，低気圧の前面の湿った大気の対流で解放される潜熱が気圧降下を生み出しており，それを嵐の駆動要因と見なすべきだと考えた[3-6]．しかしながら，低気圧の実態を解明するには，天気図の精度をもっと大幅に改善する必要があると考えていた．

　ノルウェーの気象学者モーン（Henrik Mohn, 1835-1916）は，中高緯度の低気圧が円対称ではなく非対称な構造を持っていることに気付いた．彼はノルウェーのベルゲン生まれで，クリスチャニア（現オスロ）の天文台に勤めていたが，ノルウェー西岸が低気圧の襲来に脅かされているのを見て気象学に興味を持った．ノルウェー気象研究所の設立とともにそこに移り，1866年には王立フレデリック大学の気象学教授でノルウェー気象研究所長となった．モーンは1870年に低気圧を初

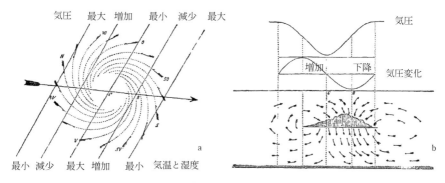

図 8-2 モーンが考えた低気圧の (a) 水平断面と (b) 鉛直断面構造

めて波として動的に捉え，低気圧の実体は絶えず流入する新しい気流との交代から成り立っており，その移動は波の伝播に似ていると主張した．彼はライエやプスランによる気象熱力学の考えをもとに，低気圧の構造として「湿潤な暖気が南から低気圧前面に入り，そこで押し上げた上昇気流の凝結がもたらす潜熱によって気圧が下降し，その後方では乾燥した寒気が北から入って気圧は上昇する．その低気圧前方での気圧降下と後方での気圧上昇が低気圧の移動となって現れる」と考えた[3-7] (図 8-2)．モーンの研究は，その後南北大気の温度や湿度の非対称性が低気圧の発達や移動に与える影響の研究のための基礎となった．

一方でライエは，1872 年の『旋風論 (Die Wirbelstürme)』で，嵐の発達と維持のための必要条件として，暖かくて湿った大気の上昇を主張した．嵐の中心に近付くにつれて気圧傾度と風向の間の角度は緩やかに増加し，それに伴う大気の収束が上昇流をもたらし潜熱を放出する．ライエは 1844 年 10 月にアメリカ東岸を襲ったハリケーンの降雨量を見積もった．その降雨量から見積もられる潜熱と観測された風から計算されるエネルギー量はおおむね等しく，それらは妥当な値と考えられた[3-8]（現在では少な過ぎると考えられている）．これはハリケーンのエネルギーを初めて見積もったものとなった．彼は通常の低気圧で観測された降水量から，ハリケーンだけでなく中高緯度の低気圧のエネルギー源にもこの考え方をそのまま当てはめることができると確信した[3-9]．なお彼は，カリブ海の熱帯低気圧がメキシコ湾流のために進路が北東に曲げられた結果，変成して中高緯度低気圧が生まれると考えていた．

8-2-2 力学による低気圧モデルの発達

モーンと彼の友人のノルウェーの数学者グルトベルグ（Cato Maximilian Guldberg, 1836-1902）は，観測と理論的な証拠に基づいて，熱帯低気圧と中高緯度低気圧の間で構造に大きな相違があることを主張し，これ以降，熱帯低気圧と中高緯度低気圧を明確に分けて議論するようになった．グルトベルグとモーンは 1876 年に力学を使って低気圧の風の場を示す式を提示した．しかし，それは内部領域とその外側で水平風を異なる関数を用いて表現しており，そのためその境界に沿って気圧傾度と風向や風速に非現実的な不連続が起こっていた[3-10]．

それでも彼らは，モーンの 1870 年の低気圧モデルを発展させ，また総観的な観測と理論的な考察から，1880 年に低気圧周辺大気の気温と湿度の違いが低気圧の鉛直流の大きさを決定することを確信した．彼らは潜熱放出による熱対流だけでなく，起源と熱特性が異なる二つの大気の接触を低気圧発達のための必須条件として特徴付けた[3-11]．これは，周囲大気の性質の違いが低気圧理論にとって重要であることを示した．しかしながら，1880 年以後モーンとグルトベルグの研究は続かなかった．グルトベルグは数学に専念するようになり，モーンはノルウェー気象局の責任者として管理の仕事に忙殺された．

モーンとグルトベルグの研究と同じ頃，アメリカのフェレルは 1860 年に発表した力学を発展させて，1875 年と 1878 年に力学的な低気圧モデルを発表した．彼の低気圧モデルは気圧が中心に対して完全に対称形だった．彼の特徴は，大気循環の理論的な考察を進めて，低気圧などの回転性の大気にこれを適用したことだった．そして地上付近の低気圧性の回転は高さとともに減少し，ある高さ以上では高気圧性の発散の流れになり得ることを示した．さらに 1881 年に行った解析において，フェレルは低層の風の場と温度場に基づいて高層大気の風の場の推定を可能にする関係式を導いた[3-12]．この関係式は現在「温度風の式」と呼ばれている．この温度風の概念の導入は，高層大気の観測がほとんど利用できなかった時代に，地上での風と温度の観測に基づいて高層での風の場についての定量的な推測を可能にした．

残念ながらモーンやフェレルの後を継いで，力学的な気象学の研究をやり続けた科学者は多くなかった．19 世紀末には，国家気象機関による研究は気象の統計学と気候学が主流となった．

8-2-3　気圧分布と天候のパターン

19世紀後半に気象予測のための等圧線を使った天気図解析が盛んになると，低気圧付近の天候を等圧線の形で分析したモデルが提案されるようになった．この等圧線を使った天候のモデルは，気象予測を行うための便利な手段と考えられた．観測結果をもとに低気圧の中心のまわりに円形や卵型の等圧線を引くことは，誰でもすぐに学ぶことができる．このようにして示された等圧線の形と天候との関係が，気象学の研究者や予報者たちの主な研究対象となった．

4-9で雲を分類したイギリスの気象学者アーバークロンビーは，代々有名な軍人を輩出した家系に生まれ，当初軍人を志した．しかし健康がすぐれないため陸軍大学を退学した後，気象学に興味を持った．彼は1878年に低気圧周辺の天候モデルを発表した．それは卵形をした等圧線の中の場所ごとに，出現しやすい雲の種類や雨や風の状況を書き込んだものだった（図8-3）．前線のような線状の降雨帯にも気付いていたが，低気圧とは独立した現象と考えていた[5-1]．また1887年には，天気図上の等圧線のパターンを低気圧型（cyclone），副低気圧型（secondary cyclone），V字低気圧型（V-shaped depression），高気圧型（anticyclone），尾根型（wedge），鞍型（col），直線型（straight isobars）の7種に分類し，それぞれのパ

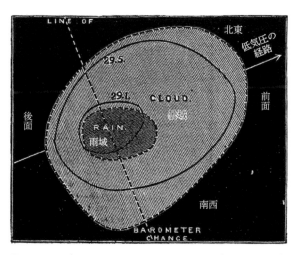

図8-3　1878年にアーバークロンビーによって発表された1875年11月14日の低気圧モデル

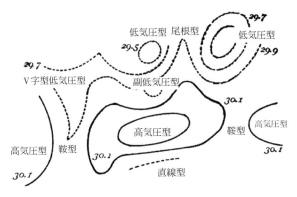

図 8-4　アーバークロンビーによる七つの等圧線形状の分類

ターンの中に特定の天気や風のあらわれる場所を示した（図 8-4）[6]．しかし，それは物理的な考察の結果ではなく，経験によるものだった．

8-2-4　低気圧の上部構造の推定

　数多くの観測から巻雲の動きを気圧分布に応じて分析したのは，イギリスのレイ（Clement Ley, 1840-1896）だった．彼は 1840 年にイギリス南西部のブリストルに生まれ，1864 年にオックスフォード大学を卒業したが，1863 年からヘレフォードシャーにあるキングスチャペルの副牧師になった．彼は聖職者だったが，アマチュアの自然科学者でもあった．

　レイは雲について丹念な観測から，延べ 8000 個もの雲と気象の観測結果を収集して気圧分布に応じて分類を行い，1877 年に巻雲の動きから推定した低気圧上空の風の分布を発表した．それは地上付近では風は低気圧中心に向かってらせん状に吹き込んでいるのに対して，高層風の回転中心は地上中心から後方に位置しており，しかもそこから風が逆にらせん状に流出しているというものだった．彼は「低気圧性循環の中心軸は上空に向かって進行方向に対して後方に傾いている」と結論し[5-2]，低気圧の立体構造に関する初めての重要な発見を行った（図 8-5）．しかし当時は「地面との摩擦を考慮すれば地上付近の空気の運動は遅れるため，低気圧の中心軸は低層ほどむしろ後方に遅れる」と考えられており，レイがイギリスの学会で発表した際には，彼の説は受け入れられなかった．

　1878 年 3 月 24 日に，イギリスの軍艦「エウリディケ」がイギリスのワイト島の

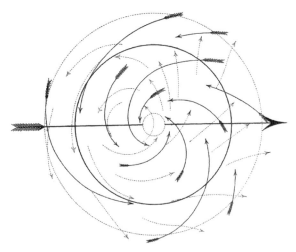

図 8-5 レイの低気圧の風モデル　実線矢印が地上，点線矢印が上空の風向．上空の風向の中心は地上の中心より西にある．

近くを航行中に突風を受けて沈没した．レイはこの事件を調査し，この突風は低気圧南西部の副低気圧と関係していると考えた．彼は調査結果をアーバークロンビーに提供し，アーバークロンビーはV字低気圧の谷で突風が発生したと結論した[7-1]．当時の観測の密度と頻度からは不連続線を見いだすのは困難で，V字低気圧の谷はおそらく今日で言う寒冷前線と関連していると考えられる．この事件がきっかけとなって，9-1-7で述べるスコールを伴う不連続線が少しずつ注目されるようになった．

　同じく高層雲の観測に興味を持ったのは，4-9で雲を分類したスウェーデンのウプサラ大学の気象学教授ヒルデブランドソンだった．彼は気象台の台長も兼ねており，それを利用して各地の高層雲の観測結果を集めた．1882年にドイツ海洋気象台にいたケッペンとドイツの気象学者メラー（Max Möller, 1854-1936）は，ヒルデブランドソンが集めた高層雲の観測を利用して，「レイが指摘した地上と高層での低気圧中心のずれによって，低気圧が持つ熱的に非対称な温度構造が，低気圧前面での暖気の上昇と後面での寒気の下降を引き起こしている」と考えた[3-13]．彼は層厚的な考えから，低気圧内での温度分布と気圧分布を初めて推定して，低気圧の熱的構造を明らかにした（図 8-6）[3-14]．

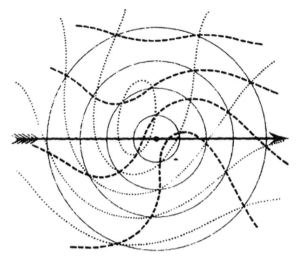

図8-6 ケッペンによる高層での低気圧の気温分布　矢印は低気圧の進行方向，実線は地上気圧，点線は巻雲高度の等圧線，破線は等温線．

8-2-5 異なる気流の接触という考え方の復活

　20世紀に入って再び異なる性質の大気の境界に注目したのは，アメリカ気象局の気象学者ビゲロー（Frank Bigelow, 1851-1924）だった．彼はアメリカ東部にある16地点の3万個からなる高層雲の観測結果を調査した．彼は1902年に，低気圧の循環には北向きと南向きの二つの異なった気流があって，その境界で大気の性質が不連続になっていることを主張した．また高層大気の流れのパターンと地上の高気圧と低気圧の間には相互に依存性があることも示し，それは低気圧の主な運動エネルギーが，中緯度偏西風に関連した大規模な運動エネルギーの部分的な変換に由来していることを示唆した[3-15]．この高低気圧のエネルギーが地球規模の大気循環に関連しているという見解は画期的なものだった．彼は1906年に後述するマルグレスと同じように，"異なる温度の気流の層状構造と相互浸透が，嵐のエネルギーの確かな源である．……その事実は，嵐が鉛直の対流よりは水平な対流によって生み出されるということである"[3-16]と述べて，水平方向の温度差によって起こる対流を低気圧の駆動要因として結論した．
　1906年にスウェーデンの気象学者エクホルム（Nils Ekholm, 1848-1923）もビゲ

ローと同じ結論に到った．彼はヒルデブランドソンのもとで気象学を学び，1890年にストックホルムの中央気象台の助手になって，測定器から低気圧理論，天気予報まで幅広く担当した．彼は水平方向に隣接した異なる温度の大気の位置エネルギーが，対流により低気圧の運動エネルギーに部分的に変換されると考えた．そして，気圧降下を生み出すための新鮮な暖気が低気圧の前面に侵入しないと，低気圧本体は周りより速やかに寒冷になって，位置エネルギーの蓄積を使い切って徐々に衰えると考えた[3-17]．

　この説に強い支持を与えたのが，イギリス気象局のショー（Napier Shaw, 1854-1945）だった．彼は1854年にイギリスのバーミンガムに生まれ，ケンブリッジ大学エマニュエル・カレッジで4年間，数学，物理学，化学を勉強した．彼は，一時期電磁気学の権威であったマクスウェル（James Maxwell）とヘルムホルツの下で学んだ．1879年にアイルランドの数学者ストークスの要請でキャベンディッシュ研究所において湿度測定の研究に携わったのが，彼が気象の研究に入るきっかけとなった．1880年代と1890年代に彼はエマニュエル・カレッジで湿度測定法の理論的，実験的な研究，換気の理論などのテーマを研究した．彼が考案したテヒグラム[*6]や温位解析，風の流跡線は気象予測のための重要な解析手段となった．彼は1905年から1920年までイギリス気象局の長官を務め，気象学の権威の一人となった．

　ショーは1906年に彼の助手であったレムファト（Rudolf Lempfert, 1875-1957）とともに「地表気流の一生（Life History of Surface Air Currents）」という論文で，風の流跡線を用いて低気圧の構造をモデル化した．彼らのモデルは，「低気圧中心の北を通る西向きの寒気」と「中心の南を通る東向き寒気」，および「南東または南から中心の前面に向かって北上する暖気」という気流の構造を示し，この寒気と暖気が接触するところで収束と降雨が示されていた（図8-7）[5-3]．これは，ドーフェとフィッツロイによる「気流の接触」という考え方を復活させ，後のヤコブ・ビヤクネスによる前線モデルを先取りしたものだった．しかしながら，ショーは当時イギリス気象局の長官であったにもかかわらず，この低気圧モデルはほとんど利用されなかった．この原因として，当時は気圧場の分析が主流で気流に関する関心が低かったことと，このモデルは気流境界での不連続という概念を欠いていたことがその一因と考えられている[8-1]．

---

*6　大気の高度方向の熱力学的な状態を表現するグラフの一種で，雲の生成の予測などを容易にする．

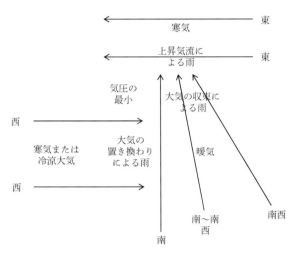

図 8-7　ショーとレムファトによる低気圧を構成する各部分の風を示す図

　4-4 で述べたイギリスの気象学者ダインスは，1911 年に 200 回もの高層大気の気象観測の結果を統計的に解析して，「高度 9 km の気圧」と「高度 1 km から 9 km までの平均気温」の相関が 0.95 と高かったことなどから，低気圧の循環は「対流圏内の熱的過程よりも対流圏上部または成層圏下部の力学過程に由来する」と結論した[5-4]．これは後のロスビーによる高層大気による地上天気への影響を暗示していたものの，彼は発達中の低気圧と成熟した低気圧を区別していなかったうえに，低気圧の場所による温度の違いも十分に考慮しておらず，低気圧の構造や生成要因を正確に捉えたものではなかった[3-18]．しかしながらあまりに高い相関によって，地表における気圧変化は対流圏上層か成層圏下部の力学過程だけに原因があることが確認されたように見えたため，これを知ってショーは有望だった低気圧付近の風の流跡線を用いた気流の接触の研究を放棄してしまった[3-19]．

8-3　地球規模の大気循環研究のその後

　19 世紀末になると，地球規模の大気循環はフェレルの定量的な考えを引き継いだ地球流体力学的な理論研究が盛んになった．ドイツのグライフスワルド大学の物理学教授だったオーバーベック（Anton Oberbeck, 1846-1900）は，大気循環を流体力学を使って表し，1888 年に『大気の運動について（Über die Bewegungser-

scheinungen der Atmosphäre)』を出版した．その際に彼は初めて大気の摩擦を粘性係数によって表した[9-1]．彼は，第1編で地球上の風系を，第2編で気圧の分布を理論的に議論し，低気圧中の大気運動も力学を用いて論じたが，低気圧の構造については触れなかった[7-2]．

同じく1888年にヘルムホルツは「大気運動論（Über atmosphärische Bewegungen)」という論文で，赤道と中緯度間の大気循環によって起こるはずの大きな風速が実際には見られない原因を研究し，貿易風上空の流れは下層の反対向きの流れと接触して不連続面を形成すると考えた．このような不連続面上での不安定な渦が鉛直混合を引き起こし，これが上空の風を弱めると結論した[9-2]．また，地軸のまわりに緯度に沿って回転する大気の流れ*7についても研究し，異なる風向を持つ二つの気流の境界面が条件によっては気温と角運動量に応じて傾斜して安定に存在することを導いた．このとき，暖気が寒気の上に完全に広がらずに傾斜して存在できるのは，地球自転の偏向力によるものである[3-20]．彼は低気圧と高気圧がこの境界面で分裂してできると考えて，地球規模の大気循環を高低気圧と結び付けた[7-3]．

ドイツの物理学者ジーメンス（Werner von Siemens, 1816-1892）は，若い頃務めていた陸軍の砲兵士官の間に科学を勉強した．彼は大気循環においては熱の問題と気流の地理的な発生要因が重要であると考えて，1890年に「地球の風系について（Über das allgemeine Windsystem der Erde)」と題する本で，そのことを指摘した[7-4]．なお，彼は電気工業会社ジーメンス社を創立して，世界的に有名な大企業に育てたことでも知られている．

日本の物理学者北尾次郎（1853-1907）も，やはり大気循環を力学を用いて表現した．彼は1870年にドイツへ留学し，ドイツの有名な物理学者キルヒホフ（Gustav Kirchhoff）やヘルムホルツの下で物理学を学んだ．1883年に帰国後，東京帝国大学教授となるが，翌年に東京農林学校教授へと移った．彼は1887年から1895年にかけて『地球上大気の運動と颶風に関する理論（Beiträge zur Theorie der Bewegung der Erdatmosphäre und der Wirbelstürme)』を3回に分けて出版した．これはオーバーベックと同様に，大気循環の特徴を力学を使って厳密に表現しようとしたものだった．この根底には師であったヘルムホルツの「渦理論に基づく物理学」があるとされている[10]．この論文はいわゆる欧米の有名論文誌ではなく，東京帝国大学理科大学紀要で発表されたにもかかわらず，アメリカの気象学者アッベやイギ

＊7　この緯度に沿って回転する大気の流れをヘルムホルツは「リング」と呼んだ．

リスの気象学者ゴールド，9-5で述べるドイツ生まれでアメリカで活躍した気象学者ハウリッツなどが北尾の成果を取り上げた[7-5]．

地球規模の大気循環の研究者たちは，ハドレーの理論のように赤道域と高緯度間の直接的な子午面循環があると考えていた．ところが19世紀末に国際気象機関（IMO）の主導により行われた巻雲の総合的な高層気象の観測から，1900年に4-9で雲を分類したヒルデブランドソンと8-4-3で述べるテスラン・ド・ボールは，熱帯から中緯度に向かう高層の風は観測されなかったと結論した[11-1]．これにより，赤道域から極に向けて熱を運んでいる仕組みは何かが問題となった．このため地球規模の大気循環にはそれがどのようになっているかだけではなく，全球の運動量とエネルギーがどう輸送されて，そのバランスがどう維持されているのかを含めた一貫した説明が求められることとなった．

それまで地球規模の子午面循環は地軸に対して対称，つまり経度によらない一様な循環が考えられていた．ところが1902年にビゲローは，この問題について地球規模の大気循環による熱輸送を高低気圧と関連付けて説明した．高低気圧の位置は経度によって異なり，しかも経度方向にも移動するため，これは子午面方向の循環が地軸に対して非対称になっているという新しい考え方だった．彼はドーフェのように，経度方向に交互に並んだ暖かい南風と冷たい北風が相互作用することによって低気圧と高気圧が発達することと，これらの風が地球のエネルギー収支に合うように極向きに熱を輸送していることを主張した[12-1]．

1921年にオーストリアの気象学者デファント（Albert Defant, 1884-1974）は，中高緯度の低気圧を大規模な乱流渦と捉え，それが熱を低緯度から高緯度に運ぶとともに中緯度の風を弱めていると考えた．この高低気圧を渦と捉えて，それが熱を拡散させて温度場を滑らかにするという乱流の混合理論を用いた考えは，当初は若干の抵抗に遭遇したようだが，最終的には広く受け入れられた[13]．

さらに1926年にイギリスの数学者で地球物理学者であるジェフリーズ卿（Sir Harold Jeffreys, 1891-1989）は，地面との摩擦を考慮した．大気の角運動量は熱帯の地表で供給され主に中高緯度の地表で消費されるが，彼は，中緯度の偏西風は準定常的でそこでは平均的に見ると角運動量の蓄積も損失も起こっていないため，角運動量が熱帯から極向きに定常的に水平輸送されていると考えた．そして，高低気圧などの擾乱を渦と見なした乱流がそのための角運動量輸送を担っており，その量は東向きと北向きの風速成分の積に比例するという結論に達した[12-2]．また同様の方法で地球規模の熱収支を考えると，極方向の熱の輸送も存在しなければならない

182　　8.　19世紀末の気象学の発展と気象予測の行き詰まり

と考えられた[14-1]．ジェフリーズ卿の考え方は，第二次世界大戦後の高層観測の結果を用いた計算によって，おおむね地球上のエネルギー収支と合うことが確認された[11-2][14-2]．このような考え方は，大気循環の中で高低気圧が地球規模での運動量とエネルギーの収支を維持する役割を果たしているということを浮き立たせることとなった．

8-4 高層大気の気象観測

8-4-1 有人気球による大気観測

　時代は18世紀まで遡るが，フランスのモンゴルフィエ兄弟，ジョゼフ＝ミシェル・モンゴルフィエ（Joseph-Michel Montgolfier）とその弟ジャック＝エティエンヌ・モンゴルフィエ（Jacques-Etienne Montgolfier）は，1783年6月にリヨンの近郊で無人熱気球の飛行実験に成功した．この光景を目撃した人々は科学の驚異に熱狂し，興奮して失神した婦人も多かったという[15]．気球の気象学における価値はすぐに認識された．同年の12月にはフランスの物理学者で数学者のシャルル（Jacques Charles, 1746-1823）がパリで水素気球に気圧計と温度計を載せて初の有人飛行に成功した．これを見た観衆は40万人ともいわれ，アメリカの駐フランス大使であったフランクリンも見物している．翌年の1784年11月にはアメリカのボストン生まれの医師ジェフリース（John Jeffries）がフランスの気球冒険家ブランシャール（Jean-Pierre Blanchard）とともに，ロンドンで気温と気流の観測を目的とした気球飛行を行い，翌年にはやはりブランシャールとともに英仏海峡を気球で初横断した[16]．

　1804年には，フランスの物理学者ゲイ＝リュサックとビオ（Jean-Baptiste Biot, 1774-1862）がロシアのサンクトペテルブルグで地球磁場の測定のために気球観

図8-8　コクスウェルがガスバルブの曳索を引っ張っている挿絵　グレーシャーは気絶している．

測を行った．その際に気圧計，温度計，電位計，湿度計を搭載して 6636 m まで上昇し，その気温の観測結果は長い間大気の鉛直温度勾配の代表となった[17-1]．

1862 年にイギリスの気象学者グレーシャーは，自ら気球に乗って高度約 12 km まで到達することに成功した．そのときの観測は命がけとなった．下降するために水素を放出するガスバルブを開ける曳索が，絡まったまま気球が上昇し続けたため彼は酸素不足で意識を失い，相棒の操縦士コクスウェルが寒さで動かなくなった腕の代わりに歯でバルブの曳索を引いてバルブを開けてかろうじて降下することができた（図 8-8）[18]．彼はその後も気球を使って合計で 28 回の観測を行ったが，それらの観測はまだ冒険的，探検的な意味合いが強いものだった．また，気球での飛行中の気象観測は課題を抱えていた．温度計が日射熱で暖まるのを防ぐ遮蔽を施したり，気球が上昇とともに持ち上げた低高度の空気をそのまま観測するのを防ぐアスピレータ*8 を搭載したりといった測定装置の改善には，19 世紀末までかかった．

8-4-2　気球による高層気象観測

1880 年から 1890 年にかけて，気球や凧を使った高層大気の気象観測が行われるようになった．特にドイツでは皇帝ヴィルヘルム II 世がこれを後押しして，1905 年にはリンデンベルグに王立プロシア高層気象台（Königlich Preußisches Aeronautisches Observatorium Lindenberg）が設立された（図 8-9）．1892 年にはフランスの科学者エルミート（Gustave Hermite, 1863-1914）が堅い油紙を使った無人の水素気球に気圧計を載せて放球した．これが気象観測用の探測気球（sounding balloon）の始まりとなったが，この定積気球は浮力が中立になる高度までしか昇れないという短所があった．ちなみに彼はエルミート多項式などで有名な数学者チャールズ・エルミートの甥である．

1890 年ごろからは小型軽量の自記気圧・温度計（barothermograph）が開発され，特に 1893 年にフランスのリシャール社が開発した小型の自記気圧・温度計はその後の自記測定器の原型となった．これは回収が必要だったが探測気球による観測を後押しした．ドイツのストラスブルグ気象台の台長であったヘルケゼル（Hugo Hergesell, 1859-1938）は，1896 年 11 月 13-14 日にかけてベルリン，パリ，ストラスブルグ，ミュンヘン，ワルシャワ，サンクトペテルブルグで，探測気球を使っ

---

*8　測定器の感部に新鮮な空気を送り込む装置．

図 8-9　リンデンベルグの王立プロシア高層気象台

たほぼ同時の観測を行った．多くの場所で気球による一斉の高層気象観測が行われたのはこれが初めてだった[17-2]．このとき高度 12 km より上層で等温層が観測された．これは成層圏の存在を示唆する最初の観測結果だったが，この測定は誤りとして無視された[19]．

　1901 年にドイツの医師で気象学者のアスマンは，ゴム製造会社と共同でゴムを使った安価で信頼性の高い気球を開発した．彼は博士号を持つ開業医師だったが自ら小さな観測所を設けて自記測定器を使って気象観測を行っていた．地元のマグデブルグ新聞が農業や商業のために測候所を設立することになったとき，彼は医者を辞めてこの測候所の経営にあたり，本格的に気象学に取り組んだ[7-6]．彼が開発したゴム気球は，上昇するにつれて膨張して浮力中立になることがないため，気球はゴムが破裂するまで上昇することができた．また上昇速度をほぼ一定と見なせるため，放球からの時間により高度もある程度推定できた．この気球の発明によって，各時刻の気球位置（放球点からの方位角，高度角）を地上から経緯儀で追跡することによって各高度の風向，風速が推定できるようになり，この観測のための気球はパイロットバルーンまたは測風気球と呼ばれた．これにより高頻度での高層の風観測が可能になった．アスマンは，加えて王立プロシア高層気象台の設立に貢献したことなどからドイツ皇帝から高層気象観測の功績を認められ，1905 年にその気象台の初代台長となった．

8-4　高層大気の気象観測

8-4-3　成層圏の発見

フランスの気象学者テスラン・ド・ボール（Léor Phillipe Teisserenc de Bort, 1855-1913）は，父親がフランスの商務大臣を務めたこともある資産家であり，1878 年にフランス中央気象台に入ったが 1892 年に研究に専念するために辞めて，1896 年にパリ郊外トラペスに自費で観測所を設立して，凧や気球を使った高層気象観測を行った．彼は 1898 年 6 月の夜間観測において，高度が上がっても気温が低下しない層を発見したが，これを測定器の応答遅延や換気の影響と考えた．彼はさらに観測を続けて 1902 年までに 236 回の観測のうち 74 回は高度 14 km 以上に達したことを確認したうえで，この等温層のことをフランス科学アカデミーに報告した[17-3]．同じ頃ドイツのアスマンは王立プロシア高層気象台で，自身が発明したゴム気球を使って行った夜間の観測結果を調べた結果，1901 年に上空でやはり気温が上昇する層が 6 回観測されたことを発見した．テスラン・ド・ボールとアスマンによる観測から，上層に高度が上がっても気温が下がらない層があることが確認され，その層は成層圏，それより下の層は対流圏とそれぞれ名付けられた．

この成層圏の発見により，雲や降水をもたらす対流活動は全大気層内で起こっているのではなく，たかだか高度十数 km 程度の対流圏内に限られていることがわかった．成層圏の存在は上空で温度が上昇する理由が不明だったためなかなか広まらなかったが，1909 年にイギリスの気象学者ゴールド（Ernest Gold, 1881-1976）が，高層大気の水蒸気量と二酸化炭素量についての合理的な仮定とそれに基づいた放射によって高層大気の気温が下がらないことを示してから広く信じられるようになった[20-1]．しかし，成層圏で気温が上昇する本当の理由はコラムで述べるように別のところにあった．

高層大気の気象観測の活発化を背景に，1896 年にはヘルケゼルが先導して国際気象機関（IMO）の国際気象委員会（IMC）の中に科学航空国際委員会（International Commission for Scientific Aeronautics）が設立され，この委員会が中心となって 20 世紀初頭から無人気球や凧を使った組織的な高層気象観測地点がヨーロッパやアメリカで整備されていった．IMC はそれらの観測地点に対して 1900 年から国際高層気象観測日（International Aerological Days）を設けて，観測所同士が連携して同期した観測を行えるようにした．この協力は第一次世界大戦の勃発まで続いたが，高層大気の状況を常時監視するにはまだ観測の頻度と密度が足りなかった．また高層の気象観測結果を天気予報にどう使うのかという方法論もはっきり定まっていな

かった.

　しかし広域の観測所が連携した高層大気の気象観測データは，後で述べるように
ノルウェーの気象学者ヴィルヘルム・ビヤクネスによる大気の三次元構造を研究す
る有力な手がかりとなり，また後述するイギリスの気象学者リチャードソンによる
数値計算の試みのための初期値を提供するなどした．さらに 9-4 以降に述べるよ
うに，高層気象観測の拡充によって上空の流れが比較的規則的であるといったよう
な特徴がわかり，大気の物理学的な解明に大きな役割を果たすことになった．一方
で 1901 年にドイツでは硬式飛行船が発明され，1903 年のアメリカのライト兄弟に
よる飛行機の発明と合わせて新しい空の時代が始まろうとしていた．ところが飛行
船や飛行機の飛行の安全確保には，それまでの地上天気図は役に立たなかった．9
-1-5 で述べるように，高層気象の研究は交通や運輸などの物質文明の進展という
実用的な面でも急務となっていった．

> **コラム　成層圏オゾンの発見**
>
> 　ゴールドは水蒸気と二酸化炭素の放射が成層圏の昇温の原因と考えた．しか
> しながら，成層圏で気温が上昇する原因は実際には成層圏オゾンによる太陽か
> らの紫外線の吸収である．1924 年にイギリスの物理学者で気象学者だったド
> ブソン（Gordon Dobson, 1889-1976）が開発したドブソン分光光度計によって
> 大気中のオゾン全量[*9]が精度よく測れるようになった．1930 年にはイギリス
> の地球物理学者チャップマン（Sydney Chapman, 1888-1970）が成層圏でのオ
> ゾンの光化学反応（チャップマン反応）を提案した．1934 年にドイツの物理
> 学者レーゲナー（Erich Regener, 1881-1955）が気球にプリズム式分光計を載
> せて観測したスペクトル写真から，成層圏オゾンの鉛直分布が実際にわかっ
> た[21]．現在では，オゾンの鉛直分布の観測は，ヨウ化カリウム溶液とオゾン
> の反応による電気化学的な測定法を用いたオゾンゾンデなどが用いられてい
> る．

8-5　ヘルムホルツの渦度とケルビンの循環定理

　19 世紀後半に出てきた新たな力学的概念は渦度（vorticity）である．渦度につい
ては，19 世紀の多才な科学者だったドイツのヘルムホルツが 1858 年に「渦運動を

＊9　単位面積当たりの地上から大気最上層までの総量.

表す流体力学方程式の積分について（Über Integrale der hydrodynamischen Glei-
chungen, welcher der Wirbelbewegungen entsprechen）」という論文で，流体中の渦の
強さを定量的に扱う「渦度」という概念を初めて導入するとともに，非粘性非圧縮
性流体での渦度の変化率を与える渦度方程式を定義した．当時彼はボン大学の生理
学と解剖学の教授であり，渦の研究に取り組んだ経緯はよくわかっていないが，熱
力学の研究に取り組むようになって以来，異なる流体同士の摩擦や流体の固体表面
で摩擦に興味を持ったようである（摩擦は渦とも関係がある）．ヘルムホルツは元
軍医であり，その間に物理学の勉強をして 6-1-4 で述べた『力の保存について』
を出版した．その後いくつかの大学の生理学の教授となったが，1872 年のベルリ
ン大学の教授のときに，ライエの「旋風論」を読んで気象学に興味を持つように
なった[7-7]．

　ヘルムホルツが定義した渦度は，z 成分を例にとると $(dv/dx) - (du/dy)$（v は y
軸方向の速度，u は x 軸方向の速度）という数学的に 1 点で定義された微分量であ
り，この渦度と現実の「大きさを持つ渦」は直感的には結び付きにくい．しかしな
がら，人間にとって身近な渦という概念を，直交座標系で定量的に扱えるようにし
たことが，気象学などにおいて蛇行するような複雑な大気の流れを，渦度という定
量化した概念で捉えることを可能にした．地球を取り巻く上空の偏西風の蛇行は大
規模な渦と捉えることができる．また，台風，低気圧，竜巻なども一種の渦であ
る．大気の力学は 20 世紀に入ってから，この渦度を使うことが主流となっていっ
た．10-4 で述べるように，この渦度は数値予報の開始にも大きな役割を果たした．

　イギリスの偉大な物理学者ケルビン卿は，1867 年に均一な非粘性流体において
「流体中の速度の閉じた線に沿った積分（循環）は保存する」というケルビンの循
環定理を発見した．これにより渦度はストークスの定理[*10]を用いてケルビンの循
環定理と結び付けられ，これは流体力学に大きな進歩をもたらした．ただし，それ
ら二つの定理は密度が一定の流体には当てはめることはできたが，密度が変わる現
実の大気には当てはめることはできなかった．等圧面と等密度の面が一致しない流
体に対して渦の強さが変わる条件を初めて研究したのは，ポーランドの物理学者シ
ルバーシュタイン（Ludwik Silberstein, 1872-1948）である．彼は 1896 年に渦度生
成や発達が気圧勾配と密度勾配の外積によって決まることを示した[22]．彼は，こ

---

*10　ベクトル場の回転をその場で面積分したものが，ベクトルをその場の境界で線積分したものに一
　　致するという定理．

188　　8.　19 世紀末の気象学の発展と気象予測の行き詰まり

のような状態を実際の地球物理学には応用することのない過渡的な現象とみなしていたが[8-2]，彼の渦度の生成，変化の式は 9-1-2 で述べるようにヴィルヘルム・ビヤクネスによる大気に適用できる循環定理のもととなった．

8-6　嵐のエネルギー源論争

　19 世紀中ごろからエネルギーという考え方が確立してくると，低気圧による風のエネルギー源は何なのかが大きな疑問となった．8-2 で述べたように，影響範囲が 1000 km 以上に及ぶ嵐の風が持つ運動エネルギー源として，水蒸気の凝結によって放出される潜熱エネルギーが，ハリケーンや熱帯低気圧だけでなく中高緯度の低気圧を駆動する源としても広く考えられていた．この「低気圧のエネルギー源は潜熱の放出」という考えに疑問を呈したのはオーストリアの気象学者ハンだった．彼は，中緯度の低気圧が水蒸気が少なくなる冬に最強になることから，潜熱放出をエネルギー源とする説は疑問であるとし，高低気圧の気圧が持つ位置エネルギーが再分布される際の差が低気圧のエネルギー源であると考えた[5-5]．

　この低気圧のエネルギー源を解明したのは主にオーストリアのウィーンで活躍した気象学者マルグレス（Max Margules, 1856-1920）である．彼は，1856 年に西部ウクライナに生まれた．彼はウィーン大学で高名な物理学者ボルツマン（Ludwig Boltzmann）に師事し，1882 年からオーストリアのウィーンにある気象研究所で研究した．彼は物理化学，流体力学を専門とする研究者だった．彼は二つの成分からなる溶液の分圧と組成との関係式であるデュエム-マルグレスの式の発見などでも知られている．それ以外にも，彼は 1893 年に「回転楕円体形での大気の運動（Luftbewegungen in einer rotierenden Sphäroidschale）」という題の論文で，気圧の振動である大気潮汐の研究を行い，ラプラスの潮汐方程式を解析して重力（浮力）による波と回転性の波に相当する 2 種類の大気波を導いた．この二つの波は 10-3-3 で述べるように数値予報と大きく関わることとなる．

　マルグレスは，1901 年にハンの「嵐の運動エネルギーが気圧場の位置エネルギーから得られる」という説は，得られるエネルギーが実際の風のエネルギーに比べて 10％以下しかなく，小さ過ぎることを示した[3-21]．そして 1905 年に低気圧が悪天候を引き起こす運動エネルギー源は，「暖気と寒気が持つ熱エネルギーと位置エネルギーの不安定な分布が，安定状態に移行する際のエネルギーの放出」であることを初めて示した．これによって低気圧を駆動しているエネルギー源が解明された．しかしながら，大気がどのような状態や条件になるとこのエネルギーが大気運動に

8-6　嵐のエネルギー源論争　　189

転化するのかはわからなかった．

8-7　傾向方程式とマルグレスの式

　マルグレスは 1904 年に「気圧の変動と連続の式との関係について（uber die Beziehung zwischen Barometerschwankungen und Kontinuitatsgleichung）」という論文で，地上から大気上端までの単位面積あたりの大気に連続の式を当てはめて，風の収束と発散から気圧の時間変化を予測することを検討した．その結果，風の収束と発散から連続の式を使って気圧の時間変化を計算する傾向方程式（tendency equation）を用いると，わずかな観測誤差が大きな予測誤差をもたらすことを発見した．これによると，例えば毎秒 10 m の上空の風の観測結果に 10％の誤差があれば，約 6 時間で 144 hPa に相当する気圧上昇となる[23-1]．上空の風を精度よく観測することは困難であるため，これは風の収束と発散から傾向方程式を使って総観規模の気圧変化を予測することは事実上不可能であることを意味した．彼は「気象を予測するいかなる試みも確実でなく，天気予報は気象学者にとって背徳行為であり品位を傷つけるもの」と指摘した[23-2]．彼のこの論文は，気象予測の際に連続の式を含むプリミティブ方程式群*11 を数値的に解く際の課題を鋭く指摘しており，20世紀後半に数値予報が発達する際には，この課題をいかにして回避するかに大きな努力が払われることとなった．

　マルグレスは 1890 年代から大気の不連続面の研究を行い，1901 年からオーストリアのゾンブリック気象台（標高 3106 m）と周辺の谷の観測所を利用してその三次元構造の解明を行った．その際に地表より数百 m 上空の気温の方が数時間もしくは場合によっては数日間高くなることがあることを発見した[3-22]．この状態を説明するためにマルグレスは，1888 年のヘルムホルツの大気境界での傾斜の考え方を参考にして，1906 年に「異なる温度と速度を持つ二つの大気が接している際に，ある種の条件の下で高度方向に傾斜を持った不連続面が存在できる」ことを定式化した．この前線面の傾斜の度合いを表す式はマルグレスの式と呼ばれている[5-6]．風が低気圧性の回転を持つとき，この不連続面は平衡状態として安定して存在できた．これは大気の不連続面は「気流の接触という動的なもの」ではなく，「力学的な平衡状態」として存在できることを示した．この大気の不連続面という考え方

＊11　静力学平衡状態での大気運動と熱力学を厳密に記述した気象予測のための最も基礎的な方程式群．

190　　8.　19 世紀末の気象学の発展と気象予測の行き詰まり

は，後にヤコブ・ビヤクネスやベルゲン学派による前線という概念へと発展していった．

これらのマルグレスの気象学における成果は時代を先取りした傑出したものであったが，当時はほとんど評価されなかった．彼は失望により1906年にウィーンの気象研究所を50歳で退職した際に気象学を捨て，年金生活をしながら化学分野の研究に専念した．彼は1906年の気象学最後の論文でこう述べている．"ここで詳しく書けない事情により，この論文と付録を急いで書き上げた後，私は気象学に別れを告げざるを得ない"[23-3]．第一次世界大戦後にオーストリアでは記録的なインフレーションが起こった．当時彼の年金は今の額に換算して1ユーロ程度だったといわれており[23-2]，彼は年金で生活していくことが困難となった．彼は内向的で孤独かつ潔癖な性格であり，彼の友人でウィーン中央気象台長とウィーン大学の教授であったエクスナー（Felix Maria von Exner-Ewarten, 1876-1930）らが支援を申し出たが彼はそれを断った．1919年にはオーストリア気象学会がハン・メダルを贈って表彰したが，彼はその報奨金を受け取らなかった．彼は翌1920年に栄養失調によりその生涯を終えた．窮乏は彼だけでなくオーストリア全土に及んでいた．由緒あるウィーン中央気象台も困窮のために維持が困難になり，学術雑誌を通して外国に援助を求めた．これに対して当時の大日本気象学会は1600フランを寄付し，台長のエクスナーから感謝の手紙が送られている[24]．

8-8　気象予測技術の行き詰まり

8-8-1　気象学におけるベーコン主義の破綻

19世紀前半から半ばにかけてドーフェやフィッツロイは気流の接触という考えを提起したが，フィッツロイの自殺後はこの考えを継ぐ人はほとんどいなかった．その後は総観天気図での気圧分布の利用が気象学の主流となった．これはそれまで適切な研究手法がなかった総観規模の複雑な気象を，解析，法則化できるかもしれないという希望を与え，8-2-3で述べたように天気予報のための便利そうな手段となった．しかしそれは経験的主観的なもので，厳密な意味では科学とはいえなかった．

またどうして雨が降るのか？　つまり「大気中で水蒸気がどういうメカニズムで凝結して雨になるのか」も，はっきり確立されずいろいろな説が混在していた．1860年ごろまでは，気流が山にぶつかって冷やされて雨ができるというのが標準的な考え方だった．1896年に発行されたアメリカでの標準的な気象学の教科書「初

等気象学（Elementary Meteorology）」では，断熱冷却が雨の主要因と認めながらも18世紀のハットンによる「異なる気温を持つ二つの飽和した空気塊の混合が雨の生成に重要な役割を果たしている」という説もまだ記載されていた[2-5]．

一方で，8-3で述べたように地球規模の大気循環を流体力学的に扱う理論研究は進んでいたが，それは現実の気象予測とは結び付きそうになかった．当時の理論気象学者たちと予報者たちとの間では，それぞれ「予報者は天気図から雨が降ると思っている」，「理論家は方程式から雨が降ると思っている」と互いに非難し合った[25]．彼らは同じ大気現象を見ながらも，それぞれが純粋科学と実用技術という異なる分野に属しており，共通となる概念や思考基盤を持っていなかった．当時の気象学は他の分野の科学者たちからは正統な科学とは認められておらず，気象学科や学位授与課程もなく，格式を重んじるような科学者の多くは気象学に足を踏み入れようとしないか，関わっても副業か一時的なものだった．

19世紀半ばから気象観測網が組織的に整備され，気象データが一貫して測定，蓄積されるようになった．しかしながら，19世紀末になっても気象を予測するための明確な法則は見つからなかった．スミソニアン協会の理事長だったヘンリーはこう述べている．"これほど多くの観測が行われ，数多くの記録が蓄積されたにもかかわらず，これほど導き出された基本原理が少ない科学部門はおそらく他にない．これはまず実際の現象の複雑さから，すなわち言い換えると，平凡な結果でもそれを引き起こすさまざまな異なる原因の数の多さから生じている．そして次に，この問題の調査において探究された不適当な手法と，この観測結果のとりまとめと議論において必要とされる作業量の多さから生じている"[26]．同様にヘルムホルツも1884年に気象法則の解明の困難さについてこう述べている．"数多くの新しい観測所と観測結果の長い記録，および自然についての原因と結果についてのあらゆる新しい知識にもかかわらず，それらは真実からはるか遠くにしか迫っていない．自然のあらゆる状態の中で，気象は最も欺くように突然変わり，そして法則の網に捉えようとするいかなる試みからも逃れてしまう"[27]．

数多くの事実が蓄積されながらも気象予測のための法則がなかなか確立されない状況を，イギリスの気象学者のショーは次のように分析した．"一方の物理学者たちは，観測者たちと天気図作成者たちの努力を極めて非科学的であると考えて，時折有能な数学者を招いてその問題に取り組むように提案した．他方の気象学者たちは，彼らがはっきり説明できなかった問題を解決しようとして数学者を招くことは，太陽系の問題を解決しようとしてケプラーの法則の助けなしにニュートンを招

くことと同じような間違いであると堅く信じた"[20-2]．機械論哲学の考えの下では，例えどれほど複雑な機械でも分解してしまえばその仕組みがわかるように，ベーコン主義の下で注意深く規則性を探りさえすれば気象独自の法則が見つかると信じられていた．しかしながら，気象の複雑さは気象学者たちの行方をふさいで手がかりを与えなかった．この規則性が簡単には見つからない理由は，10-8 で述べるように 1960 年代にカオスが発見されるまでわからなかった．

8-8-2　当時の気象予測技術

当時の予報者たちは，低気圧の中心のまわりに引いた等圧線分布の形から，自身の経験に基づいて主観的に天候を判断していた．そのために利用する分析技術として，気圧分布と天候との間の過去のパターンを探す方法論を取っていた．予報者は天気予報を行う際に，いくつかのカテゴリーに分けて指標化された古い天気図から現在の天気図に似ている過去の天気図を探し，似た天気図を見つけると天候の進行はそれから数日は過去と同様であると仮定して，今後起こりそうな天候を時間的に外挿して推測していた．その外挿の際に，気象は西から東に移動することだけを前提としていた．それより細かい予報は予報者たちが自分の記憶や整理した経験則を総動員して，独自の直感で予報を行っていた．そのため同じ天気図を使っても，いつどこで天候が悪くなるのかなどの判断は予報者の主観に委ねられており，予報結果は予報者ごとに異なっていた．

この天気図を過去と比較する手法は類型手法（アナログアプローチ）と呼ばれる．これは，大気が過去に振る舞ったように再び振る舞う，つまり気象のメカニズムは二つの類似した状態から出発すれば，それらは同じように進展するという仮定に基づいていた．しかし，20 世紀前半に初めて気象予測の数値計算を試みたリチャードソンはこの仮定に対してこう述べている．"しかしながら思い出してほしい．素晴らしく正確な予測を行うノーティカル・アルマナック*12 は，天文学が歴史を繰り返すという原理に基づいて作られているわけではない．星や惑星，衛星の個別の位置関係は再び同じになることはないといってよい．はたして現在の天気図が過去の天気の目録で正確に代表されると考えてよいだろうか？"[28]

スウェーデンの気象学者ベルシェロンは，天気予報の方法は 1865 年から 50 年間実質的にほとんど変わらなかったと述べている[8-3]．それどころか，この方法は

---

*12　航法に使われる天体位置の表．

8-8　気象予測技術の行き詰まり　　193

一部では第二次世界大戦後まで使われたようである．各国の気象機関は，膨大な手間をかけて増大する観測データの管理や低気圧経路などの統計を行ったが，天気予報の精度向上にはほとんど貢献しなかった．

このような状況は日本でも同様だった．中央気象台長であった岡田武松は次のように述べている．"第一次世界戦争の頃までは，各国とも天気予報は等圧線に基いて出したものだった．すなわち，同じような等圧線には同じような天気が附随するから，きょうの等圧線から明日の等圧線を予想し得れば，明日の天気は，だいたい予想することができるというのが，天気予報の原理であった．もっとも，観天望気の術も併用し，雲の動きにより高層の気流の状態をも考えに入れた．しかし，実際においては，この原則どおりに行かないことが往々あって，予報が不中に終ることがたびたびあった"[29]．

8-8-3 状況の打破に向けて

気象学者たちはそういう状況をよしと思っていたわけではない．一部の気象学者たちは，もう一度基本的な物理学に立ち戻って気象予測のための物理法則を確立させようと考えた．それは気象予測をもっと理論的に詰めて，客観的な手法で科学化しよう，あるいは厳密な法則で物理学化しようとするものだった．それをまず進めた一人は，アメリカの気象学者アッベだった．彼は気象学について経験的なアプローチではなく，かつてラプラスが天体力学で天文学を改革したように流体力学と熱力学を現実の地球大気へ適用することが必要と考えていた．

彼は 1901 年 2 月にジョンス・ホプキンス大学で行った講義において，気象予測を物理法則に基づいて科学的立場から行うことの重要性を述べた．その内容はアメリカ科学振興協会でも発表され，それをとりまとめた「長期的[*13]な天気予報の物理的基礎（The Physical Basis of Longrange Weather Forecasts）」をマンスリー・ウェザー・レビュー誌に発表した[30]．彼は別の科学誌でこう述べている．

"気象学者たちは大気の力学に対するより深い洞察を得るまで決して満足してはならない．大気からの最新ニュースを報告して出版するという最も完全な観測のための組織より，それ以上の何かが必要である．大気の状態がどうなってきて，現在どうなっているかを知るだけでは十分ではない．今後どうなるか，そしてどうしてそうなるのかを知らなければならない．ラプラスの「天体力学」と同じくらい完全

---

*13　長期的（long-range）とは，アッベ自身の定義によると，十分な予報が可能な期間を指している．

で厳密な大気を支配している法則に関する演繹的な理論があるにちがいない．これ
は必然的に力の一般法則または気体と水蒸気の力学と熱力学として知られているも
のを，大気へ適用するための技術的な理論となろう"[31]．

　そして彼は，「気象予測の改革は観測屋や実験家ではなく，大気と海洋の複雑な
現象を説明することができる数学と解析的な力学の訓練を受けた，優れたふさわし
い人間によって始まる」と考えていた[32]．彼はこう述べている．"気象学はニュー
トンからラプラスまでの時代の天文学に類似した状況に到達した．新しいリーダー
を迎える準備はできており，その人を探している．"[33]

　そして，当時まだ物理学で名を上げることを考えていたあるノルウェー人にこの
見解を披露した．この人物が後に気象予測の物理学化を推進することとなるヴィル
ヘルム・ビヤクネスだった．アッベは理論的にしっかりした予測のために必要なも
のは，高層気象観測と優れた物理理論とその計算手段であることを理解していた．
ただ，どちらも19世紀末当時の技術水準を遙かに超えたものだった．時折行われ
る気球や山岳の観測所はあったものの，当時の高層大気の最善の観測所はパリの
エッフェル塔だった．そういう状況が変わり始めるにはヴィルヘルム・ビヤクネス
の出現と第一次世界大戦による気象学と気象観測への認識の変化まで待つ必要が
あった．

参考文献

[1] 池内了，2012：科学の限界．筑摩書房，17.

[2] McDonald, J. E., 1963 : Early Developments in the Theory of the Saturated Adiabatic Process. Bulletin of the American Meteorological Society, **44**, [2-1]206, [2-2]207, [2-3]208, [2-4]210, [2-5]204.

[3] Kutzbach, G., 1979 : The Thermal Theory of Cyclones － A History of Meteorological Thought in the Nineteenth Century. American Meteorological Society, [3-1]52, 54, [3-2]56, [3-3]143, [3-4]59, [3-5]59-61, [3-6]72-74, [3-7]78, 82, [3-8]95, [3-9]96, [3-10]103, [3-11]109, [3-12]113, [3-13]214, [3-14]150-152, [3-15]176, [3-16]179, [3-17]179-180, [3-18]185, [3-19]186, [3-20]198, [3-21]188, [3-22]197.

[4] Hoinka K. P., Tafferner, A., Weber, L., 2009 : The `miraculous' föhn in Bavaria of January 1704. Weather, **64**, 9-14.

[5] 斎藤直輔，1982：天気図の歴史－ストームモデルの発展史－第3版．東京堂出版，[5-1]51, [5-2]73, [5-3]92, [5-4]95, [5-5]97, [5-6]102.

[6] Abercromby R., 1887 : Weather, a popular exposition of the nature of weather changes from day to day. Appleton, 25.

[7] 岡田武松，1949：気象学の開拓者．岩波書店，[7-1]253-255, [7-2]170, [7-3]216, [7-4]169, [7-5]208, [7-6]68, [7-7]180.

[8] Bergeron T., 1959 : Weather forecasting : Methods in scientific weather analysis and forecasting : An outline in the history of ideas and hints at a program. Rockefeller Univ. Press, [8-1]453, [8-2]452, [8-

3]469.

[9] Lorenz N. E., 1967 : The Nature and Theory of the General Circulation of the Atmosphere. World Meteorological Organization, [9-1]67, [9-2]70.

[10] 廣田勇, 2010：北尾次郎の肖像-気象学の偉大な先達-. 天気, **57**, 913.

[11] Lorentz, N. E. , 1983 : A history of prevailing ideas about the general circulation of the atmosphere. Bulletin of the American Meteorological Society, **64**, [11-1]731, [11-2]733.

[12] 新田尚, 1980,： 大気大循環論. 東京堂出版 [12-1]350-351, [12-2]353.

[13] Lorenz, N. E., 1983 : A History of Prevailing Ideas about the General Circulation of the Atmosphere. Bulletin American Meteorological Society, **64**, 733.

[14] Estoque M. A., 1955 : The Spectrum of Large-scale Turbulent Transfer of Momentum and Heat. Tellus, **7**, [14-1]178, [14-2]177-178.

[15] 古川安, 1989：科学の社会史. 南窓社, 89.

[16] 根本順吉, 1963：気象学史物語 XVII 高層探測の歴史 (2). 気象, **7**, 687.

[17] Middleton, W. E. K. , 1969 : Invention of the Meteorological Instruments. The Johns Hopkins Press, [17-1]288, [17-2]301, [17-3]303.

[18] Cox, J. D., 堤之智（訳）, 2013：嵐の正体にせまった科学者たち-気象予報が現代のかたちになるまで. 丸善出版, 28.

[19] Lynch, P., 2006 : The Emergence of Numerical Weather Prediction -Richardson's Dream. Cambrige. Cambridge University Press, 99.

[20] Nebeker, F., 1995 : Calculating the Weather Meteorology in the 20th Century. Academic Press, [20-1]107, [20-2]39.

[21] 小川利紘, 1991：大気の物理化学. 東京堂出版, 152.

[22] Thorpe, A.J., Hans, V., Ziemianski, M.J., 2003 : The Bjerknes' Circulation Theorem：A Historical Perspective. Bulletin of the American Meteorological Society, **84**, 472.

[23] Lynch, P., 2001 : Max Margules and his Tendency Equation. Historical note., [23-1]3, [23-2]6, [23-3]5. mathsci.ucd.ie/~plynch/Publications/HistNote_05.pdf

[24] 荒川秀俊, 1944：戦争と気象. 岩波書店, 63.

[25] 股野宏志, 2008：天気予報いまむかし. 成山堂書店, 40.

[26] Fleming R. J., 2000 : Meteorology in America. Johns Hopkins Univ Press, 148.

[27] Grønås, S, 2005 : Vilhelm Bjerknes' Vision for Scientific Weather Prediction. In : The Nordic Seas : An Integrated Perspective. Geophysical Monograph Series 158, Am. Geophys. Union, 357.

[28] Richardson L. F., 1922 : Weather Prediction by Numerical Process. Cambridge University Press, xi.

[29] 岡田武松, 1952：本邦天気予報事業の今昔. 測候時報, **19**, 313.

[30] 古川武彦, 2012：人と技術で語る天気予報史. 東京大学出版会, 106.

[31] Abbe, C., 1895 : The Needs of Meteorology. Science, **1**, 181-182.

[32] Fleming, R. J., 2016 : Inventing Atmospheric Science : Bjerknes, Rossby, Wexler, and the Foundations of Modern Meteorology. The MIT Press, 22.

[33] Abbe, C., 1902 : Report of Advisory Committee on Meteorology. Carnegie Institution Yearbook l. Carnegie Institution, 79.

図の出典

図 8-1 McDonald, 1963 : Early Developments in the Theory of the Saturated Adiabatic Process, BAMS, **44**, 210.

図 8-2 文献 [3] p. 79

図 8-3 Abercromby, R., 1878 : On the general character, and principal sources of variaton in the Wether at any part of a Cyclone or Anticyclone. Quart. J. Met. Soc., **4**, 8. の図を日本語に改変

図 8-4 Abercromby, 1887 : Weather の図 1 を日本語に改変

図 8-5 Ley, 1877 : The relation between the upper and under currents of the atmosphere around areas of barometric depression. Quart. J. Meteor. Soc., **3**, 437-445 Fig. 2.

図 8-6 文献 [3] 151.

図 8-7 Shaw, N., 1923 : Forcasting Weather. 212.

図 8-8 De Agostini/Biblioteca Ambrosiana/ゲッティイメージズ

図 8-9 ドイツ気象局より提供

8-8　気象予測技術の行き詰まり　　197

9. 気象予測の科学化と気象学のベルゲン学派

　主観的な職人芸となっていた予測技術の行き詰まりを打開するための路線を敷いたのは，9-1 で述べるノルウェーの物理学者ヴィルヘルム・ビヤクネスだった．彼は物理学者として名を上げることを考えていたが，自身を取り巻く物理学の環境に行き詰まりを感じて気象学に転向した．彼は当時の観測や技術の状況からはその実現が容易でないことを知っていたにもかかわらず，気象予測を物理学に基づいて科学化するという目標を提唱し，ドイツのライプチヒ大学地球物理学研究所で弟子たちを集めて，実際に気象予測のための理論と具体的な手法を研究し始めた．

　ところがその状況を大きく変えたのは第一次世界大戦だった．彼は理論に基づいた気象予測の研究をいったん中断し，ノルウェーへ戻って母国の漁業や農業の窮状を救うために密な気象観測網の設立と，その詳細な観測データの解析を用いた実用的な天気予報を始めた．それを彼の息子であるヤコブ・ビヤクネスを初めとする物理学を学んだ弟子たちが支援した．彼らは後にベルゲン学派（ノルウェー学派）と呼ばれるようになった．

　そのベルゲン学派によるそれまでにない密な気象観測網からの観測データとその詳細な解析によってまったく新しい発見が起こった．それが前線と低気圧の盛衰の発見，気団という概念だった．これらにより気象予測のための解析手法が変わった．物理学では，19 世紀に理論家の天才マクスウェルとそれに続く経験主義の天才ヘルツによって電磁波の問題が解決された．スウェーデンの気象学者ベルシェロンは，気象学においてこの理論と経験に似た関係はヴィルヘルムとヤコブのビヤクネス父子だったと述べている[1-1]．ベルゲン学派の気象学は，気流の立体的な接触という概念に目を向けさせ，また高層気象観測の重要性を認識させた．

　1920 年後半になると，ラジオゾンデという新たな高層気象観測機器が出現し，高層気象観測が充実してきた．それによる観測データが高層大気の規則性の解明を可能にし，新たに高層大気の波による渦という概念を明確にした．それにはスウェーデンの気象学者ロスビーをはじめとするヴィルヘルム・ビヤクネスの弟子たちが大きく貢献した．この考えによって新たに大気の力学を用いた気

象予測が試みられるようになり，これは物理学的気象予報（physical weather forcasting）と呼ばれ，物理方程式で書かれた数値予測モデルをコンピュータで計算する数値予報のための手がかりともなった．これにより，それまであまり接点がなかった大気の力学と実用的な気象予測手法が少しずつ関係するようになっていった．

9-1　ヴィルヘルム・ビヤクネスによる気象学の改革

9-1-1　ヴィルヘルム・ビヤクネスと物理学

　ヴィルヘルム・ビヤクネス（Vilhelm Bjerknes, 1862-1951）はノルウェーの気象学者である．彼によって現代気象学の基礎が作られたといってよい．しかし，彼は最初から気象学を志していたわけではなく，彼の研究者人生としての前半は物理学者として過ごした．そのため彼のことを理解しようとすれば，当時の物理学界の動向を理解しておく必要がある．19世紀前半にヤングやフレネルらによって光の波動論が確立されると，その波動を伝達する物質としてデカルトが導入したエーテルが考えられた．電磁誘導を発見したファラデーは，電磁気について初めて三次元的な電磁場という考え方を確立した．1864年にマクスウェルが定式化した電磁気理論では，エーテルは光の波動だけでなく電磁場の電磁的作用をも担っていると考えられた．ファラデーは電磁気による現象は分極した粒子からなる媒質によって伝えられると考え，マクスウェルもこの現象は媒質であるエーテルの弾性的な歪みによって起こると考えた（近接作用論）．そして当時の多くの物理学者たちは，そのエーテルの作用を力学に基づいて定式化する力学モデルを構築しようとした[2-1]．

　その一人が，1869年に元素の周期律を発見したロシアのメンデレーエフ（Dmitri Mendelejev, 1834-1907）だった．彼はサンクトペテルブルグ大学の化学科教授だった1869〜1871年ごろに周期表を完成させた後，エーテルの解明に取り組んだ．その際に気体を実験室で限界まで膨張させると，その後にエーテルが残るのではないかと考えた．しかし実験ではうまくいかなかったため，密度が小さい高層大気を観察すればそれがわかると考え，気球を使った高層気象観測を計画した[3-1]．当時は気球を使った高層大気についてのまとまった観測はなく，これが実現していれば高層気象を解明するための画期的な観測となるはずだった．しかし資金集めや高層でのエーテル観測の論争を行っている間に，彼の関心は別の方面へ移ってしまい，結局彼による高層大気の観測は実現しなかった[3-2]．しかし1879年にローマで開かれた第2回国際気象会議に，彼はロシア代表として出席した．

19 世紀末にやはりエーテルの研究を行った研究者の一人が，ヴィルヘルムの父であるノルウェーのカール・ビヤクネス（Carl Bjerknes, 1825-1903）だった．彼は若い時代に，ドイツのゲッチンゲンで有名な数学者ディリクレ（Peter Gustav Dirichlet）の下で流体力学を勉強した．彼は，クリスチャニア（現オスロ）の王立フレデリック大学の応用数学，後に純粋数学の教授となったが，若い頃にオイラーが空間でのニュートン力学の作用に対して行った議論に興味を持って以来，電磁気などの力が空間に満たされたエーテルを媒体として伝播するというアイデアに魅了されていた．彼は流体力学がマクスウェルの電磁場理論のような形で説明できないかという研究を始めた[4-1]．その間の 1862 年 3 月 14 日にノルウェーのクリスチャニアで生まれた長男が，後に有名な気象学者となるヴィルヘルムだった．

ヴィルヘルム・ビヤクネスは当初物理学を志すが，それが気象学に変わるまでの事情を主にフリードマンの本[5]を参考に説明する．彼は 1888 年にノルウェーのクリスチャニア大学に入学して数学と物理学を勉強したが，学生時代から父の研究を手伝うようになった．彼は翌年からパリに留学したが，そこでフランスの数学者ポアンカレ（Jules-Henri Poincaré）とドイツの物理学者ヘルツの共振現象に関する議論などを聞いて，ヘルツの主張するエーテルを媒体とする電磁波の存在に興味を抱くようになった．彼は電磁波がエーテルを媒質にして伝搬しているというヘルツの主張が父の説にとって重要と考え，ボン大学でヘルツの弟子となった．

師であったヘルツはドイツのハンブルグで生まれた．彼は器用で木工や旋盤技術に長けていたため，最初技術者を目指したが，20 歳になってからミュンヘン大学へ進み，数学，物理，天文学などを学んだ．彼はベルリン物理学研究所でヘルムホルツの助手になったが，1885 年にはカールスルーエ大学の教授になった．1888 年にそこでライデン瓶を使った火花放電がもう一つのコイルに火花放電を引き起こす実験に成功し，マクスウェルが理論的に予言していた電磁波の存在を実証した．同年にボン大学に移ってさらに電磁波の伝搬などの研究を行い，電磁波が光波とまったく同じ性質を持っていることなどを発見した．

ヘルツの発見した電磁波（電波）は，当時はエーテルの存在を証明したと考えられた[2-1]．ヘルツは機械論哲学の信奉者であり，彼はマクスウェルの考えを引き継いで電磁場理論の基礎をエーテルを使った力学的な応力に求めた．一方でヘルツは電磁波の持つ実用性にはまったく関心がなく，そのためイタリアのマルコーニ（Guglielmo Marconi）がヘルツの実験にヒントを得て，電波を使って信号を送る無線電信を発明した．しかしヘルツの偉大な功績を称えて，周波数の単位には彼の名

前をとって Hz（ヘルツ）が使われている.

　ヴィルヘルム・ビヤクネスは 1890 年からヘルツの下で電磁波の共振現象に関する研究を行った. 彼は実験と理論から, ヘルツの多重共振現象は一次伝導体の振動が急速に減衰する結果であることを発見した. これは無線通信の発展に大きく貢献するものだったが, ヘルツの指示に従って慎重に証拠を揃えて論文誌に投稿した時には, ポアンカレによる同じ考えの論文がわずかに早く別の論文誌に受理されてしまっていた. 落胆した彼は 1893 年に故郷へ戻り, 父の同僚の支援で 1893 年にストックホルムのホグスコラ[*1]に職を得た. そこで彼は共振を使ってヘルツの主張する伝導体に関する定数を決定する方法を考案して国際的な注目を集めたが, 彼の父は自分の研究を支援してくれなくなるのではないかという懸念を示した.

　ヴィルヘルム・ビヤクネスは苦悩の後に電波に関する研究をあきらめ, 父を支えるために流体力学の理論研究に専念することにした. 彼は 1895 年にホグスコラの力学と数理物理の教授に任命された際に, これを流体力学を使って物理学を変革する機会と捉えた. 19 世紀の物理学を振り返ると, 磁気と電気の理論は統合され, 熱と光の境界も取り払われた. 彼はそれらの考え方をもとに, さまざまな物理現象は最終的に力学に統合できるのではないかと考えた. それは従来の力学などに加えてエーテルを用いることにより, 光や電磁気を統一的に説明できる普遍的な物理学を確立することだった.

9-1-2　ビヤクネスの循環定理

　1895 年にヴィルヘルム・ビヤクネスが父の研究を支援するために流体の研究に専念したとき, 流体力学と電磁気学の類似性を研究するために, さまざまな電磁気現象と流体現象とを比較した. 彼は流体内の物体がどのようにして引き合ったり反発し合ったりするのかを調べるために, 電磁場内に置かれた二つの回路に模して流体内に置かれた二つのシリンダーの回転を調べた. その一方でこれをさらに深く調べるために, 密度が異なる流体の脈流や振動の例も検討した. ケルビンの循環定理では流体の密度は気圧だけに依存したが, ビヤクネスは圧縮性の流体を仮定し, 密度は圧力だけの関数ではなく温度を含めた関数とした. その結果, 流体間の引力と反発力の現象は, その流体と周囲流体との間の境界層内で発生する新たな渦によって起こることを発見した. それはヘルムホルツやケルビン卿が確立した「摩擦のな

---

*1　スウェーデンの大学の一種.

い非圧縮性の流体の渦や循環は保存する（発達，減衰しない）」という循環定理では説明ができなかった．彼はそこから循環が時間とともに変化する条件を示す簡潔な理論式を導き，これが「ビヤクネスの循環定理」となった．また彼は，等圧面と等密度面が交差することによって囲まれた管を電磁気学にならって「ソレノイド[*2]」と名付けた．大気中のソレノイドは等圧面と等密度面が交差することによって生成する渦の強さと関係した．

　この定理はケルビンの循環定理の傾圧大気[*3]への応用と見なすことができる．ヘルムホルツやケルビン卿の循環定理は一定密度の非圧縮性流体に対するものだったが，実際の大気は気温や湿度によって，海洋も水温や塩分で密度が変わる．ヴィルヘルム・ビヤクネスは理想流体という古典流体力学の限界を乗り越え，大気や海洋の現実の流体へ適用できる循環定理を発見した．ビヤクネスの循環定理は，それまでのプスランやライエの熱的な鉛直安定度による局地的な対流と異なり，大気の広域的な循環を力学的に捉えることを可能にした．

9-1-3　ビヤクネスの気象学への転向

　1897 年にヴィルヘルム・ビヤクネスが循環定理を発表したとき，それは電磁気学現象に対する流体力学の純粋な類似性を示したものだった．当時ストックホルムの物理学会では後にノーベル化学賞をもらったアレニウス（Svante August Arrhenius）や，8-2-5 で述べたエクホルムらが地球物理学に関するテーマを議論していたが，当初ビヤクネスは力学以外にはほとんど関心がなかった．しかし 1898 年にビヤクネスがストックホルムの物理学会で講演した際に，彼は少しでも自身の定理の有用性を示すため，地球物理学の研究者たちが興味を持ちそうな大気現象や海洋現象への自身の循環定理の適用を提案した．

　ビヤクネスの循環定理は，移動度ベクトル（$\nabla\alpha : \alpha$ は比容[*4]）と気圧傾度ベクトル（$-\nabla p : p$ は気圧）をベクトル外積（$-\nabla\alpha \times \nabla p$）して面積分した形が循環の時間変化率を表しており，傾圧大気での循環の発生，発達を考える際の有用な概念である．ここで重要なのは，循環（渦）の強さが条件によってどのように変わるかということである．彼は自身の循環定理を，実際に広範囲にわたる自然現象（例えば貿易風，モンスーンやある種の海流）に当てはめた例を示した．その説明では，

---

*2　電磁気学では磁場を発生させるための渦巻き状のコイルをソレノイドと呼ぶ．
*3　等圧面と等密度面が交わる大気．これに対してそれぞれの面が交わらない大気を順圧大気と呼ぶ．
*4　密度の逆数．

9-1　ヴィルヘルム・ビヤクネスによる気象学の改革　　203

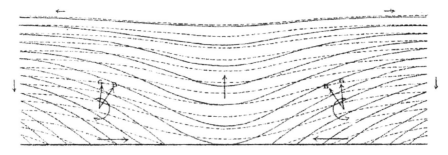

図 9-1 中・高緯度低気圧の等圧線と等比容線の断面図（低気圧の中心線近くに暖かく密度の小さい大気がある）．BとGはそれぞれ等圧面（点線）に垂直な気圧傾度ベクトルと，等比容面（実線）に垂直な移動度ベクトル．BからGに向かう回転は循環定理による循環の方向を示す．ソレノイドに関連する循環が，低気圧軸で暖気が上昇して直接の循環を生み出す．

　この定理を傾圧大気の鉛直断面図に当てはめると，「等比容面と等圧面の交点での両面間の角度に応じて循環（例えば上昇流や下降流）が生じる」ことが視覚的に理解できる（図 9-1）[6]．彼はそれを 1898 年に『流体力学の基本的定理と特に大気と世界の海洋へのその応用（Über einen hydrodynamischen Fundamentalsatz und seine Anwendung besonders auf die Mechanik der Atmosphäre und des Weltmeeres）』と題した本で発表した．この本は地球物理学の研究者たちにビヤクネスの循環定理の有用性を理解させ，またこの定理は後に彼が気象学と海洋学の分野に進むための大きな役割を果たした．さらに，この「大気の鉛直断面図を使えば傾圧大気の鉛直循環が視覚的にわかる」ということが，後の物理学を使った実際の気象予測の手法のための大きなヒントになった．

　当時気球を使った探検や観測の際に，地上から上空の風を推測する必要があった．エクホルムは 1891 年に低気圧の周辺で等密度線と等圧線が必ずしも一致しないことを明らかにしており，1897 年にビヤクネスが循環定理を発表すると，地上観測から上空大気の 3 次元での運動を推測できる可能性を指摘した．

　1899 年にビヤクネスは，研究生となっていたサンドストレーム（Johan Sandström, 1874-1947）の協力を得て凧などを使った上空の気象の研究を行い，ソレノイドの計算を低気圧付近の大気で行った．この結果に，オーストリアのハンとアメリカのアッベが注目した．特にアッベは，アメリカのマサチューセッツ州のブルーヒル気象台で観測した低気圧と高気圧の通過時の高層大気の気象データを提供し，1900 年にサンドストレームは，それを用いた 1898 年 9 月 21〜24 日の高層大

気の三次元断面図から，十分な数のソレノイドがあれば数時間で観測されたような強風を生成できることを示した[7-1]．これらの結果から，ビヤクネスは「鉛直循環が広域にわたってある時間続くならば，地球自転の偏向力によって下方の流入大気と上方の流出大気を渦状の運動に変え，その運動はその鉛直循環付近で起こる」と考え[7-2]，自身の定理が大気運動を力学を使って説明する手段となることを確信した．

　この頃，海においても重要な事件が起きていた．ノルウェーの経済にとって重要なニシンの漁獲高が，海中の高温，高塩分層の出現に左右されることがエクマンの調査によってわかった．スウェーデンの海洋学者ペテルソン（Otto Pettersson, 1848-1941）は海中の海流予測が漁獲の支援になると考え，1897年に海中の鉛直断面図を描いていた．彼はビヤクネスの循環定理を海洋科学の確立のための画期的な理論として採用し，塩分と海水温の周囲の海水との違いが海中での循環を励起することを発見した．彼はこれに基づいた海流予測を利用した漁業を「科学的漁業（rational fishery）」と名付けた．

　もう一人ビヤクネスの循環定理に注目したのがナンセン（Fridtjof Nansen, 1861-1930）だった．彼は「フラム」号を使った有名な北極海探検を行ったノルウェーの科学者，探検家で政治家でもあった．彼は海水の「淀み（dead water）」により船がときおりフィヨルドの湾内で動けなくなる経験を持っていた．彼はこの不思議な現象の解明をビヤクネスに依頼した．ビヤクネスは海中の異なる密度層の境界で発生する波がスクリューによる船の推進力を奪っている可能性を示した．1900年にナンセンはさらに別な問題をビヤクネスに提起した．それは航海中に船と流氷が流される方向が風向に沿った方角ではなく，風向より右側にずれるというものだった．ビヤクネスはエクマンに解決を依頼すると，彼は風に流される海流がコリオリ力によって深さ方向に三次元のらせん構造をとることを解明した．この構造は現在エクマンスパイラルと呼ばれている．

　しかし当時，ビヤクネスは自身の定理によってむしろ流体力学の電磁気学との類似性を確信し，両者を統合する物理理論の構築に向けた研究を熱心に続けた．ところが，1900年前後からX線，原子核，電子の存在がはっきりし，オランダの有名な理論物理学者であるヘンドリック・ローレンツ（Hendrick Lorentz）が電磁場をエーテルから切り離して荷電粒子によって説明するようになると[2-2]，電磁気現象をエーテルの応力で考えることは疑問視されるようになった．ビヤクネスが目指していた「物理学をエーテルを使った力学で統一的に説明する」という考えはだんだ

ん否定されるようになっていった．そして1905年のアインシュタインによる特殊相対性理論の発表は物理学に革命をもたらした．これによって物理学によるエーテルの存在を巡る論争には終止符が打たれ，ビヤクネスは当時の物理学界からはマクスウェルを信奉する19世紀物理学の古典論者と見なされるようになった．彼にとってたいへんな努力をしても一向に手応えのない物理学とは対照的に，気象学においては素早い反応を実感していた．また理論物理学と異なり，上空の気象調査のための研究費も比較的潤沢にあった．ビヤクネスは，気象学での評判が上がるにつれて軸足を理論物理学の構築から気象学へと少しずつ移していった．

スウェーデンでの物理学の研究環境はよくなかった．ホグスコラには学生に対して学位授与や研究生をとる仕組みもなかった．1903年には父カール・ビヤクネスが亡くなるなど身内の不幸も続いた．しかし，1900年にスウェーデンでノーベル賞委員会が設立されると，一時はストックホルムが世界の科学の拠点になって，そこにノーベル賞に付随した研究所が設立されることが期待され，またビヤクネス自身がノーベル賞の選考委員に選ばれる検討もなされていた．ところが1905年にノルウェーがスウェーデンから独立すると，ノルウェー出身の彼に対するスウェーデンの見方は厳しくなり，結局選考委員には選ばれなかった．結果として，彼は1900年前後からの物理学界や国際情勢の激変をまともに受ける形になった．物理学で行き詰まった状況を打開するためには，彼は1905年には気象学への道を選ばざるを得なくなった．

9-1-4　気象予測の科学化という目標

ビヤクネスは自身の定理の気象学への適用を，当初は力学による物理学理論を構築するための目的の一部と考えていた．彼の構想は1894年にヘルツが書いた本『力学原理（Die Prinzipien der Mechanik）』をよりどころとしていた．それには力学の最も高い理想がこう書かれている．“自然についての知性的な知識によって我々が解決できる最も重要でかつ直接的な問題は，将来の出来事の予測である”[5-1]．彼は，1901年ごろから自身の構想の一部として，大気の状態の時間変化を自身の循環定理を使って計算することを考え始めていた．そのためには広域にわたって同時観測された高層大気の観測データが必要だったが，当時の高層大気の観測状況ではそれはとても実現可能には思えなかった．

1902年と1903年にかけて例年にない強い嵐がスウェーデンを襲った．この被害によりスウェーデンの気象研究所にいたエクホルムは，政府にスウェーデン沿岸に

暴風警報体制の設立を提案した．この計画は暴風警報の発表を経験的な予兆や統計的規則性に基づく手法に頼るものだったが，凧や気球による高層気象観測も含まれていた．ビヤクネスはこの観測を，気象予測を物理学的に予測する研究，つまり「気象予測の科学化」のための機会と捉えた．彼はストックホルム物理学会で高層大気の気象観測を使って気象予測を行う構想を「気象予測の科学的手法（A Rational Method for Weather Prediction）」と題して講演した．この講演が，その後彼がこの構想を科学誌や研究集会で提唱する際の基礎となった．ビヤクネスは自身が進む方向を「力学を使って大気の運動を予測すること」に向けることにした．

当時，気象予測には気圧分布の利用以外に共通となっている考え方がなく，また予測結果に科学的な法則を適用して検証するという習慣もほとんどなかった．世界中で行われているかなりの研究がばらばらで体系化されることなく，多くの努力が無駄に終わっていた．当時の気象予測に使われた主な原理は「気象は西から東に移動し，気圧が低いところで天気が悪くなる」であった．これは気象予測の学問としての系統的な修得はそこで終わることを意味していた．この先は過去の天気図や経験をもとに，今後の予測方法を自分なりに個人的な技術として積み重ねていくほかなかった．このままでは世代を超えて知を集積していくことができず，気象予測手法の体系的な進歩は望めなかった．

ビヤクネスは，物理学的予測によって気象予測を科学化し，この状況を改善することを意図した．彼は1904年に「力学と物理学の問題としての気象予測（Das Problem der Wettervorhersage Betrachtet vom Standpunkte der Mechanik und der Physik）」という論文の中で，流体力学に基づいて「大気の厳密な物理学（an exact physics of the atmosphere）」を確立するという長期的な目標となる理念を発表した．彼は次のように述べている．

"すべての科学者が信じているように，大気がその前の状態から次の状態に物理法則に従って推移することがもし正しければ，予測を行うための問題を合理的に解決するための必要十分条件は，1.大気の初期状態についての十分に正確な知識．2.大気がある状態から別の状態に推移する際に従う法則についての十分に正確な知識，であることは明白である．"[8-1]

彼は医学との対比から，1の与えられた時刻の大気状態については「診断（diagnosis）」という言葉を，2の大気状態からの時間変化については，「予測（prognosis）」という言葉をあてた．そして気象予測のための手段として，流体力学と熱力学を適用した予測方程式群を示した．これは大気の状態を示す七つの変数

として気圧，気温，密度，湿度，3方向の風を取り上げ，それらを規定する七つの独立した物理方程式として，風の3方向のニュートンの運動方程式，連続の式，状態方程式と熱力学の第1と第2法則を定義した*5[9]．これが今日の気象予測のためのプリミティブ方程式群の原型となった．彼の循環定理は，変数と物理学法則間の関係を補助的に計算するために使われた．

彼はサンドストレームの協力を得ながら自身の構想を実現させるための研究を始めたが，まったく人手が足らず，また助手を雇う仕組みも資金もなかった．ところが思いがけないところから援助がやってきた．1905年12月にアメリカのニューヨークにあるコロンビア大学に招聘され，流体力学方程式と電磁気学方程式とを統合した彼の新しい普遍的な流体力学理論の構築についての講義を行った．また翌日には気象と海洋の将来を予測するために，観測と力学と熱力学法則に基づいた手法とそのための世界規模の観測体制についても講演した．ビヤクネスの洗練された刺激的な講演は，アメリカ気象局のアッベをはじめとした聴衆を大いに感動させた．

アッベはビヤクネスにワシントン特別区にあるアメリカ気象局に招待して講演を要望した．その際に気象局の部屋では聴衆が入りきれない恐れがあったので，狭い気象局ではなくカーネギー研究所の十分に広い部屋で「力学と物理学の問題としての気象予測」という題で講演してもらうことにした．そこでビヤクネスは風の流線を解析した図を見せて，それによって天気に密接に関連する収束域の形成などが推測できることを示した．さらに，時間ごとの図を重ね合わせることによって，低気圧の移動だけでなくその発達や消滅も示すことができ，気象予測やその法則解明のための基礎となることも示した[4-2]．

この聴衆の中にカーネギー研究所の理事長で数理物理学者だったウッドワード（Robert Woodward）がいた．カーネギー研究所は鉄鋼王アンドリュー・カーネギーによって当時のお金で1000万ドルという巨額の資金で設立された研究所で，「あらゆる研究部門において特別な人間をいつでもどこでも学校の内外にかかわらず発見し，その人が考えている特別な天職を実現すること」を目的としていた[4-3]．ウッドワードはビヤクネスの手法に感銘し，その研究の実現のために彼をカーネギー研究所の研究提携者にして，1906年から助手を雇用するための助成金を長年にわたって援助することを約束した．カーネギー研究所による支援は1941年まで

---

*5　気象研究者のリンチ（Peter Lynch）は，熱力学の第2法則については，むしろ水の連続の式を定義するべきだったと述べている[9]．

ビヤクネスの研究人生を通して行われ，ビヤクネスの下で多くの気象学研究者を育てることを可能にした．ビヤクネスは，まずこの資金でサンドストレームを助手として正式に雇うとともに，次第に多くの若い研究者を雇用していった．ビヤクネスは彼らの協力を得ながら研究を進めるとともに，彼らの育成も図った．後にこの中から次に挙げるような世界的に有名な気象学者が続々と輩出することとなった[10]．

- ヨハン・サンドストレーム：スウェーデン気象サービス長官
- トール・ヘッセルベルク：ノルウェー気象研究所の所長，国際気象委員会（IMC）事務局長
- ハラルド・スベルドラップ：ビヤクネスの後のベルゲン大学気象学教授，カリフォルニアのスクリプス海洋研究所所長，ノルウェー極地研究所所長，オスロ大学教授
- ヤコブ・ビヤクネス：ヴィルヘルム・ビヤクネスの息子で，スベルドラップの後のベルゲン大学気象学教授と後のカリフォルニア大学 UCLA 校気象学教授
- ハルバー・ゾルベルク：オスロ大学気象学教授
- トル・ベルシェロン：ウプサラ大学気象学教授
- カール・ロスビー：シカゴ大学そしてストックホルム大学の気象学教授
- カール・ゴッドスク：ベルゲン大学気象学教授

ビヤクネスは，1907 年にスウェーデンのストックホルムを去り，ノルウェーのロイヤル・フレデリック大学（後のオスロ大学）の教授となった．そこでビヤクネスとサンドストレームは，気象の基本方程式を使って大気の状態を把握するために，天気図上での風の幾何学的な表現を考えた．まず時刻によらない場合を扱い，平均的な風の場を代表するための幾何学的な診断原則を確立した．次に天気図で大気の初期状態を各高度の各変数の分布で与え，基本的な式に基づいて数時間後の大気状態を図を使って描くようにし，これを繰り返すことによって希望する時刻まで予測を繰り返すことを考えた[5-2]．

これらの手順により，風の瞬間的な流線と等風速線を用いて，大気の二次元の運動場を図として表現できるようになった．また作成された図を解析することにより，風が収束または発散している地域が視覚的にわかるようになった．それまで大気の鉛直方向の運動を分析する方法はなかったが，この水平風の収束と発散は，連続の式と合わせて考えることにより，雲や雨をもたらす大気の鉛直流を間接的に推定できる手法となった[5-3]．これらの成果は近代的な天気図解析法の基礎として，

1910 年から 1911 年にかけて『気象力学と水文学（Dynamic Meteorology and Hydrology）』という本の第 1 巻「静力学（Statics）」と第 2 巻「運動学（Kinematics）」にまとめられ，カーネギー研究所の援助によってアメリカで出版された．当時ノルウェーでは水文学とは実質的に海洋学のことを指していた．なお，ビヤクネスは大気と海はエネルギーと水蒸気の交換によって相互に影響し合っており，大気と類似した形で海洋の予測も考えていた[4-4]．

9-1-5　航空の発展と気象学

　当時気象学は，学問として独立した分野とは見なされていなかった．気象学はしばしば天文学者，地理学者，統計学者らの余技として教授され，研究されていた．1903 年にライト兄弟が飛行機を発明すると，飛行機による「大空の征服（conquest of the air）」が現実化を帯びてきた．航空機という文明機器が「大空の征服」を成し遂げるためには，安全で効率的な航空や航法のための大気の状態と運動を知る必要があった．一方でそれは航空のための新たな気象観測は気象学の発展，つまり新たな大気の法則の研究を可能にする機会となり得た．航空学の気象に対する要請は，気象学から見れば観測体制を拡充する絶好の機会だった．ビヤクネスは気象と航空学が常に相互の依存関係を持っていることを主張した．また飛行船や飛行機の運行のために，高層気象観測を社会が推進するようにもなった．8-4-2 で述べたように 1905 年に新しく王立プロシア高層気象台が開設されたとき，高層大気のための気象学の活用と社会的な要請が力説され，皇帝ヴィルヘルム II 世はこれを積極的に支援した（図 9-2）．

　これは気象学が名実ともに独立した科学分野となる機会となった．ビヤクネスは気象を地球大気の物理学の問題として扱ったが，その大気の運動場を解析するには上空各層の観測が必要だった．しかし，ようやく各国で始まった高層大気の観測には課題が山積していた．国ごとに測定器や観測値の補正方法が異なっていた．観測値には観測時刻が記載されておらず，観測時刻の同時性も考慮されていなかった．さらに単位の問題があった．当時例えば気圧の単位は水銀柱の高さ（ミリメートル）を基準に測定されていたが，この単位は物理的な力（圧力）とは関係がなかった．同様に大気を物理学で扱うためには，高度もジオポテンシャル高度[*6]である

[*6]　ある高度の位置エネルギーを標準重力加速度で割ったもの．対流圏などでは値は高度と実質的にほとんど同じになる．

210　　9.　気象予測の科学化と気象学のベルゲン学派

Einweihung des Königl. Aeronautischen Observatoriums Lindenberg am 16. Oktober 1905.
Der Kaiser mit dem Fürsten von Monaco nebst Gefolge, dem Aufstiege eines Registrierballons nachsehend.

図 9-2　1905 年 10 月 16 日のリンデンベルク高層気象台の開所式でドイツ皇帝ヴィルヘルム II 世がモナコの王子らと気球の放球を見ているところ

必要があった．放っておくと高層大気の観測者たちにこれまでの観測方法が固定化する恐れがあった．

　ビヤクネスは 1909 年に行われた国際気象委員会（IMC）の第 6 回科学航空国際委員会に出席した．ここで高層大気の観測時刻の統一と長さ，質量，時刻の基礎単位から導き出された気圧の絶対単位として，$1\,\mathrm{cm}^2$ あたり 10^6 ダイン（dyne）を 1 バール（bar）[*7] と定義して使用することを世界で初めて提案した．委員の多くは物理学者ではなかったため絶対単位の使用は理解を得られなかったが，高層大気の観測時刻の統一は，1909 年 7 月の国際高層気象観測日の設立提案とともに賛同を得られ，国際気象機関の長官会議にかけられることが決まった．さらにビヤクネスはこの科学航空国際委員会の委員になった[5-4]．

　ビヤクネスは，1910 年に高層大気の組織的観測とそれを使った力学的解析手法を訴えるために，ロンドンとベルリンを訪れた．特にベルリンでは，風を把握するための自身の手法が飛行船の運航などの実用的な航空学にとって極めて重要になることを実感した．そのため彼は「静力学」と「運動学」の本を 1912 年にドイツ語

---

*7　イギリスの気象学者ゴールドがその 1/1000 であるミリバールを提案してその呼称が定着した．現在は SI 単位系のヘクトパスカルが使われている．ミリバールの値はヘクトパスカルと同じ．

でも出版した．彼は 1912 年に開催される IMC の会議を高層大気の気象観測を改革する機会とみていた．

　1912 年のウィーンでの IMC の会議で，ビヤクネスは大気の物理状態を三次元で表現するために高層気象観測でのジオポテンシャル高度の導入を主張した．彼の主張は認められたが，翌 1913 年のローマでの IMC の会議での承認という条件がつけられた．ところがローマの会議の前に，オーストリアの気象学者ハンの弟子から絶対単位の利用についての批判を受けた．ローマでの IMC 会議では，ミリメートルの使用を残した形でのミリバールの使用が合意されたものの，それでもジオポテンシャル高度の採用は論争を引き起こしたため，やむなく委員長のヘルケゼルは決定を延期した[5-5]．しかしビヤクネスは決定の延期にそれほど落胆していなかった．IMC での決定には至らなかったものの，アメリカやイギリスは独自に絶対単位の利用を計画していた．実際にアメリカでは 1914 年 1 月 1 日からこの単位を用いた北半球の地上天気図を毎日発行することを始めた[4-5]．さらにもっと大きな状況の変化として，次節に述べるように彼は世界の高層大気の観測と高層気象学を実質的に先導するドイツ，ライプチヒの新しい地球物理学研究所の所長になることが決まっていた．

9-1-6　ライプチヒ学派の設立

　ビヤクネスがライプチヒ大学地球物理学研究所の所長に就任することになった経緯は次のとおりである．彼は 1907 年にノルウェーのロイヤル・フレデリック大学の教授となっていたが，ノルウェーでの気象学の研究環境はよくなく資金もあまりなかった．そのためサンドストレームは 1908 年に研究環境のよいスウェーデンの研究所に移った．カーネギー研究所の支援でヘッセルベルク（Theodor Hecselberg, 1885-1966）とスベルドラップ（Harald Sverdrup, 1888-1957）を助手として雇ったが，人手が足りないために研究は進まなかった．その状況を変えたのは航空学の進歩だった．ドイツでは航空の進歩を自国の発展の機会と捉えていた．ツェッペリン飛行船の基地があったライプチヒは飛行船の世界の中心地となり，ライプチヒ大学の実験物理学教授ヴィーナー（Otto Wiener）が先導して，1909 年にはライプチヒ航空学協会（Leipzig Society for Aeronautics）が設立された[5-6]．

　ヴィーナーは政府と大学に対して，航空の発展を阻んでいる気象の問題を研究する地球物理学研究所を設立するように勧告した．その際に，彼は物理学者としてビヤクネスの物理学を使った気象予測に目をつけた．ヴィーナーはビヤクネスと同様

に力学による物理学の構築に関心があり，以前からビヤクネスによる物理学の古典的な取り扱いに好意的だった．ヴィーナーはライプチヒ大学地球物理学研究所の設立計画の当初から，ビヤクネスがその所長に適任と考えていた[5-6]．またビヤクネスにとっても，かなりの資金を持つ世界初のその研究所で高層大気の気象データと自らの手法を駆使して物理学を使った気象予測について研究し，また自らの方針に沿った学生を育てることは気象予測の科学化を発展させていくのに願ってもない機会だった．

1913 年 1 月 8 日，ビヤクネスはライプチヒ大学地球物理学研究所の所長に就任した際の演説で，物理学を使った気象予測について次のように述べた．

"数世紀前，天文学のために解かれた正確な予測計算の問題は，現在では気象学に対してあらゆる熱意をもって取り組まなければなりません．この問題は途方もない重要性を持っています．その解決は長い努力の結果でしか得られません．個々の研究者が最大の努力を払っても，一気に先に進めることはできません．しかし，私は我々の研究の目的としてこの問題の検討を急ぐ必要はないと確信しています．誰しもただちに達成できることだけを目的とするとは限りません．おそらく到達不能なほど遠い目的であっても，それにまっすぐに向かう努力は一つの針路を定める役目を果たします．そのため現在の状態において極めて遠いこの目的は，努力と研究のための貴重な計画を与えるのです."[11]

これは，気象学者たちの純粋科学と予報者たちの実用技術とを統一しようという考えでもあった．彼は講義でこう述べた．「これまで物理学者たちは大気の極めて理想的な状態を扱ってきたが，現在は高層気象学のおかげで，厳密な物理学方程式を実際の大気に適用することが可能となっている．それは方程式に含まれている理解を実際に適用できる方法を発見することである.」[5-7]

ライプチヒ大学地球物理学研究所では，1916 年にヘッセルベルクがノルウェー気象研究所の所長として，スベルドラップがアムンゼンの計画する北極探検の隊長となるために，それぞれビヤクネスの元を離れた．その代わりに，息子のヤコブ・ビヤクネス（Jacob Bjerknes, 1897-1975）と同じノルウェー出身のゾルベルク（Halvor Solberg, 1895-1974）が助手として加わった．

ヴィルヘルム・ビヤクネスが自身の理論的な研究を進めるために直面した難問は，ベクトル解析を行うことができる高品質の気象データを得ることだった．彼らは地上付近の大気についての三次元の観測データを入手して，流体力学方程式を用いて試験的に 3 時間後の風の場を計算した．しかし，地上近くの風は地形と地面摩

擦によって理論的な状態からかなり外れていたためうまく行かなかった．彼らはもし地形によって邪魔されないもっと上層の観測結果を得ることができるならば，満足な精度で風を予測でき，その結果有効な天気予報ができるはずだと考えた．そのため，この研究所は 1913 年から国際高層気象観測日の各高度の診断天気図を『大気状態の総観的表現（Synoptische Darstellungen Atmosphärischer Zustände)』と題してシリーズで出版した[12-1]．

ヴィルヘルム・ビヤクネスは，理論的な物理学による予報方程式を，現実の大気に対して解くことは容易でないことを十分にわかっていた．彼は，物理学による予測手法の開発にかかる手間と予報の実時間での運用をトンネルの工事に例えてこう述べている．

"山にトンネルに穴を開けるために長年がかかるであろう．多くの作業者は成功の日を見るまで生きていないかもしれない．それでも，それは後に他の者が急行列車の速度でこのトンネルを通過すること妨げるものではない．"[11]

ライプチヒ大学地球物理学研究所で気象研究に携わった研究者たちは，後にライプチヒ学派と呼ばれるようになった．

9-1-7　第一次世界大戦の気象学と収束線

第一次世界大戦の間，戦争の機械化と精密化，軍事作戦とそれを支援する経済活動の効率化のために多くの科学が戦争への貢献を求められた．その中で気象学もその重要性が著しく増加した．しかしながら戦争が始まるまでは，多くの国が気象を戦争そのものにとって重要な要素とは見ていなかった．イギリス陸軍でも 1914 年の段階では「実質的にいかなる気象情報も不用である」というのが公式の態度であった．

一方でドイツでは戦前から王立プロシア高層気象台で高層大気の研究を進め，また気象学者をドイツ西部国境付近に配置して上空の気象を調査していた．戦争が始まると，ツェッペリン飛行船によるイギリス爆撃では行きは高度 1000 m 前後の東風を，帰りには高度 2000〜3000 m の西風を利用し，また飛行船の基地も季節の風に応じて北海沿岸や内陸に移した．これに気付いたイギリスは 1915 年 5 月から天気予報の公表をやめた[13-1]．フランスも気象を戦争とは無関係と見なしていた．しかし 1915 年に毒ガスを使った攻撃の正否がこの戦争で決定的になる恐れが出てきたとき，フランスはイギリスとともに気象部隊を前線後方に設立した．

第一次世界大戦から兵器として使われた航空機の運用にも気象情報は欠かせな

かった．飛行のためには，まず航路上の風向・風速，雲量，雲の種類，雲高，視程，霧，着氷の情報が必要なだけでなく，目標周辺の気象とその変化を予想し，攻撃目標，作戦時期，機種の選定や誘導などを行う必要があった．また長射程砲や突撃を行う際の大砲の集中砲火術では，風の影響を考慮して命中精度を高めるために弾道が通過する高層大気の観測データが不可欠だった．戦争が始まってみると，戦場において気象条件を無視できないことは誰の目にも明らかだった．

　軍事作戦に関連した予報は，気象の種類やその発現する場所や時刻において，平和時よりはるかに高い精度が要求された．そのため気象の軍事利用において三次元での大気構造に関心が高まった．高層大気はもはや単に高層気象学の研究者だけの関心事ではなかった．また戦争の副産物として，砲爆撃音の異常伝搬から高度40 km 付近までの超高層の温度構造を推定する気象学も発達した[13-2]．

　この詳細な気象を予報するうえで，ときには数百 km の長さを持ち，急速に移動して雷雨や強風をもたらす線状スコール*8 は飛行船や飛行機に致命的な影響を与えるため，その予測に強い関心が持たれた．線状スコールについては，すでに1890 年にフランスの気象学者デュラン-グレヴィユ（Durand-Greville, 1838-1914）が各地の自記記録計を使って気象要素が不連続となる線を解析し，急風線と名付けた線状スコールの発見を主張していた[14-1]．また風の収束線については，1904 年にサンドストレームが風の流線を解析して注目していた．1910 年にビヤクネスは，ショーが用いた流跡線のように風の流れを図示化することによってアメリカ大陸上で風の収束や発散場所を示して，その気象予測への利用可能性を指摘していた[7-3]．ただし当時，収束線は後の前線のような気温の不連続線とは見なされていなかった．そしてこの課題を，ライプチヒ大学地球物理学研究所で最初に博士号を取得したペゾルド（Herbert Petzold, 生年不詳-1916）が担当した．彼は風の収束線の場所を予測することを研究し，風の収束と線状スコールとの関係を確信したが，1 年の研究の後にドイツ軍に招集され，1916 年に激戦地ヴェルダンで戦死した．

9-2　ベルゲン学派の気象学

9-2-1　ノルウェーの危機とヴィルヘルム・ビヤクネス

　ノルウェー西岸の地であるベルゲンは長い間ノルウェーの科学の中心となっていた．その核となっていたベルゲン博物館（Bergen Museum）では，西ノルウェーで

＊8　細長い線状の地域で突然に強風や強雨，雷が短時間起こる現象．

待ち望まれていた大学を設立する準備が行われていた．1916年にそこに地球物理学のさまざまな分野から人を集めてベルゲン大学地球物理学研究所を作ることになり，ヴィルヘルム・ビヤクネスはそこの教授に招請された．ヴィルヘルム・ビヤクネスはいずれ母国に戻りたいと考えてはいたが，それはライプチヒで「気象予測の科学化」を成し遂げた後でと考えていた．しかしながら，ペゾルドをはじめ多くの学生が徴兵されて研究は行き詰まっていた．またイギリスによる海上封鎖のため中立国との貿易も極めて困難となり，ドイツでは食糧の輸入も止まって生活環境は悪化していった．

ノルウェーでは政治家でもあったナンセンが，ヴィルヘルム・ビヤクネスが戻った際のノルウェーでの研究環境の手配に尽力していた．ヴィルヘルムは1917年に息子のヤコブとゾルベルクの二人の助手を伴って母国ノルウェーへ戻る決心をした．ところが帰国してみると，ノルウェーは戦争に中立だったにもかかわらずドイツによる無制限潜水艦作戦によって船舶が大損害を被って貿易はほぼ途絶しており，食糧は配給制になるなど母国は危機に瀕していた．またツェッペリン飛行船によるイギリス空襲のため，頼っていたイギリスの気象情報が軍事機密となり，農業や漁業などの基幹産業のための気象情報は大きな制約を受けていた．特に西海岸の暴風警報サービスは完全に停止しており，1918年に入るとノルウェーは食糧不足によって遠からず飢饉に見舞われることが予想された．個人の経験に頼ったこれまでの気象予測の手法では限界が目に見えており，気象予測の改善による産業への支援は緊急の課題となっていた．

ヴィルヘルム・ビヤクネスは航空，漁業，海上輸送，農業にとっての気象予報の重要性をよく理解しており，ただちに母国を救う決断をした．それは自身の研究を「将来の実現を見据えた気象予測の科学化」から，「ただちに使える気象予測の技術開発」へと転換させることだった．また天気予報の変革によって，食糧危機が救えることを政府などにも広く理解してもらう必要があった．ヴィルヘルムは4月に政府に予報体制の改革のための要望書を送った．それには予報の改善によって農業生産が上がれば，予報サービスに要する費用の何倍もの効果があがることが強調されていた．彼は首相にも会って理解を求め，予報サービスのための予算は6月には承認された．北海周辺からの気象電報の停止を補って農業などへの予測精度を確保するためには，国内の観測地点数の大幅な増加が不可欠だった．海軍の沿岸監視哨の支援を得て，それまで西ノルウェーに三つしかなかった電報による観測地点は，6月末には60か所になった（図9-3）[5·8]．

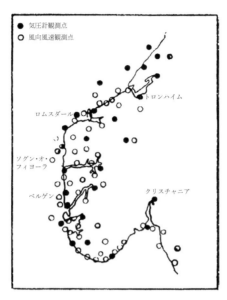

図 9-3　1918 年夏の西ノルウェーでの観測地点

　夏季の農繁期の予報に備えて，実験的な予報はその前から始まっていた．ベルゲン大学地球物理学研究所は，アカデミックな科学の府から毎日の天気予報を行う予報センターへと変貌した．気象に物理法則を当てはめる研究をしていた助手たちも，物理学の素養を持った予報者へと衣替えした．このとき地球物理学研究所でヴィルヘルム・ビヤクネスの下で研究と予報を行ったのが，当時新進気鋭の若者であったヤコブ・ビヤクネス，ゾルベルク，ベルシェロンであり，後にロスビー，パルメン，ペターセンらが加わった．彼らはベルゲン学派（ノルウェー学派）と呼ばれている．

　ヴィルヘルム・ビヤクネスは 1918 年夏に予報サービスを開始するにあたって，観測者たちのためのマニュアルを作った．その際に天気変化の前兆に雲の観測を用いる実験として，観測者たちにどんな気象変化の兆候も見逃さないように，目に見えるあらゆる空模様を詳細に調べるよう要求した．それは将来の航空予報のための準備でもあった．彼らは空の観測は気象予測に対して天気図と同等の重要性を持つと考えていた．気球を使った高層気象観測では，パラシュートを付けた記録計を地上で発見して回収するまでに相当の時間がかかる．高層大気の観測結果を予報に即時

的な形で使うことは困難であるため，気象観測では目視による空の観測を重視した．また予報者にも天気図の利用だけでなく，自身での空の監視を義務付けた．そのため気象台や観測所は空を監視できる見通しのよい場所に設置されるようになった．

9-2-2　前線の発見

　ベルゲン学派では，予測に対する基本的手法を次のように考えていた．風の観測から等風速線と等風向線を描くと，その分布から収束と発散が推定でき，それから鉛直流を求めることができる．鉛直流は天気に大きな影響を及ぼすので，天気や気温，気圧などの気象要素の分布と合わせて現在の鉛直流の分布を運動学的に診断し，それに基づいて将来の大気の状態を予測すれば天気を予想することができる[15-1]．まずは収束と発散を推定するための収束線の解析が大きな課題だった．風の収束線については，ペゾルドの後を引き継いでヤコブ・ビヤクネスが密な観測網からのデータ解析にあたった．彼は風の流線を天気分布と比較したとき，低気圧の構造の一部として「幅の広い雨の領域」と「狭い線状スコール」という収束線と関連した二つの特徴的な雨のパターンに気付いた．彼はその「幅の広い雨の領域」は低気圧の前面に南から舌状に伸びた暖気を伴っており，その水蒸気の凝結によって気圧が最も低下する収束線の方向に沿って低気圧が進行すると考えた．そのため彼はこの収束線を「ステアリング*9ライン」と呼んだ．ただし，ステアリングラインは低気圧の進行方向に近いだけで，むしろ大気の熱的な境界であることに気付いたため，彼は1921年には温暖前線という名称を用いた[7-4]．一方で線状スコールはそれまで低気圧とは関係ない独立した現象と考えられていたが，彼は背後に寒気が流入している狭い線状スコールを低気圧構造の一部と考えて「スコールライン（後の寒冷前線）」と呼んだ[5-9]．それはドーフェによる気流の接触やフェレルによる対流の考え方などを踏まえながら，綿密な観測をもとに構築された考え方だった．総観天気図が作られるようになって約60年後の低気圧構造に関する革新的な発見だった．

　重要な大気現象は低気圧中の収束線と関係していることはわかったが，実際に予測で収束線を用いるためには極めて密な観測網からの風の観測が必要だった．収束線を予測手法の基礎に位置付けることは困難そうだった．1919年にヴィルヘルム・ビヤクネスらは，先に低気圧を概念化することにした．特にヤコブは，父ヴィルヘ

＊9　ステアリングとは進行方向を決めているという意味．

ルムが 1911 年に示した大気の運動学に基づく二次元の低気圧モデルを，空の観測の結果に基づいて三次元に拡張して解釈することにした[5-10]．その結果，ベルゲンの気象学者たちは，目視による雲の観測結果を三次元的な不連続面があることの前兆として使えることを見い出した．これは高層大気の直接観測の不足を補う間接的な高層気象観測となった．ヴィルヘルム・ビヤクネスはこう述べている．

"最初に薄い巻雲が見える．これは嵐が持つ特別な構造の最初の目印である．典型的ケースでは，これらの巻雲は薄い乳白色のベールに徐々に変わり，太陽と月はそれを通して暈に囲まれた淡い円板に見える．それは予報者のいう通りに暴風が接近しているという強い証拠となる．そのベールは徐々に密度が高くなって高層雲へと変わり，続いて雨滴が落ち始め，徐々に降り続く雨となる．"[5-11]

さらにヤコブ・ビヤクネスには，ステアリングライン（温暖前線）の幅広い雨域の寒気に対して暖気が真横から吹き込んでいるように見えた．この暖気はなだらかな山岳にぶつかるように寒気の上に乗り上げて，雨域を押していると説明できた．一方でスコールライン（寒冷前線）では，重い寒気が位置エネルギーを放出しながら行く手にある軽い暖気の下に潜り込んで持ち上げるために，狭い雨域と強い風を形成すると説明できた．そうすると，寒気と暖気の出合うところをもはや単なる地上での収束線とは解釈できなかった．両者が出合うところは上空で傾いた境界面となることを意味した（図 9-4）[5-12]．暖気が寒気に乗り上げる境界（温暖前線）の鉛直方向への傾きは，マルグレスの式から水平距離のおよそ 1/100 と計算することができた．彼は風向，気温，湿度などの気象要素が急激に変化するこの大気の三次元の不連続面こそが，低気圧が悪天候を引き起こす主要因であることを発見した．この結果は 1919 年に「移動する低気圧の構造について（On the structure of moving cyclones）」という題の論文で発表された．

この発見は日本の天気予報にも影響を与えた．元中央気象台長の岡田武松は戦後に当時のことを次のように語っている．"ビヤークネス氏が不連続線を天気図に導入したのは，大正 8 年すなわち，1919 年ごろであって，新天気予報法を提案したのもその頃である．ビヤークネス翁は，各国の気象台に書簡を送り，新案天気予報の講習会を開くから，ご希望があったら講習員をよこしてもらいたいといってきた．そこで，我が中央気象台からは，藤原，築地両氏を相前後して派遣した．そうして，我が邦の天気予報にも，この新案の方法の少なくとも原理だけは取り入れることとなった．もちろん気団の考えもその頃取入れられた．不連続線が天気図の上に取り入れられても，天気予報の的中率が急に 1 割も 2 割も増したというのでは

9-2　ベルゲン学派の気象学　　219

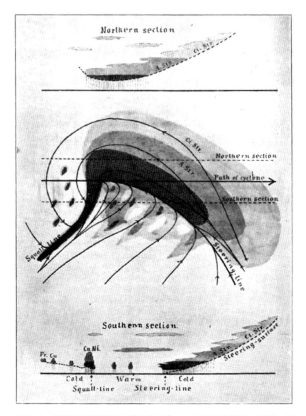

図 9-4　移動する低気圧の雲と降水域　　上図は低気圧の北側，下図は低気圧の南側の断面図（中央図の破線での断面）．左側が寒気，中央に暖気があって，さらに右側に寒気がある．寒気と暖気の左側の境目がスコールライン（寒冷前線）で右側の境目がステアリングライン（温暖前線）．

ないが，これまでのように，高，低気圧だけで説明が付かなかった天気が大分減じてきたのは確かである"[16].

9-2-3　寒帯前線論

1918年に第一次世界大戦が終わると，戦時中に発達した航空機を商業活動に使う動きが活発化した．航空機の気象に対する安全性を確保するためには，それまでにない詳細な気象予測が必要だった．また陸上だけでなく北大西洋の洋上飛行のた

めの気象予報が問題になることも予想された．ヴィルヘルム・ビヤクネスは，大西洋上の船舶を含む欧米間の気象観測データの無線電報による交換がそのような気象予報の変化に対応できる基盤となると主張した．1919年にはパリ平和会議（Paris Peace Conference）の中で「航空航法規則に関する会議（Convention Relating to the Regulation of Aerial Navigation）」が開催され，そこで航空航法に関する基礎が確立された．それまで気象観測のために国際的に認められたコードは一桁（0-9）しかなかったが，この会議で新たに100種類の気象を区別した新しい「ww」コードが採用された[5-13]．また国々の間での毎日数回の無線電信による観測データの通報と交換も明記された．

この観測の質と頻度の変化がベルゲン学派による低気圧の発達の解明を助けた．ゾルベルクは1919年晩夏に，スコールラインが徐々にステアリングラインに変わって新しい低気圧に発達していく状況に注目した．十分に発達した低気圧から伸びたスコールラインの後尾で，小さな波状のパターンが生成され，それが新しい低気圧に発達した（図9-5）．これは成熟した低気圧が新しい低気圧を「生み出す」ことを意味した．これはそれまでの低気圧を単独の現象としてではなく，熱特性や水蒸気特性が異なる大気境界の波動の一部として捉えるという新しい考え方を提示した．

ベルゲンの気象学者たちはさらに議論し，12月には大きな飛躍を伴った仮説を考えた．それは「低気圧を伴っている不連続面の波は北半球を1周しているのでは

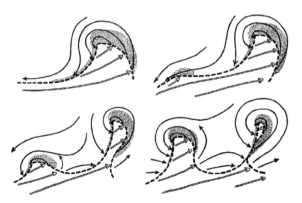

図9-5 十分に発達した低気圧から伸びたスコールラインの後尾で，小さな波状のパターンが生成され（右上図），それが新しい低気圧に発達する概念図（下図）

ないか」ということだった．ゾルベルクは船舶観測を含めた過去の観測データを解析した結果，北アメリカから西ヨーロッパにかけての天気図上で1本の不連続線を発見した．それは北極の周囲を1周する不連続線の一部のように見えた．ベルゲン学派の人々は，この寒気と暖気の不連続線を伴った低気圧モデルを全球規模に拡大した．当時はその大半が両軍の前線（front）での塹壕戦に終始した第一次世界大戦が終わったばかりだった．彼らは「極域の寒気が赤道に向かって攻撃を始め，赤道付近の暖気がこれに対して極に向かって反撃している．極域の寒気が最も遠くへ進出しているところで，半球を巡るこの二つの対抗している大気の間で『戦線』が存在している」と考えた．数か月後，彼らはこの「戦線（battlefront）」という言葉を「寒帯前線（polar front）」に改めた[5-14]．この考えは寒帯前線論（polar front theory）と呼ばれている．前線という言葉の導入に伴って，彼らはそれまでの「ステアリングライン」と「スコールライン」もそれぞれ「温暖前線」，「寒冷前線」と呼ぶようになった[5-14]．

　ヤコブ・ビヤクネスとゾルベルクは寒帯前線を地球規模の大気循環の一部と見なした．中高緯度での高低気圧などの現象はこの大気循環の中で起こっており，寒帯前線を理解してその動きを予測できれば，それを使って数日から数週間先の予測ができると考えた．これは，低気圧などの大気擾乱が寒帯前線の波動から生じていると見なすことができれば，ヴィルヘルム・ビヤクネスが掲げている気象予測の理論化を実現できる可能性を示していた．これは不連続面という新たな発見に基づいて，ドーフェ以来の地球規模での気流の接触という考え方と，その後の低気圧の熱的な構造の発見を吸収して総合した考え方といえた．ベルゲン学派の人々は，これを「寒帯前線気象学（polar front meteorology）」と命名し，この革新的な寒帯前線論を世界に広めようと努力した．

9-2-4　ベルゲンへの留学生

　ヴィルヘルム・ビヤクネスは寒帯前線論を各国に広めるとともに，またこれを使って実際に予報を行うために各国の気象観測の国際的な組織化を目指した．そのため彼を始めとするベルゲン学派の気象学者たちは，各国を回って講演したりベルゲンに留学生を受け入れたりした．その留学生の一人に後に中央気象台長となる藤原咲平（1884-1950）がいた．彼は1921年から約5か月間ベルゲンに滞在して，ベルゲン学派の手法の習得と議論に加わった．彼の回想によると，午前10時ごろから研究室全員が参加して天気図をもとに解析当番の説明を聞いて議論し，結論さ

れた予報は午後2時ごろまでには市内の関係者に伝えられるとともに郵送された[17-1]. 彼はベルゲンでの議論をもとに，寒帯前線のメカニズムの一部を渦の特性として「運動の対称性に対する自然の傾向とその気象学の原理としての適用（The natural tendency towards symmetry of motion and its application as a principle in meteorology）」という題でイギリスの王立気象学会誌に発表した．彼はその論文で渦とその性質を使って気象の説明を試み，これは後の台風に対する「藤原効果[*10]」の発見につながった.

日本での寒帯前線論の扱いについて藤原咲平はこう述べている．"日本では此前線は徴温的に扱われ，極めて顕著な時だけ問題にされる程度であったが大谷，荒川等諸氏が天気図に携わる頃になって，ようやく毎日の天気図に現れるようになり，戦争後はまったくノルウェー-アメリカ流の天気分析がほとんど機械的といい得るほど板に付いて行われてきたのは皆様御存知のとおりである"[17-2]. 日本で寒帯前線論が本格的に採用されて，天気図の中に前線が描かれるようになったのは第二次世界大戦後になってからだった．ただ戦時中に一部では利用が始まっていた．中央気象台の気象技術官養成所出身で第五艦隊旗艦である巡洋艦「那智」の気象長となっていた前川利正少尉は，ノルウェー出身のベルゲン学派の気象学者ペターセン（Sverre Petterssen, 1898-1974）の気象学の本を勉強して前線解析を行った．彼は上官から敵性の書物を使ったことを責められたが，解析の結果が正しいという確証が得られたため，その前線解析手法を数百冊のパンフレットとして配り，海軍全体に受け入れられることになったと述べている[18].

藤原咲平に加えてもう一人アメリカからベルゲンに留学生が来ていた．それはベック（Anne Louise Beck, 1896-1982）というカリフォルニア大学を優秀な成績で卒業した女性で，彼女のことは藤原のベルゲン留学の回想記[17-3]にも書かれている．彼女はベルゲン学派の手法を十分にマスターし，ヴィルヘルム・ビヤクネスの1921年の論文「大気と大気渦と波動への応用による循環渦の力学に関して（On the Dynamics of the Circular Vortex with Applications to the Atmosphere and Atmospheric Vortex and Wave Motions）」を作成するのを助けた[4-6]. 彼女は1921年6月にアメリカに帰国し，そのときアメリカ気象局ではワシントンで職を提供しようとしたが，出身のカリフォルニアからはあまりに遠いため彼女は申し出を辞退した．彼女はカリフォルニアへ戻って，カリフォルニア大学バークレー校の地理学科

---

*10　二つの台風がある程度接近すると，相互作用が働いて反時計回りに両者が回転する現象.

で総観天気図におけるベルゲン学派気象学の応用をテーマに修士号を得た．そしてベルゲン学派の手法を知ってもらおうと，当時気象局が出版していたマンスリー・ウェザー・レビュー誌に，ベルゲン学派の手法で実際に低気圧を解析した論文を送った．しかし論文は編集者によって改変され，しかもページ数制限を理由に分量を削られて出版された．これは気象局によるベルゲン学派手法に対する抵抗だった[4-7]．彼女は大学を卒業後，しばらく高校で数学や天文学を教え，その後航空学校で気象学の講師をしていたようだが，大戦が始まると陸軍航空隊の気象学の講師となった．おそらく彼女はベルゲン学派の気象学をマスターした最初の女性だったと思われる．しかしながら，当時のアメリカでは予測手法に対する保守的な状況と男女の役割に対する期待の違いから，十分な活躍はできなかった[4-8]．

9-2-5　前線の閉塞と低気圧の一生

　9-2-3で述べたように，1919年にゾルベルクが寒冷前線上での新しい低気圧の発生に注目していた頃，ベルゲン学派の気象学者の一人であるベルシェロン（Tor Bergeron, 1891–1977）は，低気圧の発達時の奇妙な出来事に気付いた．彼はスウェーデン工立科学アカデミーの気象研究所にいた際に，ヤコブ・ビヤクネスとゾルベルクにスカウトされてベルゲンにやってきた．彼は優れた才能を持っていただけでなく，エクホルム，アレニウスなど有名な科学者を知り合いに持つという環境にも恵まれていた．彼が発見した低気圧の発達時の奇妙な出来事とは，天気図上で寒冷前線が温暖前線を追い越すと，温暖前線後面の暖域が消えてしまったように見えることだった．二つの前線が統合して暖域が消滅した後，雨はこの統合した地上の不連続線の前方で降っていた．雨が降っている地上では気象要素のいかなる不連続もなかった．

　彼はこの謎を「温暖前線に追いついた寒冷前線が暖域を地上から持ち上げ，暖域との不連続な面が上層に移ったのではないか」と考えた．1920年には，他のベルゲン学派の人々もこの過程を認めるようになり，この現象は当初「隔離（seclusion）」と呼ばれた．1921年にすべての観測所から詳細な天候と雲の区別が報告されるようになると，ベルシェロンは目視による間接的な高層気象学を発展させ，三次元で起こっている現象の過程を詳細に描写した．さらにベルシェロンはその作業の中で，後ろから急速に進んできている寒気が，温暖前線の前にある寒気より冷たいか暖かいかの違いによって前線統合に2種類あることを示した．このメカニズムがはっきりになるにつれて，ベルゲン学派の人々はこれを「閉塞（occlusion）」と呼

ぶようになった[5-15].

　この過程は低気圧の発達と衰退に関する疑問解決のための鍵をもたらした．寒気と暖気が地上で隣接してまだ閉塞していない低気圧では，寒気が暖気を持ち上げることによって運動エネルギーを増加させることができるが，寒気と暖気が隣接していないと，低気圧は衰え始めることを意味した．この発見は，それまでの「低気圧が二つの前線を伴って形を保ったまま移動する」という静的な概念を変え，低気圧は移動しながらその形を変えて発達や衰退をしていくという動的な概念をもたらした．この考え方は，その形から低気圧が今後発達するのか衰退するのかを予測することを可能にした．

　ゾルベルクは，北半球を一周していると考えていた一つの寒帯前線は，実際には四つの主な寒帯前線から成っているという説を提唱した．彼の説ではおのおのの寒帯前線は南西から北東に向けて伸び，地球規模の大気循環の中で西から東へ移動する．低気圧はこの寒帯前線の南西端で発生し，前線に沿った波動として北東に移動しながら発達する．最終的に低気圧は閉塞過程を通して徐々に静止した渦になる．彼の説に従うと前線に沿っていろいろな発達段階の低気圧が同時に存在して親から

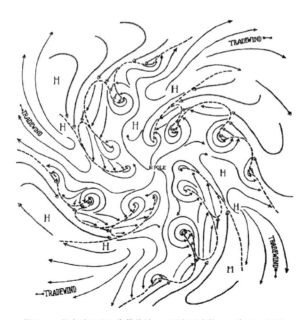

図 9-6　北半球を巡る寒帯前線上の低気圧家族　　中心は北極．

子供まであたかも家族を作っているように見えるため，それらは「低気圧家族
(cyclone family)」と呼ばれた（図 9-6）．この考え方を使えば，寒帯前線を見分け
てその中の低気圧とその発達段階を追跡すれば，5 日程度先までの予報ができると
考えられた．この考えは 1922 年にヤコブ・ビヤクネスとゾルベルクによって「低
気圧の一生と大気循環の中での寒帯前線論（Life Cycle of Cyclones and the Polar
Front Theory of Atmospheric Circulation)」という題で論文に発表された．

9-2-6　気団解析の始まり

　第一次世界大戦後，ベルゲン学派の人々は晴天日の午後に降るにわか雨の予報に
悩まされていた．にわか雨は強風や雷を伴うことがあり，航空機にとって脅威であ
るだけでなくノルウェーでは畜産にとって重要な干し草作りに影響を与えていた．
晴れと予報した日のにわか雨は，農作業の計画を狂わせて生産効率を下げるだけで
なく，外に干した草を濡らして腐らせるため，雨の予報のときより事態を悪くして
いた．にわか雨は前線や低気圧に関連しては降らず，むしろしばしば雲のない晴れ
わたった日の午後に降り，また晴れた日でも降る日と降らない日があった．にわか
雨は無秩序に出現し，その原因に明白な仕組みはないように見えた．ベルゲン学派
の人々は，晴天時のにわか雨の予報方法を「晴天気象学（fair weather
meteorology*11)」と呼んだ[5-16]．

　彼らは研究を進めたが，気圧分布による予報はまったく役に立たなかった．その
うちに彼らは，水蒸気量と大気の鉛直安定度がにわか雨と関係しているようだと気
付いた．南や南西からの湿った暖かい気流は海面で冷やされるものの，陸域の重い
寒気の上に上ってしまうため大気は安定だった．北から流入する冷たく重い極域の
大気は，地面で暖められて軽くなって対流を起こしたが，水蒸気をあまり含んでい
ないためにわか雨にはならなかった．極域の大気が十分な水蒸気を含むとき，ある
いは局地的な海風が内陸まで十分な水蒸気を運んできたときににわか雨が降った．
つまりノルウェー上空の極域の大気が，昼間の海風から水蒸気を徐々に受け取って
十分に湿ってから晴天の下で暖められたときに，にわか雨を降らせた．ヤコブ・ビ
ヤクネスとゾルベルクは，「大気の安定度と水蒸気の含有量に関する大気の状況が，
局地的なにわか雨を起こしたり，起こさなかったりする要因」と結論した[5-17]．

　ベルゲン学派の気象学者たちは，大気が過去にどこにあったのかが，その大気が

＊11　fair weather には，「重要な時に役に立たない」という意味もある．

226　　9.　気象予測の科学化と気象学のベルゲン学派

持つ物理的な特性の多くを決定している点に注目した．大気は同じところに留まっていると，そこの陸や海面の状態との間で平衡に達する．その状態は広域の大気に気温と水蒸気の共通な鉛直分布をもたらす．特に上層の大気は保存的な特徴を持っているため，その起源に基づいて広域で一様な特徴を持つ大気を初めて「気団」として分類した．1922年までに彼らは大気の過去の位置によって定義される四つの明瞭な気団（赤道気団，熱帯気団，寒帯気団，北極気団）を定義した．この気団で特に大切な特徴は大気の鉛直安定度だった．ベルゲン学派の一人カルワゲン（Ernst Calwagen, 生年不詳-1925）は気団の特性を研究して，気団の直接の高層観測がにわか雨の予報を可能にすると考えた[5-18]．

　カルワゲンは高層大気の気象要素の鉛直分布を得るために，飛行機を使った観測に着目した．第一次世界大戦後，数か国の気象学者たちが，飛行機に搭載して気象観測を行うための測定器を開発し始めていた．彼は飛行機に搭乗して気温の鉛直勾配，湿度，気圧を記録するとともに，雲の移動方向，規模，成長や減衰の様子の観測や写真撮影を行った．カルワゲンの研究は気団構造の解明に多くの有望さを示したが，1925年8月10日に飛行機観測を行っている最中に飛行機が空中分解して彼は亡くなった．1924年にはアメリカ気象局の高層気象の優れた研究者であるメイジンガー（Leroy Meisinger, 1895-1924）が，気球に搭乗して気象観測を行っている最中に雷に打たれて亡くなっていた．当時の高層大気の観測はまだ命がけの冒険でもあった．カルワゲンの観測結果と研究は，彼の友人で同僚だったベルシェロンが引き継いだ．ベルゲン学派によって新たに各気団（極域大陸性，極域海洋性，熱帯大陸性，熱帯海洋性）とその識別法が定義され，その気団解析は気団の移動先の予報を容易にした．この気団解析は航空や産業での気象学の利用を拡大した．

9-2-7　降雨過程の解明

　落下するほど大きな雨滴が雲の中でどうやってできるのかは長年の謎だった．雲粒の生成については凝結によることがわかっていたものの，雲粒同士の衝突では落下するほど大きな雨滴には簡単にはならない．ベルシェロンは保養のためによく訪れたオスロ近くの山腹で，1922年にモミの森の道を何度か歩いている間に気温によって霧のパターンが異なることに気がついた．彼はそれをもとに雨滴ができるメカニズムを，「十分に冷たい高度にある過冷却状態[*12]の雲では，雲粒から水蒸気が

---

*12　水が氷点以下でも凍らずにある状態．

9-2　ベルゲン学派の気象学　　227

蒸発して氷晶核[*13]に凝結する．こうやって氷晶核が十分に大きくなると落下し始める．これが暖かい大気層まで落下すると，溶けて雨滴となる」と考えた．彼は，1933年のリスボンの国際測地学・地球物理学連合の会合でこの説を「雲と降水の物理に関して（On the physics of cloud and precipitation）」という題で発表した．この氷晶核による雨滴の生成理論は，ベルシェロン過程（またはベルシェロン・フィンダイセンの説）とも呼ばれている．このメカニズムは，中高緯度でのほとんどの降水を説明し，また人工降雨実験のための科学的な根拠となっている．

彼は後年にこの生成理論を発見したときの状況を，自叙伝的な手記として残しており，その中でこう述べている．

"1922年2月に……私はオスロの近くの高度430 m（1400フィート）の丘の保養地でレクリエーションのための数週間を過ごした．その丘では我々はしばしば過冷却された層雲の中にいた．モミの森の中の幅が狭い道を山腹の輪郭と平行して歩い

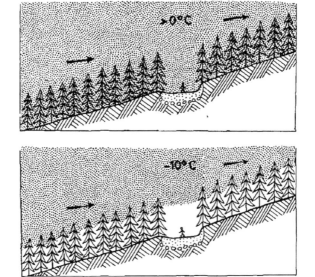

図9-7　オスロの近くの高度470 mの森で1922年2月に観測された層雲の分布　この分布は，二つの異なる気温に対して示されている．陰影のついた域は，層雲の層を意味する．

[*13] 大気中の微粒子が核になってできる微小な氷の結晶．

ていると，－5℃から－10℃までは「霧」がこの「道のトンネル」に入らないことに私は気がついた．しかし，この気温が>0℃であったとき，「霧」はそこに入り込んだ．……私は当座の説明にすぐにたどり着いた．－10℃では道の風上側面に沿った霜におおわれたモミの枝が，拡散輸送によって空中の水蒸気の大部分を「除去」した（－10℃では氷に対する飽和蒸気圧は水に対するものより小さいため）．そのため霧の液滴が部分的に蒸発した（ある液滴はもちろんモミの葉の「網」によっても直接捕えられた）．気温が>0℃では，霧は木々の中の至るところで見られて「道のトンネル」中を満たした"（図9-7）[19]．

この状況を友人のブランカード（Duncan Blanchard）はこう述べている．"ある若者のどこにでもある観察結果に対する当惑が，「他の誰も考えつかなかった考え」を偶然にもたらした偉大な発見の物語がここにある"[19]．

9-2-8　ヴィルヘルム・ビヤクネスのその後

ヴィルヘルム・ビヤクネスが1926年にオスロ大学の教授に就任したとき，彼は再び流体力学と電磁気学の間の橋渡しをしようとした．しかし，彼の心の中で気象学はすでに捨てることができないほど大きな位置を占めていた．彼は寒帯前線論を打ち立てたものの，その低気圧と前線モデルに対する理論的基礎ははっきりしていなかった．彼はゾルベルクとともに，低気圧家族のような前線上の波動が発達するための理論に取り組み始めた．その研究にはノルウェーの気象学者ホイランド（Einar Høiland, 1907-1974）によって率いられたオスロの新しいグループが参加した．そのグループの中には後に数値予報のために大きな貢献をしたノルウェーのエリアッセン（Arnt Eliassen, 1915-2000）とフィヨルトフト（Ragnar Fjørtoft, 1913-1998）がいた．

気象学におけるヴィルヘルム・ビヤクネスは，信念の巨人といえるかも知れない．19世紀後半から20世紀初頭にかけて，マクスウェル，ヘルツ，ローレンツ，アインシュタインと急激に変遷する物理学界で，彼は何度か物理学者としての足場を築きかけたが，結局はうまくいかなかった．それには偶然の要素も大きく関与していた．当時の物理学の状況次第では，彼は物理学者としていくばくかの名を残していたかも知れない．もしそうであったら気象学の方へあえて目を向けることもなかったであろう．一方，当時の混沌とした気象予測の手法に対しては，アメリカ気象局の老大家アッベによって物理学の法則を使う模索がなされてはいた．しかし原理的にはわかっていても，現実のさまざまな大気現象についての知見不足，組織的

な観測体制や観測結果の迅速な収集手段の欠如，方程式を数値的に解くための計算技術の未成熟，観測結果から現象の発現までに使える予測時間の制約などからして，物理学的な手法による気象予測は，当時の状況では誰が見ても実現性があるとは思えなかった．

そのような中で，かつて力学によって物理学を統一するという高邁な目標に挑んでいたビヤクネスには，「物理学を使って客観的に気象を予測する」ことは身近に見えていたのかも知れない．例え自分が生きているうちに達成できないとしても，研究の方向性が大勢で取り組む途中でぶれて発散しないように「目標と方針を明確にして共有する」ことの重要性を信念として持っていた．彼がライプチヒ大学地球物理学研究所の所長になった際の就任演説「誰しもただちに達成できることだけを目的とするとは限りません．おそらく到達不能なほど遠い目的であっても，それにまっすぐに向かう努力は一つの針路を定める役目を果たします」という言葉は，その信念を表している．彼の信念はほとんど何もない荒野の独力での開拓から始まって，気象学者の進むべき方向を定め，そのための観測の実現を大勢に対して説得し，途中で実りある回り道も強いられたが，その進むべき方向は弟子たちを啓発して彼らに引き継がれてかつ広がっていった．その実現には長年かかったが，最終的に物理学を使った数値予報という「世界に広がる実り豊かな大地」を生み出した．気象予測の科学化というレールを敷き，少しずつその考えを広めていったからこそ20世紀後半に数値予報という技術が開花した．また，その過程で有能な若い科学者を大勢見つけ出して育成した彼の素晴らしい能力については，いくら強調してもし過ぎることはない．彼が敷いたレールはベルゲン学派から派生したシカゴ学派などの人々に引き継がれていった．

ヴィルヘルム・ビヤクネスは，1923年から5回にわたってノーベル物理学賞の候補に挙げられた．しかし，スウェーデン科学アカデミーは，ビヤクネスの循環定理はヘルムホルツによってすでに暗示されており，また寒帯前線論はスウェーデンの大気現象では検証できなかったと結論したため，彼はノーベル賞受賞には至らなかった．さらに同アカデミーの一部は，古典理論派の彼は現代物理学を理解していないので，彼が開拓した気象学も最新の物理学とは見なせないと考えていた[20]．しかし彼の貢献は，1932年にイギリス気象学会からサイモン金メダルの受賞という形で認められた．もし彼がノーベル賞を受けていたら，その後に気象学の発展に貢献した人たちの中からもノーベル賞を受けた人が出たかもしれない．もしそうなっていたら，気象学は今よりはるかに世間の注目を浴びるようになっていたであろう．

コラム　気象学のウィーン学派

　ベルゲンとともに第一次世界大戦前の気象学のもう一つの中心は，ハンやエクスナーらが活躍したドイツ・オーストリアにあり，ウィーン学派（ウィーン・フランクフルト学派）と呼ばれた．彼らはベルゲン学派の気象学とは相反する見解を持っていた．ウィーン学派は高層の暖気と寒気の移流による気温の不連続が地上での気象を説明すると考えていた．これは成層圏の発見を重視し，そこから大気の活動中心が高層から下層に向かって起きるという考えだった．一方でベルゲン学派は風や気圧などの地上の気象状態から徐々に高層の大気の特徴を取り込んでいった．

　1910 年にオーストリア，グラーツ大学の気象学者フィッカー（Heinrich von Ficker, 1885-1919）は，低気圧の暖気と寒気の舌状の波の境界の機構とそこでの暖気の上昇による雲の生成を示した[7-5]．1911 年にはプラハ・カレル大学のハンツリック（Stanislav Hanzlik, 1878-1956）は低気圧の北からの寒気と南からの暖気の境界が傾いており，寒気は暖気をくさび状に押すことを示した[7-6]．両派は考え方の違いに加えて，当初ベルゲン学派の論文がこれら先行研究を十分に参照していなかったため[7-7]，その後前線の発見に関する優先論争が絡んで感情的な行き違いにもなったようである[4-9]．これは第二次世界大戦前まで続いたが，戦争が始まると皮肉なことにドイツ空軍総司令官のゲーリングがドイツの気象学者たちにベルゲン学派の考えを受け入れるように言い渡したため，この論争は終わった[4-10]．

9-3　リチャードソンによる数値計算の試み

9-3-1　予報工場という夢

　ヴィルヘルム・ビヤクネスは，物理方程式を用いた気象予測を提唱したものの，その方程式を直接解くことは困難と考え，前述したように図を使った解法を念頭に置いていた．ところが，そのプリミティブ方程式を計算によって忠実に解こうと考えた人がいた．それがイギリスのリチャードソンだった．

　リチャードソン（Lewis Fry Richardson, 1881-1953）は，1881 年にイギリス北部のニューキャッスルでクエーカー教徒の両親の下に生まれた．リチャードソンは 2 年間ニューカッスルのダラム科学大学で学び，それからケンブリッジ大学のキングズ・カレッジに入学した．卒業後，彼は一時期産業界で研究者として働いた．19

世紀の終わりには，数学者たちによって微分方程式を計算で解くための差分法*14が研究されていた．リチャードソンは 1910 年にダムにかかる応力を計算する研究の際に，初めて差分法を微分方程式に適用した[12-2]．

　1913 年に，リチャードソンはイギリス，スコットランドの片田舎にあるエスクデールミュア観測所の所長となった．そこはイギリス気象局の施設で地磁気と気象の観測所だった．この静かな恵まれた環境で彼はとある考えを思いついた．それは気象予測のための方程式を，差分法を使って大勢で手分けして計算して解くための「予報工場（forecast factory）」だった．彼はこの工場について，オーケストラの演奏会のように高い演壇に腰掛けた指揮者が，巨大なホールに収容された専門の計算者を，気象予測の計算を行わせるために指揮する状況を想像した．彼はこう述べている．

　"通常はステージの周りに回廊や観衆がいる劇場のような大規模なホールを想像してほしい．この部屋の壁には，地球上の地図が描かれている．天井は北極地方を示している．イギリスは最高階席の中にあり，熱帯地方は二階席，オーストラリアはその下の特別席，南極は最下段にある．多数の計算者たちは自分が座っている地図の部分の気象について計算作業を行う．しかし，おのおのの計算者は一つの方程式または方程式の一部を担当するだけである．おのおのの地域の作業はより上位の担当者によって調整される．与えられる数値は計算者が読めるように，近くの多数の小さな「ネオンサイン」で示される．したがって，おのおのの数値は地図上での北と南とのコミュニケーションを維持できるように，隣接した三つの領域で示される．最下部の床からは高い柱がホールの半分の高度までそびえており，最上部の大きな説壇を支えている．そこには劇場全体を指揮する人が座り，その周りには何人かの助手と伝令がいる．指揮者の役割の一つは地球全体のあらゆる部分の計算の進行を一定に保つことである．この点で彼は楽器として計算尺と計算器を持つオーケストラの指揮者と似ている．しかし棒を振る代わりに，彼は先に進んでいる地域にバラ色の光の光線を向け，また遅れている人々に青色の光を向けるのである."[21-1]

　彼は，この考えをイギリス気象局長官のショーに相談した．ショーは気象予測を計算する考えはすでにヴィルヘルム・ビヤクネスが研究していることを指摘して，ビヤクネスが書いた静力学と運動学の本を紹介した．リチャードソンは，ビヤクネスによる気象予測に関する微分方程式の解法に，自身の差分法の数学技術を適用し

---

*14　例えば導関数 dx/dt を短い距離 Δx と短い時間 Δt に置き換えて $\Delta x/\Delta t$ と近似して計算する方法．

ようと考えた．リチャードソンはビヤクネスが導出したプリミティブ方程式群を使って，自身の計算に適した方程式群を作った．彼は放射や乱流拡散，土壌水分，摩擦など予測に関連しそうな自然の過程をできるだけ忠実に計算に取り込もうとした．足りないパラメータは自ら観測してそれを決定し，それらからなる方程式群を差分法によって数値的に解こうと考えた．

リチャードソンによる差分法を用いた解法はおよそ次の通りである．地域を碁盤目状の格子に分けて，格子状の地点のある時刻の気圧や風などの気象要素を格子点での値で代表させる．ある地点の気象要素 x の Δt 時間あたりの変化率 $\Delta x/\Delta t$ がわかっているとすると，それを使ってその格子点の一定時間 t 後の気象要素の予測値 x_t は $x_0 + \Delta x/\Delta t \cdot t$ で得ることができる．このとき x_0 を初期値といい，一定時間 t 後の予測値 x_t を得ることをステップという．この得られた予測値 x_t を今度は初期値 x_0 にして，再び次の予測値を得るステップを繰り返していくことにより，予測時間を延ばしていくことができる．この方法は方程式の解法を単純な算術計算に置き換えることができ，原理的には現在の数値予報の考え方と同じである．格子点での最初の値には観測に基づく値を用いる．この解法は解析的な手法や図を使った手法と異なり，手法として確立してしまえば代数学や作図法に不慣れな人々によっても行えるという利点がある．彼は，計算が予報に間に合うためには，計算に必要な人員を 6 万 4000 人と見積もった．

9-3-2　戦場下での数値計算

リチャードソンは強い平和主義者であったがゆえに，第一次世界大戦が本格化すると悩んだ末に戦場の経験を希望した．彼は 1916 年に恵まれた研究環境だったエスクデールミュア観測所の所長の職を辞して，救急支援隊（Friends Ambulance Unit）に志願した．彼は砲弾が飛び交うフランスの戦場で救急車を運転して負傷者を運ぶ役割を果たしながら，気象予測の数値計算を実行した．1917 年 4 月のフランスのシャンパーニュでの戦闘では，戦況による混乱で計算途中の原稿が行方不明になり，数か月後に奇跡的にベルギーの石炭の山の中から出てきたこともあった．

リチャードソンはヨーロッパを対象とした予測を考え，具体的な計算を行うにあたり，地域を経度方向に 3 度ごと，緯度方向に 1.8 度ごとの格子に水平分割して，その格子の中心点でその大気を代表させた．さらに鉛直方向には大気を 5 層に分割した[22-1]．初期値には，ライプチヒ大学地球物理学研究所が出版した 1910 年 5 月 20 日の国際高層気象観測日の観測データを使った．ちなみにこの日はハレー彗星

の尾が地球に接近した日であり，その大気への影響を調べるためにこの前後の期間が観測日に選ばれていた[23].

リチャードソンは差分法を使って6時間先の気圧の変化を計算した．彼は各変数をステップごとに計算するにあたり23枚からなる一組の「計算シート」を作り，それぞれの計算シート中の表の算術操作を決めた．それが予測の計算方法となっており，それぞれの表を完成させてシートを組み合わせて行けば，気象を予測できる仕組みになっていた．この考え方は現代の表計算ソフトウェアに極めて似たものである[12-3]. 当時，気象学者たちはさまざまな機械式の計算器を使って気象観測に関する計算を行っていた．彼はその中で広く使われていたオードナーとメルセデス-ユークリッドの両方の計算器を利用した[24-1]. 彼は1910年5月20日午前4時からその同じ日午前10時まで，二つの正方形格子上の大気変数の時間変化を計算した．しかしその計算に6週間かかった[*15]. そこまでして苦労した計算結果だったが，予測した気圧の変化は6時間で145 hPaという値となった．リチャードソンの式は原理的には正しいはずだったが，計算の結果は非現実的な値となった．彼はこの結果を1922年に『数値手法による気象予報（Weather Prediction by Numerical Process）』という本にして出版した．

リチャードソンは1919年に帰国した後気象局に戻ったが，他の多くの復員者同様に心的ストレスによる障害に苦しんだ．1920年にイギリス気象局が空軍省の傘下に入ると，クエーカー教徒で平和主義者だった彼は，気象研究の軍事利用を避けるためにやりかけの気象研究をすべて廃棄して気象局を去った．彼はロンドンにあるウェストミンスター教育大学の数学と物理学の講師となった．そこで彼は主に大気中の乱流の研究を行い，乱気流の始まりの基準となる「リチャードソン数」を定義した．また乱流時の粒子の距離を調査して，彼は拡散係数の「4/3乗則」を経験的に発見した．さらに彼は気象学だけでなく，広く戦争をとらえた研究も行った．戦争の原因を心理的，あるいは数学的に分析しようともした．

数値計算の実現に大きな貢献を行ったアメリカの気象学者チャーニー（彼については10-3で述べる）は，1952年にコンピュータを使った数値予報の計算についてのいくつかの論文をリチャードソンに送った．年老いたリチャードソンは，自分の失敗からの大きな科学的進歩に対してチャーニーに祝辞を述べた．数値予報の夜明

[*15] リチャードソンは6週間と書き残しているが，気象学者のリンチは作業量を見積もって，実際には6か月以上，実質的に2年間かかったのではないかと推測している[12-4].

けを感じながらも，リチャードソンは 1953 年 9 月 30 日に 71 歳で心臓発作により息を引きとった．

9-3-3　失敗の原因

リチャードソンが予測した気圧の変化が大きく外れた原因は，観測された値が大気重力波による高周波の気圧変化を含んでいたにもかかわらず，その値をそのまま用いて 6 時間後の気圧変化を予測したためであることがわかっている[12-5]．大気中には天気に影響しない大気重力波などの高周波がある．気象観測の結果にそのような高周波が含まれていると，その波の振幅が微小でも条件によっては計算の中でそれが発達して，非現実的な予測値をもたらす場合がある．当時は計算に関する安定性，つまり大気重力波のような「天気に影響を及ぼさない高周波」が差分計算に及ぼす影響の重要性がわかっていなかった．

またリチャードソンが使ったプリミティブ方程式群には連続の式が含まれていた．気圧の時間変化を連続の式を用いた風の収束と発散から算出すると，8-7 で示したとおり大きな値同士の差から微小な値を見積もる必要があり，観測結果をそのまま使って計算すると微小な観測誤差でも大きな予測誤差となり得る．この問題を指摘した 8-7 のマルグレスの論文は 1905 年にはイギリス気象局の図書館の目録に登録されていた．現代のアイルランドの気象学者リンチ（Peter Lynch）は，イギリス気象局のショーがマルグレスの論文を承知していたならば，彼はリチャードソンの試行計算の進展を止めるように助言したか，まったく異なるアプローチを求めただろうと指摘している[12-6]．

オーストリアの気象学者エクスナーは，数学的方法の気象学への本格的な適用を記述した初めての教科書『力学による気象学（Dynamische Meteorologie）』を 1917 年に出版したが，この本には 8-7 のマルグレスの指摘が含まれていた．リチャードソンの著書にもエクスナーの教科書は参照されていたが，出版された時期にはリチャードソンは戦場におり，イギリスに戻ってきた際に彼がこれを見落としたか，すでに計算を終えていたと考えられている[25]．しかしながら，リチャードソンが準備していた改訂版のためのメモには連続の式を取り除かねばならないことが記されており，どこかの時点で彼はこのことに気付いていた[12-7]．

さらに微分方程式は波などの連続量を扱っているのに，それを数値的に解く差分法は非連続的な時間と空間ステップごとに計算を実行する．そのため計算のステップを波などの物理量が持つ適した時空間スケールにしないと，途中で計算不安定を

9-3　リチャードソンによる数値計算の試み　　235

引き起こすことがある．その計算不安定を引き起こす条件の一つは，発見者の名前をとってクーラン（Courant-Friedrichs-Lewy, CFL）条件と呼ばれている．これは1928年まで知られていなかった．

リチャードソンの結果に基づくこれらの教訓は研究の課題となり，数値予報が始まる際にはこの課題の回避策が検討された．気象学者でリチャードソンの業績の研究者でもあるリンチはこれらをまとめて，数値予報の実現に関する第一次世界大戦当時の困難さを以下のように述べている[12-8]．

1. 大気の力学，特に高層大気の波の運動に関する知見が乏しく，数値的な解法に適した簡便な予測システムが開発されていなかった．
2. ラジオゾンデのような，高層大気の波を含む大気の総観構造を広域にわたってリアルタイムで得る仕組みがなかった．
3. 数学者クーラン（Richard Courant）らが1928年に提示する差分での解法の数学的安定性に対する理解が十分でなかった．
4. 数値演算を行うための膨大な計算量を処理する手段がなかった．

前述したように，リチャードソンは計算に必要な人員を6万4000人と見積もったが，リンチは実際に予報に間に合うように行うには100万人以上が必要と見積もっている[26]．リチャードソンの手法は，当時ではまさに実用化する手段なきものだった．リチャードソンは1922年に自らの本の序文で，"おそらくはるか将来には，気象の進行より速く計算を進めることができるようになり，得られた情報によって安いコストで人類を救えるようになるだろう．しかしそれは夢である"[21-2]と述べている．しかしながら，彼が生み出したアルゴリズムは，理論的には高速で計算できる現代のコンピュータには十分に適合したものだった．

9-4 高層大気への関心

9-4-1 日本の高層気象観測

19世紀末から世界各国が高層大気への関心を高める中で，日本においても高山での気象観測が計画されるようになった．その中でまず注目されたのは，高度が高くて孤立峰のため直接高層の大気を捉えることができると考えられた富士山だった．富士山での気象測定器を使った初めての本格的な気象観測は，当時東京大学理学部教授のメンデンホールが土木学教授のチャップリン，当時学生で後に日本を代表する地球物理学者となる田中館愛橘（1856-1952）らとともに1880年8月3日から4日間行った観測だった．彼らは富士山頂で重力測定と合わせて気象観測を

行った[27]. また 1887 年 9 月には, クニッピングらがやはり富士山頂で気象観測を行った.

1895 年に野中至 (1867–1955) が高山での気象観測に注目し, 私財をなげうって富士山に施設を建造して冬期に長期滞在しての観測を計画した. 彼は同年の 10 月 1 日から富士山頂に滞在して気象観測を開始したが, 当時の技術や資材などの状況では冬期の観測は過酷というより無謀だった. 彼の観測は約 3 か月で挫折したが, その志の高さは多くの人々の反響を呼び, 新田次郎の小説『芙蓉の人』でも取り上げられている. 実際に厳寒期の富士山頂での気象観測が成功したのは 1930 年になってからのことだった.

1910 年に, 高層気象観測の契機となる大きな災害が起こった. 紀伊半島付近にあった低気圧が 3 月 11 日夜半に急速に発達して 12 日に房総沖を通過した. このとき銚子沖に出漁していた千葉と茨城両県の多数の漁船が遭難した. 茨城県気象災害年表によると, 茨城県だけでも漁船の沈没 12 隻, 行方不明 15 隻に上った. この遭難は, もっと早く天候の異変を知りたいという人々の切実な願いとなり, 高層大気の気象観測に対する期待を高めた.

茨城県出身の衆議院議員根本正は, この遭難のわずか 10 日後の 3 月 22 日に帝国議会第 26 議会で次の緊急質問を行った. “単に地上の観測のみに依頼せず高層の気象を観測することを得ば, 暴風雨の発生する以前にその兆候を認め得べく, したがって予報・警報の機を逸し, または的中を誤るがごときこと少なきに至るべし”[28]. 根本正は, 遭難が起こった直後に中央気象台を訪れ, 天気予報の問題点について詳細な調査を行い, 諸外国の状況などを当時の中央気象台長を始めとする専門家と議論し, 高層気象観測の重要性とそれが諸外国と比べて遅れていることを理解していたのではないかといわれている. 同時に他の議員からも高層気象台建設の建議が出され, この建議は翌日には本会議で満場一致で可決された[29-1].

議会を通過はしたものの, 予算はなかなかつかなかった. しかしいずれ建設は実現するという見通しから, 中央気象台は職員の一人である大石和三郎 (1874–1950) を高層気象観測の準備のために, 1912 年からドイツのリンデンベルグの王立プロシア高層気象台へ派遣した. 彼はそこでアスマンの指導を受け, 高層気象学と観測技術を習得した. 彼は帰国後に高層気象台の建設場所として, 茨城県筑波郡小野川村館野にあった国有林地を選定した. 館野は現在つくば市の一部になっているが, 周辺は広大な平坦地が広がっており, 高層気象観測のための気球の追跡に好都合な環境である. また北方の筑波山の山頂には当時気象観測所があり, その観

図 9-8 当時の高層気象台

測データが使えることも有利に働いたと思われる．ちなみにこの筑波山観測所は，1902 年に山階宮菊麿王殿下が気象学研究のために私費で設立したもので，殿下の死去に伴い 1909 年に中央気象台に寄贈されていた．

　第一次世界大戦を経て日本の産業が発達し，学術分野の独立性が重要視され始めた 1919 年になってようやく高層気象台建設の予算がついた．1920 年 12 月 4 日に館野に中央気象台と並ぶ独立組織として高層気象台が開設され（図 9-8）[29-2]，その台長にはヨーロッパで高層気象観測を学んできた大石和三郎が任命された．開設翌日の一般公開の際には，当時としてはへんぴなところであったにもかかわらず 2 万人に達する人々が見物に訪れた．ただし機材などの関係で，実際の高層気象の観測は翌年 4 月 1 日から始まった[29-2]．9-2-2 でビヤクネスが発見したように天気が崩れる場合にはその兆候が高層から始まることが多いが，高層気象学の理論が十分に確立されていなかった当時，1 地点だけで高層大気の気象を観測しても嵐などの気象の予測にはすぐには役に立たなかった．しかし，これが次に述べるように日本での高層気象観測や観測技術の発展のきっかけとなった．

9-4-2　高層気象台でのジェット気流の発見

　世界各地で気球を使った高層気象観測が行われるようになると，高層で強い風がときおり観測されることがわかってきた．1923 年に電荷の測定などでノーベル賞

を受賞した物理学者ミリカン（Robert Millikan, 1868-1953）は，第一次世界大戦当時アメリカ陸軍信号部の科学調査部門の責任者として気球観測を行っており，1919 年に時速 160 km（秒速 44 m）に近い風速を観測したことを報告した．しかし彼はこれをたまにしか起こらない例外的な現象と考えていた[30]．

1922 年に観測を開始した日本の高層気象台では，1924 年 12 月 2 日 10 時に上げた気球が，高度 10 km より少し低いところで毎秒 72 m の強い西風を観測した．その後高層気象台では 1925 年まで 1288 回の観測を行って，このような強い西風はこの時期には珍しくない現象であり，平均風速は高度 9 km で毎秒 70 m 以上にも達することを世界で初めて発見した（図 9-9）[31-1]．この強い西風は今日ではジェット気流として知られている．大石はこの結果を 1926 年に世界に伝わるようにエスペラント語[*16]で書いて，国際気象機関の高層気象委員会のメンバーなどに配布したが，残念ながらこの結果は当時海外で取り上げられることはなかった．北アメリカやヨーロッパでは寒帯ジェットと亜熱帯ジェットは分離していることが多く，そうなるとジェット気流の風速は比較的弱い．ところが，日本付近はこれらのジェットがしばしば合流して強いジェット気流が起こる．このような高層大気の気象状況の違いも日本付近の強い西風が理解されなかった原因の一つと考えられている[32]．

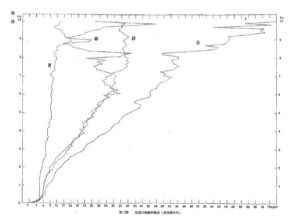

図 9-9　館野上空の季節別の平均風速の鉛直分布．縦軸は高度，横軸は風速，上空で一番強いのが冬で，高度 10 km で毎秒 70 m を超えている．

---

*16　母語の異なる人々の間での意思伝達を目的とする国際的な補助言語．

9-4-3 で述べるように，ラジオゾンデを使った高層気象の観測が充実してくると，高層の強い西風は 1933 年にヴィルヘルム・ビヤクネスらが発表した大気の二つの平均鉛直断面図にも示され，その最大値は気象学の教科書にも記述された[1-2]．またヤコブ・ビヤクネスとフィンランドの気象学者パルメン（Erik Palmén, 1898-1985）が 1935 年 2 月にイギリスで行った高層大気の集中観測でも，高度 400 hPa で毎秒 130 m に達する西風を観測した[33]．しかし，この現象は世界的に十分に認識されたわけではなかった．

第二次世界大戦が始まると航空機を使った攻撃が盛んとなり，地上からの対空砲火を避けるため航空機が飛ぶ高度はどんどん上がっていった．ドイツでは第二次世界大戦以前の巻雲の観測や大戦初期の偵察機の飛行から上空の高速気流に気付いて，1939 年にドイツの気象学者がそれを初めて「ジェット気流（Strahlströmung）」と名付けた[34-1]．1943 年ごろからは，連合国軍側からドイツへの爆撃がしばしば行われるようになった．アメリカ空軍では上空の気流が強すぎて爆撃照準ができなくなるためいく度も攻撃を中止したことがあったが，そのことは連合国軍内で十分に共有されていなかった．1944 年 1 月にはイタリアからバルカン半島を攻撃した連合国軍の爆撃機が高度 6 km で毎秒 54 m のジェット気流に遭遇し，西に戻る際に燃料が尽きて 10 機が失われた．1945 年 1 月にはドイツ上空の高度 7.6 km で，東向きの往路の際に対地相対速度で毎秒 232 m を記録したかと思えば，西向きの復路では毎秒 26 m しか速度が出ず，ジェット気流を知らないパイロットたちを困惑させた[34-1]．1944 年末から始まったマリアナ諸島からの日本への爆撃の際にも，強いジェット気流によって高高度からの正確な爆撃が妨げられたことが知られている．

日本の海軍では第二次世界大戦中にこの高層の強い西風に目を付け，気球にとり付けた爆弾をこの強い西風に乗せてアメリカ大陸に到達させるという風船爆弾を計画した．ところが試験を行っている間に陸軍の方が先に実験に成功したため，陸軍が風船爆弾による攻撃を実施することとなった[35-1]．この風船爆弾は 1944 年 11 月から翌年 4 月まで約 9000 個放球され，ジェット気流に乗って約 3% がアメリカ大陸に到達したと見られている[31-2]．

9-4-3　世界でのラジオゾンデ観測の発達

18 世紀前半の気象観測では，観測所の結果は郵便で集められて結果がまとめられるまで数か月を要した．18 世紀中ごろからは，電信の発明と普及により地上で

の気象観測結果は瞬時の収集が可能になり，それに基づいて作られた総観天気図は暴風警報などに活かされるようになった．しかし成層圏を含む高層大気の気象状況はほとんど気球観測に頼るしかなく，8-4-2で述べたように風の観測結果は測風気球を使って目視の範囲でほぼリアルタイムで入手できるようになったものの，上空の気温，気圧，湿度などは測定器を回収して記録を取り出す必要があることから，結果がわかるまでに数日から数週間かかった．この状況を改善して，高層気象観測結果のリアルタイムでの利用を可能にしたのは電波の利用だった．

1927年にフランスの物理学者で通信の専門家だったビューロー（Robert Bureau, 1892-1965）らは，気象観測の結果を短波で送る電送器を開発した[36]．彼らは1929年1月にそれを気温を測定する測定器とともに気球に搭載して初めての観測を行い，ラジオゾンデと命名した[37]．1930年には，ソビエト連邦のモルチャノフ（Pavel Molchanov, 1893-1941）は，ビューローらとは別に気温と気圧を測定するラジオゾンデを開発して高度10 kmまで測定を行った．モルチャノフのゾンデは簡便な機構とモールス符号を使った信号により扱いやすかったため，ただちに標準的な方式となった[37]．ラジオゾンデの開発により，気球に付けた測定器を回収する必要がなくなっただけでなく，気球がまだ上昇している間に，上空の気圧，気温，湿度，風向，風速のデータをリアルタイムで得ることができるようになった．

1930年代になると各国がこのラジオゾンデを使った観測を開始した．ベルギーの天文学者で第一次世界大戦のパイロットだったジャウモッテ（Jules Jaumotte, 1887-1940）は，リアルタイムでの高層大気の気象観測に熱意を持っており，彼はベルギー王立気象機関の所長となるとラジオゾンデ用の軽量のメテオログラフを開発した．ヤコブ・ビヤクネスは彼とともに1928〜1930年にベルギーの王立気象機関の観測所で，特別に1時間に1回以上の詳細な気球観測を行うことを計画した．後にはパルメンも加わって，この観測により前線の高層までの三次元構造が実際に確認された[1-1]．さらにパルメンは1933年に高層大気の気象観測によって，寒帯前線の構造が少なくとも対流圏上端の圏界面にまで及んでいることを明らかにした[1-3]．

フィンランドの企業家ヴァイサラは1936年にラジオゾンデを生産するための会社を設立し，このヴァイサラ社によってラジオゾンデが安価に大量生産されるようになった．この最初の生産の20個は，9-5-3で述べるように高層気象の観測と解析を行っていたマサチューセッツ工科大学（Massachusetts Institute of Technology：MIT）のロスビーに引き渡された[4-11]．この安価なラジオゾンデを用いて，アメリカでは1938年から気象局が6か所で，海軍と陸軍がそれぞれ2か所で定期的な高

9-4　高層大気への関心　　241

層気象観測を行うようになった[38-1]．ラジオゾンデを用いた観測によって，飛行機観測に比べて観測時間と観測場所が一定になり，観測の上限高度も高くなった．アメリカ気象局関係の飛行機観測は1939年からラジオゾンデによる観測に置き換えられた．ちなみに日本でもラジオゾンデを使った観測が1938年6月から千葉県の布佐で開始された[35-2]．高層大気の気象観測の容易化は観測結果の拡充をもたらし，広域の高層の気象状況，特に高層大気の波の規則性を明らかにした．これはこの後述べるように，高層の気象と地上気象との関係の解明へとつながった．

9-5　高層の波と気象予測

9-5-1　ロスビーとアメリカでの航空予報の開始

　第一次世界大戦で航空機が軍事目的のために急速に発達した．このため戦争終了後に飛行機は民間の旅客輸送や貨物輸送などの平和目的に活用されるようになり，1920年にはヨーロッパではロンドン，パリ，ブリュッセル，アムステルダムなどを結ぶ商用航空路が開設された．しかし航空機は気象の変化に弱く，商用航空用の気象予報が特別に必要となっていた．アメリカでそれに大きな貢献をしたのは，スウェーデン生まれの気象学者ロスビーだった．

　ロスビー（Carl-Gustaf Rossby, 1898-1957）の業績については9-6に詳述するが，彼はスウェーデンのストックホルムに生まれて，ストックホルム大学を優秀な成績で卒業した後，ヴィルヘルム・ビヤクネスにスカウトされベルゲンにやってきた．彼はベルゲンの地球物理学研究所でベルゲン学派の気象学を学んだ後，寒帯前線論の研究と普及を図るために奨学金を得て1926年にアメリカ気象局へ留学した．当時彼は無名であり，従来の手法で満足していたアメリカ気象局は彼を歓迎せず，彼に図書館の片隅に場所だけを与えて冷遇した．彼はそこで，海軍の高層気象担当で毎日気象局にデータを取りに来ていた海軍大尉ライケルデルファー（Francis Reichelderfer, 1895-1983）と知り合って意気投合した．ライケルデルファーは独学でベルゲン学派の手法を勉強しながら，ベルゲン学派の手法に詳しい人を探していた．この出会いがロスビーと気象学に大きな転機を与えることとなった．

　当時アメリカでは，第一次世界大戦時にパイロットだったグッゲンハイム（Daniel Guggenheim）が基金を設立して民間の航空輸送の振興を図っていた．ライケルデルファーはグッゲンハイムと知り合いだったため，ベルゲン学派気象学が航空機のための気象予報に役立つと考えて，ロスビーをグッゲンハイムに紹介した．グッゲンハイムは留学期間が切れた後のロスビーを資金的に援助した．当時，アメリカ航

空界の英雄リンドバーグ[*17]は民間の航空輸送振興のために，グッゲンハイムの後援により飛行機「スピリット・オブ・セントルイス」に搭乗してアメリカ国内を遊説していた．リンドバーグは1927年に新たな冒険としてワシントン特別区からメキシコシティーまで無着陸飛行を企画した．リンドバーグはその航空路予報を，当たらない気象局に代わってロスビーに要請した．この飛行は大成功し，それを支援したロスビーを新聞が書き立てた[8-2]．アメリカ気象局は無断で予報を行ったロスビーに激怒し，ロスビーは気象局を去った．

　航空機による旅客輸送の時代はもう目前に迫っていた．グッゲンハイム基金は1928年にサンフランシスコとロサンゼルス間の定期航空路の試験的な事業を行うこととなり，1927年に同基金の航空気象委員会の委員長となっていたロスビーは，その航空事業の安全性を確立するための予報体制を整備する役目を引き受けた[39]．彼はアメリカ西海岸を飛び回って，この事業の航空路に沿って気象観測者を20か所に配置し，オークランドに情報センターを設置して予報を行った．このときに予報に協力するために採用されたのが，その後ロスビーの右腕となるバイヤーズ（Horace Byers, 1906-1998）だった．この試験事業中に気象に起因する事故は1回も起きず，この事業の大成功はその後の航空予報事業のひな形となった[8-3]．この成功を受けてアメリカ気象局は航空予報の重要性を認め，1929年からこの事業を公式に引き継いで国内全域に予報体制を拡充した．

　これを機に，ロスビーは1928年にグッゲンハイム基金によって設立されたMITの航空工学部気象学科の准教授に就任した．そして航空気象委員会の委員長のときにベルゲンへ留学させたウィレット（Hurd Willett, 1903-1992）をMITの教員に採用した．彼はその後MITでロスビーの気象理論の研究を支えた．またドイツの気象学者ハウリッツ（Bernhard Haurwitz, 1905-1986）は，短期奨学金を受けてヴィルヘルム・ビヤクネスの紹介で1932年にMITへやってきた．彼はライプチヒで気象学を学び，オスロとベルゲンでヴィルヘルム・ビヤクネスらから予測手法を教わって予報を行った経験を持っていた．ところが，彼がアメリカに滞在している間にドイツの政治がナチス体制へと変わり，彼は帰国できなくなった．彼はその後アメリカとカナダに残って気象の研究を行い，ロスビーの研究の理論的な拡張に貢献した．

　ロスビーは高層気象に関心を寄せ，1930年から1931年にかけてMITでの航空

[*17]　1927年にニューヨーク～パリ間の初の大西洋無着陸飛行に成功したパイロット．

9-5　高層の波と気象予測　243

機や凧を使った観測を実現させて，高層での気団解析が気象予測に重要であること
を実証した．これを受けてルーズベルト大統領は，1933年に科学諮問委員会を通
してアメリカで気団解析を採用するという勧告を発した．これを契機にMITを含
めて23か所の気象観測所で，合計20機から30機の航空機を使って高度5000m
までの高層気象の航空機観測が定期的に行われるようになった[38-2]．これは9-4-3
で述べたように，1939年からはラジオゾンデに置き換えられた．

　1934年から35年にかけて，アメリカでは干ばつによりダストボウルと呼ばれた
大規模な砂塵嵐が起こり，農業が大きな被害を受けた．この被害により約300万
人がアメリカ中央部の穀倉地帯であるグレート・プレーンズの農場を捨て，約50
万人が他州に移住した[40]．このため，アメリカ政府は1935年にバンクヘッド・
ジョーンズ法を制定し，農務省が気候調査に関する資金を拠出して1936年2月に
気象学者たちからなる委員会が設立された．この委員会の決定によって1937年に
ハーバード大学のブルックス（Charles Brooks, 1891-1958）とMITのロスビーは，
これまでの長期予報手法に関する学術調査を共同で始めた．長期予報の実現に画期
的な役割を果たすような研究成果は見つからなかったが[41]，これを機にロスビー
は，長期予報と高層大気の波との関係に目を向けるようになった．

9-5-2　ヤコブ・ビヤクネスによる高層大気の波の解析

　9-2-5で述べたように低気圧が発達や衰退することがわかったものの，そのメカ
ニズムは謎だった．当時，低気圧が発達する原因は地表近くにあると考えられてい
た．1928年にゾルベルクは，地表付近の前線における波長1000km程度の総観規
模を持つ波が，その波長と伝搬速度によっては低気圧として発達する不安定性を持
つことを示した[42]．ちなみに波は安定しているとそのまま変わらずに発達しない．
そのため気象学では，低気圧のような波が発達や衰退するかは「波が不安定かどう
か」という考え方で示している．

　ラジオゾンデの発明などで比較的密な高層気象観測データが継続的に利用できる
ようになった1930年ごろから，ヤコブ・ビヤクネスはパルメンと高層大気の波と
地上の低気圧との関係を研究し始めた[1-1]．その結果1937年には，東向きに移動す
る気圧の尾根や谷からなる高層大気の波が地上前線と関連して存在していることが
わかってきた．彼は1937年に地上低気圧の発達や移動に対応する気圧変化のメカ
ニズムを，この高層大気の波の移動と下層の前線波の移動速度の違いにより説明で
きないかと考えた．彼は波の発達や移動をもたらす気圧の時間変化を，傾向方程式

244　　　9.　気象予測の科学化と気象学のベルゲン学派

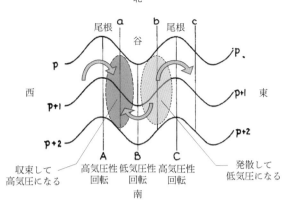

図9-10 ヤコブ・ビヤクネスによる高層の波が東進するメカニズム

を用いて気柱内の水平方向の空気の流入と流出から計算することを考えた．その際に8-7で述べたように風の観測値を使うと観測誤差の影響を受けるため，観測された風ではなく気圧分布から算出した傾度風（gradient wind）[*18]を使った．その結果，「高層での波の気圧の尾根では高気圧性（時計回り）の流れとなり，気圧の谷では低気圧性（反時計回り）の流れになるので，例えば尾根の場合だと尾根の東で大気が収束し，気圧が増加して尾根が東進する」ことを見いだした（図9-10）．この波の移動メカニズムに関する考えは，ロスビーを大きく啓発した．しかしながら，次に述べるようにロスビーの結論はこれとは異なるものだった．

9-5-3 ロスビー波の定式化

アメリカでは航空機および後にラジオゾンデによって定期的な高層気象観測が行われるようになると，それまでの地上天気図と合わせて，高層天気図も作成されるようになった．1935年ごろから高度3 kmの風の流線図が発行され始め，アメリカ大陸やヨーロッパの上空に波があることが指摘されるようになった[22-2]．また1939年1月から高度1.5 km，3 kmの月平均高層天気図がマンスリー・ウェザー・レビュー誌で発行された．高層天気図が定期的に出版されたことで，高層の偏西風の波と地上での高低気圧活動との関係の系統的な研究が可能になった．

---
*18 地衡風に気圧の曲率の効果を加味した風．

9-5 高層の波と気象予測　245

9-5-1の長期予報に関する学術調査を行う一方で，MITのロスビーは1935年に気象局と協力して長期予報の研究プロジェクトを始めた．このプロジェクトでの高層気象観測の充実化によって，北半球の海面気圧分布と北アメリカ上空の高度3 km面での7日平均，後に5日平均の高層天気図が，月平均天気図とは別に毎週作成された．この平均された天気図は「移動する波状の低気圧の中心位置のゆらぎを平均処理によって部分的に取り除く」ことが目的だった[43]．ロスビーは高層天気図の解析から，冬には波長3000～6000 kmと思われる東進する「長波」が上層にあることを発見した．これはゾルベルクが取り組んでいた前線付近の総観規模の波とは明らかに異なる波だった[44]．

ロスビーは，1937年のヤコブ・ビヤクネスによる「風の収束と発散による波の東進」という考えに大きな刺激を受けた．そして彼は，気圧の尾根と谷が位置する緯度の違いがもたらすコリオリ力の違いに着目した．スウェーデンの気象学者ベルシェロンによると，ロスビーは「問題を解決できるようになるまで冷酷に単純化する」才能を持っていた[4-12]．ロスビーは大気の熱力学，ソレノイド，摩擦，放射，水蒸気循環を省略することによって第二義的な複雑さを回避し，水平運動のみを考慮する単純な順圧二次元大気を考えた[1-4]．このような大気は絶対渦度保存の法則に従う．彼は大気の運動を渦と見なしてこの法則を用いてヤコブ・ビヤクネスが取り組んだ波の移動速度を調べた．するとヤコブ・ビヤクネスによる「風の収束と発散による波の東進」という考えとは違って，長波の移動は「波長と緯度によるコリオリ力の違いに起因している」という結論を得た．

ロスビーらはこの結果を1939年に「大気の東西循環の強さと準持続的な活動中心の変位との関係[*19]」という題の論文で発表した．彼はその論文中で「順圧大気中ではコリオリ力の緯度変化を復元力として伝播する数個の波長で地球を1周する長波が存在する」ことを示し，その長波の東西方向の速度式 $c = U - \beta/k^2$ を導出した（東向きが正）．ここで c は波の位相速度，U は背景風の速度，β は波が位置している場所でのコリオリ力の緯度変化率の近似定数，k は 2π を波長で割ったものである．この速度式はロスビー公式と呼ばれている．この速度式は「長波は波長が増加するにつれて波の東向きの速度が減少し，波長がある長さを超えると西向きの速度を持つ」ことを示している．この長波はロスビー波（または惑星波）とも呼ば

[*19] *"Relation between variations of the zonal circulation of the atmosphere and the displacement of the semi-permanent centers of action"*

246   9.   気象予測の科学化と気象学のベルゲン学派

れている.

　当時高層大気の観測数がまだ多くなかったため，ある瞬間の地球規模の流れの実際のパターンを知るのは困難であり，ロスビー公式は順圧大気の絶対渦度保存則から直感的，演繹的に導出されたものだった[45]．ロスビー公式によると，冬の高緯度では高層の平均的な風は毎秒約 15 m なので地上から見て相対的に動かない定在波の波長は約 7400 km となり，夏のアメリカ大陸上では高層の平均風は毎秒約 4 m なので定在波の波長は約 3000 km となる．そして，それより波長の短い波は東進，波長の長い波は西進することを意味した．MIT のウィレットなどは，日々の高層天気図の中に必ずしも東進せずに停滞したり西進したりする波を実際に見出していた．ロスビーの理論は，冬のアジア高気圧の西進といった観測事実やヤコブ・ビヤクネスが 1937 年に提唱した波の東進理論ともおおむね合致すると考えられた[22-3]．

　ロスビー公式による波の移動は順圧非発散の条件下での考察であるため，波の移動は傾向方程式による「大気質量の水平方向の収束と発散の結果」ではない．ロスビーは，惑星規模の波動は比較的単純な力学法則に従って運動していると考え，長波のパターンをまず決めているのは波（渦）の規模であり，気圧場の変化はそれに合うように二次的に調節されると考えた[46]．この「地球規模の大気運動を決めているのは気圧ではなく波（渦）」ととらえたところに発想の大きな転換があった．1940 年にはハウリッツによってロスビー波の概念は水平二次元から球面に拡張され，ロスビー波（ロスビー・ハウリッツ波とも呼ばれる）の概念は地球規模の波の力学とそれを使った気象予測のための基本概念となった．

　ロスビーは高層大気の気象観測で得られたアメリカ大陸上空の波についての考察をさらに進めたが，アメリカ大陸の観測網からわかるロスビー波はその一部だけだった．1940 年 12 月 24 日のクリスマスイブのパーティで，ロスビーはアメリカの気象学者ナマイアス（Jerome Namias, 1910-1997）に，アメリカ上空の高層天気図を洋上の船舶の観測結果を使って東太平洋上と西大西洋上にまで拡げることを提案した．これは，例えば地上付近の南北方向の温度傾度を使うと，温度風の関係から東西風速についてのおよその鉛直方向の風速増加率がわかり，これを使って高層の風速を推定するというようなやり方だった．翌日ナマイアスはさっそく船舶の観測データを用いて洋上の高層の風の流線を書いてみるとアメリカ大陸上の流線とうまくつながり，アメリカ大陸，太平洋，大西洋を通してアメリカのロッキー山脈上空の気圧の尾根を中心にした東西方向に蛇行する長波が現れた（図 9-11）[22-2]．この波をロスビーが見たときの興奮をナマイアスはこう言っている．"ロスビーがそ

9-5　高層の波と気象予測　　247

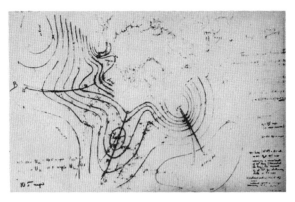

図 9-11 クリスマスイブのパーティの翌日にナマイアスが北極を中心に描いた上層の長波．ほぼ中央下部がアメリカ大陸．右端の文字はロスビーが波の動きを計算した走り書き．

れを見たとき，彼は非常に興奮しました．……彼はわざわざ別の紙を見つけてくることもせず，天気図の上で走り書きしながらこれらの波の動きを計算し始めました"[8-4]．これによってロスビーが理論的に指摘した長波の存在が実際に確認された．

9-5-4 ロスビー波と天気予報

　その後ロスビー波の性質がいろいろな角度から研究されるようになると，高層の流れを実質的に支配しているのはロスビー波であることがわかった[47-1]．そして高層大気の運動は，大気力学の法則に基づいて比較的規則的に振る舞うだけでなく地上の気象とも関連しており，ロスビー波の動きを用いれば1〜2日先の地上の天気も予測できるという考えが出てきた．そのため厳密な数理物理学的方法によらなくても，ロスビー波の移動速度などを解析すれば数日先の地上天気図が予想できると考えられるようになり，1940年ごろからその手法の天気予報への利用が始まった[15-2]．ロスビーはロスビー波の速度や渦度の軌跡を計算するために「等温位解析」を導入した．等温位解析とは1920年代にショーが発見した「熱の出入りがなければ空気塊は等温位面に沿って移動する」という原理に基づいた解析手法である．ロスビーが導入した等温位解析は，絶対渦度[*20]の保存という考え方と高層の西風の蛇行の説明を容易にして，総観解析や気象予測のための実用的なツールとなった[24-2]．

1930 年代までは多くの気象学者たちは 1～2 日より先の気象を合理的に予測することはできないと考えていた．そのため 1940 年までは，イギリスとアメリカの気象局は 2～3 日以上先の予報を発表していなかった．しかしロスビー公式は，それまでの「大気力学は大気の性質を説明するのには有効だが予測には役立たない」という考えを覆して，アメリカの 5 日予報と 1 か月予報の理論的基礎となった．1940 年に MIT で始まった最初の現業運用の長期予報部門は 1941 年にアメリカ気象局に新たに設立されて，5 日予報が週 2 回定期的に発表されるようになった．1942 年 3 月からはアメリカ気象局のナマイアスが試験的に 1 か月予報を開始した[41]．

　しかしながら，予報者たちがロスビー公式から気圧の谷や尾根などの波の動きを予測しても，必ずしも予測結果が実際と合うとは限らなかった．アイルランド西部で低気圧が発達した 1～2 日後にしばしばヨーロッパ中央で強い高気圧が発達したり，アラスカ湾での低気圧の発達の後にアメリカ西部で高気圧が発達したりするような予想外の状況にしばしば直面した[48-1]．ロスビーは 1944 年夏に 9-1-6 で述べたスベルドラップやムンク（Walter Munk）らの海洋学者がいるカリフォルニアのスクリプス海洋研究所を訪れた際に，自身が発見した波の考え方を使ってエネルギーの移動速度である波の群速度を計算できることに気付いた[49]．彼はカリフォルニアのビーチで砂浜に大気ロスビー波の群速度式 $c_\mathrm{g} = U + \beta/k^2$ を導出した．彼は電話であわててムンクを呼び出して，潮が満ちて砂に書き付けた式が消される前に彼になんとか式を説明したという[48-2]．群速度の記号の意味は位相速度と同じだが，背景風 U の後の符号が正になっていることから大気のロスビー波の東向き群速度は位相速度より大きく，これは上流の波のエネルギーが，波の見た目の移動を示す位相速度より速く下流に影響を及ぼすことを意味していた．

　この証拠は 1949 年にデンマークの気象学者でスウェーデンで活躍したホフメラー（Ernest Hovmöller, 1912-2008）によって，ホフメラー図（トラフ・リッジダイアグラム）の中で示された．ホフメラー図とは経度を横軸に時間の推移を縦軸にして等ジオポテンシャル面をプロットしたものであり，いつどこの経度で気圧の谷や尾根が発達したかがわかる（図 9-12）．この図で気圧の谷や尾根の時間発展を追いかけると，ロスビーが示した波の群速度に応じた経度で実際に気圧の谷や尾根が発達していることがわかった[14-2]．これは気象予測における波の水平方向のエネル

＊20　地球自転に伴って動く大気の渦度を惑星渦度といい，地表から見て動く大気の渦度を相対渦度という．両者を合わせた渦度を絶対渦度という．

9-5　高層の波と気象予測　　249

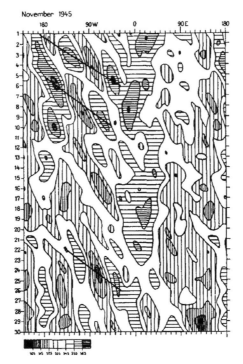

図 9-12 ホフメラー図　経度（横軸）と時間（縦軸）の関数としての 500 hPa 面のジオポテンシャル分布．気圧の尾根は横縞，気圧の谷は縦縞で示される．傾いた直線は気圧の尾根と谷の最大発達域の移動を示す．

ギー輸送の重要性を示しており，ホフメラー図はさっそく予報に用いられた．

　このように，長波に関するロスビーの理論は 1940 年代の予報者たちに高層の流れを予測するための有効な手がかりを与えたが，その解析方法と長波のパターンの解釈には波を渦として捉える渦度方程式が深く関与した．これは後の数値予報のための基礎を準備しただけでなく，気象学と海洋学に重要な理論的な進歩を引き出すことになった．渦度を使った数値モデルは，コンピュータ化された数値予報に最初に用いられた順圧モデルに使われた．これによって気象予測は，それまでの線形外挿という過去と決別し，非線形方程式の利用という新たな領域に踏み込んでいくことになった[47-2]．

250　　9.　気象予測の科学化と気象学のベルゲン学派

9-6 ロスビーの業績

9-6-1 若い頃の経験

ロスビーはベルゲン学派の気象学者であり，海洋学者でもある．しかし，気象学における彼の業績はベルゲン学派を超えてさまざまなところに及んでおり，例えば彼はロスビー波の理論化を通して気象学や気象予測に革新的な手法や考え方を導入した．彼は理論や解析の研究者として有名だが，若い頃は観測も行っていた．

ロスビーは1921年にドイツの王立プロシア高層気象台に滞在して，観測機器を搭載した凧と気球を使った高層大気の観測を行った．1923年には気象観測所の設営のためにノルウェーの小さな船でグリーンランドへ行った際に，2か月間も氷に閉じ込められて沈没する直前に危うく助け出された．また翌年には海洋での気象予測の調査のためにやはり船に乗り組み，その船の唯一の予報者として嵐の中で船の運命を握る予報を行った経験もあった．さらにアメリカ気象局にきてすぐは，10-7-1で説明する回転水槽を使った大気の流れの模擬実験も手がけた[34-2]．アメリカの科学技術の歴史家であるフレミング（Rodger Fleming）は，この回転水槽実験が後にロスビーが大気を二次元で扱う鍵になったと述べている[4-12]．このように彼は机上で思考ばかり行っていた理論家ではない．経験に基づいて観測結果や実験結果も解析でき，そのうえで力学理論を構築した．このためロスビーの理論を拡張して数値予報を開拓したチャーニーは，ロスビーのことを「総観気象学と気象力学の両方における完璧な研究者」と讃えている[4-13]．

9-6-2 さまざまな解析手法の開発

1928年にMITの気象学教室の准教授に就任したロスビーだったが，その後マサチューセッツ州に新しくできたウッズホール海洋研究所の准教授も兼任した．そこで海洋と大気の境界層に興味を持ち，それがカルマン定数を使った混合距離（mixing length）や風の鉛直分布の対数則の研究につながった．ロスビーが等温位解析を気象予測のためのツールの一つにしたのは前に述べた通りである．

1940年に，ロスビーは浅水系における渦管伸縮の考えを使って，断熱的な流れの下での保存量として「渦位（potential voritcity）[*21]」を定義した．この渦位の考えは，1942年にドイツの気象学者エルテル（Hans Ertel, 1904-1971）がより一般的な

[*21]　非断熱加熱や摩擦がない状態で空気塊が持つ渦度に関連する保存量．

形で絶対渦度と静力学的安定度の積として定義した．エルテルの渦位はロスビーの渦位と意味としては同等なものである．渦位は空気塊の保存量として使えるため，それまでの温位や比湿と合わせて等渦位線が大気の流跡線として使われるようになった．ただ渦位分布の算出には複雑な計算が必要なため，当時はそれを広域にわたって迅速に計算するのは困難だった．現在ではコンピュータを使って渦位が計算され，等渦位面図として使われている．

9-6-3 組織の卓越した運営やその活性化能力

ベルゲン学派の寒帯前線論の普及を図るためにアメリカに来たロスビーだったが，当時アメリカ気象局では新規の手法に対する抵抗は根強く，ベルゲン学派の手法は受け入れられなかった．しかし，1934年にアメリカ気象局の長官が変わり，ロスビーの片腕であったバイヤーズが気象局に移るなどして少しずつ状況は変わり始めた．アメリカ気象局がバイヤーズの指導により気団解析を利用し始めたのは1934年からだったが，1936年までは天気図にほとんど前線は描かれなかった[24-3]．ところが，9-5-1で述べた気象局の図書館で知り合ったライケルデルファーが1939年にアメリカ気象局の長官に就任した．ライケルデルファーは，この年にアメリカに帰化したロスビーに気象局での研究と教育を担当する長官補佐への就任を要請した．ロスビーは MIT でのポストをペターセンに引き継ぎ，アメリカ気象局へ移ってライケルデルファーとともに気象局を改革し，MIT で開発した新しい技術を用いる予報部門の設立とベルゲン学派気象学の利用の徹底に成功した．

ロスビーは 9-5-1 で述べたように，航空気象の分野を切り開く際に新たな組織を作って動かすという優れた能力を見せた．この能力はライケルデルファーの下でのアメリカ気象局の近代化にも大きな力を発揮した．また彼は1941年にシカゴ大学の気象学教室へ移り，そこでバイヤーズらとともに気象学を指導し，そこでの研究者たちはシカゴ学派と呼ばれるようになった．さらに戦争中に彼は大学での気象技術者の育成計画を指導し，彼によって約7000人の戦時の気象技術者が生み出された[50]．戦時中には主な戦場の一つとなった熱帯の大気を研究するため，シカゴ大学のプエルトリコ熱帯気象研究所の設立にも尽力した．1944年にはアメリカ気象学会の理事長になり，学会をより堅実な科学基盤に基づかせるための再建にも努力した．彼は世界的に有名な気象論文誌であるジャーナル・オブ・メテオロロジー誌[*22]とテラス誌[*23]の設立にも関わった．彼は1947年に母国スウェーデンに帰国するが，その際にストックホルム大学に国際気象研究所を設立して 10-5-2 で述べ

252 9. 気象予測の科学化と気象学のベルゲン学派

るように世界最初の数値予報を指導した.

ロスビーは地球環境問題についても深い関心を示していた. 彼は 1947 年にスウェーデンに戻ったが, そこで「地球大気化学研究計画」を提唱し[51], 同僚らとともにスカンジナビアでの海塩粒子などのエアロゾルのネットワーク観測を支援して, 酸性雨と酸性雪を世界で初めて明らかにすることに貢献した[4-14]. またヨーロッパ大気化学観測網（European Air Chemistry Network）の設立にも貢献した[52]. 彼は地球温暖化にも高い関心を示し,『気象学における現在の問題（Current Problems in Meteorology)』という著書の中でこう述べている.

"大気の大循環メカニズム, つまり地球上の気候に関して, 我々は意図しないあるいは意図的な人間の干渉の可能性を示す観測証拠と経験を持っていることを指摘されるべきである. その種の指摘の一つはすでに議論された. すなわち化石燃料の継続的な消費の増加に起因する二酸化炭素の増加による大気の平均気温への効果である"[53].

上記の彼の大気化学に関する関心とスウェーデンでの活動は, 11-6-2 で述べる世界気象機関（WMO）の地球規模の大気化学観測網である全球大気監視プログラムのきっかけの一つとなった. このように彼は人々を組織化する能力と科学的能力という二つの才能を持っていた. シカゴ大学でロスビーを支えたバイヤーズは, 次のように述べている.

"ロスビーは実際には二つの顔を持つ人間でした. 彼は組織化を推進する責任者でありながら, 一方では学究的な科学者でした"[24-4]. ベルゲン学派の重鎮であるベルシェロンもロスビーの追悼文でこう述べている. "彼以前には, 個々の科学者の成果と人間性に関して彼ほどその時代の気象学に対して強い影響を与えた人はいないでしょう. この科学分野にもっと熟達した理論家はいたかもしれません. 組織化を図ることに傑出した人々や彼と同等の成果を上げた革新的な人々もいたかもしれません. しかし C.-G. ロスビーはこれらすべての分野の優れた才能を兼備していました. そして気象学の実用的な成果にさえこの才能を利用する類いまれな能力を持っていました. また彼は, 新たな土地を耕して自分の家を建てた本物の開拓者でした. しかし隣人たちがそこを窮屈に感じ始めると, また未開の土地へと移りました"[34-3].

---

*22　この雑誌は現在の Journal of the Atmospheric Sciences 誌などのアメリカ気象学会誌のもととなっている.

*23　テラス（Tellus）とはラテン語で「地球」を意味する.

参考文献

[1] Bergeron T., 1959 : Weather forecasting : Methods in scientific weather analysis and forecasting : An outline in the history of ideas and hints at a program. Rockefeller Univ. Press, [1-1]464, [1-2]462, [1-3]467, [1-4]461.

[2] 広重徹, 1965：科学と歴史, 第6章ローレンツ電子論と電磁場概念. みすず書房, [2-1]234, [2-2]252-254.

[3] Brooks, N. M., 2004 : Dmitrii Mendeleev and Russian Meteorology During the Second Half of the Nineteenth Century. International Commission on History of Meteorology. Proceedings of the International Commission on History of Meteorology, **1.1**, [3-1]44, [3-2]45,.

[4] Fleming, R. J., 2016 : Inventing Atmospheric Science : Bjerknes, Rossby, Wexler, and the Foundations of Modern Meteorology. The MIT Press, [4-1]14-15, [4-2]29-31, [4-3]23, [4-4]33, [4-5]35, [4-6]54, [4-7]55, [4-8]52-59, [4-9]49, [4-10]50, [4-11]98, [4-12]81, [4-13]105, [4-14]123.

[5] Friedman, R. M., 1989 : Appropriating the Weather. Cornell University Press, [5-1]52, [5-2]64, [5-3]65, [5-4]70-71, [5-5]79-80, [5-6]84, [5-7]87, [5-8]121, [5-9]125-127, [5-10]158, [5-11]166, [5-12]161, [5-13]181, [5-14]188, [5-15]212-216, [5-16]227, [5-17]230, [5-18]235.

[6] Thorpe, A. J., Hans, V., Ziemianski, M. J., 2003 : The Bjerknes' Circulation Theorem：A Historical Perspective. Bulletin of the American Meteorological Society, **84**, 476.

[7] Kutzbach, G., 1979 : The Thermal Theory of Cyclones － A History of Meteorological Thought in the Nineteenth Century. American Meteorological Society, [7-1]171, [7-2]164, [7-3]201, [7-4]212, [7-5]203, [7-6]203-204, [7-7]218.

[8] Cox, J. D., 堤之智（訳), 2013：嵐の正体にせまった科学者たち－気象予報が現代のかたちになるまで. 丸善出版, [8-1]228, [8-2]285-286, [8-3]287, [8-4]336.

[9] Lynch, P., 2008 : The origins of computer weather prediction and climate modeling. Journal of Computational Physics, **227**, p.3432.

[10] Grønås, S, 2005 : Vilhelm Bjerknes' Vision for Scientific Weather Prediction. In : The Nordic Seas : An Integrated Perspective. Geophysical Monograph Series 158, Am. Geophys. Union, 361.

[11] Bjerknes, V., 1914 : Meteorology as an exact science. Translation of Die Meteorologie als exakte Wissenschaft. Antrittsvorlesung gehalten am 8. Jan 1913 in der Aula der Universitiit Leipzig. Monthly Weather Review, **42**, 14.

[12] Lynch, P., 2006 : The Emergence of Numerical Weather Prediction -Richardson's Dream. Cambrige : Cambridge University Press, [12-1]104, [12-2]254, [12-3]23, [12-4]8, [12-5]2, [12-6]133, [12-8]134, [12-7]181-182,.

[13] 荒川秀俊, 1944：戦争と気象. 岩波書店, [13-1]14, [13-2]65.

[14] 斎藤直輔, 1982：天気図の歴史－ストームモデルの発展史－. 第3版. 東京堂出版, [14-1]109-111, [14-2]180.

[15] 股野宏志, 2008：天気予報いまむかし. 成山堂書店, [15-1]79, [15-2]86,.

[16] 岡田武松, 1952：本邦天気予報事業の今昔. 測候時報, **19**, 314.

[17] 藤原咲平, 1950：現象の奥底を見つめる人-ノルウェー学派の生い立ち-. 天文と気象, **16**, [17-1]9-10, [17-2]11.

[18] 前川利正, 1985：気象戦史概論. 東京ウェザースクール戦史研究室, 28.

[19] Bergeron. T., 1978 : The Life and Science of Tor Bergeron. Bulletin American Meteorological Society, **59**, 390.

[20] Z. ソルビアン, 高橋庸哉, 坪田幸政 (訳), 2000：ワクワク実験気象学－地球大気環境入門. 丸善株式会社, 188.

[21] Richardson, L. F., 1922 : Weather Prediction by Numerical Process. Cambridge University Press, [21-1]219, [21-2] viii .

［22］岸保勘三郎，1982：温帯低気圧モデルの歴史的発展．天気，**29**，［22-1］276，［22-2］279，［22-3］281.

［23］Persson, A., 2010 : Late Swedish Surge for Storm Warnings Initiated Modern Weather Forecasting. History of Meteorology and Physical Oceanography Special Interest Group, **1**, 104.

［24］Nebeker, F., 1995 : Calculating the Weather Meteorology in the 20th Century. Academic Press, ［24-1］94, ［24-2］121, ［24-3］85, ［24-4］88.

［25］Lynch, P., 2003 : Margules's tendency equation and Richardson's forecast. Weather, **58**, 191-192.

［26］Lynch, P., 1993 : Richardson's forecast factory : the $64,000 question. Meteorological Magazine, **122**, 70.

［27］上野益三，1968：お雇い外国人③自然科学．鹿島研究所出版会，244.

［28］田村竹男，1981：長峰原の気象台．筑波書林，34.

［29］山岡保，1953：高層気象台創立の頃．測候時報，**20**，［29-1］336，［29-2］333.

［30］Millikan, R., 1919 : Some scientific aspects of the meteorological work of the United States Army. Proceedings of the American Philosophical Society, **58**, 146.

［31］Lewis, J. M., 2003 : OOISHI'S OBSERVATION Viewed in the Context of Jet Stream Discovery. Bulletin of the American Meteorological Society, **84**, ［31-1］364-365, ［31-2］366.

［32］二宮洸三，2014：気象観測史的に見た高層気象台におけるジェット気流の発見．天気，**61**，869.

［33］Bjerknes, J., Palmen, E., 1937 : Investigations of selected European cyclones by means of serial ascents. Geofys. Publik., **12**, 49.

［34］Norman, P. A., 1998 : Carl-Gustaf Rossby : His Times, Personality, and Actions. Bulletin of the American Meteorological Society, **79**, ［34-1］1111, ［34-2］1098-1101, ［34-3］1109.

［35］気象庁，1975：気象百年史Ⅰ通史 第8章 大正期より昭和期の気象事業．気象庁，［35-1］213-214, ［35-2］191.

［36］Brettle, M. J., Galvin, J. F. P., 2003 : Back to basics : Radiosondes : Part 1. The instrument. Weather, **57**, 337.

［37］Wikipedia : Radiosonde. https : //en.wikipedia.org/wiki/Radiosonde.

［38］荒川秀俊，1947：気象学発達史．河出書房，［38-1］22-23，［38-2］21.

［39］Horace, B. B., 1960 : Carl-Gustaf arvid Rossby. National Academy of Sciences, 254.

［40］Cook, B., Miller, R., Seager, R. : Did dust storms make the Dust Bowl drought worse? Drought Research. http : //www.ldeo.columbia.edu/res/div/ocp/drought/dust_storms.shtml

［41］三友栄，1957：歴史的に見た各国長期予報の発展（3）．測候時報，**24**，133-134.

［42］Charney J. G., 1947 : The Dynamics of Long Waves in a Baroclinic Westerly Current. Journal of Meteorology, **4**, 136.

［43］Rossby, C.-G., 1939 : Relation between Variations in the Intensity of the Zonal Circulation of the Atmosphere and the Displacements of the Semi-permanent Pressure. Jounal of Marine Research, **2**, 39.

［44］増田善信，1984：気象と科学．草友出版，93.

［45］Norman, P. A., 1995 : Jule Gregory Charney 1917-1981. National Academies Press, 86.

［46］Rossby C.-G., 1940 : Planetary flow patterns in the atmosphere. Quarterly Journal of the Royal Meteorological Society, **66**, 69.

［47］Platzman, W. G., 1968 : The Rossby wave. Quarterly Journal of The Royal Meteorological Society, **94**, ［47-1］236, ［47-2］228.

［48］Persson, A., 2017 : The Story of The Hovmöller Diagram. Bulletin of the American Meteorological Society, **98**, ［48-1］951, ［48-2］950-951.

［49］Persson, A., 2005 : Early operational Numerical Weather Prediction outside the USA : an historical Introduction. Part 1 : Internationalism and engineering NWP in Sweden, 1952-69. Meteorological Application, **12**, 138.

［50］Byers, H., R., 1970 : Recollections oftbe war years. Bulletin of the American Meteorological Society, **51**,

215.

[51] 串﨑利兵衛，原田朗，1971：大気のバックグランド汚染と大気化学観測. 測候時報，**38**, 5.

[52] McCormick, J., 2013 : The Global Threat of Acid Pollution. 2 edition. Routledge, 11.

[53] Rossby, C.-G., 1959 : Current Problems in Meteorology. The Atmosphere and the Sea in Motion (Bolin, B. ed.). The Rockefeller Institute Press, 50.

図の出典

図 9-1 Bjerknes, V, 1898 : Über einen hydrodynamischen Fundamentalsatz und seine Anwendung besonders auf die Mechanik der Atmosphäre und des Weltmeeres. Kungl. Sven. Vetensk. Akad. Handlingar, **31**, Fig.10.

図 9-2 ドイツ気象局提供

図 9-3 Bjerknes, V., 1919 : Veirforutsigelse : Foredrag ved Geofysikermøltet i Gølteborg, 28. august 1918. Naturen, **43**, 7.

図 9-4 Bjerknes, J. 1919 : On the structure of moving cyclones. Geofys. Publ., **1**, 4.

図 9-5 Bjerknes and Solberg, 1922 : Life Cycle of Cyclones and the Polar Front Theory of Atmospheric Circulation. Geofysiske Publikationer, Ⅲ, 11.

図 9-6 Bjerknes and Solberg, 1922 : Life Cycle of Cyclones and the Polar Front Theory of Atmospheric Circulation. Geofysiske Publikationer, Ⅲ, 15.

図 9-7 Bergeron, T. 1972 : L'origine de la theorie des noyaux de glace comme clcclencheurs de precipitation un cinquantenaire. J. Rech. Atmos., **6**, 51.

図 9-8 気象庁提供

図 9-9 高層気象台，1925：舘野上空における平均風，高層気象台彙報，2，第 2 図.

図 9-10 Bjerknes, J., 1937 : Die Theorie der aussertropischen Zyklonenbildung. Meteorol. Zeitschr., **54**, 460-466.

図 9-11 Namias, J., 1983 : The History of Polar Front and Air Mass Concepts in the United States-An Eyewitness Account. BAMS, **64**, 751.

図 9-12 HovmÖller, E., 1949 : The Trough-and-Ridge diagram, Tellus, **1**, 64.

10. 数値予報と気象科学の発達

　第二次世界大戦は第一次世界大戦以上に気象学に大きな影響を与えた．戦争に必要な予報は大西洋だけでなく熱帯を含む広大な太平洋域にまで広がり，航空機の性能が上がるに従って成層圏近くまでの高層大気の気象情報が必要になった．電子技術の向上はレーダーとその気象監視への利用も生み出したが，その中で戦後に最大の影響を与えたものは電子計算機（デジタルコンピュータ）だった．計算の高速化は，第一次世界大戦中にリチャードソンが行った手計算での予測の数値計算が，実際に実用化できるのではないかという希望を多くの気象学者に与えた．しかし，それはリチャードソンが行った計算をコンピュータに置き換えるという単純なものではなかった．

　まず，開発されたばかりのコンピュータの能力に適合できるコンパクトながらも実用的な結果を出せる数値モデルの開発が必要だった．その際に，リチャードソンの失敗を繰り返さないための計算手法や安定した計算技術を新たに開発する必要があった．また気象の予測計算を実用化するためには計算時間だけでなく，各地の観測結果を集めて計算機に入力できる格子点値にするまでの作業を迅速化し，予測計算を気象の発現より早く終える必要があった．

　乗り越えなければならい大きな壁がいくつも存在した．そのためには国家や軍，大学，研究所などによる支援，気象の理論分野やその応用分野の専門家や研究者の協力が不可欠だった．さらに気象学以外のコンピュータ，通信，ソフトウェア，数学などの専門家をも巻き込んだ，分野を横断する科学や技術を動員する必要があった．

　現業での数値予報は，まさにヴィルヘルム・ビヤクネスが構想した物理学を使った科学的な気象予測の実現だった．気象予測が数値予報という形で彼が想定していたものに近付いたのは，1976年のアメリカ気象局によるプリミティブ方程式群を使った数値モデルによる現業予報とすると，実に72年かかったことになる．ちなみに彼は1951年に亡くなるが，1950年のチャーニーらによる順圧モデルによる数値計算の成功を必ずしも自身の目標の達成とは見なしてはいなかった[1-1]．1904年のビヤクネスの構想は，その後多くの気象学者に引き継がれて，これだけの年月をかけてようやく実現した．しかしながら，彼が掲げ

た明確な目標と方針があったからこそ，その実現は「極めて早かった」のかもしれない．

数値予報の実現による気象予測の科学化によって，気象予測の手法や結果が客観的に議論できるようになり，そこで確立されたものは実用的な共通技術として多くの人々によって利用や応用ができるようになった．それはそれまでとは異なって，気象予測が科学者と予報者が共通の知識や気象学の法則に基づいて議論できるようになったということだった．

当初の数値モデルは二次元1層の単純な順圧モデルだったが，コンピュータの発達に合わせて数値モデルも段階的に複雑かつ洗練された多層のプリミティブモデルへと発達していった．また人工衛星など新たな観測手段も広がり，数値モデルに入力する初期値の作成方法も精巧なものへと発展して，数値予報の精度も改善されていった．ところがその途中でわかったことは，決定論的な数値予報の精度には限界があるということだった．

数値モデルの発達によって，気象予測だけでなく地球大気そのものを数値実験したり，将来の気候を予測したりする気候モデルが登場した．この気候モデルの登場によって，化学や生物学をも含んだ地球環境の将来予測も行えるようになり，気象学は大気科学と密接に関連していくこととなった．

10-1　第二次世界大戦の気象学への影響

10-1-1　戦争中の予報

長期予報（数日より先の予報）は，軍事的に計りしれない価値がある．例えば第二次世界大戦の緒戦で，ドイツは長期予報を活用して，味方の最も望ましい天候状態を狙って1940年5月にフランス侵攻を開始した．約10日間継続した晴天を利用した戦車などによる機械化部隊の活躍（いわゆる電撃戦）によって，緒戦において西ヨーロッパでの大勢を決した．逆に1941年の対ソビエト戦では，ソビエト連邦軍の気象学者はシベリア北部からの異常な寒波の襲来を予測してその準備を行ったのに対してドイツではその予測に失敗し，耐寒装備が十分でなかったドイツ軍はモスクワを目の前にして撤退を余儀なくされた[2]．

1944年6月の連合国軍による史上最大の作戦となったフランス海岸でのノルマンディ上陸作戦は，天候が大きな問題となった作戦だった．上陸作戦は月明や潮位の関係で月齢に合わせて行われるが，この上陸作戦に適した月齢は6月前半には5〜7日の3日間しかなく，これを逃すと次に適した月齢は約半月以上先だった．し

かも月齢だけでなく，風速，風向，雲量，視程，雲高などの天候についても上陸部隊，砲撃部隊，爆撃部隊など部隊ごとに天候に関する独自の要求を満たす必要があり，例えば上陸の際の風速は毎秒約5 m以下，雲量6以下でないと上陸作戦は困難とされていた[3-1].

ノルマンディ上陸作戦実施のための予報については，ペターセンが率いるイギリス気象局を始めとして，イギリス海軍，アメリカ空軍の三つの各予報チームが天候解析などを行って予報を出し，それらの結果を気象士官スタッグが調整して，総司令官であるアイゼンハワーに解説を行っていた．この上陸作戦のように200万人の将兵，1万1000機の航空機，4000隻の船舶を動員した大規模な軍事作戦では，作戦を実施するのに可能な天候かどうかの判断は，作戦決行の24時間以上前に決定しなければならなかった．

上陸作戦実施日を決定する予報について各予報チームの間で激論が交わされた．6月5日の予報はアメリカ空軍の予報チームは類型手法により好天を予想したが，イギリス気象局の予報チームはラジオゾンデを用いた観測などによる綿密な解析から，ノルマンディ沿岸ではイギリス北部にある低気圧に向かって南西風が強まると予想し，ペターセンの反対などにより実施を1日延期することになった[4-1]．翌日の6日の予報は「風力は4程度だが，大西洋中部にあるアゾレス高気圧の北上によって天候がいったん回復する」という予報をもとに作戦実施が決断された[5]（図10-1）．しかしながら，この期間には発達したいくつかの低気圧が大西洋にあり[6]，6日に上陸作戦を本当に行える天候になるかどうかは微妙だったようである．6日決行の決断はきわどく，少しでも天候が予測と異なれば，視程不良による誤爆や誤地点への上陸，高波による上陸用舟艇の転覆，低層雲による航空支援の不足などによって作戦が混乱する可能性があった．当日は雲が多く，天候の回復からはほど遠かったものの，なんとか上陸作戦が行えるぎりぎりの天候となった[3-2]．それでも雲によって編隊がばらばらになった輸送機からの落下傘部隊の誤地点への降下，高波によるオマハビーチでの32台中27台の戦車の転覆などがあった[5]．

一方でドイツ軍は，連合国軍が上陸してきたら最初の24時間で徹底的に叩く作戦を持っていたが，荒天の予報によって上陸はないと判断し，晴天が多くて最高の緊張度を強いられた5月に代えてこの荒天期間を将兵の休暇にあてた．海岸線防御の集団司令官であったロンメル元帥もこの機を利用してベルリンへ戻った[7]．このため，この上陸作戦の決行は結果としてドイツ軍の裏をかく形になった[4-2]．ドイツ側からみると風上になる西側は連合国軍が押さえているため観測情報がなく，ド

10-1　第二次世界大戦の気象学への影響　259

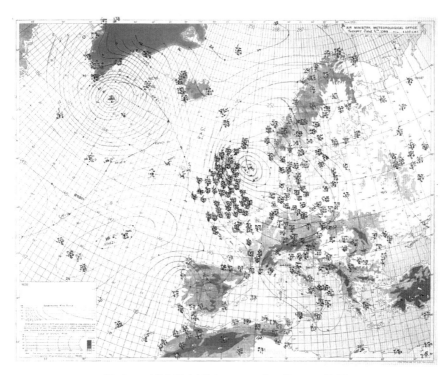

図 10-1　上陸作戦が実施された 1944 年 6 月 6 日の天気図

イツ軍の予報には限界があったと考えられている[8]．しかしたまに浮上する潜水艦 U ボートからの気象通報だけでなく，ドイツ軍は連合国側の暗号化された気象通報や天気概況の一部を解読していた可能性もあり[9]，ドイツ軍の予報はそれほど悪くなかったという説もある[10]．ドイツ軍では 6 月 5〜7 日の天候を風力 4 程度と正しく予測し，その風では上陸作戦は困難と判断していた[5]．

　ノルマンディ上陸作戦時に嵐の中断を予測できたのは，高層気象観測などの気象学の進歩の成果ではあったが，予報に関する不確実な要素も数多くあり，上陸作戦がなんとか成功したのは，天候から見ると結果的に「戦いの女神が連合国軍側に微笑んだ」という面が強かったのではないかと思われる．

10-1-2　高層気象観測の拡大

　第二次世界大戦の最も顕著な気象学への影響の一つは，ラジオゾンデを利用した

高層気象観測網の拡大だった．豊富な高層気象データを使って三次元での気象解析が初めて日常的に可能になり，定常的に予報に使われるようになった．戦争が近付くと，ドイツはラジオゾンデの観測地点数を 10 地点から約 80 地点に増加させた．アメリカでは，民間と軍隊の気象事業によって運用されたラジオゾンデの観測地点数は 1938 年の 6 地点から 1945 年の 335 地点（国外を含む）にまで増加した（図 10-2)[3-3]．ラジオゾンデはエレクトロニクスを使った気象の遠隔観測のひな形となり，その整備を契機に気象観測の教育の中にエレクトロニクス教育も含まれるようになった[1-2]．戦後には旅客航空路の拡大によってこの高層気象観測もさらに拡大されて，リアルタイムでの大気の三次元構造の把握が進んだ．

イギリス気象局では第二次世界大戦の勃発直後に，高層大気の気象データを使った長期予報の可能性を調査するためのグループを組織化した．1941 年の秋にはこのグループの研究を推進するために，当時 MIT にいたノルウェーの気象学者ペターセンをスカウトした．翌年にはロスビーの物理学的な手法を含む多くの手法が気象局の気象学者たちによって試されたものの，長期予報について十分信頼できる手法は見い出されなかった[3-4]．他の多くの国でも気象学者たちによる継続的な努力にもかかわらず，予報期間の延長やその正確さに関してほとんど改善はなかった．

同様に，短期間の予測の手法についてもあまり進展はなかった．作戦を行う際に

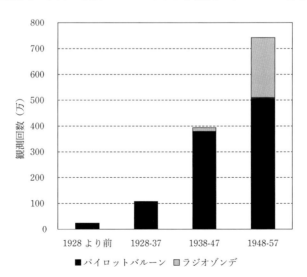

図 10-2　世界の高層気象観測回数の推移

は，それぞれの部隊は連携して戦闘するために，司令官は各部隊の気象担当者による気象予測を集めて作戦の詳細を決定する必要があった．例えば，戦争の初期にイギリス軍で複数の爆撃団が協同して爆撃を行うようになった際に，統一的な作戦行動のために気象予測が欠かせなかったが，同一のデータを与えられた各爆撃団の気象予報者は，予報者の数と同じだけ異なる予報を出していた．中央の爆撃司令官は，各爆撃団の予測を一致させる必要に気付いたが[3-5]，当時の主観的な手法では予測の精度向上には限界があった．

　高層気象観測網の拡大とともに戦争によって大きく変わったのは，気象技術者の数だった．ドイツ空軍は戦争に入ったときにはすでに 2700 人の気象技術者を養成していた[1-3]．アメリカでは戦争に参戦する数年前に五つのアメリカの大学（マサチューセッツ工科大学（MIT），ニューヨーク大学，カリフォルニア大学ロサンゼルス校（UCLA），シカゴ大学，カリフォルニア工科大学（Cal Tech））で気象学科が設立された[3-6]．そして 1942 年から 1945 年までそこで毎年約 2000 人の気象技術者が養成された．また空軍の気象士官の数は 1 万 9000 人，海軍は 6000 人に達した[3-7]．ちなみに，アメリカ気象局では開戦時には女性の気象技術者の数は 2 名だけだったが，戦争の終わり頃には 900 名にまで増えていた[3-7]．イギリス気象局の職員数も 1939 年の 750 名から最終的に 1945 年には約 10 倍の 6800 名になった[11-1]．日本でも日中戦争拡大の頃から中央気象台附属気象技術官養成所で気象技術官の養成拡大を図っており，その定員は本科（3 年制）が 1 学年 133 名，専修科（1 年制）が 1 学年 270 名だった[12]．

10-1-3　レーダーの気象学への利用

　第二次世界大戦中に画期的に進歩したエレクトロニクスの応用技術はレーダーだった．これは 1935 年にイギリスのダヴェントリーでの，電波の反射を使った遠くの航空機の探知実験から本格的な開発が始まった．1939 年にはこの電波技術を使った探知にはレーダー（RADAR：radio detection and raging）という言葉が使われるようになり，戦争が始まるとこの電波技術は最重要の軍事機密となった．イギリスは電波発信のためのマグネトロンの開発技術を 1940 年にアメリカに提供し，翌年からアメリカの MIT 輻射研究所では 4000 名を動員してレーダーの開発が行われた[13]．レーダーの利用は軍事機密だったため，その気象への応用などの時期ははっきりしていないが，1941 年 2 月にはイギリス南部で十数 km 先の雷雨をレーダーで捉えた記録があるようである[14]．

このように電波が大気中の水象（雨や雪）によって散乱されることは軍事的に見るとノイズであったが，レーダーは数百 km 先の水象を探知するための気象学の新しい研究道具となり，MIT やハーバード大学などでその利用が研究されるようになった．技術の進歩とともに，雲の映像を通して嵐の規模や強さ，進行速度などを提供できたようである．1944 年 2 月にはアメリカ陸軍航空隊は多数の航空機にマイクロ波レーダーを装備して嵐を回避できるようにした．また同年 10 月からは気象士官にレーダーを教育するため，MIT とハーバード大学に 7 か月間の集中教育課程を設立した[3-8]．

戦後の 1946 年 10 月には軍から転用されたレーダーがイギリス気象局近くのイースト・ヒルに設置され[14]，1947 年にはワシントン国際空港に初めて気象専用レーダーが設置された[3-9]．日本では 1954 年に大阪近郊の高安山に初めての気象レーダーが設置された[15-1]．1950 年代になるとアメリカの各地にレーダーが展開され，雷雨などの小規模な現象の解明を推進した．特に戦争終了間際からシカゴ大学のバイヤーズは，大規模な「サンダーストーム・プロジェクト」を立ち上げて，レーダーを使った雷雨の研究を主導した．

1953 年にバイヤーズの元に留学した日本の気象学者の藤田哲也（1920-1998）は，その後シカゴ大学で竜巻の研究を行って，竜巻の強さである「フジタスケール」を定義した後，アメリカで新たに開発されたドップラーレーダー[*1]を用いて，1978 年にそれまで知られていなかったダウンバースト[*2]とマイクロバースト[*3]の存在を発見した[16]．それらはときおり原因不明の重大な航空機事故を引き起こして，航空機の離着陸に大きな脅威を与えていた．この発見によりドップラーレーダーを用いた検知から回避までの迅速な対応方法が整備され，マイクロバーストなどによる航空機事故は激減した．この発見は，旅客航空輸送の安全向上のための気象学による画期的な貢献と評価されている．

現在，気象レーダーは広域の雲や風雨を捉えるための不可欠の手段である．全国に探知領域に抜けがないようにレーダー網が配置され，航空気象や短時間の気象予測のための重要なデータを提供している．今日，一般の人々は気象レーダーの映像

---

*1　反射波のドップラー効果による周波数の変化を観測することで，雨などの相対的な変位と移動速度を観測できるレーダー．
*2　積乱雲などから発生する強い下降気流．これが地面に衝突した際に風が四方に広がって災害を起こすことある．
*3　局地的な小型のダウンバースト．小型でも強い下降気流を起こすことがあり，航空機の離発着に影響を及ぼす．

10-1　第二次世界大戦の気象学への影響　　263

を直接見ることはあまりないが，レーダーによる観測結果はナウキャストという現状の雲や雨雪の強度分布の図の形で，インターネットなどを通じてほぼリアルタイムで見ることができ，防災情報などに活かされている．

10-2　数値予報の試み

10-2-1　気象計算の機械化

　通常の気象観測のデータはそのまま使えるわけではない．観測データは，まずデータの品質の確認を行い，さまざまな補正や単位の変換，平均値の算出などの統計計算，高層気象観測の場合は指定の気圧面や高度面への内挿や外挿などの計算処理を行ったうえで，それぞれの用途に使える形で保存や発表が行われる．それらは人手による膨大な作業が必要な上に，途中でデータの取り違いや計算ミスなどの人為ミスが含まれる可能性もあった．

　それらの計算の高速化と効率化を図るため，1920年ごろからイギリス海軍の気象局は航海日誌の気象観測値を統計する際にパンチカード*4 を利用し始め[17-1]，1930年代後期にはヨーロッパの主要な気象局がパンチカードを使い始めた．パンチカードを使った集計機*5（tabulating equipment）は1時間に1万枚以上のパンチカードを処理でき，それまでの人手による処理と比べてデータの処理速度は圧倒的に速くなった．これにより，日々のデータ処理の中で，気象報告の単位や報告様式の自動変換，観測値の妥当性と完全性の確認も可能となった[3-10]．またカード上の数値は，集計機を使って前のカードの数値と比較したり，集計機の特定の記憶位置の値と加算や減算したりすることができるため，パンチカードは気象の統計（例えば平均や極値，頻度分布）のためにも用いられた[3-10]．これらの技術は，コンピュータが出現した際にデータの入出力の機械化の基礎となった．日本では戦前に海軍気象部（水路部）がパンチカード方式を利用していたが，そのデータは終戦時に散逸したとされている[17-2]．当時中央気象台の職員だった気象学者の荒川秀俊（1907-1984）は，この方式は機械だけでなく大量のパンチカードの保存などの施設も必要で，貧乏国にはなかなか手が出せなかったと述べている[17-3]．

---

*4　カードに開けられた穴の位置によって数字や文字列を示す．穿孔カードとも呼ばれる．
*5　パンチカードを読み取って集計する機械．

264　　　10.　数値予報と気象科学の発達

10-2-2　電子計算機（デジタルコンピュータ）の出現

　19世紀に雲形を定義したハワードは，ロンドンの気候を調査して気候に9年周期や18年周期があることを主張した[4-3]．20世紀に入ると，周期を含む気象統計の計算が盛んに行われるようになった．しかし1920年代と1930年代に多くの研究者が気象の周期性に関するさまざまな研究を行った結果，否定的であることがわかり，1940年代には気象の周期に関する研究はほとんど行われなくなった[3-11]．

　そういう状況にもかかわらず，1930年代から1940年代に気象周期や太陽活動と気象との関係を調査しようとした少数の科学者の一人に，アメリカのモークリー（John Mauchly, 1907-1980）がいた．高校生の頃に父の地球物理学の研究を手伝っていた彼は，太陽活動が地球磁場に影響を及ぼすことを知っていた．彼は物理学の博士号を取得した直後の1930年代中頃から，周期的な太陽活動が地球磁場同様に気象にも影響を及ぼしていることを示そうと考えた[3-12]．彼はそのための気象データの解析を行おうとしてデジタルコンピュータの開発を始めたが，結局彼はその時間のほぼすべてをコンピュータの設計に費やすこととなった．彼と電子技術者であるエッカート（John Eckert, 1919-1995）は，後にエニアック，エドバック，バイナック，ユニバックという4台の有名なコンピュータの主要な設計者となった[3-13]．モークリーは気象学に直接貢献することにはならなかったが，彼をコンピュータ分野の発展に貢献させたのは彼の気象学への興味だった．

　彼らが作った世界最初の汎用コンピュータはエニアック（Electronic Numerical Integrator and Computer：ENIAC）であり，コンピュータが当初から気象計算を目的の一つとして生まれてきたことは，さらにそれを進めた気象予測にとってコンピュータがいかに不可欠かを物語っている．エニアックは1945年に完成したが，幅60 cmのメインパネル42枚が壁に沿って並べられ，本体は高さ約3 m，奥行き1 m，1万8000本の真空管によって140 kWの消費電力を必要とする巨大なマシンだった（図10-3）[18-1]．

　このコンピュータの理論面を担当したのが，20世紀最高の数学者の一人であるフォン・ノイマン（John von Neumann, 1903-1957）であり，彼は測度論，リー群理論，ヒルベルト空間，量子力学，ゲーム理論などさまざまな分野で大きな成果を上げた天才数学者である．彼は原子爆弾を開発するマンハッタン計画に参加している間に，爆発の際の流体力学を研究するためにコンピュータの開発に関係するようになった．やがて彼の目的は科学を進めるための強力なコンピュータを作ることに

図 10-3　エニアック（ENIAC）の写真

なっていった．

　フォン・ノイマンはビヤクネスとリチャードソンの物理法則を使った気象予測の考えを知っており，実用性と本格的な科学を兼ね備えた気象の数値計算はコンピュータの開発にとって理想的であると考えた．1946年に彼はコンピュータを開発するための「コンピュータ・プロジェクト（Electronic Computer Project）」の対象の一つに，気象を予測する数値予報を選んだ．フォン・ノイマンはロスビーの助言に従ってその財政支援を海軍に正式に提案し，その提案は7月1日に公式に認められた[19-1]．当時，フォン・ノイマンほど資金を獲得して有能な人々を集めてそれを効果的に組織化できる人は他にいなかった．この提案についてシカゴ大学の気象学者プラッツマン（George Platzman, 1920-2008）は，"四半世紀前のリチャードソンの本の発表以来，数値予報のためのおそらく最も夢のような趣意書"だったと述べている[18-2]．

10-2-3　数値予報への胎動

　しかしコンピュータが出現しても，それだけで気象予測が行えるわけではなかった．数値計算のための気象学理論の準備がなかった．四半世紀前に行われたリチャードソンの計算は世界的に有名な失敗に終わっていた．またコンピュータやそのプログラムに詳しい気象学者も皆無だった．コンピュータを使った気象予測のた

めの努力は途方もないものになりそうだったが，それでも気象予測が行えるという保証は何もなかった．当時ロスビーの後を継いでアメリカ気象学会の会長となっていた MIT 教授ホートン（Henry Houghton, 1905-1987）は，1946 年 12 月の学会においてこう述べている．"確かな物理原理に完全に基づいた客観的な予測手法が近いうちに実現する見通しはなさそうである．"[4-4]．このような数値計算に基づく気象予測に対する懐疑は，数値予報の研究が始まってもしばらくは根強く残っていた．

　サイバネティックス[*6] の提唱者としても有名なアメリカの数学者ウィーナー（Norbert Wiener, 1894-1964）も数値予報のような決定論的な気象予測に否定的だった．彼は 1956 年にこう述べている．"科学的な気象学を構築するために理想的なニュートンの方法は，すべての気象変数の適時の推移のための方程式を用意することである．……そのような方程式を有効に利用するためには，過去の変数の経過と，そして少なくとも過去のある瞬間のそれらの値の極めて完全な知識が必要となる．現実にあるものは，純粋に力学的な予測に必要な理解の完璧さと比べてはなはだかけ離れている．実際には，我々は地球上の数百または数千の地点からの気象データを持っているにすぎない．またこれらのデータは連続的なものではなく，ある間隔で集められたものである．しかもそれらには有意なほど絶対的な正確さはない"[20]．この考えは原理的には正しく，この不完全な中で実用に耐える予測ができるかどうかが焦点だった．

　フォン・ノイマンはアメリカのニュージャージー州プリンストンにある高等研究所（Insititute for Advanced Studies：IAS）で「気象プロジェクト（Meteorology Project)」を立ち上げた．1946 年 8 月に初めての数値予報を実現に取り組むため，「気象会議（Conference of Meteorology)」と題された会議が開催された．ロスビーが主催したこの会議には，フォン・ノイマン，ハウリッツ，ウィレット，ナマイアス，チャーニー，トンプソンなど約 20 名の世界の主要な気象科学者たちが集まって，数値予報の課題を協議した．

　気象プロジェクトでの当初の計画は，気象の数値予測のために IAS で開発中のコンピュータを使ってプリミティブ方程式を時間積分することだった．ところがプリミティブ方程式群が持つ大気重力波解の存在は，予測のための計算量が IAS のコン

[*6] 通信工学と制御工学を融合し，生理学，機械工学，システム工学を統一的に扱うことを意図して作られた学問．

ピュータの性能を上回る短いタイムステップを必要とした．さらにプリミティブ方程式群では 8-7 でマルグレスが指摘したように「観測結果をそのまま使っても風の収束発散を正確に計算できない」という根本的な困難があった．そのため，1946 年の気象会議の参加者には，「計算不安定を避けるのに必要な極端に短いタイムステップ」と「気圧変化を予測するための風の収束発散の計算」を避けるという二つの課題が立ちはだかった．しかし，それらを解決する目途は立たなかった[21-1]．

10-3　傾圧不安定理論と準地衡風モデル

10-3-1　ジュール・チャーニー

　ここでその後の気象学の発展に大きな影響を与えたチャーニーが登場する．優れた数学者でもあった彼は，リチャードソンによる数値計算の失敗を考慮して，気象予測の数値計算に対してリチャードソンとは異なった考え方を選んだ．複雑なプリミティブ方程式群をそのまま使うのではなく，数学を使って理論的に整理し，解析的にあるいは数値積分で簡単に扱えるように大胆な変革を行った．その結果は，その後の気象学や数値予報に大きな影響を与えた．

　チャーニー（Jule Charney, 1917-1981）は，1917 年の元日にサンフランシスコで生まれた．彼の両親はユダヤ人であり，20 世紀の初めにユダヤ人が迫害を受けていたベラルーシからの移民だった．彼が 14 歳のときに両親は別居したため，一時期ニューヨークのおじの家に身を寄せた．彼は数学に強い関心を持っており，そこで微積分の本に出合ってそれに熱中した．

　彼は遠くの大学に行く資力もなく，近くの UCLA に入学したが，そこでの微積分の授業はすでに習得していたものだった．彼は理論物理学の専攻を希望したが，UCLA には希望する講座はなかった．彼は 1938 年に UCLA を優秀な成績で卒業した後，数学と物理学の修士課程に残った．ところが 1940 年ごろに UCLA に気象学課程が開設されることになり，そこにアメリカに滞在中にドイツのノルウェー侵攻によって母国に戻れなくなったヤコブ・ビヤクネスとやはりノルウェー出身の気象学者ホルンボー（Jørgen Holmboe, 1902-1979）などが着任して，UCLA で気象学に関する優れた講義が始まった．チャーニーは乱流の取り扱いに関するホルンボーの講義に参加した．チャーニーは当時気象に関する興味はまったくなく，彼はホルンボーの講義で「大気の動きは物理法則に従っていること」と「微分方程式で記述できること」を知った程度だった．彼はこう語っている．"私は天気図を見たことがありませんでしたし，気象学はなかなか身に付かず苦痛で嫌いでした"[4-5]．

268　　10.　数値予報と気象科学の発達

ちょうど戦争時であり，UCLA では気象技術者を大量養成しようとしていた．1941 年の春にホルンボーは，チャーニーに自身が受け持っていた UCLA の気象技術者養成課程の受講とその教官助手になることを誘った．このホルンボーとの出会いと戦時という偶然によって，数学に優れたチャーニーが UCLA の気象学課程の教官助手になったことが，その後の大気力学とそれを用いた数値予報の発展の方向を決めた．

彼はこの後に述べるように，気象学に関する革新的な物理理論を次々に打ち立てただけでなく，コンピュータに向いた方程式の開発を通して気象予測の数値計算を先導した．また大気だけでなく海洋学者としても，海洋運動における風応力の影響やメキシコ湾流の特徴の解明に貢献した[22]．さらに 11-6 で触れるように，気象予測の精度を高めるための大気研究の世界規模での組織化にも尽力した．数学は得意だったが天気図を見たこともなく気象学が嫌いだった青年は，11-6-2 で述べるように最後には大気と海洋の総合的な科学の世界的な推進者として大きな役割を果すこととなった．

10-3-2　傾圧不安定理論の確立

順圧大気には位置エネルギーを波の運動エネルギーに変えるメカニズムが含まれておらず，その研究だけでは低気圧の発達の問題を解決することができない．第二次世界大戦中の高層気象観測の充実によって，高低気圧の詳しい立体構造が少しずつ明らかになっていき，1944 年にはビヤクネスとホルンボーによる「低気圧の理論について（On the theory of cyclones）」という論文によって，低気圧内で起こっている収束や発散の立体構造から気圧の谷中心の鉛直軸が西に傾いている原因が解明された．これによって再びどうして低気圧は発達するのかという問題が提起された．彼らは波の発達に関連しては，高度方向に風速が増す西風の中での気圧の谷中心の鉛直軸の傾きが重要であることを指摘したものの，それを必然的な定量的理論として示すことはできず，波の発生を 1928 年のゾルベルクによる地上での前線波の不安定性で，そしてその発達を高層大気の波と地上の低気圧の間の相互作用として説明した[23-1]．

1945 年ごろ，戦争の帰趨がはっきりして戦時の気象技術者養成が一段落すると，チャーニーは気象学のテーマが自分に向いているかを改めて考え始めた．ヤコブ・ビヤクネス，ホルンボー，ロスビーがそれぞれ取り組んでいた「中高緯度の嵐はどうやって発達するのか」という謎は，未解決のまま残っていた．彼はその解決のた

めに中高緯度大気の不安定性に目をつけた．そして，徐々にその理論化を目標とするようになった．

チャーニーは1947年にジャーナル・オブ・メテオロロジー誌に発表した論文「傾圧性の西風における長波の力学（Dynamics of long waves in a baroclinic westerly current)」において，「傾圧不安定（baroclinic instability)」という重要な概念を定式化した．これは大気が南北方向に大きな温度差を持って西風の風速が高度とともに増すとき，ある条件を境に流れが不安定になって波すなわち低気圧が発達するというものである．そして低気圧が発達するためには，「気圧の谷の中心軸が上層に行くに従って西に傾いている」ことが必要であることを理論的に明らかにした．彼の力学的な不安定論には，それまで必ずといってよいほど使われてきた前線という概念が含まれていなかった．チャーニーは方程式を系統的かつ定量的な分析によって簡略化し，これによって式を解析的に扱えるようにして，大気の物理過程を数式を通して理解することを容易にした．アメリカの海洋物理学者であるペドロスキー（Joseph Pedlosky）はこう述べている．"私は，この論文を明らかに天才による神業であると考えている．この問題へのチャーニーの取り組みの偉大さには息をのむばかりである．この数学問題に対する解析はそれ単独でも称賛に値するが，さらに見

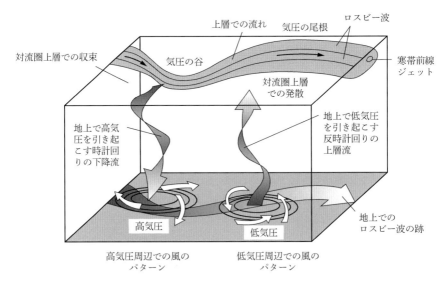

図10-4　気圧の尾根と谷を持つ典型的なロスビー波のパターン

事なことはその物理式の簡潔さが持つ深い洞察性である．つまり非地衡風的な下草を刈り取って，問題の中心とその理論展開のために必要な方向を明らかにしたことである”[23-2]．

　この簡略化は，それまでのヤコブ・ビヤクネスやゾルベルクらによる「地上の前線が高層大気の長波を発生させる」という考え方で方程式をできるだけ厳密に取り扱おうとしたのとは対照的であり，また結論も逆に「高層大気の長波によって地上に前線ができる」という考え方によってそれまでの常識を覆すものだった．ここにおいてハドレー以来議論されてきた地球規模の大気循環と総観天気図での気象がそれぞれ独立したものではないことが明確になり，長年別分野であった大気力学を総観気象学と理論的に結び付けることが可能になった（図10-4）．なおこの考えは，1949年にイギリスの気象学者イーディ（Eric Eady, 1915-1966）によっても独立に導かれた．

10-3-3　数値予報の課題

　10-2-3の課題への対処にまず必要なことは，大気が持つさまざまな時間スケールの運動の中から，高低気圧のように毎秒10 m程度の速度で移動して数日の周波数を持つロスビー波のような渦性の波と，毎秒数百 mの移動速度を持ち周期が数分から数時間という高周波の大気重力波を区別することだった．この大気中の2種類の波を気象学者のリンチはばねにおもりをつけた振り子を使って，おもりによるばねの振動を大気重力波に，そして振り子の振動を渦による波に例えてわかりやすく説明している[24-1]．現実の大気では風の場と気圧の場は微妙な平衡状態を形成しているが，観測結果には必ず誤差が含まれている．予測の計算を開始する際に，この誤差による風の場と気圧の場との平衡状態からのずれが初期値に含まれていると，これが計算を進めるうちに増幅して実際にはない計算上だけの大気重力波を引き起こす．これは気象予測に必要な波を見えなくしたり，計算に影響を及ぼしたりする不必要なノイズ波となる[25-1]．また大気重力波は高周波であるため，これが含まれていると差分計算の際に計算不安定を引き起こさないように，9-3-3のCFL条件に従って時間積分のタイムステップを極めて短くする必要がある．

　この不要な大気重力波などの高周波のノイズ波を取り除くためには，二つの方法が考えられる．一つは気象予測のための方程式群をノイズ波の解を持たないような形に変形，近似する方法である．これはフィルタ方程式と呼ばれている[26-1]．そしてもう一つは，大気の実際の状態からのずれなどの気象予測にとって不必要で有害

10-3　傾圧不安定理論と準地衡風モデル　271

なノイズ波の原因を，何らかの手段であらかじめ入力データからとり除いておくことである．これは「初期値化（initialization）」と呼ばれている．しかし，当時ノイズ波問題の解決の見通しは立っていなかった．

またこれらとは別に，ドイツの気象学者エルテルは，1948年に気象予測の数値計算は可能であっても全球を対象としたものでなければ不可能であると主張した．それは地球上の一部を切り取って計算しようとすると人工的な境界を設定せざるを得ないので，そこで発生するノイズが伝搬して予測の計算に影響を及ぼすというものだった．当時のコンピュータの能力からいって全球を対象とすることは不可能であり，これは当時では実質的に気象予測の数値計算はできないという指摘であった．

1946年にフォン・ノイマンが主導して発足した気象プロジェクトは幾人かの有能な科学者を集めたが，多くは散発的な成果だけを残して去ってしまい，予測計算の課題に対するまとまった成果は上がらなかった．フォン・ノイマンも他のことに忙殺され，残されたアメリカの気象学者トンプソン（Philip Thompson, 1922-1994）だけが孤軍奮闘していたが，この難題は彼の手に余っていた[27-1]．一方で1947年にスウェーデンに留学したチャーニーは，気象の予測計算は高性能の計算機の整備だけの問題ではなく，計算機を効果的に利用するために数学と気象学の両方に精通した彼がいうところの「油差し係り（oiler）」が必要であることを確信していた[1-4]．そのため，彼はまず大気重力波とロスビー波を区別するための方策を探っていた．

1948年にフォン・ノイマンは，チャーニーをこの気象プロジェクトの指導者としてIASに呼び寄せることにした．チャーニーは，オスロで一緒に研究していたエリアッセンを1年間一緒に気象プロジェクトに参加させることを条件にIASにやってきて，これによってプロジェクトは息を吹き返した．このプロジェクトは，チャーニーが「油差し係り」となってこれから述べるように数値予報のための理論と技術を次々と開発していった．なお東京大学の岸保勘三郎（1924-2011）も1952年から1年4か月にわたってこのプロジェクトに参加した．

10-3-4　準地衡風近似とその利点

リチャードソンは，1922年に行った数値計算で鉛直方向には静力学平衡の近似を用いた．それでもリチャードソンの方法の特徴は，静力学平衡以外のさまざまな物理過程を厳密に含んだプリミティブ方程式群を用いようとしたことだった．ところがチャーニーは，プリミティブ方程式群は複雑過ぎてこのままでは人間の手に負

えないと感じ，数学の問題として扱いやすくするために合理的で一貫した近似を行う必要があると考えた[19-2]．彼はなるべく単純な形から出発して，順次必要な過程を含めて複雑化していく考え方をとった．彼はこう言っている．"大気の影響で最も重要と思われるもののみを取り入れた数値モデルから始め，それからそれ以外のものを徐々に取り込むことによって，人は帰納的にものごとを進めることができる．そうすることによって，十分に理解されていない多くの要因を同時に導入した際に必然的に遭遇する落し穴を避けることができる"[28]．

　彼はプリミティブ方程式群の近似による単純化を行う際に，物理学的な深い洞察に基づいて最大限の注意を払いつつも，「予測に重要な運動の項と比較して小さな項を省略することによって，予測への影響が小さな運動をとり除く」という概念にたどり着いた．その結果を 1947 年 11 月に留学先のスウェーデンから気象プロジェクトのメンバーであるトンプソンに宛てた手紙でこう述べている．"その解決手段は，言及するのをためらうほどにばかばかしく単純です．それは以下の原理で表現されます．エントロピーの保存と摩擦がない自由大気を仮定すると，大規模な大気システムの運動は，温位と渦位の保存則と静力学と地衡風のバランスに支配されます．これがそのために必要なフィルタです！　これが小規模な「ノイズ」を取り除く手段です"[26-2]．これはそれまでの多くの人々が取り組んできた「プリミティブ方程式群を厳密なまま取り扱う」という発想を転換したまさに独創的な発想だった．

　チャーニーはこの近似によって実際に方程式を簡略化するために，1947 年の自身の論文で行った「方程式の中の項を現実大気の典型的な値と比較すること」をさらに徹底して行った．気象予測の物理方程式群の中の各項の大きさを現実大気の典型的な値で比較し，予測に重要な長波の運動を支配している最も大きな項だけを利用することによって，予測に重要でない大気重力波を除去することに成功した．この手法は現在「スケールアナリシス」と呼ばれている．これによって彼は，予測にとって重要な大規模な運動は温位と渦位の保存，静力学平衡，準地衡風という条件によって支配される一貫した力学システムによって表現できることを示した[29-1]．この力学システムはフィルタ方程式になっており，大気重力波は必然的に除去される．このシステムは「準地衡風近似」と呼ばれ，これを使った数値モデルは長波を三次元的に簡潔に取り扱うことができる準地衡風モデルと呼ばれる．

　準地衡風近似は，渦度やそれを流す移流は水平発散がない地衡風で近似するが，この気圧場の変化を引き起こす鉛直運動は，厳密度を高めた風の水平発散から求め

る形になっている．一見すると矛盾するように見えるが，同じ大きさの項を選択するというスケールアナリシスの考え方を用いると，このような近似が許される[30]．ノルウェーの気象学者エリアッセンも 1949 年にチャーニーと基本的に同等な準地衡風近似を独立に導出したが，その際に彼は鉛直方向に気圧座標を用いたスマートな方程式群にした．気圧座標は 1910 年にヴィルヘルム・ビヤクネスが提唱したものだが，ドイツ以外ではほとんど用いられていなかった[31]．気圧座標を用いると静力学平衡の下では式の形が簡単になるため，これ以降数値モデルでは気圧座標が多く用いられるようになった．

　準地衡風近似によって，気圧座標での鉛直風であるオメガ（ω）を診断するオメガ方程式と渦度方程式とを用いて，高層天気図と地上天気図とが統一的に解釈できるようになった[32]．それにより，大勢の研究者たちが，それまでのビヤクネスやロスビーのような特別な経験や洞察力を必要とせずとも，一般的な力学や熱力学の知識を用いて大気の研究に取り組むことが可能になった．

　また，方程式内で不要な波がフィルタによって除去される準地衡風近似の有利さは，解析だけではなく数値予報に対してめざましい進歩を生み出すことになった[21-1]．この準地衡風近似を数値モデルへ導入することによって，水平風の収束と発散という値が大きくかつ互いが相殺する項同士のわずかな差を計算する必要がなくなり，また大気重力波などの高周波の影響がなくなったため，計算不安定性のためのタイムステップの条件も大きく緩和された[26-3]．この準地衡風モデルはリチャードソンが直面した数値予報に対する障害を乗り越えるための重要な貢献の一つとなり，数値予報にプリミティブ方程式を用いることができるようになるまで，傾圧大気に対する実用的な数値予測モデルの一つとなった．

10-4　実験的な数値予測の成功

10-4-1　当初の数値予測計画

　10-2-2 で述べたように，コンピュータ・プロジェクトでフォン・ノイマンは，IAS のためにコンピュータの設計と製造を指導した．このプロジェクトによるコンピュータは 1946～1952 年にかけて開発され，その後のコンピュータ産業界の発展に大きな影響を及ぼした[21-2]．しかしながら，1940 年代末の時点ではこのコンピュータはまだ完成しそうになかった．このためコンピュータ・プロジェクトは，IAS のコンピュータが完成するまでメリーランド州アバディーンにある陸軍の弾道研究所のエニアックを利用することになり，予測のための数値モデルをまずこの性

能の低いエニアックで計算させることになった.

　地球規模の大規模な運動を持つ高層大気の流れは，単純化すると二次元の順圧的な運動と見なすことができる．プリンストンにおいてチャーニーとエリアッセンは，数値モデルを二次元に単純化して対流圏中層でのロスビー波の動きを再現することに焦点を当てることにし，大気全体を対流圏中層の1層だけで代表させた「等価順圧大気（equivalent-barotropic atmosphere）」として数値モデルを扱うことを考えた．一般に気圧の谷の前面では下層で収束，上層で発散が起こり，後面ではその逆になる．中層の 500 hPa あたりでは，いずれの場合でも収束も発散も起こらない．このため，等価順圧大気はちょうど 500 hPa 付近の気流を代表していることになり，これにより風の収束発散を使わずに対流圏中層のロスビー波の予測を行えると考えられた．

　エニアックを使う前に，彼らは準地衡風モデルを試験的に線形一次元化した簡略化した式を使って，500 hPa において北緯 45 度に沿ってロスビー波の高度時間変化を手計算し，その結果を 1949 年に「中緯度偏西風の擾乱を予測するための数値方法（A numerical method for predicting the perturbations of the middle latitude westerlies）」という題で発表した．観測結果との比較は当時としては満足できるもので，彼らは「準地衡風近似と等価順圧大気は数値予測を十分な精度で行える合理的な近似手法である」と結論した[33]．この結果は，スウェーデンにいたロスビーに「実用的な気象学の新しい時代の入り口に立っている」ことを強く印象づけ，気象学の革命が近いことを感じさせた[1-5]．

　さらに同じ年にチャーニーは，大気の動きをほぼ水平方向と仮定した場合に準地衡風渦度方程式は順圧渦度方程式 dq/dt = 0（ここで q は渦位）で近似できることを示した．これは等価順圧大気の下では大気運動を理論的に1層2次元の「順圧モデル」で予測できることを意味した．これでエニアックでの計算も可能になった．彼が複雑なプリミティブ方程式群を，一貫した近似を行うことによって最終的に1個の簡潔な式に単純化できることを示したことは驚くべきことだった．

　それでも当時のコンピュータでは計算領域を絞る必要があったため，10-3-3 でエルテルが指摘したように誤差が生じる恐れがあった．チャーニーは 1949 年に「大気中の大規模運動の数値予測の物理的基礎に関して（On the physical basis for numerical prediction of large-scale motions in the atmosphere）」と題した論文で，境界で引き起こされるノイズなどの大気擾乱の伝搬速度を計算し，計算領域を予測領域に応じて適切に広げて設定してやれば，発生したノイズが予測領域に到達するま

10-4 実験的な数値予測の成功　　275

でのだいたい 1〜2 日の期間であれば予測計算が可能であることを示した[34-1]．これは逆に，予測領域と予測時間に応じた適切な計算領域の設定が，気象の数値予測にとって極めて重要であることを意味していた．

10-4-2　順圧モデルを使った初めての数値計算

　内部記憶装置が小さなエニアックで順圧モデルの数値計算を可能にする手法はフォン・ノイマンが開発した[35]．エニアックより前のコンピュータは，テープから命令を一つひとつ読んでそれを実行するようになっていたが，エニアックでは穴の開いた配線盤にプラグを挿入して配線することによって，プログラムをあらかじめセットするようになった．それにより機械的にテープを動かすことなく次々と命令が実行されるので，真空管回路の速さを十分に生かすことができた．

　エニアックと順圧モデルを使った最初の実験的な数値予測計算は，1949 年 1 月5，30，31 日と 2 月 13 日の例について，1950 年 3 月から 4 月にかけて 24 時間体制で 33 日間かかって行われた．これは実時間の予測ではなく，過去の事例の実験的な再現だった．巨大な配線盤のプラグ切り換えによって行われるプログラミングは，主にプラッツマン，スマゴリンスキー，フリーマンによって指示された[18-3]．複雑な構成のエニアックはよく故障した．しばしば真空管は焼き切れ，プログラムをセットするたびに複雑な配線と格闘しなければならなかった．また毎時の結果をパンチカードに出力したので，全体に要したカード枚数は 10 万枚にもなった．それでも 24 時間後を計算するのにかかった時間は実質的に 24 時間だった．これは予測の計算速度が気象変化の時間に追いついたことを意味した．

　その結果は必ずしも現実の大気の変化とぴったり一致したわけではなかったが，気圧の尾根の移動などを実際に反映していた[36-1]．この成果は 1950 年にチャーニー，フィヨルトフト，フォン・ノイマンの名前でテラス誌から「順圧渦度方程式の数値積分（Numerical integration of the barotropic vorticity equation）」という題で発表された．この中で彼らは次のように述べている．"気象の推移より高速に計算を進めるというリチャードソンの夢（1922 年）が速やかに実現されるかもしれないという希望の根拠がここにある"[36-2]．これは，数値予報が実現できるということを立証した記念碑的な成果となった．

　この数値計算は，順圧大気での絶対渦度保存の法則に基づいて 500 hPa の気圧高度面の時間変化を予測したものだった．使われた順圧モデルには大気の位置エネルギーを運動エネルギーに変える傾圧過程が含まれていないため，それによる高低気

圧の発生や発達はない．しかしながら，順圧モデルは単に波を位相速度で移流させ
るだけではなく，波の位相速度より速い群速度で移動するエネルギー輸送を含んで
いるため，それをエネルギー源とする離れた経度での波の動きを予測できた[34-2]．
そのため順圧モデルは当初の予想よりはるかに高い予測性能を持っていることがわ
かった．チャーニーは，"順圧モデルは実用的な数値モデルとして一般に過小評価
されており，プリンストンのグループはその結果を見た際に驚いた"[29-2]と述べて
いる．順圧モデルは，結果として 10-5-3 で述べるように傾圧モデルが開発される
まで 10 年近くの間現業予報に使われた．このため，複雑な予報方程式群から力学
的な一貫性を保ちながらも単純な順圧モデルを導いたことが，数値予測のための業
績の一つと考えられている[37]．

　一方でイギリスでは研究ベースではいくつかの数値モデルが開発されていた
が[38-1]，イギリスの気象学者サトクリフ（Reginald Sutcliffe, 1904-1991）やサット
ン（Graham Sutton, 1903-1977）など一部の気象学者たちは，あまりに単純化され
た順圧モデルによる現業ベースの数値予測にはまったく懐疑的だった[24-2]．順圧モ
デルでは傾圧過程による低気圧の発達を表現できないという理由により，イギリス
では傾圧モデルによる予測にこだわった[11-2]．そのため，日本とソビエト連邦が
1959 年，イタリアと中国が 1960 年，ベルギー，イスラエル，ノルウェーが 1962
年，カナダとニュージーランドが 1963 年と各国が続々と順圧モデルで数値予報を
開始する中，イギリスは結果として現業での数値予報の開始は 1965 年からと大き
く遅れることとなった[38-2]．

10-4-3　傾圧モデルによる数値計算の試み

　順圧モデルでは傾圧過程による高低気圧の発生や発達を予測できないが，多層か
らなる数値モデルを用いて大気の運動を三次元的に取り扱えば，傾圧過程を使って
低気圧の発達を予測できると考えられた．そのため順圧モデルの成功の後に，三次
元での大気運動計算を可能にする傾圧モデルを急いで開発しようという流れが起
こった[27-2]．

　まず手計算に近い形で傾圧モデルの数値計算を行ったのがドイツ連邦共和国（旧
西ドイツ）だった．ドイツ気象局（Deutscher Wetterdienst : DWD）の気象学者ヒ
ンケルマン（Karl-Heinz Hinkelmann, 1915-1986）は，1952 年に二人の気象学の学
生と二人の女性係員を雇い，計算器を使って数か月かかって 3 層の数値モデルを用
いた 24 時間先の予測計算を行った．そして不合理な結果ではないという結論を得

10-4　実験的な数値予測の成功　　277

た[39].

多層からなる傾圧モデルを動かすにはエニアックよりはるかに高速のコンピュータが必要だった. 1952 年の春には IAS の新しい型のコンピュータが完成した. これはフォン・ノイマンの着想によるまったく新しい型の計算機で, それまでの 10 進法に対して 2 進法で計算を行い, またプログラム内蔵方式*7 となった[40-1]. この計算機は毎秒 10 万回の加算を行うことができ, エニアックによって 24 時間かかった予測計算はこのマシンだと 5 分以内に終わる見込みだった[41-1]. この計算機に使われた真空管は 2340 本, 消費電力は 15 kW[15-2]で, 10-2-2 のエニアックと比べるといかに小型になったかがわかるが, それでも大きさは 0.6 m×2.5 m×2.5 m もあった.

シカゴ大学のプラッツマンの大学院生であったフィリップス (Norman Phillips, 1923-) は, 自身の学位論文において, 2 層非圧縮性流体の数値モデルに準地衡風近似を適用した[29-3]. チャーニーとフィリップスはこの新しい数値モデルと IAS のコンピュータを用いて, 1950 年 11 月の感謝祭の頃に予報者の不意を襲ってアメリカ東部で降雪や強風により被害をもたらした低気圧の発達を計算した. 傾圧過程を考慮できるように数値モデルの大気層は鉛直方向に 2 層に分割され, 予測域は主にアメリカ大陸を中心に設定された. また検討のために 1 層の順圧モデルによる計算結果との比較も行われた[40-2]. 結果は順圧モデルよりも有望な成績を収め, 1953 年に「順圧で単純な傾圧流に対する準地衡風方程式の数値積分 (Numerical integration of the quasi-geostrophic equations for barotropic and simple baroclinic flows)」と題してジャーナル・オブ・メテオロロジー誌に発表された. チャーニーとフィリップスによる傾圧モデルを用いた数値計算の成功のニュースは, 世界の気象学者たちの間を駆け巡った. 従来の予報者の主観に頼る予測手法では低気圧発達の予測は極めて難しく, その実現は数値予報の夢だった. チャーニーとフィリップスによる結果は数値予測が主観的な予報を上回ることを明らかにし, より現実的な数値予報が実現可能に近付いたことを意味した.

---

*7 プログラム内蔵方式とは, テープや外部配線を使うのではなく, プログラムを記憶装置の中に記憶させて計算機はそれを読み出して実行する方式. この方式は現在のコンピュータの原型となっている. これにより数値予測のような繰り返しの多い計算はたいへん高速になる.

10-5　数値予報の現業運用化

10-5-1　現業運用化までの道のり

　チャーニーとフィリップスの傾圧モデルを使った結果は有望だったが，式の中の
ある係数が観測と一致するように調整されていたので，結果に対するわずかな疑念
が残っていた[26-4]．チャーニーらによる数値計算の成功を受けて，1952年までに
次の四つの大きな研究グループ，IASの気象プロジェクト，空軍ケンブリッジ研究
所の大気解析研究所，イギリス気象局のネイピア・ショー研究所，オスロ大学と共
同でのストックホルム大学の国際気象研究所が傾圧モデルを用いた数値予報の問題
に取り組み始めた．およそ1952年夏までには，最も粗い数値モデルでも従来の人
間による主観的な予測以上の正確さを達成することができるという見通しが得られ
た[27-2]．

　しかしながら，研究としてある過去事例に対して気象の推移を数値モデルで計算
することと，現業運用の数値予報として数値モデルを実際に運用することとは大き
な隔たりがある．現業用の数値モデルは研究用の数値モデルと次の二つの点で大き
く異なっている．一つ目はさまざまな現実の初期値に対して常に安定して実用的な
予測結果を提供できるかという安定性の問題であり，二つ目は観測の実施から数値
モデルで予測結果を得るためにかかる時間が予報の予定時刻より早いかという運用
の問題である．

　アメリカでは空軍気象局，アメリカ気象局，海軍気象局の長官からなる合同委員
会（Joint Meteorological Committee）が，1952年後半に特別な小委員会に対して，
現在の進展状況を検討して，現業運用可能な数値予報部門を設立するべきかどうか
について助言するよう委任した．1953年夏にこの小委員会は「数値予報は実用的
な実施に入れるほど十分に進展しており，その実現可能のための最善の方法は，こ
の三つの組織が人的資源と物理的施設を共同出資して効率的な研究組織を作ること
である」と結論した．そして，その手法研究は現業運用される数値予報と密に協力
して進めるべきであり，研究開発組織そのものが現業運用の数値予報部門であるべ
きであることを勧告した[26-5]．

10-5-2　現業運用での数値予報の開始

　過去事例の予測実験ではなく，リアルタイムでの数値予報を最初に行ったのはス
ウェーデンだった．スウェーデンでは，1947年に帰国してストックホルム大学に

国際気象研究所（the International Meteorological Institute）を設立したロスビーが中心になって，プリンストンの気象プロジェクトに参加し後の IPCC の議長となるボリン（Bert Bolin, 1925-2007），ヒンケルマン，ホフメラー，エリアッセンらによる数値予報の研究グループを指導していた[29-4]．またシカゴ大学で博士号をとったばかりのフィリップスを IAS から半年ほど借り受けて，アメリカのグループと情報を交換しながら数値予報のためのモデル開発も行っていた[1-6]．さらにリレー式計算機の経験を活かしてスウェーデンでもコンピュータの開発が行われ，このコンピュータは BESK（binary electronic sequence calculator）という名前で 1953 年前半に使用可能になっていた[29-5]．ストックホルム大学の国際気象研究所による世界最初のリアルタイムでの数値予報は，1954 年 3 月 23 日と 24 日に行われた[29-4]．しかし技術的には現業化の目途はついても，国際気象研究所には数値予報を現業運用する資金がなかった．そのため，豊富な資金を持つスウェーデン王国空軍気象サービス（Royal Swedish Air Force Weather Service）が，同年の 12 月から主に北アメリカとヨーロッパを対象として順圧モデルを用いて 24 時間，48 時間，72 時間先の現業運用での数値予報を始めた[42]．軍が現業予報に積極的に関わった理由には，当時緊張が高まっていた核戦争が起こった際の放射能の移流拡散に備える意図もあった[43]．なお，翌年の 1 月からはスウェーデン気象水文研究所（Swedish Meteorological and Hydrological Institute：SMHI）も数値予報に加わった．

　アメリカでは合同委員会の下での勧告の結果，現業運用の数値予報のために 1954 年 7 月 1 日に合同数値予報グループ（Joint Numerical Weather Prediction Unit：JNWPU）が設立された．現業運用のための数値予測モデルは，クレスマン（George Cressman, 1919-2008）が 1953 年に IAS にいる間に開発を始めた 3 層準地衡風モデルが使われた[26-6]．また JNWPU には 1955 年 3 月に当時の最新型のコンピュータである IBM704 が設置された．この数値モデルとコンピュータにより，1955 年 5 月 6 日から現業運用での 400 hPa，700 hPa，900 hPa 気圧面の 36 時間先までの数値予報が開始された（図 10-5）[44]．なおこの JNWPU は，後に国家気象センター（National Meteorological Center：NMC）を経て 1995 年に国立環境予報センター（National Center for Environmental Prediction：NCEP）になった[45]．

　1955 年ごろには数値予報の研究が軌道に乗ったことで，気象プロジェクトは一段落した．一方で主導していたフォン・ノイマンは原子力エネルギー委員会の委員となり，そちらに忙殺されるようになったうえにがんを発病し，1957 年に亡くなった．結局気象プロジェクトは解散して，参加者たちは大学などの他の職へとそれぞ

280　　10.　数値予報と気象科学の発達

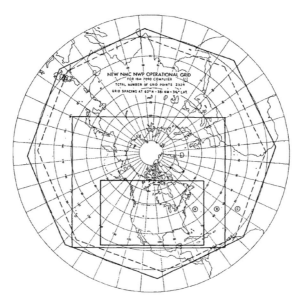

図 10-5　NMC での数値予報範囲の拡大　A は 1955-1956，B は 1956-1957，C は 1957-1962．実線は 1962 年以降．

れ散っていった．チャーニーの IAS での任期も 1956 年までだった．第二次世界大戦で原子爆弾開発のマンハッタン計画を主導した IAS 所長のオッペンハイマー（Julius Robert Oppenheimer, 1904-1967）はチャーニーの任期の継続に尽力したが，数値予報は応用分野と見なされており，純粋な学問を指向していた IAS ではチャーニーの立場はよくなかった[15-3]．チャーニーは大学へ移ることにし，それに対して MIT が招請を行った．彼は MIT に移る条件として，当時そこにいたローレンツ（Edward Lorenz, 1917-2008）を残して昇進させることを提示した[19-3]．この条件は認められ，1956 年にチャーニーは MIT の気象学科の教授へ移ることになった．このときローレンツを MIT の気象学科に残したことが，10-8 で述べるように後に気象学のみならず，科学全体をさらに発展させるきっかけとなるカオスの発見につながった．

10-5-3　現業予報のための数値モデルの改良

　新たに開発された傾圧モデルを用いて意気込んで現業運用を開始した数値予報だったが，その結果は期待していたほどよくはなかった．3 層準地衡風モデルの予

測は，多くの場合順圧モデルの予測より悪かった[29-5]．大きな期待を持って臨んでいた数値予報の研究者の多くは当惑し，やむなく2層の数値モデルに変更した．ところがそれでも満足な結果は得られず，結局当初の1層順圧モデルに戻ってそれが現業での予報に使われた．しかしながら，この単純で扱いやすい順圧モデルが，数値モデルの問題を特定して解決していくことを可能にした．

　当時の問題は，亜熱帯高圧帯西側で発生する偽の高気圧だった．これは渦度方程式での地衡風の使用が南風の地域で渦度を下げて，高気圧を過度に発達させるのが原因だった．この問題は，1956年にアメリカ気象局のシューマン（Frederick Shuman, 1919-2005）が風の場の初期値にバランス方程式で得られた風を導入することで解決した[46-1]．バランス方程式とは1955年にチャーニーが風の場のよりよい推定のために提案したもので，近似の際に準地衡風近似よりさらに1桁小さな項まで含めて精度を上げたものである．これを診断式（時間発展の項を含まない式）として使って風の場を決定すると，計算は複雑になるが低緯度でも地衡風よりは良い近似が行えた[38-3]．ところが計算領域が北半球全体に広がると，今度は気圧面高度が大きな誤差を持つことがあることがわかった．これは狭い計算領域では発生しなかった極めて長い波長を持つ波（超長波）が準定常的に発現して，大規模山岳や大陸と海洋の熱の対比によって過度に西進することが原因だった．この問題は1958年にクレスマンが順圧モデルの中に発散項を含めることによって改善された[46-1]．

　これらの問題は順圧モデルで原因が特定され，解決のための改善策はNMCの3層準地衡風モデルに組み込まれ，この改善された数値モデルは1962年から数値予報に使われた[41-2]．また，それまで数値予報は大気中層での波を予測するものだったが，1962年にNMCを訪れていたワシントン大学の気象学者リード（Richard Reed, 1922-2008）は，中層500 hPaの気圧と層厚を使って地上気圧（海面気圧）を予測するのに成功した[41-3]．これによって，フィルタ方程式を使った数値予報は一定の完成域に達した．

10-5-4　客観解析手法の発展

　現業運用の数値予報を行うためには数値モデルの研究だけでは十分ではない．予測計算のためには，まず観測データを定期的に初期値として入力しなければならない．世界標準時の0時と12時の1日2回世界中で同期して行われた地上や高層の気象観測のデータは無線やテレタイプで地区センターへ集められる．気象観測地点

の観測値は地理的に不均一に分布しているのに対して，数値予報ではコンピュータ用の規則正しく並んだ格子点に高度（気圧），気温，風などの初期値を与えてかつ一定時間内に計算を終わらなければならない．

国際気象通報式に従って送られてくる各地で観測されたデータの確認，復号化，データの一貫性のチェックなどを高速で自動処理するために，1957年に「自動データ処理技術（automatic data processing：ADP）」が開発された[46-2]．送られてきた高層大気の観測値は観測に含まれるエラーをできるだけ除去するために，気温と高度に関して静力学平衡の式との整合性のチェックが繰り返し行われた．それでも誤データが残るため，おのおのの観測値は12時間前の予報の結果と比較された[47]．

コンピュータへ初期値の入力は，最初は観測値から手書きで天気図を作成し，この天気図上にセルロイドの格子板を乗せて人間が格子点上の値を読み取って，カードにパンチして読み込ませていた．これにはたいへんな手間と労力が必要なうえに，予測に用いる層が増えて領域も拡大すると，初期値の準備に多くの時間がかかるようになった．また格子点上の気象要素の読み取りの際やパンチする際に，人為ミスが起こる可能性もあった．短時間で間違いなく処理するために，地理的に不均一に分布している観測値を数理統計学の原理を応用して格子点値に変換する手法が導入された[48-1]．

観測値の格子点値への変換手法は，当初は近隣の複数の観測地点からの距離に最適な重みを付けて格子点値を推定する「多項式法（Polynomial Method）」が使われたが，多元連立方程式を解かなければならないので時間がかかるうえに，観測地点がまばらな領域では別な修正が必要だった．そのため，1955年にスウェーデンの気象学者ベルグソーソン（Paul Bergthorsson）とデュース（Bo Döös）によって前回の予測値や気候値を第一推定値として，周囲の観測値との比較を一定回数繰り返すことによって最適な値を推定する「修正法（Successive Correction Method）」が開発された[48-2]．その後，平年値や予測値の統計的性質を利用して誤差が最小となるような重み関数を用いて観測値から格子点値を内挿する「最適内挿法（Optimum Interpolation Method）」を使って推定が行われるようになった．これはラジオゾンデや衛星などさまざまな観測手段からの観測データを用いた推定に使われた[49]．それでも残った誤差を解決するため，観測値から格子点値への変換手法は後述する四次元データ同化へと発展していった．これらは「客観解析（objective analysis）」または「データ同化（data assimilation）」と呼ばれている．

10-5　数値予報の現業運用化　　283

10-5-5　プリミティブモデルの採用と初期値化

　準地衡風近似は，中高緯度の長波を対象にしたスケールアナリシスの結果導き出されたものであり，またその移流のための風はコリオリパラメータ[*8]が一定の地衡風である．準地衡風近似は中高緯度での大規模な大気力学の理解には極めて有効だったが，予測領域が拡大されてくると熱帯域で無視できない誤差が生まれるなど予測精度に限界があることは明白だった．そのため気象学者たちの関心は，再びプリミティブ方程式群を使ったプリミティブモデルに向けられるようになった．予測誤差の大部分が準地衡風モデルの物理的近似によるものであり，プリミティブモデルを用いればそれらの誤差は改善されると推測された[27-3]．またコンピュータもそれを十分に高速処理できるほどに発達してきていた．それは原理的にはリチャードソンの取り組みへの回帰だった．ただし，プリミティブ方程式はフィルタ方程式ではないため，それを使ってリチャードソンの失敗を繰り返さないためには，観測値を格子点値に変換する際に，10-3-3 で述べた「初期値化」を行う必要があった．

　プリミティブモデルを使った数値計算を初めて行ったのは，ドイツ気象局のヒンケルマンだった．彼は 1959 年に「プリミティブモデルが大規模な気象を再現するのか，それともノイズが総観規模現象を隠してしまうのか」を調べるために短いタイムステップでプリミティブモデルを首尾よく時間積分し，低気圧の発達などを再現した．それによってプリミティブモデルが実用的であるということを証明はしたものの，高周波のノイズ波問題が解決されたわけではなく，逆に初期値化への十分な配慮が必要であることがわかった[50]．アメリカでは，プリミティブモデルを使った予測の際には，大きな振幅のノイズ波を発生させないようにバランス方程式を使った風の初期値の修正が行われた[27-3]．それによってノイズ波は完全にはなくならなかったものの，大気重力波などのノイズ波を抑えるだけでなく現実の気象場に比較的近い値が得られることがわかり，さまざまな補正が加えられながら使われた．

　プリミティブモデルを使った定常運用の数値予報は，1966 年にドイツ気象局で始めて導入され，同年の 6 月にはアメリカの NMC でも 6 層プリミティブモデルが数値予報に導入された[21-3]．プリミティブモデルの導入の効果は確かだった．運用開始から数年間のさらなる改善によって，NMC のプリミティブモデルの出力は人間がガイダンス[*9]なしで予報するより安定して良好な予測結果を生み出すように

＊8　コリオリ力の水平成分の係数．通常は緯度に依存する．

284　　10.　数値予報と気象科学の発達

なり，各国でもプリミティブモデルへの移行が一気に進んだ．日本でも 1973 年 10 月からプリミティブモデルによる数値予報が行われるようになった[48-3]．

　その後も初期値化の問題には，GFDL の都田菊郎や NMC にいた新田尚らが，数値モデルの散逸過程を用いてノイズ波を減衰させた気象場を決定する「動的初期値化（dynamic initialization）」を研究したりした[25-2]．このような中で，1977 年にコペンハーゲン大学のマッケンハウアー（Bennert Machenhauer）は，不要な高周波を取り除くのではなく振幅が増大しないようにして初期値化の問題を解決する手法を開発した．これは「非線形ノーマルモード初期値化」と呼ばれて，初期値化の手法として広く使われるようになった．

　やがて大気の力学過程や物理過程の研究の進展やコンピュータの急速な発達により，高分解能プリミティブモデルの利用が可能になると，1990 年ごろから衛星や航空機などからの広域の観測値をプリミティブモデルに入力し，また過去や直近の予測値も使って，それらの時間的・空間的な力学的バランスを調整しながら最適な初期値を推定するという初期値化手法が導入された．これは四次元データ同化と呼ばれており，1958 年に佐々木嘉和がテキサス農業技術大学時代に考案した変分法という技術が基礎となっている[51]．同化とはもともと生物が取り込んだ必要な栄養を自己の一部に変化させることを意味しており，四次元データ同化によって数値モデル自身がさまざまな気象観測値を格子点での最適な初期値にすることができるようになった[52]．これによって自動データ処理技術，客観解析，初期値化，数値モデルは一つの数値予測システムへと統合されることとなった[53]．

10-5-6　プリミティブモデルの発達

　プリミティブモデルについては，それ以降も例えば水蒸気の計算や長波と短波の放射過程の導入などの物理過程の段階的な改善が行われた[41-4]．1972 年にはイギリスで降水過程のパラメタリゼーション[*10] によって降水の最初の実用的な予報が行われ[21-3]，さらに精密な予報を目指して，オゾンやエアロゾルなどの大気成分，土壌水分や雪面などの陸面過程の導入や改善などが行われている．

　またそれまでの数値モデルは，格子点ごとに値を計算する格子点モデルが用いら

---

*9　数値予報の出力をもとに人間がモデルの特性などを加味して補正して予報の支援用に提供しているもの．

*10　モデルが直接解像できない小さなサイズの現象の過程を，パラメータなどを使って数理モデル化してその影響をモデルに取り入れること．

れてきたが，1980年には予報変数をさまざまな振幅や周期を持った波に分解して計算するスペクトルモデルが初めて導入され，その後それが数値モデルの主流になっていった．さらに静力学平衡の近似を取り払った非静力学モデルが開発されている．このモデルは鉛直流の加速度をモデル内で計算できるため，積雲対流などの予測の改善が期待されている．

　近年はデータ同化手法を用いて，過去数十年間の既存の観測値からその期間の気象要素の全球格子点での気象データを推定することが行われている．これはいってみれば過去の気候の数値的な再現であり，「気候再解析」と呼ばれている．これは過去に起こった気候の変動メカニズムの研究や現在の気候との比較研究に用いられている．

　しかしながら，数値予報が発展して時間的・空間的に高い分解能で気温，風，水蒸気量などを計算できるようになっても，地形や都市の細かな時間・空間スケールの影響を受ける現象，雲量や視程など水蒸気の相変化を伴う現象などを高い精度で予測するのには限界がある．また予測計算の結果は，地形などの影響により実際の結果と比べて系統的な誤差を含む場合もあり，計算結果はそのまま天気予報にはならない．現在の予報は，数値モデルの計算結果をもとに人間による判断や修正などを加味したガイダンスを用いて行われている．しかし，そのガイダンスの部分も今後AIなどを活用した技術によって，人間の関与を減らしても確かな予報ができるようになっていくかもしれない．

10-6　日本での数値予報の開始

　日本の数値予報の源流は，東京大学教授正野重方（1911-1969）から始まっているといえる．彼は1944年に中央気象台在職中に東大助教授に任命されて気象学教室を開設した．しかし中央気象台との兼任で，専任になったのは1949年に教授になってからだった．

　正野重方は戦前のロスビーらの研究成果を受けて近代的な大気力学を日本で切り開こうとしたが，戦時中は欧米の研究状況に関する情報が入らなかったため独自に進めざるを得なかった．正野は当時からロスビー波に相当する渦動波を使って高低気圧などの大気擾乱の研究をしており，ロスビーの考え方と通じるところがあった[54-1]．しかし，欧米ほど高層気象観測網が充実していなかった日本では，長波の発見などの成果を得るのは困難だった．戦後に正野重方はチャーニーによる1947年の傾圧不安定の理論化に関する論文を見て，長年の目標を先に達成されたことに

286　　10.　数値予報と気象科学の発達

ショックを受けた[55]. 後にアメリカに渡って数値モデルの発展に大きく貢献した笠原彰は当時正野の研究室にいたが,「早晩正野先生もチャーニーと同じ結論に達していただろう」と述べている[15-4]. しかしそういった研究の下地があったおかげで, 戦後欧米での気象予測に関する最新の研究が伝わると, 日本の気象予測はただちにそれに追い付くことができた.

正野重方は東京大学気象学教室を通して数多くの研究者を育てた. 彼らとその活動は正野スクールと呼ばれることがある. 正野スクールまたは正野重方の薫陶を受けた人々は古川の本[15-5]によると以下の通りである. なお, 括弧の中は主な所属機関である.

磯野謙二(名古屋大学), 藤田哲也(シカゴ大学), 井上栄一(農業技術研究所), 小倉義光(イリノイ大学, 東京大学海洋研究所), 岸保勘三郎(東京大学), 増田善信(気象研究所), 村上多喜雄(ハワイ大学), 荒川昭夫(カルフォルニア大学), 大山勝道(ニューヨーク大学), 松本誠一(気象研究所), 森安茂雄(気象庁), 伊藤宏(気象庁), 佐々木嘉和(オクラホマ大学), 笠原彰(NCAR), 駒林誠(気象庁), 加藤喜美夫(全日空), 栗原宣夫(GFDL, 海洋科学開発研究機構), 都田菊郎(GFDL), 相原正彦(気象庁), 眞鍋淑郎(GFDL), 武田喬夫(名古屋大学), 新田尚(気象庁), 柳井迪雄(カルフォルニア大学), 松野太郎(東京大学, 海洋科学開発研究機構), 廣田勇(京都大学), 田中浩(名古屋大学), 山岬正紀(東京大学, 海洋科学開発研究機構), 近藤洋輝(気象庁, 世界気象機関).

正野重方は数値予報を効率的に研究するには, 個人が単独に行うのではなく, 欧米のようにグループを作って進めた方がよいと考え, 1953年に大学と中央気象台の関係者で地球規模の大気循環を研究する「大循環グループ」を結成して数値予報の研究を始めた[15-6]. 大循環グループは, 1952年からアメリカの気象プロジェクトに加わっていた岸保勘三郎から随時送られてきた進捗報告により, アメリカの最新の状況を把握していた. 同年末には正野重方が代表者となって, 数値予報研究者の自発的な集まりである数値予報グループ(通称NPグループ)が結成され[40-3], 富士通信機製造株式会社のFACOM-100や, 富士フイルム社のFUJIC, 電気試験所のリレー式計算機MARK II, IBM650などを使って, あるいは厚意で使わせてもらって, 順圧モデルを使った実験などに取り組んだ. この活動に朝日新聞社が当時の金額で100万円という高額の学術奨励金を与えて活動を支援した[54-2]. その結果, 1955年には正野重方は日本でも気象予測の数値計算が技術的に可能であることを

確信するに至った[15-7].

　国内外での動きを受けて，1956年に中央気象台から昇格した気象庁では，大型電子計算機を導入して数値予報を開始することにし，当時の大蔵省に予算要求を行った．これは単に計算機を買う（実際はリース）というだけの話ではなく，空調設備を整えた計算機室ビルの建設，当時の日本の電力事情による安定した電源のための大容量電源施設の整備，電子計算機を運用して数値予報を行う組織の新設など，さまざまな要求を含んでいた．

　当時の一般社会から見れば，電子計算機とは何か？　数値予報とは何をするのか？　など理解が困難なことが数多くあったと思われるが，これがこれからの日本のコンピュータ産業の発展にも寄与するという見通しも後押ししてか，当時の大蔵省は珍しい東京大学工学部出身の主計官の下で1957〜1959年の3か年にわたって一連の予算を認めた[15-8]．当時気象庁では古くなった庁舎の新築の話も進められていたが，予算の制限から大蔵省に電子計算機か庁舎かのどちらか二者択一を迫られた．当時の気象庁長官和達清夫は電子計算機の購入の方を優先させ[54-3]，1959年3月にIBM704が気象庁に設置された（図10-6）．この計算機は日本に最も早く導入された大型電子計算機の一つだった．これは当時の気象庁，東京大学，大蔵省，産業界の連携の賜であり，今日の日本のIT技術発展の原点の一つとなった．

　気象庁における数値予報は，1959年6月から1日1回，北半球順圧モデルによ

図10-6　気象庁に導入されたIBM704型電子計算機　　左端は和達清夫長官.

る48時間予報が[48-4]，1961年9月からは4層準地衡風モデルを用いた36時間予報が開始された[48-5]．その際には，10-4-1で述べたように予報領域の設定には東アジア特有の境界条件が十分に考慮された．気象学者のパーソン（Anders Persson）は当時の数値予報の中で，予報領域が境界条件を意識して適切に設定されていたのはアメリカと日本だけだったと述べている[11-3]．

　当初は順圧モデル以外の部分はアメリカのNMCのものを借りて使用していたが，それでも初期値作成のための自動データ処理（ADP）システムと客観解析プログラムは日本付近独自のものに変更する必要があった[56]．当時，日本には電子計算機に触れたことがある人はほとんどおらず，日本IBM社は電子計算機を稼働させるための要員（システムエンジニア）やパンチカードの作成者（キーパンチャー）の養成から始める必要があった．気象庁でも数値モデルを計算機で動かすためのプログラムの作成や変更をするために，職員によるプログラム作成方法の習得が行われ，プログラム作成のための専門職であるプログラマーという職が新設された．当時のコンピュータプログラムは機械語[*11]に近くて難解であり，プログラム作成には極めて特殊な専門能力を要したが，IBM社は1957年に現在でも使われている可読性の高いFORTRAN言語とそのコンパイラを開発し，プログラム作成はそれまでよりは容易になった．

　日本で数値予報が開始された翌年の1960年11月に，正野重方が主催して東京で第1回数値予報国際シンポジウムが開催された．これは，当時ようやくスタートした数値予報の結果を世界各国が持ち寄って総合的に討議する初めての機会となった．この会議にチャーニー，フィリップス，シューマン，ローレンツ，スマゴリンスキー，エリアッセン，フィヨルトフトなど世界各国から数値予報に取り組んでいる第一線の研究者たち約130名が参加して，数値予報の課題や進展のための議論が行われた．このシンポジウムでは，プリミティブ方程式の取り扱いがテーマに上ったり，10-8で触れるようにローレンツが後にカオスと関連する話題を発表したりするなど，気象の数値計算に関する世界各国の研究者同士が会して交流を深めたという点でたいへん有意義な会議となった．またこのシンポジウムは多くの世界的な研究者に日本の数値予報への取り組みを紹介する機会となっただけでなく，日本の若い研究者が世界に目をむけて国際的に羽ばたくことを考えさせる機会にもなった．

＊11　コンピュータの演算装置が直接実行可能な一連の命令群．

コラム　日本の気象学者の海外での活躍

　正野スクールの人々は，気象庁や大学などの研究機関で日本の気象学や数値予報の研究の第一人者となっただけでなく，メンバーの所属を見ればわかるようにアメリカへ渡って気象学の発展に尽力し，世界的に有名になった研究者も数多くいる．彼らは戦後すぐの日本の貧しい研究環境から脱して，アメリカの優れた指導者たちや整った設備などの豊かな研究環境の下で大きな成果を上げていった．彼らは頭脳流出組と呼ばれたこともあった．しかし留学先で決して一方的に恩恵を受けていたのではない．彼らの持つ順応性や勤勉性，協調性といった姿勢はアメリカで周囲の研究者たちに少なからず影響を与えた．多様な人々が集まった個人主義，成果主義のアメリカにおいて，アメリカの気象学者ルイス（John M. Lewis）は，自分が所属したグループの中で，日本人研究者がいたグループでは仲裁が必要な深刻な対立は起こらなかったと述べている[57]．彼らは文化の伝搬も含めて世界の気象学の発展に尽くしたといえるのかもしれない．

10-7　気候科学の発展

10-7-1　回転水槽（洗い桶）実験

　数値モデルは数値実験という形で気候の研究方法を変えることになった．しかしその話に入る前に，大気循環を模した室内実験の話をしておく必要がある．1940年代後半から地球規模での大気の運動を室内実験で再現しようとする試みが盛んに行われるようになった．そのパイオニアとしての役割を担ったのは，アメリカのシカゴ大学のフルツ（Dave Fultz, 1921-2002）とイギリスのケンブリッジ大学のハイド（Raymond Hide, 1929-2016）だった．

　1946年にフルツは同じシカゴ大学にいたロスビーなどからの提案を受けて，水を入れた金属製の水槽の底面の異なる場所を加熱・冷却して温度差を作り出しながら水槽を回転させたときに，水がどのように運動するかを観察した．これは「回転水槽実験」，または価格数ドルの食器洗い用の桶を使った実験から「洗い桶（dishpan）実験」と呼ばれている．ただし全体では，当時の価格で数万ドルという高額な装置だった．この水槽の中の流れは，地球の自転と南北温度差によって引き起こされる大気循環を模したものになっており，温度の高い外側が低緯度，温度の低い内側が高緯度に対応している．1953年にハイドも中央に穴の空いた二重円筒

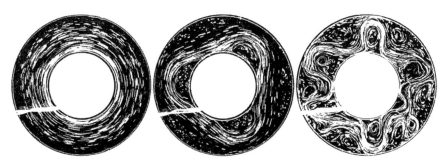

図 10-7　回転水槽での波動（渦運動）の例　　左から軸対称，定常波，不安定波．

形の水槽を使って，内壁と外壁の温度や回転数などの条件を変えて実験した．この実験は，当初は地球内部の流体核の対流実験として開始したものだったが，地球大気を模していることに気付いた後は，彼は気象学者に転向してこの実験を行った．

　これらの実験によって，現れる流れのパターンが水槽に与える条件によって大きく異なることやバシレーションと呼ばれる「振動が周期的に変わる流れ」が発見された．また流れのパターンは，実際の地球の大気循環の特徴のいくつかと類似していることがわかった．同心円状の流れのパターンは一様な偏西風に対応した．流れが円筒内の内壁側と外壁側とへ蛇行したパターンは高低気圧性の渦が交互に並んだ流れに対応した．それ以外に波が崩れた不定形の流れになる場合もあった（図10-7）[58]．この実験は，現実の大気から多くの要素を省いて行ったにもかかわらず，地球規模の大気循環の特徴のいくつかを再現したことから，多くの大気研究者を驚かせた．この実験から，地球規模の大気循環の特徴の一部は地球特有のものではなく，重力，回転，非一様性加熱など，ある条件の下での一般的な流体の振る舞いと共通性があることがわかった．このことは，次に述べる気候モデルの発展に影響を与えた．

10-7-2　大循環モデルの発明

　科学における法則は，その法則の下で現象が再現されるかどうかで決まる．その確実な検証は実験で確認することである．ところが地球規模の大気に関する法則は直接実験することができない．チャーニーはこれに関して1949年にこう述べている．"大規模な大気を実験することは事実上不可能なので，……大気が与えられた状況の下でどう振る舞うかを記述する理論は，適切な運動方程式を数値的に解くこ

とによってのみテストできる．高速な計算装置の根本的な重要性は，……物理学的な仮説の作成と検証を広げ，そして気象学での帰納的手法のより広い利用を導くことである"[34-1]．これは，いずれ数値モデルが利用できるようになった際の幅広い科学的な応用を示唆していた．

　気象予測の数値計算の最初の成功の後に起こった画期的な出来事は，1956 年のフィリップスによる準地衡風モデルを用いた数値計算であった．このモデルの仕組みは気象予測用の数値モデルとかなり似ているが，目的はある一定時間後の波の運動の予測ではなく，むしろ回転水槽実験のように地球上の大気循環の典型的なパターンをコンピュータによる計算で再現することだった．彼が用いた数値モデルには山や陸海の違いもなく，現実の大気を大胆に単純化したものだった[59]．しかしながら，彼がこの数値モデルを約 1 か月分走らせた結果，(1) 鉛直方向の位相が西に傾いた波長 6000 km 相当の傾圧波が東西方向に形成され，(2) 高層で西風が強まってジェット気流が作られ，(3) 地表では緯度によって東風，西風，東風のパターンが形成され，(4) ハドレー循環，フェレル循環，極循環の三つのセルからなる子午面循環のパターンが現れた[60]．さらに彼は，数値モデルの中で発達しつつある波のエネルギー交換が，実際の大気中の傾圧過程でのエネルギー交換と定性的に一致していることを見つけた[24-3]．これはそれまで提示されていた波の運動に関するいくつかの理論が，この数値モデル実験によって再現，つまり立証されたことを示していた．

　フィリップスはイギリスの王立気象学会の大会でこの成果を示したことで，ネイピア・ショー賞の最初の受賞者となった．この結果は数値予報の根拠を強めるだけでなく，数値モデルが実際の大気状態を模した，あるいは仮想的な状態の下での地球規模の大気循環を理解するための実験手段の一つとなり得ることを示していた．この実験の成功により大気循環，引いては気候の研究に新たな手法が加わることになり，そのための数値モデルは大循環モデル（general circulation model）と呼ばれるようになった．

　フォン・ノイマンはフィリップスによるこの結果に強い印象を受けて，この成果を発展させるために 1955 年 10 月にプリンストン大学での会議「数値積分技術の大循環の問題への応用」を準備した[21-3]．また彼とチャーニーは，この数値モデル技術を利用するための研究組織の設立を推進した．これらを受けて数値モデルを用いた大気大循環の研究に関して，大きく分けて次の三つのグループができた．

　一つ目のグループは 1955 年に設立されたアメリカ気象局のスマゴリンスキー

（Joseph Smagorinsky, 1924-2005）を指導者とする大循環研究部（General Circulation Research Section）だった．この研究部は 1959 年にワシントンで大循環研究所（General Circulation Research Laboratory）となり，さらに 1963 年にプリンストン大学に移って地球物理学流体力学研究所（Geophysical Fluid Dynamics Laboratory : GFDL）となった[61-1]．スマゴリンスキーは 1959 年に東京大学から眞鍋淑郎を招き寄せて，彼と協力して 1963 年にプリミティブ方程式を用いた 9 層大循環モデルを作って長期間積分を行った[61-2]．その後，眞鍋淑郎は実質的に GFDL での大循環モデルの開発を主導し，10-7-3 で述べるように二酸化炭素を倍増させた大循環モデルや，大気と海洋と結合させた大循環モデルを開発した．

二つ目のグループは，ヤコブ・ビヤクネスが設立した UCLA の気象学科を引き継いだミンツ（Yale Mintz, 1916-1991）を中心としたものだった．彼はスマゴリンスキーと同様に気象庁にいた荒川昭夫を UCLA に招聘し，1961 年から気候モデルの研究を進めて 1963 年には UCLA の大循環モデルを完成させた．彼らの大循環モデルは UCLA 卒業生たちがそれを持って各地の研究所に移ったため，その後の世界の大循環モデルに大きな影響を及ぼした[61-3]．

この後，荒川昭夫は大循環モデルにおいて二つの大きな課題を解決した．一つ目は計算不安定に関する問題で，CLF 条件の計算不安定とは別の計算不安定のために，1956 年のフィリップスの数値モデルは約 1 か月以上先に計算を進めることができなかった．1966 年に荒川昭夫はモデル格子の中でエンストロフィ[*12]などが保存するような差分スキームの考案によってこれを解決し，1 か月以上の長期間の積分を可能にした[54-4]．二つ目は，小さなスケールの積雲対流が集まった雲を全球規模の数値モデルでどう取り扱うかという問題だった．1967 年に荒川昭夫とシューバート（Wayne Schubert）は雲の効果を数値モデルで扱うための汎用的なパラメタリゼーションの手法を開発し[54-5]，その後多くの数値モデルでこの手法が使われることとなった．

三つ目のグループは，1960 年に設立されたアメリカ気象局の国立大気研究センター（National Center for Atmospheric Research : NCAR）だった．笠原彰は，東京大学からテキサス A&M 大学を経てシカゴ大学で熱帯低気圧の数値計算を研究していたが，1963 年にトンプソンの招聘で NCAR へ移った．そして 1964 年からワシントン（Warren Washington）と共同で太陽の放射加熱，地球からの長波放射，対流

---

*12　渦度の二乗平均の半分で定義され，理想流体においては運動エネルギーとともに保存される．

10-7　気候科学の発展　　293

や小規模な乱気流のようなさまざまな物理学過程を含んだ大循環モデルを開発した．これはその後 NCAR で発展していった気候モデルの原型となった[24-4]．彼らは大循環モデルの開発ではどちらかというと後発組であり，他にはない何か新機軸を打ち立てる必要があった．大循環モデルは地球大気のさまざまなプロセスを取り込んでいく必要があり，これは個人や 1 グループで行うのは容易ではない．NCAR は大気研究大学連合（the University Corporation for Atmospheric Research：UCAR）を母体組織とした研究所であり，彼らは UCAR を含む多くの大学の個々の研究者が数値モデル全体を作らなくても，新しい知見を共通の数値モデルに組み込んだり仮説を確認したりすることを可能にする，「コミュニティモデル」という形態の大循環モデルを開発した[62]．この大循環モデルは UCAR に属する大学などの多くの研究者に使われることによって，その後世界で重要なモデルの一つとなった[24-4]．ちなみに，NCAR は UCAR の持つ大気科学の学際的な特徴に対応するために，他分野の科学の協力を得ながら研究を効果的に進めることを目的に作られた共同施設で，3-2-1 で述べたベーコンの「ソロモンの館」を模範としている[1-7]．

10-7-3　気候モデルへの発展

アメリカのスクリプス海洋研究所のキーリング（Charles Keeling, 1928-2005）は，国際地球観測年（International Geophysical Year：IGY）に合わせて，強い温室効果を持つ二酸化炭素の大気中での観測を 1957 年から南極で，1958 年からハワイのマウナロア山で開始した．その結果は 1960 年にテラス誌で発表され，大気の二酸化炭素濃度は季節変化しながらも緩やかに上昇していることがわかった[63-1]．その結果を知って，幾人かの大循環モデルの研究者は地球規模の気候変動に関心を持ち始めた．

GFDL にいた眞鍋叔郎は，地球大気の熱収支に重要な役割を果たす二酸化炭素に高い関心を持っていた．彼は二酸化炭素濃度が上昇していることを知って，「それによって気候システムが変わるのか？　変わるとすればどのように変わるのか？」という課題を調べることにした．そのためには熱収支に大きな影響を及ぼす水蒸気を含んだ数値モデルを開発する必要があったが，当時そのような数値モデルは成功していなかった．必要な計算量が大量であったため，彼はまず 1 地点での鉛直分布を扱う簡潔な一次元数値モデルで大気を代表させたうえで，相対湿度分布を一定にして計算することにした．これは「気温の上昇による水蒸気の増加が引き起こす昇温」（ポジティブフィードバック）を一定程度ながら考慮することを意味した．彼

は 1967 年に同僚のウェザラルド（Richard Wetherald）と一緒にその一次元の放射
対流平衡モデルで計算を行った．彼らは二酸化炭素濃度の増加の指標として，当時
の濃度の約 2 倍（600 ppm）を想定した．これは人類が化石燃料をこのまま使用し
続けると 21 世紀末には実際に到達する可能性がある値だった．彼らはこの二酸化
炭素による放射への影響を考慮して，最終的に気温が何度になるかを計算し，平均
的な雲量のもとで地球全体の平均気温が 2.36℃ 上昇するという結論を出した[64]．
また地表が温暖化するだけでなく，地球全体の放射バランスから成層圏が寒冷化す
ることも示した．

　さらに眞鍋らは，1960 年代後半から三次元の大循環モデルを開発した．これは
まだ極めて単純化された数値モデルであり，海陸分布は幾何的で雲量は一定だった
が，水の循環を取り入れて土壌水分や積雪の変化も予測した．1975 年に発表した
結果では，2 倍の二酸化炭素濃度で 2.93°C の気温上昇を予測しただけでなく，そ
れまで個別に理論上予測されていた降水や蒸発の増大による水循環の活発化，放射
量の変化による成層圏の寒冷化，積雪域や海氷の後退などによる極域でのより強い
温暖化が起こることを示した[65]．このモデル計算によって，放射強制力[*13] という
説得力のある指標を用いた温室効果の定量的な議論が可能になった．これにより大
循環モデルは気候モデルへと発展し，今日の気候研究を支える基盤となっている．

　眞鍋らの結果は他の研究者たちに対して大きな影響を与え，多くの気候研究者た
ちが気候変動の複合的な原因を探るために気候モデルを使い始めた．これらの気候
研究は気候変動についての国際的な関心を高め，それらを通して政治家や大衆へも
影響を与えた．1979 年には，アメリカ科学アカデミーがチャーニーを議長とする
暫定委員会で気候モデルによる将来予測結果を検討し，気候モデルの予想する気温
上昇が将来起きるという結論を政府に提出した[63-2]．さまざまな気候モデルの将来
予測の結果は地球温暖化を示し，その後世界気象機関（World Meteorological Or-
ganization：WMO）などの主導によって，1988 年に「気候変動に関する政府間パネ
ル（Intergovernmental Panel on Climate Change：IPCC）」が設立され，1992 年の地
球温暖化防止のための「気候変動に関する国際連合枠組条約」の採択へとつながっ
ていった．

[*13]　産業革命以降の地球放射のエネルギーバランスの変化量．この変化は人為的な温暖化の指標と
　　　なっている．

10-7-4　地球システムモデルと気候の将来予測

大気と海洋は接しているため，互いにエネルギー（熱量）のやりとりを行っているだけでなく，風が吹けばその下にある海水を摩擦で引っ張って海流ができる．そのため，大気の大規模な風系や気温分布が変化すれば，海流や海水面の温度分布が変わる．そうすると今度は大気が海洋からもらう摩擦や熱量が変化して大気循環も変化することになる．

眞鍋は，地球の将来気候の予測にはこの大気と海洋間の相互作用を取り入れる必要があり，そのためには大気と海洋を結合した数値モデルが必要であることを理解していた．彼は気象学を理解していた海洋学者であるブライアン（Kirk Bryan）と協力してその数値モデルを作ることにした．彼らは実際の約2/3の面積を持つ膨らんだ円筒形の地球に幾何状の海陸分布を入れた簡単な数値モデルを，大気と海洋の部分をそれぞれ分担して開発することにした．それはある意味で地球というよりは仮想的な惑星だった．眞鍋の大気部分の数値モデルの風はブライアンの海洋部分の数値モデルで海流を駆動し，ブライアンの海洋部分の数値モデルの海面温度と海面からの水蒸気の蒸発は眞鍋の大気部分の数値モデルで風を駆動した．

ところが彼らは研究を進めるうちに，この大気と海洋の結合モデルはそれぞれのモデルを単につなげるやり方ではうまくいかないことに気付いた．彼らは互いに相手の領域に入っていって，さまざまな要素によって起こる特徴をモデル全体で調整し，また土壌水分や海氷などの変化による気候へのフィードバックも加えた．さらに大気と海洋の熱が持つ時定数の違いを考慮するために，それぞれの数値モデル部分のタイムテップを変えて結果を結合させながらシミュレーションを行った．その結果，1969年に彼らはおおまかではあるが，実際に近い気候と水温の高度（深度）緯度断面の結果を示すことができた[66]．さらに1975年に彼らはより現実に近い海陸分布や水蒸気の循環を入れた気候モデルを開発し，その気候モデルは全球の平均的な気温分布，風の分布，蒸発域，降雨域などの基本的な特徴をおおむね正しく表現した．また，海流は極域に向かっての熱輸送に対しては大気と相補的なためそれほど影響しないが，降水には影響していることなどもわかった[67]．この実際の地球を想定した大気と海洋を結合させた気候モデルで現実的な結果を得たことは，その後の数値モデルの発展に対する大きなステップとなった．

現在大気と海洋の循環だけでなく，大気，海洋，陸上植生との間の二酸化炭素などの化学物質の循環も取り入れて気候を解析したり予測したりする数値モデルは，

「地球システムモデル」と呼ばれている．このような数値モデルの発展は，疑う余地なく現代科学の最も素晴らしい成果の一つである．この地球システムモデルは現在でも継続して精緻化と機能の拡張が行われており，広範囲にわたる物理過程，化学過程，生物過程などの導入とそれらのフィードバックを含めた地球気候の研究が行われている．地球システムモデルはエルニーニョなど現在起こっている気候変動の原因解明だけでなく，地球温暖化などの人間が地球に及ぼす気候への影響の将来予測にも欠かせないものになっている．

10-8 カオスの発見

20世紀に入って物理法則に基づいた気象予測が模索されるようになったが，一方で因果関係を探らずに地域的な気象要素の間の回帰式や相関関係など数学を使って気象予測を行う「統計予報」も研究されるようになった．広い意味では気象や気候の周期性の研究，気候指数による予測などもこれに含まれる．特に工学的な線形予測法（linear prediction）は数学的な手順が確立されており，研究者は使う予測因子を選ぶだけで予測結果に対する関係性の研究ができた．予測因子の数が増えると計算量が急激に増加するという欠点があったが，第二次世界大戦後にコンピュータが発達すると，これをこのような統計予報に使う研究が行われるようになった．

1956年ごろまでは気象予測の研究者の多くは，統計的な手法ではなく決定論的な手法を考えていた[27-4]．これは，機械論哲学に基づいて将来の大気状態は現在の状態から完全に決定できるという考え方である．ところが，10-5-2で述べたエドワード・ローレンツは，気象予測の可能性に少し別な観点から関心を持っていた．彼はハーバード大学を卒業してMITで戦時気象学者としての訓練を受けた後，太平洋戦線の気象中枢で実際に予報を行った．戦争が終わった後，彼はMITに戻って統計予報を教えていた[4-6]．10-5-2で述べたように，1956年にチャーニーがMITに移ってきた際に，ローレンツは追い出されることなくチャーニーとともにMITで研究する機会を与えられた．

ローレンツは1959年に統計予報の実用性を試すために，コンピュータを使って長期にわたる数値解をつくり出し，この解をあたかも実際の気象データの集まりのようにして扱いながら，線形予測法を用いて最も適切な統計予報の手法を決定しようと考えた[68-1]．そこで使った方程式は12変数からなる単純化された対流計算用の数値モデルだった．彼はロイヤルマクビーLGP-30という書斎机くらいのコンピュータを使って，この大気を駆動する加熱の量や分布を変えながら実験した結

果，大気の非周期的な振る舞いを発見した．

　彼はある日この振る舞いをもっと詳しく調べようと，コンピュータを途中で止めて計算結果を印刷し，それから印刷した数値を改めて入力して再び計算を開始させた．彼はコーヒーを飲みに行って1時間ぐらいして戻ってきたところ，出力されていた数値はコンピュータを停止させなかったときとはまったく異なっていた．彼はコンピュータの故障かと思い，修理を頼む前にどこからおかしくなったのかを調べてみることにした．するとこれはコンピュータの故障ではなく，彼がコンピュータを止めて数値を入力した際に，それまで小数第6位まで計算していた値を小数第3位で四捨五入して入力していたことに気付いた．このわずかに異なる初期値が，計算を進めるうちに元の値を用いた計算とは異なる結果を取り始め，最終的にはやり直す前の値とまったく異なる値，つまり異なる気象状態となったことを発見した[4-7]．

　彼は，この「わずかな初期値の違いでも時間が進むにつれて方程式の解が大きく異なる振る舞いをする」ことを，1960年に東京で開催された数値予報国際シンポジウムで発表した．さらに彼が考えたのは，実際の大気がこの単純な数値モデルのように状態のわずかな違いでも時間が経つとまったく異なるように振る舞うならば，観測結果に誤差が含まれることは避けられないので，決定論的な長期予報は不可能なのではないかということだった．

　さらに1961年にこのことをもっとはっきりさせる機会が訪れた．彼は同じような数値モデルを研究している旅行保険会社の気象センターにいる友人の研究を参考にして方程式の変数を三つに絞って計算すると，こんな簡単な数値モデルの一般的な条件のもとでも非周期的な解が見つかった．これは「方程式は決定論的に与えられても，出てくる解は非周期的な値になることがある」[69]ことを意味しており，現実の大気において決定論的な予測が不可能であることを示唆していた[68-2]．彼は1963年にさっそく論文誌に「決定論的な非周期的流れ（Deterministic nonperiodic flow）」と題して発表した．

　当時ローレンツと一緒に仕事をしていたチャーニーは，11-6-2で述べる全球大気開発計画（GARP）という国際的な研究プログラムのもとで研究資金を獲得して，2週間先までの確かな気象予測を作るプロジェクトを立ち上げようとしていたが，ローレンツの結果を見てこのプロジェクトの目標を2週間先の予測が可能かどうかを確かめるという目標に変更した．1964年のアメリカのボールダーで開催された会議で，チャーニーは10か国から集まった最先端の大循環モデルの研究者たちに

対して「数値モデルをほんの少し異なる初期条件からスタートさせて，それらの結果について時間とともに広がる差を調査する」というモデル計算の初期値依存性をテストする実験を提案した．彼らの実験結果から，気温あるいは風のパターンの差が2倍になる平均的な時間は5日程度であることがわかった[4-8]．これは当時の数値モデルでは，5日以上先の気象予測に関して確かな望みはないということだった．しかし数値モデルを改善することによって，差が広がるまでの時間を延ばす余地はあると考えられた．

　ローレンツの論文は，1970年ごろまでは気象学者以外にはほとんど知られていなかった．彼は自分の論文が他分野の研究者に引用されたのは1970年から1974年の間には2回だけだったと述べている[68-3]．彼は似たような研究を行っているメリーランド大学の研究者に論文のコピーを送った後，同大学の数学者など他分野の多くの研究者にも論文を送った．するとこの非周期的な振る舞い，つまりカオス（混沌）に対する関心の爆発が起こり，この発見は新しい科学分野を切り開くことになった．カオスは数学，物理学だけでなく，個体数の増減などの生物学，心臓の鼓動などの生命科学，景気循環などの社会科学，果ては音色などの芸術の分野にまでその研究領域は広がっていった[68-4]．彼は1972年のアメリカ科学振興協会での講演において，「予測可能性――ブラジルでの蝶（バタフライ）のはばたきがテキサスで竜巻を引き起こすか？」という題で講演した．これを機に，初期条件に対す

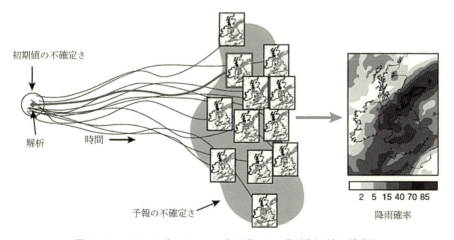

図10-8　イギリス上空のアンサンブル予報による降雨確率予報の模式図

る解の敏感な依存性は「バタフライ効果」として知られるようになった[4-9]．現在，このように簡潔で明確な法則に従っていながら，ランダムで予測できない振る舞いのように見える現象は「カオス」と呼ばれている[68-5]．

　観測結果などでの避けられない微少な誤差が大きく成長していくため，決定論的な意味での予測期間に限界があることがわかった数値予報だが，その困難を緩和する試みが行われている．それがアンサンブル予報で，わずかに異なる初期状態から出発する複数の予測計算を行い，その結果のばらつきから誤差や不確かさの程度を判断したり，その結果を組み合わせて予測される気象の確率を計算したり，さらにはそれらに基づいて予報期間を延長することが研究されている（図10-8）．また多くのアンサンブル予報の結果から最も確からしい情報を取り出す手法も研究されている．

参考文献

[1] Fleming, R. J., 2016：Inventing Atmospheric Science：Bjerknes, Rossby, Wexler, and the Foundations of Modern Meteorology. The MIT Press, [1-1]220, [1-2]100, [1-3]107, [1-4]117, [1-5]120, [1-6]157, [1-7]203.

[2] 荒川秀俊，1944：戦争と気象．岩波書店，19.

[3] Nebeker, F., 1955：Calculating the Weather Meteorology in the 20th Century. Academic Press, [3-1]111, [3-2]113, [3-3]121, [3-4]125, [3-5]128, [3-6]106, [3-7]119, [3-8]148, [3-9]149, [3-10]116, [3-11]95, [3-12]98, [3-13]99.

[4] Cox, J. D., 堤之智（訳），2013：嵐の正体にせまった科学者たち-気象予報が現代のかたちになるまで．丸善出版，[4-1]304, [4-2]310, [4-3]20, [4-4]318, [4-5]322, [4-6]348, [4-7]348-349, [4-8]352, [4-9]350.

[5] Logan, W. B.：The Weather on D-Day. Medium. https：//medium.com/@wwnorton/the-weather-on-d-day-85ea0491a14f

[6] Fleming, J. R., 2004：Sverre Petterssen, the Bergen School,and the Forecasts for D-Day. International Commission on History of Meteorology. Proceedings of the International Commission on History of Meteorology, **1.1**, 78.

[7] 秦郁彦，1995：実録第二次世界大戦．光風社，83.

[8] Met office. D-Day and Operation Overlord Weather information relating to D-Day and Operation Overlord. Met office. https：//www.metoffice.gov.uk/learning/library/archive-hidden-treasures/d-day-operation-overlord

[9] Persson, A., 2009：Right for the Wrong Reason ？ – A New Look at The D-Day Forecast.. Royal Meteorological Society, **3**, 12.

[10] Simons, P.,2014：Crucial D-Day forecast was luck, not science. Times, May, 16, 33.

[11] Persson, A.,2005：Early operational Numerical Weather Prediction outside the USA：an historical introduction Part III：Endurance and mathematics – British NWP, 1948-1965. Meteorological Applications, **12**, [11-1]382, [11-2]402, [11-3]404.

[12] 山本晴彦，2017：帝国日本の気象観測ネットワークⅣ．農林統計出版株式会社，76.

[13] 徳田八郎衛，2002：間に合った兵器．光人社，218.

300　　　10.　数値予報と気象科学の発達

［14］ Hitschfeld F. W., 1986 : The Invention of Radar Meteorology. Bulletin American Meteorological Society, **67**, 33.

［15］ 古川武彦, 2012：人と技術で語る天気予報史. 東京大学出版会, ［15-1］193, ［15-2］140, ［15-3］150, ［15-4］165, ［15-5］81-83, ［15-6］167, ［15-7］172, ［15-8］180.

［16］ 佐々木健一, 2017：Mr. トルネード　藤田哲也 世界の空を救った男. 文藝春秋, 190-195.

［17］ 荒川秀俊, 1947：気象学発達史. 河出書房, ［17-1］32, ［17-2］36, ［17-3］38.

［18］ Platzman W. G., 1979 : The ENIAC computations of 1950-gateway to numerical weather prediction. American Meteorological Society, Bulletin of the American Meteorological Society, **60**, ［18-1］305-306, ［18-2］304, ［18-3］307.

［19］ Norman, P. A., 1995 : Jule Gregory Charney 1917-1981. National Academies Press, ［19-1］89, ［19-2］87, ［19-3］99.

［20］ Wiener, N., 1956 : Nonlinear Prediction and Dynamics. Proc. Third Berkeley Symp. on Math. Statist. and Prob., **3**, 247.

［21］ Lynch, P., 2008 : The origins of computer weather prediction and climate modeling. Journal of Computational Physics, **227**, ［21-1］3436, ［21-2］3435, ［21-3］3438.

［22］ Norman, P. A., 1990 : Jule Charney's Influence on Meteorology. The Atmosphere - A Challenge (Lindzen R. S., Lorenz E. N., Platzman, G. W. eds.), American Meteorological Society, 125.

［23］ Pedlosky, J., 1990 : Baroclinic Instability : The Charney Paradigm. Lindzen R.S., Lorenz E.N., Platzman, G.W.(eds.), The Atmosphere - A Challenge. American Meteorological Society, ［23-1］161, ［23-2］169.

［24］ Lynch, P., 2006 : The Emergence of Numerical Weather Prediction -Richardson's Dream. Cambridge University Press, ［24-1］p86., ［24-2］197, ［24-3］206, ［24-4］207.

［25］ Lynch, P., 1987 : Techniques of Initialization. Weather, **42**, ［25-1］66, ［25-2］2.

［26］ Thompson, P. A., 1990 : Charney and the Revival of Numerical Weather Prediction. The Atmosphere - A Challenge (Lindzen R. S., Lorenz E. N., Platzman, G. W.eds.), American Meteorological Society, ［26-1］115, ［26-2］118, ［26-3］101, ［26-4］103, ［26-5］104, ［26-6］105.

［27］ Thompson, P., 1983 : A History of Numerical Weather Prediction in the United States. Bulletin American Meteorological Society, **64**, ［27-1］759, ［27-2］761, ［27-3］762, ［27-4］763.

［28］ Charney, J. G., 1951 : Dynamic Forecasting by Numerical Process. Compendium of Meteorology Book - Prepared under the Direction of the Committee on the Compendium of Meteorology (Malone F. Thomas, M. F. ed.), American Meteorological Society, 470.

［29］ Wiin-Nielsen, A., 1991 : The birth of numerical weather prediction. Tellus, **43AB**, ［29-1］42, ［29-2］43, ［29-3］44, ［29-4］46, ［29-5］45.

［30］ 栗原宜夫, 1979：大気力学入門. 岩波書店, 154.

［31］ Eliassen, A., 1999 : Vilhelm Bjerknes's Early Studies of Atmospheric Motions and Their Connection with the Cyclone Model of the Bergen School. The Life Cycles of Extratropical Cyclones(Melvyn, S. A., Gronas, S. eds.), American Meteorological Society, 6.

［32］ 斎藤直輔, 1982：天気図の歴史－ストームモデルの発展史－. 第3版. 東京堂出版, 207.

［33］ Charney, J. G., Eliassen, A., 1949 : A Numerical Method for Predicting the Perturbations of the Middle Latitude Westerlies. Tellus, **1**, 54.

［34］ Charney, J. G.,1949 : On a Physical Basis for Numerical Prediction of Large-Scale Motions in the Atmosphere. Journal of Atmospheric Sciences, **6**, ［34-1］371, ［34-2］61.

［35］ Norman, P. A., 1955 : Jule Gregory Charney. Office of the Home Secretary Academy of Sciences National. ographical Memoirs V.66. National Academies Press, 95.

［36］ Charney, J.G. , Fjortoft, R., von Neumann, J., 1950 : Numerical Integration of the Barotropic Vorticity Equation. Tellus, **2**, ［36-1］276, ［36-2］275.

［37］ Lorenz, E. N., 2006 : Reflections on the Conception, Birth, and Childhood of Numerical Weather

Prediction. Annual Review of Earth and Planetary Sciences, **34**, 40.

[38] 新田 尚, 二宮洸三, 山岸米二郎, 2009：数値予報と現代気象学. 東京堂出版, [38-1]64, [38-2]37, [38-3]76.

[39] Persson, A., 2005：Early operational Numerical Weather Prediction outside the USA：an historical introduction：Part II：Twenty countries around the world. Meteorological Application, **12**, 271-272.

[40] 岸保勘三郎, 1982：温帯低気圧モデルの歴史的発展. 天気, **29**, [40-1]289, [40-2]26, [40-3]291.

[41] SHUMAN F. G., 1989：History of Numerical Weather Prediction at the National Meteorological Center. Weather and Forecasting, **4**, [41-1]287, [41-2]290, [41-3]291, [41-4]292.

[42] Bergthorsson, P., et al., 1955：Routine Forecasting with the Barotropic Model. Tellus, **7**, 272.

[43] Persson, A., 2005：Early operational Numerical Weather Prediction outside the USA：an historical Introduction. Part 1：Internationalism and engineering NWP in Sweden, 1952-69. Meteorological Application, **12**, 148.

[44] Harper, K., et al., 2007：50th Anniversary of Operational Numerical Weather Prediction. Bulletin of the American Meteorological Society, 639.

[45] Kalnay, E., 2003：Atmospheric modeling, data assimilation and predictability. Cambridge University Press, 1.

[46] Fawcett E. B., 1962：Six years of operational numerical weather prediction. Journal of Applied Meteorology, **1**, [46-1]323, [46-2]320.

[47] Bedient, A. H., Cressman P. G. , 1957：An Experiment in Automatic Data Processing. Monthly Weather Review, **85**, 338.

[48] 増田善信, 1981：数値予報－その理論と実際－. 東京堂出版, [48-1]167, [48-2]175-176, [48-3]108, [48-4]43, [48-5]60.

[49] Lead Education and Outreach. Data Assimilation Techniques. http：//www.atmos.millersville.edu/~lead/ Obs_Data_Assimilation.html

[50] Hinkelmann, K.-H., 1959：Ein numerisches Experiment mit den primitiven Gleichungen. In The Atmosphere and the Sea in Motion (Bolin, B. ed.), Rockerfeller Institute Press, 500.

[51] Lynch, P., 2006：The Emergence of Numerical Weather Prediction. Cambridge University Press, 143-144.

[52] 住正明, 2008：気候変動がわかる気象学. NTT出版, 111-112.

[53] 柏木啓一, 1990：客観解析概論. 数値予報課報告別冊第36号 気象データと客観解析 (気象庁数値予報課編). 気象庁, 2-3.

[54] 増田善信, 1984：気象と科学. 草友出版, [54-1]110, [54-2]116, [54-3]117, [54-4]105, [54-5]104.

[55] Lewis M. J., 1993：正野重方-The Uncelebrated Teacher-. 天気, **40**, 504.

[56] 気象庁, 1975：気象百年史II部門別史第9章天気予報－2-数値予報-. 気象庁, 398.

[57] Lewis M. J., 1993：Meteorologists from the University of Tokyo：T heir Exodus to the United States Following World War II. Bulletin of the American Meteorological Society, **74**, 1359.

[58] 乙部直人, ほか, 2016：回転水槽実験のこれまでとこれから. 天気, **63**, 516.

[59] Lewis, M. J., 1998：Clarifying the Dynamics of the General Circulation：Phillips's 1956 Experiment. Bulletin of the American Meteorological Society, **79**, 54.

[60] 有賀暢迪, 2008：洗い桶からコンピュータへ－大気大循環モデルによるシミュレーションの誕生－. 科学哲学科学史研究, **2**, 70-71.

[61] Edwards, P. N. , 2000：A brief history of atmospheric general circulation modeling. General Circulation Model Development, Past Present and Future：The Proceedings of a Symposium in Honor of Akio Arakawa (Randall D. A. ed.), Academic Press, [61-1]71, [61-2]72, [61-3]74.

[62] Kasahara, A., 2015：Serendipity：Research Career of One Scientist. NCAR Technical Notes, 14.

[63] 田家康, 2016：異常気象で読み解く現代史. 日本経済新聞社, [63-1]248, [63-2]281.

［64］ Manabe, S., Wetherald, R. T. , 1967 : Thermal Equilibrium of the Atmosphere with a Given Distribution of Relative Humidity. Journal of The Atmospheric Sciences, **24**, p.251.

［65］ Manabe, S., Wetherald, R. T., 1975 : The Effects of Doubling the CO2 Concentration on the climate of a General Circulation Model. Journal of Atmospheric Sciences, **32**, 13.

［66］ Manabe, S., Kirk, B., 1969 : Climate Calculations with a Combined Ocean-Atmosphere Model. American Meteorological Society. Journal of Atmospheric Science, **26**, 787-789.

［67］ Manabe, S., Kirk, B., Michael, J., Spelman, A., 1975 : Global Ocean-Atmosphere Climate Model. Part I. Journal of Physical Oceanography, **5**, 16-23.

［68］ E. N. ローレンツ，杉山勝（訳），杉山智子（訳），1997：ローレンツ カオスのエッセンス．共立出版，［68-1］130,［68-2］138,［68-3］144,［68-4］146,［68-5］2.

［69］ 吉崎正憲，2014：ローレンツ・カオスの理解の仕方．天気，**61**, 205.

図の出典

図 10-1 文献［8］

図 10-2 Stickler, A., *et al*. , 2010 : The Comprehensive Historical Upper-Air Network. Bulletin of American Meteorological Society, 741-751. を元に作成

図 10-3 U. S. Army photo http://ftp.arl.mil/ftp/historic-computers/

図 10-4 http://geographygems.blogspot.jp/2011/08/global-atmospheric-circulation-patterns.html を日本語に改変

図 10-5 Fawcett, E. 1962 : Six Years of Operational Numerical Weather Prediction, Journal of Applied Meteorology, **1**. 321.

図 10-6 気象庁ホームページ（https://www.jma.go.jp/jma/kishou/know/whitep/1-2-3.html）

図 10-7 Hide, R., 1969 : Some laboratory experiments on free thermal convection in a rotating fluid subject to a horizontal temperature gradient and their relation to the theory of the global atmospheric circulation. The Global Circulation of the Atmosphere (Corby, G. A. ed.), Royal Meteorological Society, 196-221, Plate Ⅵ .

図 10-8 Bauer, P., *et al*., 2015 : The quiet revolution of numerical weather prediction. Nature, **47**, 49 を日本語に改変

11. 国際協力による気象学の発展

　日頃の天気予報や天候の解説にはエル・ニーニョやブロッキングなど最先端の大気科学に基づいた知識が使われることがあるが，その背景にはさまざまな最新の研究成果が活かされている．これらの研究の多くは，世界中で休むことなく統一的に行われている組織的な気象観測データを用いた研究の成果である．このように，気象や地球環境などを対象とする大気科学ほど世界規模で組織化された観測を必要とする科学は他にないのではないかと思われる．

　この気象観測は，国家も言語も文化も異なる人々が，調整された一定の手法や基準に従って作業を行いながら，24 時間 365 日中断することなく継続されているだけでなく，担当者が代わっても一貫して長期にわたり均質な観測や解析結果が得られている．そして，この観測データは定まった様式でただちに世界中に共有されて予報に使われるだけでなく，データの多くは無料で公開されて，必要に応じてさまざまな研究や調査に使われている．

　現在ある世界規模の組織的な気象観測網は，人類のこれまでの努力と英知を集めた重要なインフラストラクチャーの一つといえるであろう．その気象観測における世界的な協力の調整や一部の共同研究の推進を主導している世界気象機関（World Meteorological Organization : WMO）は，多様な国家がそれぞれ管理する気象観測とその通信システムを，地球規模の機能的なインフラストラクチャーへ統合するための調整という困難な仕事をこなしている．このような多くの国々を対象とする細やかな調整の実現と，世界中での実際にそれに沿った現場作業の実施は，他の科学分野には見られない特徴である．

　この気象観測に関する強固な世界協力の仕組みは一朝一夕に出来上がったものではなく，いろんな歴史的経緯を踏まえながら少しずつ発達したものであり，また現在でも発展しつつある．この気象観測に関する世界協力の仕組みは，天気予報やそのための科学の発展に必要な本質的な部分であり，また気象学だけでなく大気科学という総合的な研究分野を構築することにもなっていることから，この経緯について触れておくことにする．

11-1　国際気象機関の設立

　気象は人間の感覚が捉えることができる範囲よりはるかに大きな現象であり，それを捉えるには大規模な気象観測網と時刻や項目，手法，単位などを統一した組織的な観測を必要とする．各国が気象観測網を設立した際には，観測施設のハードの整備だけではなく，これまで見てきたように，観測基準や観測時刻などの国内での調整や標準化が行われた．ところが気象は地球規模の現象であり，その解明や予測には国内の観測だけでは不十分で，より広域の観測結果を得るために各国の観測結果の交換が必要となった．19 世紀後半に実際に国際間で気象データの交換が行われるようになってみると，各国で行われている観測の基準や単位，観測手法，観測時間の違いなどが大きな問題となった．例えば単位一つとってみても気圧単位は 19 世紀までフィートが主であったが，同じ 1 フィートでもヨーロッパ内で 10 種類もの異なる値があった[1]．気象観測結果の国際交換と共有を実現するためには，まずこれら数多くの違いを国際間で調整して標準化する必要が出てきた．

　標準化とは人間が社会的に生み出した手段で，正確に物事が行われる方法を定める役目を果たす．標準化された装置と手順があればどこで誰が行っても常に同じような結果を出せる．そのため，標準化とは技術的な格差を馴らしてデータや知識の幅広い共有を可能にする素晴らしい手段であり，ただちに実現できるように見える．ところがこの標準化には，自分本位でプライドが高く感情を伴った人間というややこしいものが介在するため，その調整には実用上の問題だけでなく，組織の威信，費用と効率などの無数の要素が入り込む．標準化のための交渉は複雑な人間社会での重要な課題の一つとなっており，今でも人々の間で息の長い交渉が行われている．

　気象分野での国際協力を目的とする最初の国際会合は，1853 年にブリュッセルで開催された海洋の気象観測に関する会議だった．これはアメリカ海軍士官だったモーリーがすべての国々の軍艦と商船を対象にして呼びかけたものだったが，結局は海上の軍艦に対象が絞られた[2]．ブリュッセル会議に参加した 10 か国の 12 人の代表のうち，数学者でベルギー王立気象台長のケトレなど二人を除いて残りは海軍士官だった．ここで軍艦と自発的な商業船舶を対象とする気象観測結果の報告と，測定器や測定方法，報告様式の共通化が決定された[3-1]．しかしこの実施は容易ではなく，アメリカ海軍では合意に沿って比較的忠実に実施されたものの，イギリスやフランスは決められた華氏ではなく摂氏で温度を測定するなど自国に都合のよい

様式で観測と記録が行われた[2].

　1871年に普仏戦争が終わるとヨーロッパの政情は安定し，経済は天気予報の精度と拡充を求め始めた．各国では国内の気象観測網の展開がほぼ終わったこともあって，次に総観規模の気象予測のために各国の観測結果，測定器や測定方法の情報交換が必要となってきた．そういった背景を受けて，1872年8月にオランダの気象学者ボイス・バロットなど気象学者52人がドイツのライプチヒに集まって気象観測に関する国際的な会合を開催した．陸上での気象観測に関する会合はこれが初めてだった．この会合で測定器の較正と点検，観測時刻，尺度と単位の標準化，電報による情報の相互交換などが話し合われ，気象記号や一部の観測手法の標準化の必要性が合意された．この会合の報告では標準化についてこう結論されている．“もし一様なシステム上で機能する実用的で有益な科学分野があるならば，それはまさしくその性質から，広い領域を包含する大規模な観測手段によって成功する望みがある気象法則の調査である”[4]．さらにここで，翌年にウィーンで国際気象会議（International Meteorological Congress）を開催することが合意された．この会議は各国が使節や公式代表を送って正式に開催される会議（コングレス）とされた．

　この初めての国際気象会議は1873年にウィーンで開催された．これには20か国から32名が参加したが，政府代表として参加する必要があったため，ライプチヒでの会合に参加した気象学者の多くは参加できなかった．この会議では測定器の較正と点検方法，観測時刻，尺度と単位，電報による情報の相互交換などが話し合われた[3-2]．国際協力に関する問題をさらに検討するためには継続的な委員会が必要であることが認識され，ボイス・バロットなど各国の気象機関の長7名からなる常設委員会（Permanent Meteorological Committee：PMC）が設立された．1878年10月にユトレヒトで行われた4回目のPMCで，国際的な協力のための機構として国際気象機関（International Meteorological Organization：IMO）を設置することが決められ，第2回の国際気象会議で提案するための草案が作られた[3-3]．

　第2回国際気象会議は1879年4月にローマで開催された．イタリア政府が主催したこの会議には18か国の政府の代表として40名の著名な気象学者などの科学者が出席した[3-4]．この会議でIMOが設立されることが承認され，その主な構成は重要な決定を行う長官会議（Conference of Directors：CD），常設委員会（PMC）から変わった国際気象委員会（International Meteorological Committee：IMC），執行理事会（Executive Council：EC）からなることが決まった[5-1]．

　実質的な運営母体であるIMCは25名の委員とIMO総裁を兼ねた委員長からな

11-1　国際気象機関の設立　　307

り，その役目はこの機関の管理と CD での決定事項の実施の監督だった．この会議
では次の国際気象会議の開催を計画したが，各国政府はその開催に消極的だった．
そのため IMC は 1891 年に第 1 回の CD をミュンヘンで開催することにした．これ
は各国政府の意向を受けて，政府代表ではなく著名な気象学者の自主的な会合とし
て開催された．そのため IMO は，その後 70 年間にわたって自由度は高いが決定事
項に国際的な拘束力のない非政府間組織となった[5-1]．ミュンヘンの CD での重要
な決定は，気象のそれぞれの分野を取り扱うための専門委員会（Technical
Commissions：TC）の設立だった．この委員会に課せられた仕事は，専門家による
細部のまたは技術的な事項の検討で，当初は大気電気委員会と地磁気委員会だった
が，順次増えて太陽輻射委員会，海洋気象委員会，警報委員会，雲委員会，航空気
象委員会などの専門委員会が作られた[5-2]．これらの委員会がその分野の実質的な
作業を担った．このスタイルは WMO となった現在でも踏襲されている．

　IMO の定款の承認には 1919 年にパリで開かれた lMC の会合までかかった．しか
し IMO は国際条約によって批准された政府間組織ではなかったため，CD で行われ
た決議には国際的な拘束力はなかった．決議の執行は国によってまちまちで，観測
の統一と結果の共有の国際協力はなかなか進まなかった．また事務局の運営費用も
一部の気象機関の自主的な拠出によるものだった．このような状態を改善するた
め，IMO を国際条約に基づく国際機関にすることが 1935 年のワルシャワでの CD
の頃から検討され始めたが[5-3]，実現を見ないうちに第二次世界大戦が始まった．
IMO の加盟国は 1939 年には 93 か国に達していた．

11-2　第 1 回国際極観測年（1882〜1883 年）の開催

　18 世紀後半には，高緯度の気象が地球上の幅広い地域で嵐などの気象の鍵を握っ
ていると考えられていた．しかし北極域には気象観測地点がなく，1872 年からの
「オーストリア・ハンガリー北極探検」など何回かの北極域の探検が行われたもの
の，北極域の気象はよくわかっていなかった．1873 年の第 1 回国際気象会議では，
すべての参加者によって極域の気象観測の必要性が認識された．その際にドイツの
水文学者で後にハンブルグのドイツ海洋気象台の台長となるノイマイヤーの提案に
より，北極域だけでなく南半球高緯度も，その気象観測の必要性に含まれることに
なった[6-1]．

　1876 年にボイス・バロットを委員長とする IMO の常設委員会（PMC）は，オー
ストリア・ハンガリー海軍士官のワイプレヒト（Carl Weyprecht, 1838-1881）の提

案に基づいて，1年間だけでも北極域での気象と磁気の観測を実施する必要があることを認め，高緯度の8地点での観測事業に関心を払うように勧告した．ワイプレヒトはこの委員会の勧告に基づいて，1879年春の第2回国際気象会議でも極域での観測の重要性を主張し，その際にノイマイヤーは南極での観測も主張した．ロシア代表のウィルドやノルウェー代表のモーンもそれに賛成したため，同会議は国際極観測年（International Polar Year：IPY）の開催を認め，ノイマイヤーを委員長とする国際極域観測会議（International Polar Conference：IPC）を設置した[7-1]．

1879年10月のサンクトペテルブルグでの第3回IPCでその計画のためのプログラムが作成され，IPYの観測を1882年8月1日から1883年9月1日まで行うことを決定した．行われるべき観測として，気象と地磁気，オーロラ現象に重点が置かれることになった[7-2]．気象観測の目的の一つはヨーロッパとアメリカの気象と嵐の予測を向上させるため，組織的な気象観測網の北極への拡大を探ることだった[6-2]．

1882年から11か国が北極圏を囲む12地点と南半球の2地点の観測地点を設置して観測を行った（図11-1）．これに世界の既存の観測地点もこの観測期間に合わ

図11-1　第1回IPYで設立された北極域の観測地点

11-2　第1回国際極観測年（1882～1883年）の開催

せた特別観測を行って協力した．この協同観測は，多国が本格的に協力して広域の組織的観測を行った初めてのもので，その対象範囲は当初の気象と地磁気，オーロラの観測分野を越えて，植物学，文化人類学，地質学，動物学にまで及んだ[8-1]．日本でも IPY に合わせて，東京・赤坂で地磁気の観測が行われた[9]．しかしながら提案者の一人であるワイプレヒトは結核で 1881 年に死去したため，この観測事業の実現を見届けることはできなかった．

　この世界初の総合的な観測プロジェクトは地上観測だけであり，しかもかなり粗い観測網による 1 年間だけの観測では，それからわかる北極域の気象状況は限られていた．そのため当初の目的の一つであった地球の気象に対する北極の役割については，はっきりした手がかりを得られたかどうかは疑わしかった．それでも初めて北極域の気候学的なデータが得られ，調整された気象観測網の価値は十二分に示された[7-3]．この観測は第 2 回 IPY，国際地球観測年などの世界各国が協力した地球規模での観測プロジェクトの端緒となった．

11-3　第 2 回国際極観測年（1932～1933 年）の開催

　第一次世界大戦後に，北極域の航空機輸送と北極回りの船舶航路の開拓が実用的な要請として出てきた．また引き続き極域の気象の中低緯度への影響に高い関心が払われていた．さらに成層圏の発見やラジオゾンデの発明，そして電離層の発見などは，新たに高層大気の気象や電波への影響に関する研究の重要性を提起した．

　そういった背景を受けて，ドイツの気象学者ゲオルギ（Johannes Georgi, 1888–1972）が 1927 年にドイツ海洋気象台の会議で，第 1 回 IPY の 50 年後に第 2 回 IPY を行う提案を行ったとされている．この提案は IMC の委員長を経由して，IMO の世界規模観測網と極域気象の委員会（Commission for Reseau Mondial and Polar Meteorology）に委託された[10-1]．

　同委員会は 1929 年 9 月のコペンハーゲンでの CD で第 2 回 IPY 開催の提案を行って採択され，極観測年委員会（Commission for the Polar Year）が設置された．一方で IMO は 1930 年にストックホルムで開催された国際測地学・地球物理学連合（IUGG）の総会へ協力依頼を行い，IUGG はこの依頼を受けて，専門分野の知識の支援とラジオゾンデ購入のための 5 万スイスフランの寄付などを行った．極観測年委員会は 1930 年 8 月にレニングラードで最初の会合を開き，第 2 回 IPY を 1932 年 8 月 1 日から第 1 回と同じく 13 か月間実施することを決定した[10-2]．また極域だけでなく，中高緯度の地上観測もこの IPY に協力することが指摘された．

310　　11.　国際協力による気象学の発展

ところが IPY を取り巻く環境に大きな変化が起こった．それは 1929 年に起こった世界大恐慌だった．この深刻な不景気は，第 2 回 IPY に参加予定の多くの国々に対して，計画されたプログラムの実施に必要な資金の確保を極めて困難にした．さまざまな方面から計画全体を無期限に延期するように要請が行われた．このような状況のもとで，第 2 回極観測年委員会が 1931 年 9 月にオーストリアのインスブルックで開催された．委員会は下部委員会の勧告に基づいて延期しないことを採択したが，これだけでは延期の声は止まなかった．翌月にスイスのロカルノで行われた IMC の会合で，デンマーク気象研究所の所長ラ・クール（Dan la Cour）は計画を強行する演説を行い，成果を確保するための十分な支援を行うことを断言した．こうして第 2 回 IPY の計画はこの厳しい危機を乗り切った[10-3]．

　IPY には 44 か国から参加の表明がなされた．IPY のための委員会が 16 か国で設立され，約 20 か国が特別な遠征隊を組織化するか，国外にラジオゾンデを含む観測地点を設置することを引き受けた．観測地点の多くは北極域にあったが，赤道地帯と南半球にも観測地点が設置されたのが特徴だった[10-4]．日本でも IPY に合わせて 1932 年 7 月から翌年 12 月まで富士山頂で気象観測が行われ，南樺太の豊原でも地磁気の観測が行われた[11]．富士山頂での気象観測は，それをきっかけに年間を通じて予算化されて，1935 年からは定常観測となった[12-1]．また気象台では飛行士を嘱託にして流氷などの航空機観測が行われ[12-2]，海軍も短波を使った電離層の独自の観測を行って，その結果を定期的に世界に発表した[13]．

　気象に関しては，総観天気図が毎日発行される手はずになり，この役割はハンブルグのドイツ海洋気象台に委託された．1932 年 8 月から 1933 年 4 月までの天気図は戦前に発行されたが，第二次世界大戦の勃発により，それ以降の天気図は発行されなかった．戦後にすべての観測資料は荒廃したドイツからイギリスに移送され，残りの天気図は戦争で失われた最後の 15 日間を除いて，1950 年に発行された[10-5]．

11-4　WMO の発足

　第二次世界大戦の終了後，中断していた気象観測の国際協力をただちに復活させる必要があったため，1946 年 2 月にロンドンで CD が開催された．そこでの最大の焦点は気象観測に関する戦後の国際協力体制のあり方をどうするかであった．この CD では IMC に気象観測の国際協力のための組織を政府間組織にする検討を要請した[5-4]．

　それを受けて 1946 年 6 月のパリで開かれた IMC の会合で，世界気象機関条約の

草案が作成された. 1947 年 9 月から 10 月にかけて行われたワシントンでの CD で,世界気象機関条約が合意され,新しい組織は国際連合の中の機関の一つになることとなった. 世界気象機関条約は 1947 年 10 月に調印され, 1950 年 3 月 23 日に発効した. 1951 年 3 月に最後の CD が開催され, 非政府間組織であった IMO は, 1951 年 3 月 17 日に国際連合の中の専門機関として世界気象機関 (WMO) となった.

WMO は,加盟国の政府首席代表である構成員によって 4 年ごとに開催される「世界気象会議 (World Meteorological Congress)」によって意思決定 (決議) され, 選出された理事による「執行理事会 (Executive Council)」は,毎年開催されて WMO の活動を管理するとともに,事業計画,予算案を検討し,世界気象会議へ勧告することなどを任務としている.

気象に関する国際協力が政府間組織で行われるようになったことで,日々の天気予報のための気象観測はもちろんのこと,気象分野における観測研究も,より大規模かつ一貫して組織的に行えるようになった. その一例として,ここでは 1957 年から 1958 年にかけて実施された国際地球観測年 (International Geophysical Year: IGY) を挙げる. これは,それまでに行われた中での最大規模の地球観測に関する科学研究プログラムであり,ほぼ 60 か国の科学者たちが地球内部,地殻,海洋,大気,太陽の観測や調査を協力して行った. WMO は IGY の中で気象プログラムを担当し,観測データの収集,複製,配布の役割を果たした. また IGY をきっかけとして定常の気象観測網にテレタイプやファックスなどの導入が図られたり,各国気象機関による観測が強化されたりするきっかけにもなった.

11-5 国際地球観測年の開催

11-5-1 IGY の準備

第 2 回 IPY のとりまとめ作業は 1950 年に完成する見通しとなり,すると科学者たちは次の目的について考え始めた. 第二次世界大戦後にコンピュータなどさまざまな科学技術が進歩し,それらの平和利用が模索されていた. またラジオゾンデを用いた高層気象観測の拡大,ロケット打ち上げなどによる電離層の研究などの科学的な成果は,三次元での大気研究の重要性を高めていた. そういった背景のもとで 1950 年 9 月 4 日から 6 日までブリュッセルで開催された IPY の電離層に関する合同委員会で,次の IPY について話し合われた. イギリスの物理学者アップルトン卿 (Sir Edward Appleton) が議長を務めたその委員会のもとで,太陽活動が最も強い 1957〜1958 年に IPY を開催するという正式な提案が行われた[14-1].

地球規模の観測を行うという考えは広く受け入れられるようになったが，1951年までにはそれを低緯度にまで拡張された IPY として行うのではなく，むしろ全球規模の観測である国際地球観測年（IGY）として行うことの幅広い合意が得られた[14-1]．WMO は 1952 年秋に国際科学会議（International Council for Science：ICSU）からこのプロジェクトの拡張に協力するように要請され，WMO 執行理事会はそれを受け入れた．

　ICSU 事務局は IGY 特別委員会（Comité Spécial de l'Année Géophysique Internationale：CSAGI）を創設し，その議長には成層圏オゾンの光化学反応メカニズムを初めて発見したイギリスの地球物理学者チャップマンが就任した．CSAGI は初の公式会議で，ICSU のメンバー，さまざまな科学連合，WMO の三者による共同研究を打ち出すとともに国際連合教育科学文化機関（ユネスコ）に財政援助を求めた．ユネスコは IGY へ 10 万ドルの支援を行い，それをもとに IGY は 1953 年にベルギーのブリュッセルに常設の事務局を設立した[14-2]．CSAGI は 1953 年ブリュッセルでの会議で，観測が両半球でともに 1 年間を完全にカバーするために，IGY を 1957 年 7 月 1 日から 1958 年 12 月 31 日まで 18 か月間実施することを決定した[14-3]．

　気象観測の対象領域は WMO によって設立された IGY 委員会によって検討されたが，全体的なプログラムは国際的な CSAGI 会合とさまざまな地域会議，個別のプログラム会合で調整された．ところが 1953 年に WMO が各国に送った IGY 参加要請に対して，ソビエト連邦からの返答はなかなか来なかった．時は冷戦のまっただ中だったが，広大な国土を持つソビエト連邦抜きの IGY は考えられなかった．ソビエト連邦は 18 か月後の 1954 年秋になって，ようやく CSAGI の会議に参加し[8-1]，それによって IGY は，67 か国から気象，地磁気，氷河，重力，電離層，海洋，地震，太陽活動など 11 の科学分野の 4000 以上の観測地点が参加するプロジェクトとして発足することとなった[15]．

　IGY での高層気象観測の統一的運用のために，WMO は 1957 年から各国が上げるラジオゾンデの放球時刻を世界標準時の 0 時と 12 時に統一し，それによって同時刻の高層大気の気象観測データが全世界一斉に得られるようになって，それは現在でも続いている．またアメリカ，ソビエト連邦，イギリスと日本がロケットを使った観測を計画し，CSAGI はさらに人工衛星を IGY の観測に含めることを勧告に加えた．これに対して，アメリカは科学人工衛星を IGY のプログラムの一部として打ち上げることを表明し，1956 年の CSAGI 会議の作業部会において，アメリ

カとソビエト連邦は IGY で人工衛星を打ち上げることについて合意した[8-2]．ところが，1957 年 9 月 30 日から 10 月 5 日までワシントン特別区で開催された CSAGI 会議の最中の 10 月 4 日に，ソビエト連邦は突如として最初の人工衛星スプートニク 1 号を打ち上げた．これは IGY の計画に沿った形ではあったが，冷戦下での事前の予告なしの人工衛星の打ち上げは世界に大きな衝撃と不安を与え，それによってアメリカとソビエト連邦による宇宙開発競争が始まった．しかしながら，このアメリカとソビエト連邦を中心とする宇宙開発によって，世間の人々は人工衛星による気象観測を含む科学的恩恵をだんだん日常的に経験するようになり，それはその後の宇宙の平和開発へとつながっていった．

11-5-2　IGY と南極観測

IGY の気象プログラムは，世界全体では約 2100 の地上気象観測地点と約 650 の高層気象観測地点からなった[16]．また WMO は通常の気象観測に加えて，太陽放射とオゾンの測定を規定した．これを契機にドブソン分光光度計を用いた成層圏オゾン（オゾン全量）とオゾンゾンデを使ったオゾン鉛直分布の組織的観測が開始された．オゾンの国際観測網が活動を始めることができたのは，WMO と CSAGI が協力して努力した結果だった[14-4]．この IGY で開始された南極でのオゾン観測によって，日本の南極観測隊は 1982 年に南極上空のオゾン減少を発見した[17]．これは南極オゾンホールという大規模なオゾン層破壊の発見の端緒となり，ウィーン条約とモントリオール議定書によるオゾン層保護へとつながった．それ以外にも，IPY によって海洋の深さや海流，地磁気，高層の風，南極の詳細な特徴など多くの分野で調査が行われ，その結果，例えばプレートテクトニクス理論の元となった大陸移動説を裏付ける中央海嶺が確認されたり，超高層の放射線帯であるバン・アレン帯が発見されたりした．また 10-7-3 で述べたように，大気中の二酸化炭素の観測も IGY を契機に始まった．

IGY は期間を区切られた一時的な観測プログラムだったものの，これらの豊かな成果から，これを契機にさまざまな地球物理学の領域で IGY 終了後も観測が続けられた．特に南極に設置された地点の多くは恒久的な観測となり，それらをもとに南極での科学協力のあり方が話し合われて，南極の平和利用を目的とした南極条約の調印につながった[14-5]．南極での観測は気候を含む地球の研究に関する協力の象徴となっており，現在地球物理学の多くの研究者たちが，この IGY を契機とした国際協力による研究を継続している．

314　　11.　国際協力による気象学の発展

IGY では，第 2 回 IPY の結果の一部が第二次世界大戦の戦禍で焼失したり散逸したりしたのを受けて，観測データの国際間の自由な交換が焦点の一つとなった．IGY の間に集められた観測データは，その保存のために専門分野ごとに世界データセンターが作られることになり，1957 年 4 月にその会合がブリュッセルの IGY 事務局で行われた．これらのデータセンターは現在も ICSU の下で活動している[14-6]．

11-5-3 エルニーニョと南方振動の発見

19 世紀のインドでは，モンスーンの不活発によってたびたび干ばつがおこり，その結果飢饉が発生していた．例えば，1877 年の飢饉の犠牲者は 550 万〜1032 万人，1899 年から 1901 年の飢饉では 125 万〜325 万人といわれている[18-1]．1903 年にこの干ばつによる被害を防ぐべくモンスーンの予測を行うために，イギリスの数理物理学者ウォーカー（Gilbert Walker, 1868-1958）がインド気象局の長官に指名された．彼はトリニティ・カレッジの講師で数学者として高い評価を受けており，ブーメランの名手でもあったためケンブリッジ大学時代からブーメラン・ウォーカーというあだ名で呼ばれていた．彼は気象学に関してはまったくの素人であり，彼のインド気象局長官への就任は意外な目で見られたが，彼自身の就任の意図は数学の応用先を探してのことだった．

彼は長官に就任すると，ちょうど整備され始めた世界各国の長期間の気象データと得意の統計学を用いて，「気象要素相互の時空間的な相関関係を使ってインドモンスーンの予兆を探る」という研究に取り組んだ．これは観測結果から因果関係の法則性を導いて予測するという当時の気象学の研究手法とはまったく異なるやり方だったが，予兆とモンスーンとの相関関係が高ければ予測することは可能である．彼はスタッフを総動員して世界中から集めたデータ相互の相関計算に取り組み，その相関関係から 1924 年に発表したのが「北太平洋振動*1」，「北大西洋振動*2」，それと「南方振動（Southern Oscillation：SO）」だった[18-2]．南方振動とは太平洋熱帯域の海面気圧とインド洋熱帯域の海面気圧がシーソーのように逆に振動する現象であり，太平洋の気圧の方が高いとジャワやインドでは降水量が増加し，反対にインド洋の気圧の方が高いとジャワやインドの降水量は減少するという関係があった．

ウォーカーはこの相関関係を使ってインドモンスーンの予測式を作ったが，その

---

*1 ホノルルとアラスカの間の気圧差が振動する現象．
*2 スペイン沖のアゾレス諸島とアイスランドの間の気圧差が振動する現象．NAO（Northern Atlantic Ocilation）と呼ばれることもある．

11-5 国際地球観測年の開催 　315

後気候が変わったためかインドモンスーンの予測としてはあまり当たらなかった. ただ彼は, 他の二つの気象への影響は地域的な規模であったのに対し, 南方振動がもたらす影響は世界規模を持っていることに気付いていた. しかしながら, 当時の気象学者たちはどうして南方振動が世界規模の気象に影響するのかがわからなかったため, 単なる不思議な関係として彼の成果はその後約40年にわたって埋もれたままになった.

一方で冷たいペルー北部沖の海洋では, 毎年クリスマスの頃になると北からの暖流が現れて漁が休みになることから, 沿岸の漁民がこの暖流のことを「エルニーニョ*3 (El Niño)」と呼んでいた. これとは別に2年から7年の間隔でペルー沖の熱帯太平洋東側の海面温度が通常より2〜3℃高くなる特異な現象が起こる. 現在ではこれがエルニーニョ, またはエルニーニョ現象と呼ばれており, わずか数℃の上昇だが世界に異常気象をもたらすことが知られている. 1972〜1973年のエルニーニョでは, ペルー沿岸で獲れていたアンチョビ*4 が不漁になったため代替のタンパク源として大豆が急騰し, 主要産出国であったアメリカは国内価格の高騰を抑えるために一時輸出停止措置をとった[18-3]. これが各国での食糧の安全保障という考え方のきっかけとなり, またエルニーニョによる南アメリカの漁業の影響が世界の食料市場に強く影響することが認識された.

このような現象の最初の記録は, 南アメリカの遠征を行っていたスペインのフランシスコ・ピサロによる1525〜1526年の現象といわれている(当時はエルニーニョという言葉はなかった)[19-1]. 1925〜1926年に強いエルニーニョが起こった際に, たまたま研究のためにペルーを訪れていたアメリカの鳥類学者で自然保護主義者だったマーフィー(Robert Murphy, 1887-1973)は, この影響を広く調査するために南アメリカに気候のための観測網を設立して観測を始めた[20].

当初南方振動とエルニーニョは, それぞれ大気と海洋の独立した現象と思われていた. ところがこの両者が関連していることを明らかにしたのが, インドネシアのジャカルタにあるオランダ東インド王立磁気気象観測所に勤めていた気象学者ベルラーヘ・ジュニア(Hendrik Berlage, Jr., 1896-1968)だった. ちなみに彼は世界的に有名な建築家ベルラーヘの息子である. 同観測所ではジャカルタで大気の観測データを集めて南方振動に関する研究を行っており, 1926年に東京で開催された

---

*3 スペイン語で幼子イエス・キリストの意.
*4 カタクチイワシの一種.

第3回太平洋科学会議で発表されたマーフィーの結果を所長が知り，それをきっかけにベルラーヘはマーフィーの南アメリカ西部での気候観測の結果を手に入れた．彼は大気現象の南方振動と海洋現象のエルニーニョの結果を突き合わせて，両者の間に高い相関があることを発見し，1957年に初めて両者が関連していることを発表した[19-2]．

　世界各国がIGYに沿って，海洋上も含めて各地で集中的な観測を行っていた1957〜1958年に，ちょうど大規模なエルニーニョが発生した．このIGY観測によってエルニーニョはペルー沖だけでなく，赤道に沿ってはるか日付変更線付近まで西に広がった大規模な海洋現象であることがわかった．アメリカUCLAの教授だったヤコブ・ビヤクネスはこのときの観測データを解析し，1963〜1964年と1965〜1966年のエルニーニョでも同様の応答が繰り返されることを確認してそのメカニズムを発表した．エルニーニョによるペルー沖の海面の異常昇温は，貿易風が弱まるのに伴ってペルー沖の海洋深層からの冷たい赤道湧昇が弱まることで起こっていた．一方で例年より暖まった熱帯太平洋によるハドレー循環の強化によりアリューシャン低気圧が強まりアイスランド低気圧が弱まるなど，エルニーニョは熱帯から離れた中高緯度の気象とつながっていた．彼の発見によって1920年代にウォーカーが指摘したことが正しかったことがわかった．海面温度の東西傾度による大気の東西循環の変化がウォーカーによって示された南方振動の主要なメカニズムであったことから，ビヤクネスは1969年にこの熱帯域の東西方向の大気循環を「ウォーカー循環」と名付けた[21]．

　エルニーニョと南方振動は，それぞれ別々に発見された海洋と大気の現象だが，熱帯域の海洋と大気が相互に作用して発生する一体的な現象であることから，二つを合わせてENSO（El Niño and the Southern Oscillation）という名称がしばしば用いられている．ちなみにエルニーニョ現象の逆の位相の場合には，ラニーニャ[*5]現象と呼ばれている．ウォーカーが発見した太平洋赤道域での南方振動と世界中の離れた地域での異常気象のような関係は，現在「テレコネクション」と呼ばれて新たな研究分野となっている．

---

*5　ラニーニャ（La Niña）とはスペイン語で女の子の意．

11-6 世界気象監視プログラム

11-6-1 気象衛星の発達

第二次世界大戦後に，「デジタルコンピュータの出現」と「ロケットの打ち上げ」というそれまでにない革命的な技術の進展が起こった．1946年10月にカメラをとり付けたロケットによって，はるか上空から雲の様子が撮影された．1954年10月には，打ち上げられたロケットは約160kmの高度に達して，搭載された映写カメラは巨大な雲の渦巻をなす熱帯低気圧の全貌を初めて捉えた．また前に述べたように，ソビエト連邦が1957年10月にスプートニクを打ち上げてから，一気に人工衛星時代へと突入した．アメリカも1958年1月に人工衛星エクスプローラ1号を打ち上げてソビエト連邦を追いかけた．1959年2月にアメリカが打ち上げた初の気象衛星ヴァンガード2号は，雲による太陽光の反射を捉えるために光電管を搭載していたが安定した画像は撮れなかった．しかし同年10月に打ち上げられたエクスプローラ7号は放射計を搭載し，初めて地球の熱収支を測定するのに成功した．

1960年4月に打ち上げられたタイロス1号（Television and Infra-Red Observation Satellite I: TIROS I）はテレビカメラを搭載した初の本格的な気象衛星であり，昼間の観測だけのしかも78日間と短い寿命だったが，その雲画像は宇宙からの気象監視が可能であることを示した．タイロス3号は初めてハリケーンの画像を撮影することに成功し，その後タイロス5号からはおおむねハリケーンシーズンに運用されて，まだ沖合にあるハリケーンを早期に発見や監視することが可能となった[22]．1964年8月にはニンバス1号（Nimbus I）が極軌道に打ち上げられ，両極地方も撮影可能となるとともに，赤外放射計により夜間の雲の分布も撮影可能となった．1966年2月にはそれまでの人工衛星の経験を活かして，最初の現業用気象衛星エッサ1号（Enviromental Survey Satellite I: ESSA I）が打ち上げられて，全球での雲解析が日々の業務として開始された[23]．

衛星を高さ約3万6000kmの軌道にのせると，その周回周期は地球の自転周期とちょうど同じとなり，衛星は地上に対して相対的に静止する．1974年には地上から見て位置が変わらない静止気象衛星SMS1号（Synchronous Meteorological Satellite-1）をアメリカが初めて打ち上げ，その雲画像から広い範囲にわたる風を時々刻々と連続して追跡できるようになった．この静止気象衛星は1975年からはGOES（Geostationary Operational Environmental Satellite）シリーズとして定期的に打ち上げられて継続的な運用が行われている．日本も1977年から静止気象衛星ひ

まわりを打ち上げ，ヨーロッパなど他の国々も静止気象衛星を分担して自国上空に打ち上げるようになり，ほぼ全球をリアルタイムでカバーして気象を宇宙から常時監視できるようになった．

宇宙からの気象監視は，これまで地上からごく狭い範囲で断片的にしか捉えられなかった天候を地上観測と合わせることによって，全球にわたって切れ目なく確実に把握する道筋を示した．またコンピュータによる数値予報の成功は，物理法則に基づいた人間の主観によらない天気予報への道を開いた．しかしながら，これらを有効に利用するためには，世界中の観測結果を即座に共有する仕組みがなければならなかった．当時冷戦の最中だったが，そのために各国が協力してそれぞれの役割や手順を調整する必要があった．

11-6-2　世界気象監視プログラムと地球大気開発計画

アメリカでは，1960 年にチャーニーが大統領科学諮問委員会の大気科学委員に任じられた．彼は他の気象学者とともに大統領の科学諮問委員会の委員長に衛星が気象予測を改善できることを進言する会合を準備した[24]．この会合を受けて，アメリカのケネディ大統領は 1961 年 9 月 25 日に国連総会において，大気科学には人工衛星やコンピュータなどの最新技術を用いた世界規模での国際協力による気象観測が必要であることを訴え（図 11-2）[25]，これらの技術を駆使した通信で世界を結んだ気象予測に関する国際協力の提案を次のように演説した．

"……科学者たちは長年にわたって大気を研究してきていますが，大気のさまざまな問題は我々を拒み続けています．……現在，新しい科学的手段が利用できるようになりました．現代のコンピュータやロケット，衛星を用いて，さまざまな学問を利用して協調して攻めるための機は熟しているのです．……大気科学は，全世界に及ぶ観測とそれゆえの国家間の協力を必要としています．……我々は気象予報と最終的には気象制御におけるすべての国々の間でのさらなる協力を提案します．これは最終的に電報，電話，無線とテレビで全世界をつなげる人工衛星の地球規模のシステムなのです．"[26]

この宇宙空間の平和利用を含む国際協力の提案は，同年 12 月 20 日の国連総会で決議 1721（XVI）として満場一致で採択された．このとき，国連総会は WMO に宇宙空間の利用の発展に関して次のことを要請した[27]．

(a) 気候と大規模な気象改変の可能性に影響を及ぼしている基礎的な物理力について，より多くの知識を提供できるように大気の科学と技術の状態を進

図 11-2　1961年9月25日に国連総会で演説するケネディ大統領

　　　展させること.
　(b) 既存の気象予測能力を高めて加盟国を支援するために，地域の気象セン
　　　ターの能力などを有効利用すること.
　これに応えて，WMO では世界気象監視（World Weather Watch: WWW）プログラムを策定した．これは通信網を改革して衛星観測，地上観測，海上ブイによる観測，船舶観測などからの世界規模の気象観測結果を迅速に共有して，数値予報モデルや気候モデルの初期値としてコンピュータに入力できるようにするものだった．WWW プログラムは，そのために専用の気象観測地点を新たに設置して観測を行うことを前提とするプログラムではなく，各国で自主的に行われている観測の手法や通信手順を調整して，さまざまな観測データの迅速かつ円滑な相互利用を可能にする仕組みである.
　WWW プログラムを推進するため，国連総会は 1962 年 12 月 14 日の宇宙の平和利用における国際協力の更なる決議 1802（XVII）を行い，世界気象機関と世界の学術的機構に対して，WWW プログラムを補うための大気科学の研究を要請した．それを受けて WMO と ICSU の間で，地球規模の大気研究を地球大気開発計画（Global Atmospheric Research Programme: GARP）として進展させることが合意され，1967 年に GARP は WMO と ICSU の下で正式な国際協力として発足した．GARP は WWW プログラムを研究分野から支えるものであり，その下で第 1 回全球実験

(First GARP Global Experiment：FGGE), 極域実験 (Polar Experiment：POLEX), モンスーン実験（Monsoon Experiment：MONEX), 大西洋熱帯実験（GARP Atlantic Tropical Experiment：GATE), など極域, モンスーン, 熱帯などに関するさまざまな研究プロジェクトが行われた. また, GARP は気候の解明にも取り組み, それは, 現在は WMO と ICSU, 国連環境計画（UNEP）が主導する世界気候研究計画（World Climate Research Programme：WCRP）に引き継がれている.

WWW プログラムは定常的に気象データを取得して, 例えば数値モデルをテストするための観測データなど研究プログラムの基礎となる不可欠なデータを GARP に提供した. 一方で GARP による予報用の数値モデルのテスト結果などの研究成果は, 現業観測である WWW プログラムをさらに効果的な観測システムにするための資料となった. このように WWW プログラムと GARP は, 現業観測と研究がともに役割分担して相補的な役割を果たすことによって, 数値予報などの気象学や大気科学の発展に大きく貢献した.

また WMO では主に気象の観測である WWW プログラムに加えて, 地球温暖化や成層圏オゾン, 酸性雨などに関連する大気組成を地球規模で観測や監視する全球大気監視（Global Atmosphere Watch：GAW）プログラムも実施されている. GAW プログラムは地球温暖化防止のための「気候変動に関する国際連合枠組条約」や「オゾン層保護のためのウィーン条約」,「モントリオール議定書」などの環境条約とも密接にかかわっており, 毎年温室効果ガスの全球平均濃度を発表するなど地球温暖化防止をはじめとする地球環境の保全に貢献している.

参考文献

[1] 根本順吉, 1972：ミリバール (mb) の 60 年. 測候時報, **39**, 397.

[2] Fleming R. J., 1997：Meteorological Observing Systems Before 1870 in England, France, Germany, Russia and the USA：A Review and Comparison. WMO Bulletin, **46**, 255.

[3] Howard, D., 1973：One Hundred Years of International Co-Operation in Meteorology (1873-1973)：A Historical Review. World Meteorological Organization, **345**, [3-1]159, [3-2]161, [3-3]163, [3-4]164.

[4] Bruhns, C., Wild, H., Jelinek, C., 1873：Meteorological Committee, Report of the Proceedings of the Meteorological Conference at Leipzig, London, E. Stanford, 5.

[5] Sarukhanian E. L., Walker J. M., 2004：The International Meteorological Organization (IMO) 1879-1950. WMO, JCOMM Technical Report, **27**, [5-1]2, [5-2]3, [5-3]6, [5-4]8.

[6] Luedecke, C., 2004：The First International Polar Year (1882-83)：A big science experiment with small science equipment. Proceedings of the International Commission on History of Meteorology, **1**, [6-1]56, [6-2]58.

[7] Corby G. A., 1982：The First International Polar Year. WMO Bulletin, **31**, [7-1]199, [7-2]199-200, [7-3]213.

[8] Korsmo, F. L., 2007：The birth of the International Geophysical Year. The Leading Edge [8-1]1314, [8-2]1315.
[9] 高橋浩一郎，内田英治，新田尚，1987：気象学百年史．東京堂出版，27.
[10] Laursen, V., 1982：The Second International Polar Year (1932/33). WMO Bulletin, **31**, [10-1]216, [10-2]217, [10-3]218, [10-4]220, [10-5]221.
[11] 山本晴彦，2017：帝国日本の気象観測ネットワークⅣ．農林統計出版，273.
[12] 増田善信，1984：気象と科学．草友出版，[12-1]26, [12-2]27.
[13] 中川靖造，2010：海軍技術研究所-エレクトロニクス王国の先駆者たち．光人社，39.
[14] Nicolet, M., 1982：The International Geophysical Year 1957/58. WMO Bulletin, **31**, [14-1]223, [14-2]226, [14-3]225, [14-4]227, [14-5]231, [14-6]229.
[15] NOAA. Rockets, Radar, and Computers：The International Geophysical Year. NOAA 200th Feature Story. https：//celebrating200years.noaa.gov/magazine/igy/welcome.html.
[16] Edwards, P. N., 2006：Meteorology as Infrastructural Globalism. Osiris, **21**, 246.
[17] 関口理郎，2001：成層圏オゾンが生物を守る．成山堂書店，94.
[18] 田家康，2011：世界史を変えた異常気象．日本経済新聞社，[18-1]91-92, 101-102, [18-2]113, [18-3]196-197.
[19] Enfield, D. B., 1989：EL NINO, PAST AND PRESENT. Reviews of Geophysics, **27**, [19-1]160, [19-2]161.
[20] Cushman, G. T., 2004：Enclave Vision：Foreign networks in Peru and the internationalization of El Nino research during the 1920s. Proceedings of the International Commission on History of Meteorology, **1**, 65.
[21] 吉川郁夫，石川一郎，安田珠幾，2016：エルニーニョ/ラニーニャ現象の監視予測業務．測候時報 特別号，**83**, s61.
[22] Fleming, J. R. , 2016：Inventing Atmospheric Science：Bjerknes, Rossby, Wexler, and the Foundations of Modern Meteorology. The MIT Press, 175-176.
[23] 小倉義光，1971：大気の科学．NHK 出版，152.
[24] Norman, P. A., 1995：JULE GREGORY CHARNEY. Office of the Home Secretary Academy of Sciences National. ographical Memoirs V.66. National Academies Press, 101.
[25] 股野宏志，2008：天気予報いまむかし．成山堂書店，105.
[26] Rasmussen, J., 2003：International Cooperation in Meteorology － the Example of the World Weather Watch. Bulletin of the World Meteorological Organization, **52**, 5.
[27] Howard, D., 1973：One Hundred Years of International Co-Operation in Meteorology (1873-1973)：A Historical Review. WMO Bulletin, **22**, 190.

図の出典

図 11-1 Corby, G. A. 1982：The First International Polar Year, WMO Bulletin, **31**, 201. を日本語に改変
図 11-2 Cecil Stoughton. White House Photographs. John F. Kennedy Presidential Library and Museum

索　引

人名

[あ行]

アイボリー　Ivory, J.……87
アウグスティヌス　Augustius, A.……13
アウグスト　August, E.……87
アクィナス　Aquinas, T.……17
麻田剛立……148
アスマン　Assmann, R.……87, 185
アッベ　Abbe, C……111, 141, 168, 181, 194, 195, 204, 208, 229
アナクサゴラス　Anaxagoras……4
アナクシマンドロス　Anaximandros……3, 7
アーバークロンビー　Abercrombie, R.…… 94, 174, 175
アーバスノット　Arbuthnot, J.……48
アモントン　Amontons, G.……82
荒井郁之助……153, 162
荒川昭夫……287, 293, 293
アラゴ　Arago, F.……123, 134
アリストテレス　Aristoteles……2-9, 15, 17, 18, 24, 26, 27, 35, 36, 40, 68, 101
アルアード　Alluard, E.……86
アルベルティ　Alberti, L. B.……22, 78, 80
アンチセル　Antisell, T.……153
ヴィヴィアンニ　Viviani, V.……68
ウィーナー　Wiener, N.……267
ウィルド　Wild, H.……103, 105, 309
ヴィルヘルムII世 Willhelm II……184, 210
ウィレット　Willet, H.……243, 247
ウォーカー　Walker, G. T.……315, 317
ウォリス　Wallis, J……36, 44, 53, 71
ウッドブリッジ　Woodbridge, W.……101
エクスナー　Exner-Ewarten, F. M. von…… 191, 235, 235
エクホルム　Ekholm, N. G.……178, 203, 204, 206
エクマン……205
エスピー　Espy, J.……99, 105, 106, 111, 119, 122-125, 127, 131, 132, 168, 172
エリアッセン　Eliassen, A.……229, 272, 274, 275, 279
エルテル　Ertel, H.……251, 272, 275

エルミート　Hermite, G.……184
大石和三郎……237, 239
岡田武松……161, 194, 219
オーバーベック　Oberbeck, A.……180, 181
オルムステッド　Olmsted, D.……122, 124
オレーム　Oresme, N.……19

[か行]

笠原彰……287, 293
カステッリ　Castelli, B.……68, 88
カノルド　Kanold, J.……48
ガリレイ　Galilei, G.……29, 34, 35, 36, 41, 52, 68, 79, 74, 88
カルワゲン　Calwagen, E.……227
カレン　Cullen, W.……86
カント　Kant, I.……56, 126
岸保勘三郎……272, 287
北尾次郎……181
キミネッロ　Chiminello, V.……85
キーリング　Keeling, C. D.……294
クザーヌス　Cusanus, N.……81
クニッピング　Knipping, E.……153, 155, 157, 160, 161, 237
クプファー　Kupffer, A.……103
グルトベルク　Guldberg, C. M.……174
クレイル　Kreil, K.……129
グレーシャー　Glaisher, J.……90, 130, 137, 184
クレスマン　Cress, G.……280
ゲイ＝リュサック　Gay-Lussac……84, 183
ケッペン　Köppen, W.……102, 105, 177
ゲーテ　Goethe, J. W. von……95
ケトレ　Quételet, A.……102, 306
ケネディ　Kennedy, J. F.……319
ケプラー　Kepler, J.……30, 32-34, 36, 41, 148, 192
ゲーリケ　Guericke, O. von……46, 70, 72, 75
ケルビン卿……→トムソン　Thomson, W.
コット　Cotte, L.……49, 50
ゴフ　Gough, J.……117
コフィン　Coffin, J. H.……109
コペルニクス　Copernicus, N.……28, 29, 30, 36

コリオリ　Coriolis, G.-G.……106
ゴールド　Gold, E.……182, 186, 187
ゴルトン卿　Galton, F.……140
コンスタブル　Constable, J.……95

[さ行]
佐々木嘉和……285, 287
サットン　Sutton, G.……277
サトクリフ　Sutcliffe, R.……277
サンドストレーム　Sandström, J.……204, 208, 209, 212
サントーレ　Santorre, S.……81
ジェヴォンズ　Jevons, W. S.……88
ジェファーソン　Jefferson, T.……105
ジェフェリーズ卿　Jeffreys, H.……182, 183
志筑忠雄……146
司馬江漢……146
渋川景佑……148, 149
渋川春海……147
シーボルト　Siebold, P. F. von……147, 149
ジーメンス　Siemens, E. W. von……181
ジャウモット　Jaumotte, J.……241
シャルル　Charles, J.……183
シューバート　Schubert, W. H.……293
シューマン　Shuman, F.……282
ジュリン　Jurin, J.……47, 48, 55
ショー　Shaw, N.……179, 180, 192, 215, 232, 235, 248
ジョイネル　Joyner, H. B.……152, 153
正戸豹之助……152, 157
正野重方……286, 287, 287, 287, 289
シルバーシュタイン　Silberstein, L.……188
スベルドラップ　Sverdrup, H.……209, 212, 213, 249
スマゴリンスキー　Smagorinsky, J.……292
世宗……87
セネカ　Seneca, L.……12
セルシウス　Celsius, A.……78
ソシュール　Saussure, H.-B. de……83, 85
ゾルベルク　Solberg, H.……209, 213, 216, 217, 221, 225, 226, 229, 244,246, 269, 271

[た行]
ダインス　Dines, W.……79, 180
ダーウィン　Darwin, C.……60, 137, 140
タウンリー　Townley, R.……88
高橋景保……148, 149
高橋至時……148

ダニエル　Daniell, J. F.……85
ダランベール　d'Alembert J. L. R.……56, 58
ターレス　Thales……3
ダンピア　Dampier, W.……59, 60
チャップマン　Chapman, S.……187, 313
チャーニー　Charney, J.……234, 251, 257, 268-270, 272-276, 278, 281, 286, 291, 292, 295, 298, 319
テオドール　Theodor, K……49
テオフラストス　Theophrastos……4
デカルト　Desartes, R.……38, 39, 70, 200
テスラン・ド・ポール　Teissurenc de Bort ……182, 186
デファント　Defant, A.……182
デフォー　Defoe, D.……59, 61
デュボス　Dubos, J.-B.……48
デュラン-グレヴィユ　Duraud-Greville…… 215
ドーフェ　Dove, H. W.……56, 104, 105, 107, 115, 126, 127, 139, 171, 179, 182, 191, 218, 222
ドブソン　Dobson, G.……187
トムソン　Thomson, W.……167, 169, 188
トリチェリ　Torricelli, E.……52, 68, 69, 70, 85
ドリューク　Deluc, J. A.……83, 84, 92
ドルトン　Dalton, J.……71, 106, 108, 117, 119
トンプソン　Thompson, P.……272, 273

[な行]
ナポレオン　Napoléon……51, 57, 95
ナマイアス　Namias, J.……247, 249
ナンセン　Nansen, F.……205, 216
新田尚……287, 285
ニュートン　Newton, I……27, 31, 40-42, 46, 77, 192, 195
ノイマイヤー　Neumayer, G.……104, 308, 309
野中至……237

[は行]
ハイド　Hide, R.……290
バイヤーズ　Byers, H.……243, 252, 263
ハウリッツ　Haurwitz, H.……182, 243, 247
バカン　Buchan, A.……172
間重富……146, 148
ハーシェル卿　Herschel, J.……125

パスカル　Pascal, B.……70, 71, 91
バスコ・ダ・ガマ　Vasco da Gama……23
パターソン　Patterson, J.……80
ハットン　Hutton, J.……86, 116, 120, 127, 192
ハドレー　Hadley, G.……48, 54, 56, 106-109, 182
バビネ　Babinet, J.……123
ハミルトン　Hamilton, A.……59
パルメン　Palmén, E.……217, 240, 241, 244
ハレー　Halley, E.……41, 52, 53, 60, 73, 92, 93, 106, 108
ハワード　Howard, L.……83, 94, 95, 117, 265
ハン　Hann, J. F. von……102, 168, 171, 189, 189, 204
ハンツリック　Hanzlik, S.……231
ビオ　Biot, J.-B.……183
ビゲロー　Bigelow, F. H.……178, 182
ヒッパルコス　Hipparchus……9
ピディントン　Piddington, H.……64
ヒポクラテス　Hippocrates……8, 48, 105
ビヤクネス, ヴィルヘルム　Bjerknes, V.……187, 189, 195, 199-213, 215-218, 222, 223, 229-232, 240, 243, 257, 266, 274
ビヤクネス, カール　Bjerknes, C. A.……201
ビヤクネス, ヤコブ　Bjerknes, J.……179, 191, 199, 209, 213, 216-218, 226, 240, 241, 244, 246, 247, 268, 271, 317
ビューロー　Bureau, R.……241
平賀源内……146
ヒルデブランドソン　Hildebrandsson, H.……94, 177, 179, 182
ヒンケルマン　Hinkelmann, K.-H.……277, 280, 284
ファーレンハイト　Fahrenheit, D.……77
フィッカー　Ficker, H. von……231
フィッツロイ　FitzRoy, R.……114, 127, 137-140, 179, 191
フィヨルトフト　Fjørtoft, R.……229
フィリップス　Phillips, N.……278, 279, 292, 293
フェルディナンド II 世 Ferdinando II ……43, 75, 85
フェレル　Ferrel, W.……109-111, 124, 142, 168, 174, 180, 218
フォルタン　Fortin, N.……73

フォン・ノイマン　Von Neumann, J.……265, 266, 272, 274, 276, 278, 280, 292
福士成豊……151
ブーゲ　Bouguer, P.……78, 92
フーコー　Foucault, L.……106
藤田哲也……263, 287
藤原咲平……222, 223
プスラン　Peslin, H.……167, 169, 173, 203
フック　Hooke, R.……44, 46, 47, 72, 73, 76, 78, 79, 82, 88, 89, 91
プトレマイオス　Ptolemaeus, C.……2, 6, 9, 11, 18, 24, 29, 30, 35
ブラーエ　Brahe, T.……25, 26, 31, 33
ブラキストン　Blakiston, T. W.……151
ブラック　Black, J.……86
プラッツマン　Platzman, G.……266
プラトン　Plato……3, 5
フランクリン　Franklin, B.……61-64, 121, 124, 183
ブランデス　Brandes, H. W.……114
プリニウス　Gaius Plinius Secundus……12
ブリュースター卿　Brewster, D.……123
フルツ　Fultz, D.……290
プレイフェア　Playfair, J.……93, 116
フンボルト　Humboldt, A. von……54, 83, 100, 101
ヘア　Hare, R.……124
ペイン　Paine, H. E.……141
ベーコン　Bacon, F.……27, 36, 42, 44, 167
ベーコン　Bacon, R.……17, 21
ペゾルド　Petzold, H.……215, 216
ペターセン　Petterssen, S.……217, 223, 252, 259, 261
ベツォルト　Bezold, W. von……171
ベック　Beck, A. L.……223
ヘッセルベルク　Hecselberg, T.……209, 212, 213
ヘベルデン　Heberden, W.……88
ヘルケゼル　Hergesell, H.……184, 186, 212
ベルシェロン……193, 199, 209, 217, 224, 224, 227, 227, 246
ヘルツ　Hertz, H.……170, 201, 201, 201, 206
ヘルムホルツ　Helmholtz, H. von……118, 181, , 187, 190, 192, 230
ベルラーヘ・ジュニア　Berlage Jr., H.……316, 317

ヘロン　Heron ho Alexandreus……74
ヘンネルト　Hennert, F.……93
ヘンメル　Hemmer, J.……50, 51
ヘンリー　Henry, J.……128, 129, 131-133, 192
ボイス・バロット　Buys Ballot, C. H. D.…… 103, 110, 115, 307
ホイヘンス　Huygens, C.……39, 80
ボイル　Boyle, R.……44, 46, 72
ホートン　Houghton, H.……267
ホフメラー　Hovmöller, E.……249, 280
ボリン　Bolin, B.……280
ホルンボー　Holmboe, J.……268

[ま行]

マクビーン　McVeen, C. A.……152
マクローリン　Maclaurin, C.……56
マスカール　Mascart, E.……136
眞鍋叔郎……287, 293, 294, 296
マーフィ　Murphy, R.……316, 317
マリオット　Mariotte, E.……52, 53, 92
マルグレス　Margules, M.……189, 190, 235
都田菊郎……285, 287
ミリカン　Millikan, R. A.……239
ミンツ　Mintz, Y.……293
ムンク　Munk, W. H.……249
メディチ　Medici, G. C. de……82
メラー　Möller, M.……177
メルカトール　Mercator, N……92
メルセンヌ　Mersenne, M……44, 70, 74
メンデレーエフ　Mendelejev, D. I.……200
メンデンホール　Mendenhall. T. C.……142, 236
モークリー　Mauchly, J.……265
モーリー　Maury, M. F.……108, 306
モールス　Morse, S.……129
モルチャノフ　Molchanov, P.……241
モーン　Mohn, H.……172, 173, 174, 309
モンテスキュー　Montesquieu, C.-L.……48

[や・ら・わ行]

柳楢悦……151

ライエ　Reye, T.……167, 169, 172, 173, 188, 203
ライケルデルファー　Reichelderfer, F.…… 242, 252
ライブニッツ　Leibniz, G……71
ライマン　Lyman, B. S.……153
ラプラス　Laplace, P.-S.……57, 59, 93, 195
ラマルク　Lamarck, J.-B.……95
ランベルト　Lambert, J.……48, 83
リチャードソン　Rechardson, L. F.……187, 193, 231-236, 257, 266, 266, 266, 268, 272, 276, 284
リード　Read, W.……122, 123
リード　Reed, R.……282
リンド　Lind, J.……79
リンネ　Linne, C von……78
ル・ロア　Le Roy, C.……85
ルヴェリエ　Leverrier, U.……131, 134, 135, 158
ルニョー　Renault, H. V.……86
ルーミス　Loomis, E.……124, 125, 127, 127, 131, 135, 141
レイ　Ley, C.……176
レオミュール　Réaumur, R.-A.……77
レギオモンタヌス　Regiomontanus……19-21
レーゲナー　Regener, E.……187
レスリー　Leslie, J.……87
レッドフィールド　Redfield, W.……121-125, 135
レナルディーニ　Renaldini, C.……77
レーマー　Rømer, O.……77
レムファト　Lempfert, R.……179
レン　Wren, C.……46, 88, 89
ロスビー　Rossby, C.-G.……180, 199, 209, 217, 241-251, 261, 266, 267, 275, 280, 286, 290
ロビンソン　Robinson, T.……79
ローレンツ　Lorentz, E.……289, 281, 297 -299
ワイプレヒト　Weyprecht, C.……308, 310

事項

[英字]

ADP……→自動データ処理
CSAGI……313, 314
ENSO……317
GARP……→地球大気開発計画
GAW プログラム……321
IAS……→高等研究所
IGY……→国際地球観測年
IMC……→国際気象委員会
IMO……→国際気象機関
IPC……309
IPY……309-312
MIT……→マサチューセッツ工科大学
SO……315
UCLA……→カリフォルニア大学ロサンゼルス校
WMO……→世界気象機関
WWW プログラム……320, 321

[あ行]

アメリカ暴風雨論争……105, 120, 123, 124, 127, 131
アンサンブル予報……299
位相速度……249, 277
ウィーン学派……231
ウェザークロック……79, 88, 89
渦位……251, 252, 273
渦度……188, 246, 248, 250, 282
ウラニボルク……31
雨量計……87-90
運命決定論……11, 13
エアロゾル……253, 285
エクマンスパイラル……205
エーテル……3, 4, 5, 39, 123, 200-202, 205
エニアック……265, 274, 276, 278
エネルギー保存則……118, 118, 172
エルニーニョ……297, 316, 317
遠隔作用……34, 41
エントロピー……171, 273
王立科学アカデミー……44, 85
王立協会……37, 41, 44-48, 52, 53, 55, 76, 77, 89, 95, 137, 140
王立プロシア高層気象台……184-186, 210, 214, 237, 251
オゾン……187, 285, 314
オゾンホール……314

温位……171, 179, 252, 273
温暖前線……218, 219, 222, 224
温度計……43, 50, 67, 74-77, 84-90, 129, 131, 146, 147, 149, 150, 184
温度風……174, 247

[か行]

回転水槽……251, 290, 292
カオス……193, 289, 299
華氏……77, 157, 306
風の回転法則……104, 115, 126
学会……27, 42, 43, 48, 50, 100
カーネギー研究所……208, 210
カリフォルニア大学ロサンゼルス校……209, 262, 268, 269, 293, 317
乾湿計……86
慣性の法則……34, 36
寛政歴……148
乾燥断熱減率……119, 169
寒帯前線……222, 225, 226, 241
寒帯前線論……222, 223, 226, 229, 230, 242, 252
寒冷前線……177, 218, 219, 222, 224
気圧計……28, 42, 43, 50, 51, 67, 70-74, 76, 90, 131, 146, 147, 149, 150, 183, 184
気圧座標……274
機械論哲学……38, 57, 193, 201, 297
気球……183-186, 200, 207, 217, 241, 251
気候……7, 8, 16, 49, 99, 101, 102, 105, 265, 290, 296
気候再解析……286
気候図……54, 101, 102, 113
気候モデル……258, 294-296
『気象観測法』……157
気象協議会……163
気象庁……288
気象熱力学……120, 123, 167, 169, 171-173
『気象論』……6, 7, 15-17, 23, 25, 27, 29, 40
気団……199, 227
偽断熱減率……171
客観解析……283, 285, 289
近接作用……34, 39, 41, 200
グレゴリオ暦……20, 148, 156
グレシャム・カレッジ……44, 46, 88
群速度……249, 277
傾圧過程……276-278, 292
傾圧大気……203, 204, 274

索　引　　327

傾圧不安定……270, 286
傾圧モデル……277-279, 281
傾向方程式……190, 244, 247
計算不安定……235, 268, 271, 293
傾度風……245
『顕微鏡図譜』……46, 72, 73, 82, 91
恒常風……53, 55, 60, 61
高層気象学……210, 212, 213, 215, 224, 237
高層気象観測……67, 95, 183, 185-187, 195,
　　199, 200, 207, 210, 212, 217, 219, 237, 238,
　　241, 244, 245, 246, 261, 264, 269, 312, 314
高層気象台……238, 239
高層大気観測……237
高等研究所……267, 268, 272, 274, 278, 279,
　　281
国際雲図帳……94
国際気象委員会……94, 186, 211, 212, 307,
　　308, 310, 311
国際気象会議……104, 200, 307-309
国際気象機関……103, 104, 182, 186, 307,
　　308, 310, 312
国際極域観測会議……309
国際極域観測年……309
国際高層気象観測日……186, 211, 214, 233
国際地球観測年……294, 310, 312-315, 317
コリオリ力……106, 109, 123, 205, 246

[さ行]

サイクロン……64
蚕当計……150
ジェット気流……239, 240
シカゴ学派……230, 252
『四巻之書』……11, 12, 18, 19
始原……7, 42
子午面循環……54, 55, 56, 107, 108, 110, 182,
　　292
実験アカデミー……43, 75, 85
執行理事会……307, 312
湿潤断熱減率……119, 169
湿度計……43, 50, 80, 82-85, 90, 150, 184
自動データ処理……283, 285, 289
収束……215, 245, 246
収束線……91, 168, 215, 218, 219
授時暦……147
シュメール人……1
順圧……246, 247, 269
順圧大気……276

順圧モデル……257, 258, 275-282, 289
準地衡風解析……283
準地衡風近似……273-275, 278, 282, 284
準地衡風モデル……273, 275, 280-282, 284,
　　289, 292
貞享暦……147, 147
蒸発気……6, 27, 29, 39, 52
徐家滙……152
初期値化……272, 284, 285
真空ポンプ……46, 67, 70-72
人工衛星……258, 313, 314, 318, 319
水蒸気……40, 71, 84-86, 94, 117, 119, 120,
　　187, 195, 218, 226, 227, 285, 286, 294, 296
彗星……7, 8, 16, 25, 26
『数学集成』……9, 18, 20, 28
数値予報……230, 233, 257, 266, 267, 274,
　　279, 280, 282, 284, 286-289
数値予報国際シンポジウム……289, 298
スケールアナリシス……273, 284
スコラ学……17, 22, 38, 45
スペクトルモデル……286
スミソニアン協会……109, 130-132, 141, 157
静止気象衛星……318, 319
成層圏……185-187, 241, 295, 310
静力学平衡……93, 272-274, 283, 286
世界気象会議……312
世界気象監視……320
世界気象機関……80, 103, 253, 305, 312-314,
　　320
世界気象機関条約……312
摂氏……78, 157, 306
全球大気開発計画……298
全球大気監視プログラム……321
線状スコール……215, 218
占星学……6, 9, 11, 12, 13, 15-18, 27, 31, 33
占星気象学……6, 12, 15, 18, 19, 27, 28, 31,
　　32, 48, 138
占星術……11, 15, 18, 20, 31
前線……229, 231
潜熱……86, 120, 123, 169, 172-174, 189
専門委員会……308
層厚……93, 177, 282
総観気象学……59, 271
総観天気図……104, 105, 114, 125, 126, 167,
　　172, 218, 271, 311
測高公式……91-93

328　索　引

測定器……40, 43, 47–50, 55, 61, 67, 81, 85, 89, 92, 99, 103, 106, 146, 149, 152, 157, 172, 179, 184, 185, 210, 227, 241, 307

測候所……153–155, 157, 159, 160, 162–164, 185

ソレノイド……203, 205

ソロモンの館……37, 294

[た行]

大学……16, 17, 100

大気重力波……58, 235, 271–274, 284

大気重力波解……267

大気循環モデル……292

大気潮汐……51

大航海時代……52

大循環モデル……294, 295, 298

対流圏……186

ダウンバースト……263

凪……184, 186, 204, 207, 244, 251

地球温暖化……253, 295

地球システムモデル……297

地球大気開発計画……298, 320, 321

地衡風……110, 116, 273, 282, 283

中央気象台……162–164, 237, 238, 264, 288

長官会議……307, 308, 310, 311, 312

長波……246–248, 250, 271, 273

『地理学』……11, 23

低気圧家族……226, 229

データ同化……283

哲学紀要……45

テヒグラム……179

『天体力学』……57, 57, 93, 109, 194

電報……113, 128–130, 132, 135, 137, 138, 152, 153, 156, 157, 159, 160, 161, 163, 216, 221

天保歴……148

ドイツ海洋気象台……104, 105, 161, 310, 311

等温位解析……248, 251

等価順圧大気……275

東京気象台……152, 158, 160

ドップラーレーダー……263

ドルトンの法則……117

[な行]

内務省……154

南極条約……314

南方振動……315–317

二元的宇宙像……3, 5, 27

二酸化炭素……187, 253, 294–296, 314

ネフェレスコープ……119

ノルマンディ上陸作戦……258–260

[は行]

発散……215, 245, 246

バビロニア……6

バビロニア人……1

パラティナ気象学会……50, 84, 101, 114

バランス方程式……282, 284

パンチカード……264, 276, 289

万有引力……41

比湿……169, 252

非静力学モデル……286

ピディングトン……122

ヒートアイランド現象……95

ビヤクネスの循環定理……203, 205, 230

ビューフォート風力階級……80

避雷針……63

フィルタ方程式……271, 273, 282, 284

風圧計……79

風速計……78, 79, 90

風力計……78, 79

フェーン……171, 172

フォアキャスト……140

富士山……236, 237, 311

物活論……34, 38, 41

フランス王立科学アカデミー……56

フランス科学アカデミー……106, 186

プリミティブ方程式……190, 208, 233, 235, 257, 267, 268, 272–275, 284, 289, 293

プリミティブモデル……258, 284, 285

『プリンキピア』……41, 53, 109

『プリンキピア・メテオロロジカ』……111

不連続面……181, 190, 219, 221, 222

閉塞……224, 225

ベーコン主義……37, 46, 72, 113, 123

ベルゲン学派……127, 191, 199, 217, 222, 224, 226, 227, 230, 231, 242, 251, 252

偏向力……109, 181, 205

ボイス・バロットの法則……116

貿易風……23, 52, 53– 57, 60, 106, 181, 317

放射強制力……295

暴風警報……103, 105, 113, 136–138, 140, 146, 152, 153–156, 159–162, 207, 216, 241

ホフメラー図……249, 250

[ま行]

マイクロバースト……263

マサチューセッツ工科大学……241, 243, 244, 246, 249, 251, 252, 262, 263, 281, 297

無線……221

メソポタミア……1

メテオログラフ……89-91, 241

メテオロロジカ……6

濛気差……149

モールス符号……129, 241

モンスーン……53, 54, 57, 60, 315

[や・ら・わ行]

ユリウス暦……19, 20

四次元データ同化……285

予報工場……232

ライプチヒ大学地球物理学研究所……199, 213, 215, 230, 233

落体の法則……34, 35, 41

ラジオゾンデ……199, 240-242, 244, 245, 260, 261, 283, 310-313

ラプラスの潮汐方程式……58, 189

陸軍信号部……111, 141, 142, 159, 239

流跡線……179, 180, 215, 252

類型手法……193, 259

レオミュール水銀温度計……50

レーダー……257, 262-264

列氏……77

ロスビー公式……246, 247, 249

ロスビー波……58, 247-249, 251, 271, 272, 275

露点……85, 86

惑星天球……9, 33, 34, 39

著者紹介
堤 之智（つつみ・ゆきとも）
理学博士．気象庁気象研究所海洋・地球化学研究部・部長．
1986年，気象庁観測部入庁．その後，気象研究所研究官，観
測部環境気象課調査官，観測部環境気象課全球大気監視調整
官，青森地方気象台長，水戸地方気象台長，熊本地方気象台長，
気象大学校教授，気象庁地球環境・海洋部環境気象管理官を
経て，2017年より現職．専門は気候変動，大気環境．

気象学と気象予報の発達史

平成 30 年 10 月 30 日　発　　行	
令和 2 年 5 月 10 日　第 3 刷発行	

著作者　　堤　　　之　智

発行者　　池　田　和　博

発行所　丸善出版株式会社

〒101-0051 東京都千代田区神田神保町二丁目17番
編集：電話 (03) 3512-3261／FAX (03) 3512-3272
営業：電話 (03) 3512-3256／FAX (03) 3512-3270
https://www.maruzen-publishing.co.jp

© Yukitomo Tsutsumi, 2018

組版／中央印刷株式会社
印刷・製本／大日本印刷株式会社

ISBN 978-4-621-30335-1　C 3044　　　　　Printed in Japan

JCOPY 〈(一社)出版者著作権管理機構 委託出版物〉
本書の無断複写は著作権法上での例外を除き禁じられています．複写
される場合は，そのつど事前に，(一社)出版者著作権管理機構(電話
03-5244-5088, FAX 03-5244-5089, e-mail：info@jcopy.or.jp)の許諾
を得てください．